Zeitschrift für Fischkunde

Zeitschrift für alle Gebiete der Ichthyologie

+ Mitteilungen der Gesellschaft für Ichthyologie

Ralf Thiel (Hrsg.)

Ökologie der Elbefische

Supplementband 1 2002

VNW Verlag Natur & Wissenschaft

Gutachter

Anders, E., Dr., Institut für Fischerei, Südstr. 10, 18375 Born

Arzbach, Hans-Hermann, Dr., Niedersächsisches Landesamt für Ökologie, Dezernat für Binnenfischerei, An der Scharlake 39, 31135 Hildesheim

Borcherding, Jost, Dr., Außenstelle des Zoologischen Institutes der Universität zu Köln, Ökologische Forschungsstation Grietherbusch, 46459 Rees-Grietherbusch

Brunken, Heiko, Prof. Dr., Hochschule Bremen, FB 7 – IStAB, Valckenburghstr. 3, 28201 Bremen

Fladung, Erik, Institut für Binnenfischerei e.V., Potsdam-Sacrow, Jägerhof am Sacrower See, 14476 Groß-Glienicke

Fredrich, Frank, Robert-Koch-Str. 14, 15569 Woltersdorf

Freyhof, Jörg, Dr., Leibniz-Institut für Gewässerökologie und Binnenfischerei im Forschungsverbund Berlin e.V., Müggelseedamm 256, 12561 Berlin

Gaumert, Thomas, ARGE Elbe, Neßdeich 120/121, 21129 Hamburg

Kafemann, Rudolf, Dr., LINEAS Consulting GmbH, Heidenkampsweg 75-77, 20097 Hamburg

Kämmereit, Michael, Niedersächsisches Landesamt für Ökologie, Dezernat für Binnenfischerei, An der Scharlake 39, 31135 Hildesheim

Keckeis, Hubert, Prof. Dr, Univeristät Wien, Institut für Ökologie und Naturschutz, Althanstraße 14, 1090 Wien, Österreich

Krebs, Martin, TU Darmstadt, Institut für Wasserbau u. Wasserwirtschaft, Rundeturmstr. 1, 64283 Darmstadt

Matthes, Ulli, Niedersächsisches Landesamt für Ökologie, Dezernat für Binnenfischerei, An der Scharlake 39, 31135 Hildesheim

Meyer, Lutz, Goslarsche Straße 37, 38118 Braunschweig

Reimer, Lothar W., Prof. Dr., Am Bahnhof Minden-Stadt 4, 32423 Minden

Rosenthal, Harald, Prof. Dr.Dr.h.c. mult., Schifferstraße 48, 21629 Neu Wulmstorf

Scholten, Matthias, Universität Hamburg, Institut für Hydrobiologie und Fischereiwissenschaft, Elbelabor, Große Elbstraße 268, 22767 Hamburg

Staas, Stephan, Dr., Alfons-Keever-Str. 1, 52388 Nörvenich

Tesch, Friedrich-Wilhelm, Prof. Dr., Gartenstraße 1 A, 22869 Schenefeld

Wolter, Christian, Dr., Leibniz-Institut für Gewässerökologie und Binnenfischerei im Forschungsverbund Berlin e.V., Müggelseedamm 256, 12561 Berlin

Zahn, Steffen, Institut für Binnenfischerei e.V., Potsdam-Sacrow, Jägerhof am Sacrower See, 14476 Groß Glienicke

Zander, Claus-Dieter, Prof. Dr., Stellinger Chaussee 24a, 22529 Hamburg

Vorwort

Fische existieren in Fließgewässern in einem durch eine hohe räumliche Diversität und zeitliche Variabilität der natürlichen Umweltfaktoren gekennzeichneten Lebensraum. Sie haben im Laufe der Evolution die in großer Vielfalt vorhandenen Habitate besiedelt und dabei ganz unterschiedliche Lebensstrategien ausgebildet. Die Zusammensetzung der Fischfauna spiegelt deshalb sehr gut die morphologisch-hydrodynamische und physiko-chemische Beschaffenheit eines Fließgewässers wider.

Die großen Fließgewässer Europas, zu denen auch die Elbe gehört, sind seit langer Zeit ein Brennpunkt menschlicher Tätigkeit. Hier überlappen sich in hohem Maße die Aktivitäten von Fischerei, Industrie, Schiffahrt, Landwirtschaft, Naturschutz, Sport und Tourismus. Diese anthropogenen Faktoren beeinflussen ebenfalls ganz erheblich die Zusammensetzung der Fischfauna.

Der hohe Indikatorwert der Fischfauna für den ökologischen Zustand der Elbe war ein wesentlicher Grund, der das Bundesministerium für Bildung und Forschung veranlaßte, das Verbundprojekt „Ökologische Zusammenhänge zwischen Fischgemeinschafts- und Lebensraumstrukturen der Elbe" im Rahmen der „Ökologischen Forschung in der Stromlandschaft Elbe" für den Zeitraum von März 1997 bis August 2002 zu fördern.

Die Veröffentlichungen in diesem Supplementband der Zeitschrift für Fischkunde beschreiben wesentliche Ziele, Methoden und Ergebnisse der Arbeiten im Verbundprojekt. Sie geben zusammen mit den Publikationen in der Sonderausgabe des Journal of Applied Ichthyology (2003), Bd. 19 (1) einen Gesamtüberblick über die Projektarbeiten.

Der vorliegende Supplementband enthält 12 Publikationen. Zu Beginn beschreiben R. Thiel & R. Ginter Problemstellung, Zielsetzung und Realisierung des Verbundprojekts. C. Wirtz & P. Ergenzinger übernehmen die hydromorphologische Charakterisierung ausgesuchter Uferbereiche und Nebengewässer der unteren Mittelelbe. Anschließend beurteilen S. Oesmann & M. Scholten die Eignung von Fanggeräten für die quantitative Erfassung von Fischlarven und Jungfischen. Es folgen zwei Arbeiten von M. Scholten und S. Oesmann zur Charakterisierung der zeitlichen und räumlichen Dynamik der Jungfischgemeinschaften in Uferstrukturen des Hauptstroms und in Nebengewässern der Mittelelbe. In zwei weiteren Arbeiten von E. Fladung wird die Struktur des präadulten und adulten Fischbestands in Buhnenfeldern, Leitwerken und in der Fahrrinne der Mittelelbe beschrieben. D. Lill & H. M. Winkler gehen in ihrer Arbeit auf die Beziehungen zwischen der Fischgemeinschaft und dem Gewässerzustand im Stepenitz-Karthane-System ein. Die Wanderungen und die Uferstrukturnutzung der Quappe werden von F. Fredrich & H.-H. Arzbach analysiert. Von M. Pietrock & E. Fladung werden Ergebnisse parasitologischer Untersuchungen an rheophilen Fischarten der Elbe präsentiert. Schließlich schlagen M. Pezenburg, R. Thiel & R. Knösche ein fischökologisches Leitbild für die Mittelelbe vor. Abgerundet wird der Überblick zur Ökologie der Elbefische durch die Arbeit von F. Kirschbaum & J. Gessner, die zwar nicht Bestandteil des Verbundprojekts war, sich aber richtungweisend mit den Perspektiven der Wiedereinbügerung des Europäischen Störs in der Elbe auseinandersetzt.

Die eingereichten Manuskripte wurden durch je zwei auf den entsprechenden Fachgebieten ausgewiesene Wissenschaftler anonym begutachtet. Eine Liste aller 22 Gutachter ist diesem Supplementband beigefügt.

Hiermit sei allen Gutachtern für ihre sorgfältige Arbeit, vor allem für die konstruktive Kritik gedankt, welche die Qualität der Veröffentlichungen entscheidend verbessert hat.

Stralsund, im August 2002 — Ralf Thiel

Inhalt **Seite**

Zeitschrift für Fischkunde	Supplementband 1, 2002	Ökologie der Elbefische	S. 1-12

Ökologie der Elbefische (ELFI) – Problemstellung, Zielsetzung und Realisierung eines Verbundprojektes des Bundesministeriums für Bildung und Forschung (BMBF)

Ecology of fishes of the River Elbe (ELFI) – background, objective and realization of a joint project supported by the German Federal Ministry for Education and Research (BMBF)

RALF THIEL * & RENATE GINTER **

Deutsches Meeresmuseum, Katharinenberg 14-20, 18439 Stralsund
eMail: * Ralf.Thiel@meeresmuseum.de
eMail: ** Renate.Ginter@meeresmuseum.de

Zusammenfassung: Das von März 1997 bis August 2002 vom Bundesministerium für Bildung und Forschung geförderte Projekt „Ökologie der Elbefische" hatte zum Ziel, die Habitatnutzung aller Lebensstadien der Fischfauna mathematisch zu modellieren, die Mittelelbe fischökologisch zu bewerten und ein fischökologisches Leitbild zu entwickeln. Die Untersuchungen wurden durch sechs Institute im Rahmen eines Verbundprojektes durchgeführt. Dazu wurden auf 19 Haupt- und 234 Unterstationen wichtige Habitatparameter gemessen und die Fischfauna quantitativ erfaßt. Im Elbeabschnitt zwischen Stromkilometer 325 und 489 wurden insgesamt 45 Fischarten nachgewiesen. 49 % aller nachgewiesenen Arten gehörten zur Gruppe der Cypriniden. Die höchsten stationsbezogenen Artenzahlen (32 Arten) wurden im Stepenitz-Karthane-System und in der Elbe bei Havelberg festgestellt. Innerhalb der Fischgemeinschaft dominierten Brassen, Plötze, Ukelei, Güster, Aland und Flußbarsch. Die dominanten Fischarten in der Mittelelbe ernähren sich vor allem omnivor und benthivor, sind eurytop und haben eine phyto-lithophile Reproduktionsstrategie.

Schlüsselwörter: Elbefische, Verbundprojekt, Projektstruktur, Arteninventar, ökologische Gilden.

Summary: Between March 1997 and August 2002, a project supported by the German Federal Ministry for Education and Research focused on mathematical modelling of the habitat use of all life history stages of the fish fauna. Furthermore, a fish-ecological assessment of the middle Elbe River was performed, and a fish-ecological guiding view was developed. In the framework of a joint project, six institutes estimated habitat parameters and fish-ecological parameters at 19 main sites and 234 substations. Overall, 45 fish species were recorded in the Elbe section between stream kilometres 325 and 489. Cyprinids comprised 49 % of all estimated species. The highest station related species numbers (32 species) were found in the Stepenitz-Karthane system and in the Elbe River closed to the city of Havelberg. Common bream, roach, bleak, white bream, ide and perch dominated the fish community. The dominant fish species of the middle Elbe River were grouped into the omnivorous and benthivorous feeding guilds, and were eurytopic species having a phyto-lithophilic reproduction strategy.

Keywords: Elbe fishes, joint project, project structure, species richness, ecological guilds.

1. Problemstellung und Zielsetzung

Neben einer Reihe diadromer Fischarten sind auch charakteristische Flußfischarten wie z.B. die Barbe, aber auch nichtwandernde Fischarten des Potamals vor allem durch die zunehmende Gewässerverbauung und die damit verbundenen Verluste an Vielfalt und Vernetzung der Habitate in ihren Beständen deutlich zurückgegangen (z.B. LILLELUND 1963, LELEK & LUSK 1965, KARR & SCHLOSSER 1978, ZUCCHI & GOLL 1981, GEBHARDT 1990). Eine Begründung hierfür ist in der stark strukturgebundenen Lebensweise der Fische zu sehen. Generell sind Fische in ihren Lebensansprüchen sehr stark von der Gewässermorphologie und deren Dynamik abhängig. Die Zusammensetzung von Flußfischgemeinschaften wird deshalb überwiegend durch morphologische und hydrodynamische Umweltfaktoren determiniert (z.B. BLESS 1981, BOHL & LEHMANN 1988). Dies gilt auch für große Fließgewässer, zu denen die Elbe gehört. Fische sind daher geeignete Indikatoren der ökologischen Integrität von Fließgewässern (SCHIEMER 1988, SCHIEMER et al. 1991).

Unterschiedliche Fischarten bzw. Artengruppen haben verschiedene Ansprüche an die Habitatparameter. Dies zeigt sich in der Präferenz von bestimmten Habitattypen. Bei einer Reihe von Arten ändern sich die Habitatpräferenzen im Laufe der Individualentwicklung und auch im saisonalen oder diurnalen Zyklus. Deshalb sind Fische nicht nur ausgezeichnete Indikatoren für die Habitatqualität und –diversität (SCHIEMER et al. 1991, SCHIEMER & ZALEWSKI 1992, SCHIEMER et al. 2001), sondern auch für die Vernetzungsverhältnisse zwischen den Habitaten (SCHMUTZ & JUNGWIRTH 1999).

Große Fließgewässer, wie die Elbe mit ihren intakten Auebereichen, verfügen über eine große Anzahl verschiedenster Habitate, die permanent oder temporär existieren bzw. mit dem Hauptstrom in Verbindung stehen (AMOROS et al. 1987, WARD & STANFORD 1995).

Wie für viele andere große Fließgewässer gab es auch für die Elbe kaum quantitative Daten über die Beziehungen zwischen den abiotischen Habitatausprägungen und den Strukturen der darin lebenden Fischgemeinschaften. Es ließen sich daher weder aussagekräftige fischökologische Bewertungen durchführen noch fundierte Prognosen zur Entwicklung der Fischpopulationen machen. Mögliche Auswirkungen zukünftiger ökomorphologischer Veränderungen der Stromlandschaft Elbe auf die Fischfauna ließen sich nicht vorhersagen. Die Formulierung eines fischökologischen Leitbilds für die mittlere Elbe war auf Grundlage der vorhandenen Datenbasis nicht möglich.

Um diese Wissenslücken zu schließen, förderte das Bundesministerium für Bildung und Forschung von März 1997 bis August 2002 das Verbundprojekt „Ökologie der Elbefische (ELFI)". Das übergreifende Ziel dieses Forschungsvorhabens bestand in der Aufklärung der grundlegenden Zusammenhänge zwischen morphologischen und hydrodynamischen Habitatparametern und dem Gefüge der Fischgemeinschaften.

Aufbauend auf einer fischökologischen Bewertung, welche erstens die Kriterien nach der neuen EU-Wasserrahmenrichtlinie berücksichtigen und zweitens die fischökologische Funktion der Habitate als grundlegendes Bewertungskriterium mit einbeziehen sollte, war es Ziel, ein fischökologisches Leitbild unter Berücksichtigung der Begriffsdefinitionen von DVWK (1996), FEHR et al. (1997) und KOHMANN (1997) zu entwickeln. KOHMANN (1997) definierte den Begriff „Leitbild" als den potentiell natürlichen, anthropogen unbeeinflußten Zustand eines Gewässers. Ausgehend vom Leitbild sollten fischökologische Entwicklungsziele abgeleitet werden, die entsprechend eines Maßnahmenkatalogs umzusetzen sind.

Eine exakte Bewertung des Istzustandes der Fischfauna ist Grundbedingung für die Ableitung eines fischökologischen Leitbilds, von Entwicklungszielen und von Maßnahmevorschlägen zur Verbesserung der fischökologischen Situation in der Mittelelbe. Deshalb wurde das Bewertungsverfahren nach dem „Index of Biotic Integrity" (IBI) favorisiert. Diese Art der Prüfung der biotischen Integrität von Fließgewässern anhand ihrer Fischfauna wurde ursprünglich von KARR (1981) und KARR et al. (1986) für nordamerikanische Bedingungen entwickelt. Eine gelungene Übertragung des IBI auf europäische Verhältnisse wurde z.B. für litauische Fließgewässer von KESMINAS & VIRBRICKAS (2000) vorgenommen.

Ein zu erstellendes Habitatmodell sollte prognostisch anwendbar sein und als Entscheidungshilfe im Zusammenhang mit wasserbaulichen Maßnahmen verwendet werden können. Die Methode der Habitatmodellierung wurde vor etwa 20 Jahren als Prognoseinstrument zur Einbindung biologischer Aspekte in wasserwirtschaftliche Planungsprozesse entwickelt. Den Habitatmodellen liegt die Erkenntnis zugrunde, daß primär die Variabilität des Abflusses die Zusammensetzung und Dynamik der Fischzönosen in Fließgewässern bestimmt (KARR et al. 1986, GLEICK 1993, STATZNER et al. 1988, MINSHALL 1988, HILDREW & TOWNSEND 1994). Die Verfahren der Habitatmodellierung verbinden Ergebnisse biologischer und physikalischer Lebensbedingungen. Dadurch können Auswirkungen anthropogener Eingriffe auf die Fischgemeinschaften beurteilt und quantitativ bewertet werden.

Seit der Entwicklung des ersten Modells dieser Art, PHABSIM (Physical HABitat SIMulation System), wurden ständig Verbesserungen der Modellierungsverfahren vorgenommen. Aufbauend auf den Grundannahmen von PHABSIM wurden in den vergangenen 10 Jahren eine Reihe von Verfahren und Adaptationen entwickelt, die als Neuerungen vor allem mehrdimensionale hydraulische Modelle und multivariate Analysetechniken zur Einbindung der biologischen Aspekte aufweisen (z.B. EVHA [GINOT 1995], RHABSIM [PAYNE 1994]).

Es wurden außerdem alternative Modelle getestet, die z.B. auf der Bioenergetik, auf geographischen Informationssystemen (z.B. RAMAS GIS) oder auf Prinzipien statistischer hydraulischer Modellierung aufbauen (z.B. AKÇAKAYA 1998, LAMOUROUX 1997). Gerade das dem zuletzt genannten Verfahren zugrunde liegende Konzept bot sich für die prognostischen Zielsetzungen bei der Habitatmodellierung im Projekt „Ökologie der Elbefische" an. Der Grund dafür ist, daß die Verknüpfung der statistischen hydraulischen Modelle mit multivariaten Habitat-Präferenz-Modellen präzisere Prognosen erlaubt, als das mit herkömmlichen Modellen möglich ist (LAMOUROUX 1997). Basierend auf diesem Konzept ist die Interpolation der Verteilungen physikalischer Variablen in Abhängigkeit vom Abfluß möglich (z.B. unter Verwendung eines geographischen Informationssystems), ebenso die Prognose der Fischvorkommen über mathematisch-statistische Verfahren (z.B. logistische Regressionen). Für die Fischgemeinschaft in der französischen Rhône wurde nach diesem Konzept von LAMOUROUX (1997) ein gut funktionierendes Habitatmodell entwickelt, dessen Qualität vor allem auf präzise Habitat-Präferenz-Modelle zurückzuführen ist.

Im Rahmen von ELFI war die Parameterisierung der Habitatpräferenzen der Fische in der Mittelelbe an Indikatorfischarten durchzuführen, die sich durch folgende Kriterien auszeichnen:

a) dominante Verbreitung im gesamten Untersuchungsgebiet,
b) typische Habitatbindungen,
c) spezifische Laichsubstratwahl,
d) Gruppierbarkeit in verschiedene Ernährungsgilden.

Die bei ELFI erhobenen Daten dienten der Realisierung folgender grundlegender Ziele des Verbundprojektes:

(1) der fischökologischen Bewertung des untersuchten Abschnitts der Mittelelbe,
(2) der Entwicklung eines fischökologischen Habitatmodells basierend auf den Habitatpräferenzen von Indikatorfischarten,
(3) der Formulierung eines fischökologischen Leitbilds, der Ableitung von Entwicklungszielen und der Aufstellung eines entsprechenden Maßnahmekatalogs.

2. Projektstruktur, Aufgabenverteilung und Datenfluß

Das BMBF-Projekt wurde als interdisziplinäres Verbundforschungsvorhaben von Fischökologen und Flußmorphologen durchgeführt (Tab. 1). Im Verbundprojekt arbeiteten sechs Institute in sieben Teilprojekten gemeinsam an der Realisierung der Projektziele. Die Projektleitung und Koordination lag beim Institut für Hydrobiologie und Fischereiwissenschaft (IHF) der Universität Hamburg.

Projektpartner des IHF (Teilprojekte 1 und 3) waren das Institut für Geographische Wissenschaften der Freien Universität Berlin (Teilprojekt 2), das Leibniz-Institut für Gewässerökologie und Binnenfischerei im Forschungsverbund Berlin e.V. (Teilprojekt 4), das Institut für Binnenfischerei Potsdam-Sacrow (Teilprojekt 5), das Zoologische Institut der Technischen Universität Braunschweig (Teilprojekt 6) und das

Institut für Biodiversitätsforschung der Universität Rostock (Teilprojekt 7). Insgesamt wirkten 25 Mitarbeiterinnen und Mitarbeiter wesentlich bei den Projektarbeiten mit, die zusätzlich durch Diplomanden und studentische Hilfskräfte unterstützt wurden.

Jeder Projektpartner bearbeitete im Rahmen seiner/s Teilprojekte/s als Themenkoordinator verantwortlich ein oder mehrere Themen. Die Themenbezeichnungen und Themenverantwortlichkeiten der einzelnen Projektpartner sind in Abb. 1 dargestellt.

Das Teilprojekt 1 koordinierte das Forschungsvorhaben und übernahm die Federführung bei der Publikation der Projektergebnisse und beim Datenmanagement. Die Mitarbeiter von Teilprojekt 1 waren verantwortlich für die Ablage, Prüfung und Bereitstellung der erhobenen Daten (**Z**entrale **P**rojekt**d**atenbank) sowie für deren Präsentation auf Datenträger (CD-ROM). Teilprojekt 1 hatte weiterhin die Aufgabe, den Istzustand der Fischfauna der Elbe bei Berücksichtigung der neuen EU-Wasserrahmenrichtlinie fischökologisch zu bewerten, ein prognose-

Tab. 1: Projektpartner, Teilprojekttitel, Laufzeit und Projektmitarbeiter im BMBF-Verbundprojekt „Ökologie der Elbefische (ELFI)“ (*Projektleiter bzw. Stellvertreter).

Tab 1: Project partners, titles and duration of the subprojects and list of project staff of the BMBF-project „Ecology of fishes in the River Elbe (ELFI) (* project leader or deputy).

Projektpartner	Titel des Teilprojektes	Laufzeit	Projektmitarbeiter
Universität Hamburg, Institut für Hydrobiologie und Fischereiwissenschaft (IHF)	Teilprojekt 1 - Koordination des Verbundprojekts und Parameterisierung des fischökologischen Leitbildes	3.1997-8.2002	M. Brumm-Scholz R. Ginter H. Kausch* W. Nellen* M. Pezenburg R. Thiel*
Freie Universität Berlin, Institut für Geographische Wissenschaften (IGW)	Teilprojekt 2 – Bestimmung und Modellierung morphodynamischer Parameter als Grundlage für ein fischökologisches Habitatmodell	3.1997-8.2001	P. Ergenzinger* P. Obenauf* C. Wirtz
Universität Hamburg, Institut für Hydrobiologie und Fischereiwissenschaft (IHF)	Teilprojekt 3 – Jungfischgemeinschaften als Indikatoren für Habitatqualitäten	3.1997-2.2002	M. Gerkens H. Holst H. Kausch* W. Nellen* S. Oesmann M. Scholten S. Stäcker R. Thiel*
Leibniz-Institut für Gewässerökologie und Binnenfischerei im Forschungsverbund Berlin e.V. (IGB)	Teilprojekt 4 - Wanderungen, Individuenaustausch, Genfluß, Habitatpräferenzen und Lebensraumausdehnung von Fischpopulationen ausgewählter Arten	3.1997-8.2001	F. Fredrich F. Kirschbaum* A. Ludwig Ch. Wolter
Institut für Binnenfischerei Potsdam-Sacrow (IFB)	Teilprojekt 5 - Quantitative und qualitative Ausprägung der adulten rheophilen Fischfauna in charakteristischen Uferstrukturen und im Hauptstrom	3.1997-8.2001	E. Fladung R. Knösche*
Technische Universität Braunschweig, Zoologisches Institut (TUB)	Teilprojekt 6 - Bedeutung künstlicher Nebengewässer als Winterhabitate für Fische	3.1997-2.2000	I. Brümmer O. Larink* G. Rüppell*
Universität Rostock, Institut für Biodiversitätsforschung (URO)	Teilprojekt 7 - Strukturelle und funktionelle Beziehungen von Fischgemeinschaften im System Nebenfluß-Hauptstrom	3.1997-2.2000	D. Lill H. Winkler*

fähiges Habitatmodell für Indikatorarten zu erstellen und ein fischökologisches Leitbild, Entwicklungsziele und einen Maßnahmenkatalog zu formulieren.

Im Teilprojekt 2 wurden morphologische und hydrodynamische Parameter wie Uferverlauf, Wassertiefe, Korngröße, Oberflächenrelief und Strömung als Grundlage für die Erstellung der Habitatmodelle erfaßt, beschrieben und ausgewertet, um die Qualität und Dynamik der Habitate für ausgewählte Fischarten zu beschreiben. Ergänzend wurden der Einfluß der Schiffahrt untersucht sowie Tracerversuche zur Aufklärung der Strömungsverhältnisse in Buhnenfeldern durchgeführt. Das hydraulische Teilmodul des Habitatmodells wurde erarbeitet.

Das Teilprojekt 3 ermittelte die Qualität und Verfügbarkeit von Jungfischhabitaten und die Struktur der Jungfischgemeinschaften in Uferstrukturen des Hauptstroms, in Nebengewässern und auf Überschwemmungsflächen mit hoher Raum-Zeit-Auflösung und ergründete die Bedeutung ausgewählter Umweltfaktoren für die Verteilung und Entwicklung von Indikatorarten. Weitere Untersuchungen dienten der Standardisierung der Fangdaten, der Aufklärung von larvalen Driftprozessen und von Habitatwechseln der Jungfische sowie der Analyse des Wachstums von Fischlarven und Jungfischen. Die Habitatpräferenzen der verschiedenen Lebensstadien waren als Beitrag für die Habitatmodellierung zu parameterisieren.

Im Teilprojekt 4 wurde die Populationsgenetik ausgewählter Fischarten analysiert und mittels telemetrischer Untersuchungen die Ausdehnung und strukturelle Ausstattung der Lebensräume, die Lage von Laichplätzen, Weidegebieten und Wintereinständen, saisonale Veränderungen in der Habitatwahl und Wanderungen adulter Rapfen, Alande, Quappen, Zander und Brassen bestimmt.

Teilprojekt 5 hatte die Aufgabe, für die Habitatmodellierung die Zusammenhänge zwischen der Morphologie von Uferstrukturen des Hauptstroms und dem Vorkommen von präadulten und adulten Fischen aufzudecken und die Struktur der Fischgemeinschaft in der Fahrrinne aufzuklären. Außerdem wurden die Laichplätze rheophiler Arten erfaßt, bewertet und kartographisch dargestellt, das Wachstum und die Kondition ausgewählter Fischarten analysiert und Untersuchungen zum Gesundheitsstatus und zur Parasitologie rheophiler Fischarten durchgeführt.

Das Ziel von Teilprojekt 6 bestand darin, die Funktion und Bedeutung künstlicher Nebengewässer im Vergleich zu natürlichen Nebengewässern als Wintereinstände von Fischen aufzuklären.

Im Teilprojekt 7 wurde die strukturelle und funktionelle Bedeutung von Nebenflüssen für den Fischbestand des Gesamtsystems untersucht. Insbesondere ging es um die funktionellen Beziehungen der Fischgemeinschaften im Stepenitz-Karthane-System zum Gewässerzustand.

Um den Informations- und Datenfluß zwischen den Teilprojekten sicherzustellen, wurde jeder Projektpartner zur Weitergabe benötigter Daten an andere Teilprojekte verpflichtet, so daß der für die Erfüllung der Forschungsaufgaben benötigte Datenbestand der Teilprojekte wechselseitig komplementiert werden konnte. Alle Teilprojekte übergaben die zur Habitatmodellierung, fischökologischen Bewertung und Leitbildentwicklung benötigten Daten an die Zentrale Projektdatenbank (Teilprojekt 1).

3. Untersuchungsgebiet und Datenbasis

Das Hauptuntersuchungsgebiet erstreckte sich über 164 Stromkilometer (Skm) der Mittelelbe und lag zwischen Magdeburg (Skm 325) und Mödlich/Meetschow (Skm 489). Das Untersuchungsgebiet von Teilprojekt 4 reichte aufgrund der besonderen Zielsetzung (Aufklärung von Fischwanderungen) noch weiter stromab bis zur Staustufe Geesthacht (Skm 586), im Einzelfall sogar bis in die Tideelbe. Für die Erfassung potentieller Laichplätze kieslaichender Arten wurde durch das Teilprojekt 5 der Elbeabschnitt von Skm 180 bis zur Staustufe Geesthacht analysiert.

Im Hauptuntersuchungsgebiet wurden auf 19 von 21 der zu Projektbeginn festgelegten potentiellen Hauptstationen (Abb. 2) Habitatparameter und fischökologische Parameter in elbetypischen Habitatstrukturen (Sand- und Kiesbänke, Buhnenfelder, Parallelwerke, Zuflüsse, natürliche

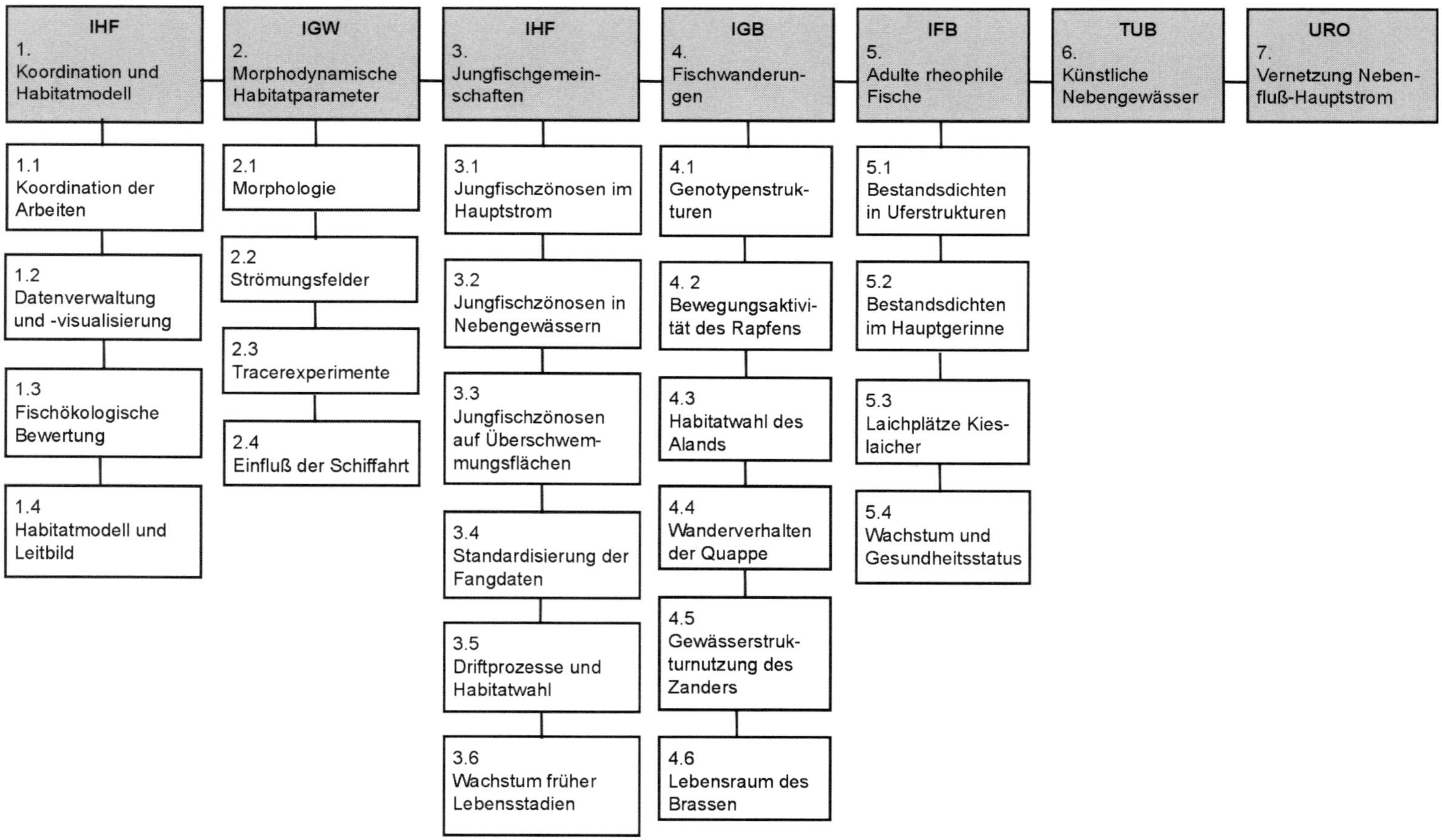

Abb. 1: Thematische Gliederung der Teilprojekte (Institutskürzel in Tab. 1).
Fig. 1: Topic structure of the subprojects (for abbreviations of the institutes see table 1).

Nebengewässer, Häfen, Überschwemmungsflächen u.a.) erhoben. Insgesamt wurden 40 verschiedene Habitatstrukturen beprobt.

Jede Station wurde in Unterstationen aufgeteilt, die je nach Habitatstruktur nach einem bestimmten Meßstellenschema beprobt wurden. Insgesamt wurden Daten auf 234 Unterstationen nach 9 verschiedenen, den Habitatstrukturen angepaßten und zwischen den Teilprojekten abgestimmten Meßstellenschemata erhoben.

Während der Probennahmen kamen 118 verschiedene Fanggeräte an 836 Beprobungsterminen zwischen April 1997 und April 2001 zum Einsatz. Am häufigsten wurde mit Elektrofischereigeräten (8.275 Hols) und Zugnetzen (1.638 Hols) gearbeitet.

Mit Ausnahme der Teilprojekte 2 und 4, die aufgrund der Datenstruktur gesonderte Teildatenbanken anlegen mußten, wurden die erhobenen Daten in einer Zentralen Projektdatenbank (ZPD) abgelegt. Die ZPD liegt im Microsoft ACCESS-Format vor. Sie umfaßt mehr als 11.000 Datensätze mit Angaben zu Habitatparametern und über 31.000 fischökologische Datensätze.

In Auswertung der fischökologischen Datensätze wurden im Untersuchungszeitraum von April 1997 bis April 2001 im Elbeabschnitt zwischen Skm 325 und 489 insgesamt 45 Fisch- und Rundmaularten aus 17 Familien gefangen (Tab. 2). Die höchste stationsbezogene Artenzahl (32 Arten) trat an der Station 18 (Stepenitz-Karthane-System) auf. Darauf folgten mit 30 Arten die Station 10 (Havelberg, Skm 418-424) und mit je 28 Arten die Stationen 1 (Magdeburg, Skm 325) und 3 (Lostau, Skm 336).

Die nachgewiesenen 45 Arten lassen sich folgenden Familien zuordnen: *Acipenseridae*: 1 Art, *Anguillidae*: 1 Art, *Balitoridae*: 1 Art, *Cobitidae*: 2 Arten, *Coregonidae*: 1 Art, *Cottidae*: 1 Art, *Cyprinidae*: 22 Arten, *Esocidae*: 1 Art, *Gadidae*: 1 Art, *Gasterosteidae*: 2 Arten, *Ictaluridae*: 1 Art, *Osmeridae*: 1 Art, *Percidae*: 3 Arten, *Petromyzontidae*: 2 Arten, *Salmonidae*: 3 Arten, *Siluridae*: 1 Art, *Thymallidae*: 1 Art.

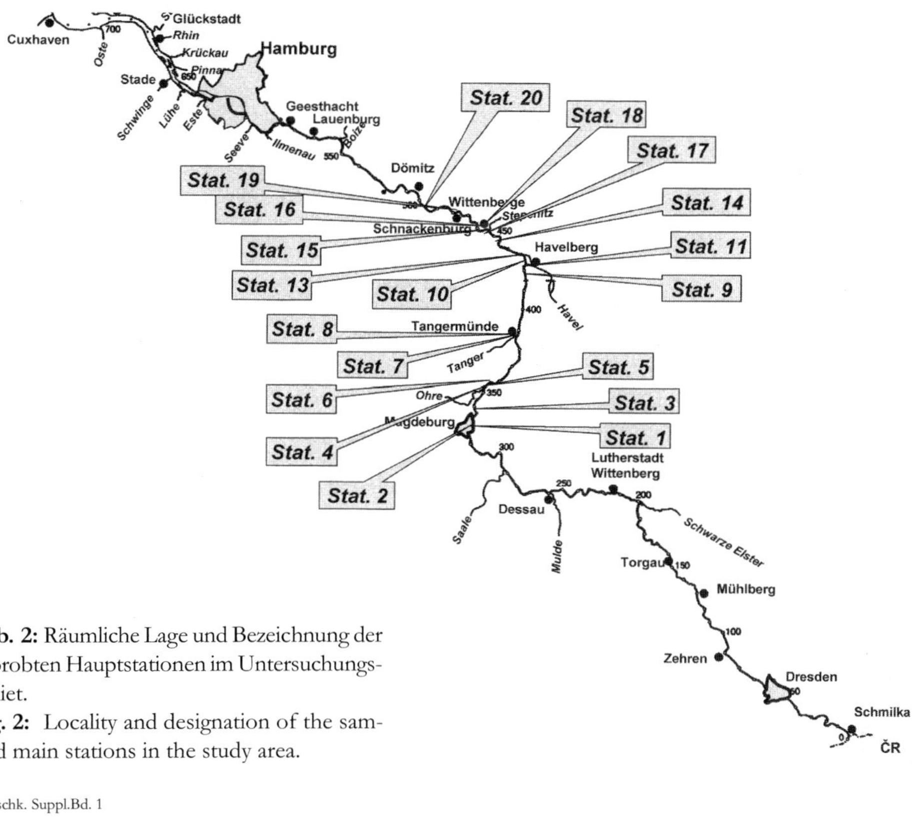

Abb. 2: Räumliche Lage und Bezeichnung der beprobten Hauptstationen im Untersuchungsgebiet.
Fig. 2: Locality and designation of the sampled main stations in the study area.

Somit dominierten in der mittleren Elbe mit 48,9 % aller nachgewiesenen Arten die *Cyprinidae* (Karpfenartige). Auf die *Percidae* (Barsche) und *Salmonidae* (Lachsartige) entfielen jeweils 6,7 % der nachgewiesenen Arten. *Cobitidae* (Schmerlen), *Gasterosteidae* (Stichlinge) und *Petromyzontidae* (Neunaugen) hatten noch einen Artanteil von je 4,5 %, während alle anderen Familien lediglich mit 2,2 % Artanteilen vorkamen.

Nach Angaben von Elliott & Dewailly (1995), Fleck (1998), Hölker (1992), Kesminas & Virbickas (2000), Tebbe (1994) und Thiel (2001) wurden die Arten entsprechend ihrem vorrangigen Ernährungstyp im Adultstadium verschiedenen Ernährungsgilden zugeordnet, in Anlehnung an Schiemer & Waidbacher (1994), Thiel & Bos (1998) und Thiel et al. (2003) nach der Habitatbindung klassifiziert und nach Balon (1975, 1981) entsprechend ihrer Reproduktionsstrategie eingruppiert (Tab. 2).

Bezogen auf das gesamte Untersuchungsgebiet ernähren sich hier 42,2 % der Arten überwiegend benthivor, 28,9 % haben eine omnivore Ernährungsweise, 17,8 % sind der piscivoren und 8,9 % der planktivoren Ernährungsgilde zuzuordnen. Nur 2,2 % konnten in die herbivore

Tab. 2: Arteninventar der Mittelelbe zwischen Magdeburg (Skm 325) und Mödlich/Meetschow (Skm 489) mit Angabe der Zugehörigkeit zu ökologischen Gilden.

Tab. 2: Species richness of the middle Elbe River between Magdeburg (stream kilometre [Skm] 320) and Moedlich/Meetschow (Skm 489); species are classified into ecological guilds.

Familien und Arten		Ökologische Gilden		
Wissenschaftliche Bezeichnung	Trivialname	Ernährung	Habitatbindung	Reproduktions-strategie
Acipenseridae	**Störe**			
Acipenser spec.	Stör (hybrid)	benthivor	anadrom	litho-pelagophil
Anguillidae	**Flußaale**			
Anguilla anguilla	Aal	benthivor	katadrom	pelagophil
Balitoridae	**Dorngrundeln**			
Barbatula barbatula	Bachschmerle	benthivor	rheophil A	psammophil
Cobitidae	**Schmerlen**			
Cobitis taenia	Steinbeißer	benthivor	rheophil B	phytophil
Misgurnus fossilis	Schlammpeitzger	benthivor	limnophil	phytophil
Coregonidae	**Maränen**			
Coregonus spec.	Maräne	omnivor	eurytop	litho-pelagophil
Cottidae	**Groppen**			
Cottus gobio	Westgroppe	benthivor	rheophil A	speleophil
Cyprinidae	**Karpfenartige**			
Abramis ballerus	Zope	planktivor	rheophil B	phyto-lithophil
Abramis björkna	Güster	benthivor	eurytop	phytophil
Abramis brama	Brassen	benthivor	eurytop	phyto-lithophil
Alburnus alburnus	Ukelei	planktivor	eurytop	phyto-lithophil
Aspius aspius	Rapfen	piscivor	rheophil B	lithophil
Barbus barbus	Barbe	benthivor	rheophil A	lithophil
Carassius carassius	Karausche	omnivor	limnophil	phytophil
Carassius gibelio	Giebel	omnivor	eurytop	phytophil
Chondrostoma nasus	Nase	omnivor	rheophil A	lithophil
Cyprinus carpio	Karpfen	benthivor	eurytop	phytophil
Gobio albipinnatus	Weißflossengründling	benthivor	rheophil A	psammophil
Gobio gobio	Gründling	benthivor	rheophil B	psammophil
Leucaspius delineatus	Moderlieschen	planktivor	limnophil	phytophil
Leuciscus cephalus	Döbel	omnivor	rheophil A	lithophil
Leuciscus idus	Aland	omnivor	rheophil B	phyto-lithophil
Leuciscus leuciscus	Hasel	omnivor	rheophil A	phyto-lithophil
Phoxinus phoxinus	Elritze	benthivor	rhithral	lithophil
Rhodeus amarus	Bitterling	omnivor	limnophil	ostracophil

Tab. 2: Fortsetzung.
Tab. 2: continued.

Familien und Arten		Ökologische Gilden		
Wissenschaftliche Bezeichnung	Trivialname	Ernährung	Habitatbindung	Reproduktions-strategie
Rutilus rutilus	Plötze	omnivor	eurytop	phyto-lithophil
Scardinius erythrophthalmus	Rotfeder	herbivor	limnophil	phytophil
Tinca tinca	Schleie	omnivor	limnophil	phytophil
Vimba vimba	Zährte	benthivor	rheophil A	lithophil
Esocidae	**Hechte**			
Esox lucius	Hecht	piscivor	eurytop	phytophil
Gadidae	**Dorschartige**			
Lota lota	Quappe	piscivor	rheophil B	litho-pelagophil
Gasterosteidae	**Stichlinge**			
Gasterosteus aculeatus	Dreistachl. Stichling	benthivor	limnophil	ariadnophil
Pungitius pungitius	Neunstachl. Stichling	omnivor	limnophil	ariadnophil
Ictaluridae	**Zwergwelse**			
Ameiurus nebulosus	Zwergwels	benthivor	rheophil A	phytophil
Osmeridae	**Stinte**			
Osmerus eperlanus	Stint	planktivor	anadrom	litho-pelagophil
Percidae	**Barsche**			
Gymnocephalus cernuus	Kaulbarsch	benthivor	eurytop	phyto-lithophil
Perca fluviatilis	Flußbarsch	piscivor	eurytop	phyto-lithophil
Sander lucioperca	Zander	piscivor	eurytop	phytophil
Petromyzontidae	**Neunaugen**			
Lampetra fluviatilis	Flußneunauge	piscivor	anadrom	lithophil
Lampetra planeri	Bachneunauge	benthivor	rheophil A	lithophil
Salmonidae	**Lachsartige**			
Oncorhynchus mykiss	Regenbogenforelle	omnivor	rheophil A	lithophil
Salmo salar	Lachs	piscivor	anadrom	lithophil
Salmo trutta f. fario	Bachforelle	omnivor	rhithral	lithophil
Siluridae	**Welse**			
Silurus glanis	Wels	piscivor	eurytop	phytophil
Thymallidae	**Äschen**			
Thymallus thymallus	Äsche	benthivor	rhithral	lithophil

trophische Gilde eingruppiert werden. Bezüglich der Habitatbindung handelte es sich im gesamten Untersuchungsgebiet vor allem um rheophile Arten der Gruppen A und B, die insgesamt 36,7 % aller Arten stellten. Die eurytopen Arten bildeten mit 26,7 % die zweithäufigste Artengruppe. Limnophile Arten wurden mit einem Anteil von 17,8 % nachgewiesen. Der Anteil der anadromen Arten betrug 8,9 %, der rhithralen Arten 6,7 % und der katadromen Arten 2,2 %. Die meisten der nachgewiesenen Arten weisen eine phytophile Reproduktionsstrategie auf (28,9 %). 26,7 % aller gefangenen Arten sind lithophile Laicher, 17,8 % phyto-lithophil, 8,9 % litho-pelagophil und 6,7 % psammophil. Die restlichen Arten gehören den ariadnophilen, pelagophilen, ostracophilen und speleophilen Reproduktionsgilden an.

Hinsichtlich der prozentualen Anteile an der gefangenen Gesamtindividuenzahl ergab sich folgende Reihenfolge für die wichtigsten 6 Arten: Brassen (25 %), Plötze (20 %), Ukelei (11 %), Güster (10 %), Aland (8 %), Flußbarsch (6 %; Abb. 3). Beim Gesamtfanggewicht dominierten im Durchschnitt aller Hauptstationen ebenfalls Brassen (21 %) und Plötze (15 %), gefolgt von Flußbarsch (12 %), Aland (11 %), Güster (10 %) und Ukelei (4 %; Abb. 3).

Insgesamt wurde bei der Auswertung der erhobenen Daten deutlich, daß die Fischgemeinschaft der Mittelelbe bei Betrachtung quantitativer Kenngrößen durch eurytope Arten mit om-

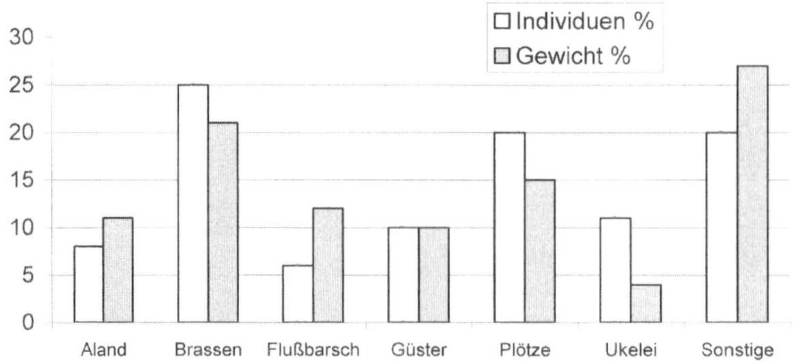

Abb. 3 Prozentuale Anteile der dominanten Fischarten am Gesamtfang zwischen Skm 325 und 489 zwischen April 1997 und April 2001

Fig. 3: Percentage of the dominant fish species in the total catch between skm 325 and 489 from April 1997 to April 2001.

nivorer und benthivorer Ernährungsweise und phyto-lithophiler Reproduktionsstrategie dominiert wird. Weiterführende Angaben zu Struktur und Dynamik der Fischgemeinschaft in der Mittelelbe und zu wichtigen Habitatparametern sind in den Arbeiten von WIRTZ & ERGENZINGER (2002), OESMANN & SCHOLTEN (2002), SCHOLTEN (2002), OESMANN (2002), FLADUNG (2002a), FLADUNG (2002b) LILL & WINKLER (2002), FREDRICH & ARZBACH (2002), PIETROCK & FLADUNG (2002), PEZENBURG et al. (2002) und KIRSCHBAUM & GESSNER (2002) enthalten.

4. Danksagung

Unser Dank gilt dem BMBF, das unser Projekt (FKZ: 0339578) durch finanzielle Zuwendung förderte. Besonders bedanken wir uns beim Projektträger BEO, insbesondere bei Herrn Dr. Fitting und Herrn Ittner sowie den Herren Friese und Lichte aus der Verwaltungsabteilung der Universität Hamburg für die stets gute Zusammenarbeit und die freundliche Unterstützung bei der Bewältigung verwaltungstechnischer Aufgaben.

5. Literatur

AKÇAKAYA, H. R. 1998. RAMAS GIS. Linking Landscape Data with Population Viability Analysis. Version 3.0. Applied Biomathematics, Setauket, New York.

AMOROS, C., A.L. ROUX, J.L. REYGROBELLET, J.C. BRAVARD, & G. PAUTOU. 1987. A method for applied ecological studies of fluvial hydrosystems. Reg. Riv. 1, 17-36.

BALON, E.K. 1975. Reproductive guilds of fishes: A proposal and definition. J. Fish. Res. Board Can. 32 (6), 821-864.

BALON, E.K. 1981. Additions and amendments to the classification of reproductive styles in fishes. Env. Biol. Fish. 6, 377-389.

BLESS, R. 1981. Untersuchungen zum Einfluß von gewässerbaulichen Maßnahmen auf die Fischfauna in Mittelgebirgsbächen. Nat. u. Landsch. 56 (7), 23-32.

BOHL, E., & R. LEHMANN. 1988. Zur Bedeutung der Struktur von Fließgewässern für das Fischleben. Arb. Dt. Fisch. Verb. 46, 27 - 41.

DVWK (Deutscher Verband für Wasserwirtschaft und Kulturbau e.V.). 1996. Fluß und Landschaft – Ökologische Entwicklungskonzepte. DVWK Merkblätter zur Wasserwirtschaft 240, 1-285.

ELLIOTT, M. ,& F. DEWAILLY. 1995. The structure and components of European estuarine fish assemblages. Neth. J. Aquat. Ecol. 29, 1-22.

FEHR & NIEMANN-HOLLATZ UMWELTCONSULT. 1997. Ökologisches Leitbild der Emsentwicklung. Projektbericht, 1-199

FLADUNG, E. 2002a. Der präadulte/adulte Fischbestand in Buhnenfeldern und Leitwerken der Mittelelbe Z. Fischk., Suppl. Bd. 1, 101-120.

FLADUNG, E. 2002b. Untersuchungen zum adulten Fischbestand im Hauptstrom (Fahrrinne) der Mittelelbe. Z. Fischk., Suppl. Bd. 1, 121-131.

FLADUNG, E., M. SCHOLTEN, & R. THIEL. 2003. Modelling the habitat preferences of subadult and adult fishes in the shoreline of the large lowland river elbe. J. Appl. Ichthyol. 19 (1) (eingereicht).

FLECK, M. 1998. Nahrungsbeziehungen früher Entwicklungsstadien dominanter Fischarten in Gewässern der Elbaue bei Wittenberge/Havelberg. Diplomarbeit. Univ. Hamburg.

FREDRICH, F., & H.H. ARZBACH. 2002. Wanderungen und Uferstrukturnutzung der Quappe, *Lota lota*, in der Elbe, Deutschland. Z. Fischk., Suppl. Bd. 1, 159-178.

GEBHARDT, H. 1990. Die Bedeutung des Inundationsgebietes des Rheins als Laichgebiet für Fische. Limnologie aktuell, Band 1, Kinzelbach/Friedrich (Hrsg.), Gustav Fischer Verlag, Stuttgart New York.

GINOT, V. 1995. EVHA, Un logiciel d'evaluation de l'habitat du poisson sous Windows. Bull. Fr. Peche Pisic. 337/338/339, 303-308.

GLEICK, P. H. 1993. Water in Crisis. A Guide to the World's Fresh Water Resources. Oxford University Press, London.

HILDREW, A.G., & C.R. TOWNSEND. 1994. Species traits in relation to a habitat tempet for river systems. Freshw. Biol. 32 (3), 265-275.

HÖLKER, F. 1992. Zur Nahrungsbiologie des Kaulbarsches (*Gymnocephalus cernuus* L.). in der Elbe. Diplomarbeit, Universität Hamburg.

KARR, J.R. 1981. Assessment of biotic integrity using fish communities. Fisheries 6, 21-27.

KARR, J.R., & I.J. SCHLOSSER. 1978. Water resources and the landwater interface. Science 201, 229-234.

KARR, J.R., K.D. FAUSCH, P.L. ANGERMEIER, P.R. YANT, & I.J. SCHLOSSER. 1986. Assessing Biological Integrity in Running Waters. A Method and its Rationale. Illinois Natural History Survey Publication 5, Champaign, Illinois.

KESMINAS, V., & T. VIRBICKAS. 2000. Application of an adapted index of biotic integrity to rivers of Lithuania. Hydrobiologia 422/423, 257-270.

KIRSCHBAUM, F., & J. GESSNER. 2002. Perspektiven der Wiedereinbürgerung des Europäischen Störs, *Acipenser sturio* L., im Einzugsgebiet der Elbe. Z. Fischk., Suppl. Bd. 1, 217-232.

KOHMANN, R. 1997. Das Leitbild – eine Begriffsbestimmung. Zbl. Geol. Paläont. Teil 1, H. 10, 923-927.

LAMOUROUX, N. 1997. Hydraulique statistique et prediction de caracteristiques du peuplement piscicole. Modeles pour l'ecosysteme fluvial. Dissertation. Universität Lyon.

LELEK, A., & S. LUSK. 1965. Occurence of fishes in relation to formation of the bed. Zool. Listy 14, 225-234.

LILL, D., & H.M. WINKLER. 2002. Die Fischgemeinschaften des Stepenitz-Karthane-Systems und ihre funktionelle Beziehung zum Gewässerzustand. Z. Fischk., Suppl. Bd. 1, 133-158.

LILLELUND, K. 1963. Die Auswirkungen der Kanalisierung unserer Flüsse auf die Fischfauna und ihre Lebensbedingungen. Umschau in Wiss. und Technik 5.

MINSHALL, G.W. (1988): Stream ecosyestem theory: a global perspektive. J. N. Am Benthol. Soc. 7 (4), 263-288.

OESMANN, S. 2002. Die strukturierenden Faktoren der Jungfischgemeinschaften der mittleren Elbe. Z. Fischk., Suppl. Bd. 1, 79-99.

OESMANN, S., & M. SCHOLTEN. 2002. Vergleichende Untersuchungen zur Eignung von Fanggeräten für Fischlarven und Jungfische in großen Fließgewässern. Z. Fischk., Suppl. Bd. 1, 41-57.

PAYNE, T. 1994. RHABSIM. User friedly computer model to calculate river hydraulics and aquatic habitat. In. Proceedings of the First International Symposium on Habitat Hydraulics. Norwegian Institute of Technology, Trondheim.

PEZENBURG, M., R. THIEL, & R. KNÖSCHE. 2002. Ein fischökologisches Leitbild für die mittlere Elbe. Z. Fischk., Suppl. Bd. 1, 189-215.

PIETROCK, M., & E. FLADUNG. 2002. Parasitologische Untersuchungen an rheophilen Fischarten der Elbe. Z. Fischk., Suppl. Bd. 1, 179-188.

SCHIEMER, F. 1988. Gefährdete Cypriniden – Indikatoren für die ökologische Intaktheit von Flußsystemen. Nat. u. Landsch. 63, 370-373.

SCHIEMER, F., & H. WAIDBACHER. 1994. Naturschutzerfordernisse zur Erhaltung einer typischen Donau-Fischfauna. In: KINZELBACH (Hrsg.): Biologie der Donau, Limnologie aktuell 2, Gustav Fischer Verlag Stuttgart, Jena, New York, 247-265.

SCHIEMER, F., & M. ZALEWSKI. 1992. The importance of riparian ecotones for diversity and productivity of riverine fish communities. Neth. J. Zool. 42, 323-335.

SCHIEMER, F., H. KECKEIS, G. WINKLER, & L. FLORE. 2001. Large Rivers: the relevance of ecotonal structure and hydrological properties for the fish fauna. Large Rivers, Vol 12, No. 2-4, Arch. Hydrobiol. Suppl. 135 (2-4) 487-508.

SCHIEMER, F., T. SPINDLER, H. WINTERSBERGER, A. SCHNEIDER, & A. CHOVANEC. 1991. Fish fry associations: Important indicators for the ecological status of large rivers. Verh. Internat. Verein. Limnol. 24, 2497-2500.

SCHMUTZ, S., & M. JUNGWIRTH. 1999. Fish as indicators of large river connectivity: the Danube and its tributaries. Large Rivers Vol. 11, No. 3, Arch. Hydrobiol. Suppl. 115 (3), 329-348.

SCHOLTEN, M. 2002. Das Jungfischaufkommen in Uferstrukturen des Hauptstroms der mittleren Elbe – zeitliche und räumliche Dynamik. Z. Fischk., Suppl. Bd. 1, 59-77.

STATZNER, B., J.A. GORE, & V.H. RESH. 1988. Hydraulic stream ecology. Observed patterns and potential applications. J. N. Am. Benthol. Soc. 7 (4), 307-360.

TEBBE, K. 1994. Nahrung und Nahrungsumsatz des Dreistachlingen Stichlings (*Gasterosteus aculeatus* L.) in der Tide-Elbe. Diplomarbeit, Universität Hamburg.

THIEL, R. 2001. Spatial gradients of food consumption and production of juvenile fish in the lower River Elbe. Arch. Hydrobiol. Suppl. 135(2-4), 441-462.

THIEL, R., & A. BOS. 1998. Fischereibiologische Untersuchung verschiedener Schlenzen an der Stromelbe in Hamburg. Gutachten im Auftrag der Umweltbehörde und Baubehörde Hamburg.

THIEL, R., H. CABRAL, & M.J. COSTA. 2003. Longitudinal and temporal gradients of the nursery function of macrotidal European estuaries – a comparison between the Tagus (Portugal) and the Elbe (Germany). J. Appl. Ichthyol. 19 (1) (eingereicht).

WARD, J.V., & J.A. STANFORD. 1995. The serial discontinuity concept: Extending the model to floodplain rivers. Reg. Riv.: Res. & Managem. 10, 159-168.

WIRTZ, C., & P. Ergenzinger. 2002. Die untere Mittelelbe: hydromorphologische Charakterisierung von ausgesuchten Uferbereichen und Nebengewässern. Z. Fischk., Suppl. Bd. 1, 13-40.

ZUCCHI, H., & A. GOLL. 1981. Untersuchungen zum Einfluß wasserbaulicher Maßnahmen auf Süßwasserfische in Abschnitten der oberen Hase. Natur und Landschaft 56, 430-436.

Zeitschrift für Fischkunde	Supplementband 1, 2002	Ökologie der Elbefische	S. 13-40

Die untere Mittelelbe: hydromorphologische Charakterisierung von ausgesuchten Uferbereichen und Nebengewässern

The lower Middle Elbe: hydromorphological characterization of selected shore line areas and oxbows

CARSTEN WIRTZ* & PETER ERGENZINGER**

Freie Universität Berlin, Institut für Geographische Wissenschaften, Angewandte Physische Geographie, Arbeitsgruppe B.E.R.G., Malteserstrasse 74-100, 12249 Berlin
* eMail: carsten@geog.fu-berlin.de, **eMail: perg@geog.fu-berlin.de

Zusammenfassung: Im Rahmen eines fischökologischen Verbundprojektes wurden hydromorphologische Naturuntersuchungen an der unteren Mittelelbe durchgeführt. Ziel war die Charakterisierung von künstlichen und natürlichen Uferbereichen (Buhnenfelder, Leitwerke, Kiesbänke, Altarme). Die Auswertung der aufgenommenen Flächen erfolgte in einem Geographischen Informationssystem (GIS) und ermöglichte die Berechnung von Indizes zu Strömung und Morphologie. Die Korngrößenverteilung wurde entlang von Profillinien dargestellt und verglichen. Neben der Erfassung und Beschreibung von Strukturen, die aus fischökologischer Sicht von Bedeutung sind, wurden mittels des GIS auch Ausdehnungen quantifiziert. Dies ist notwendig, um Vergleiche von Habitaten durchführen und die Relevanz wichtiger Flächeneigenschaften nachweisen zu können. Die Quantifizierung von hydraulischen und morphologischen Parametern ergab, daß Buhnenfelder auf kleinem Raum heterogene Strukturen aufweisen. Buhnenfelder mit durchbrochenen Buhnen sind besonders hervorzuheben, da sowohl stärker durchströmte als auch strömungsberuhigte Flächen sowie ausgedehnte Verlandungsflächen und Erosionsrinnen vorkommen. Im Vergleich mit Buhnenfeldern sind die übrigen Untersuchungsflächen hinsichtlich der Strömung und Sohlenmorphologie homogener, aber auch großflächiger und unzerschnittener. Besonders die Nebengewässer und Altarme sind zusammenhängende, gering durchströmte Bereiche, die flächenmäßig die Stillwasserbereiche von Hunderten von Buhnenfeldern übertreffen. Die kleinräumigen Flächen in den Buhnenfeldern, wie Sandbänke oder Erosionsrinnen können teilweise als Ersatz für verlorengegangene Habitate im Hauptstrom, wie z.B. den aquatischen Zonen von Strominseln und Sandbänken angesehen werden.

Schlüsselwörter: Ökomorphologie, Hydraulik, Buhnenfelder, Leitwerke, Kiesbänke, Altarme.

Summary: Hydromorphological studies of various habitats in the lower stretches of the Middle Elbe were conducted within the context of a multidisciplinary project on fish ecology. The aim was to characterize artificial and natural bank areas (groyne fields, training walls, gravel banks, oxbows). The bank areas examined were evaluated using a Geographical Information System (GIS), and the indices for flow and morphology were calculated. The grain-size distribution was described and compared along cross-sections. Specific structures of importance in terms of fish ecology were recorded, and their respective sizes were later quantified using a GIS. This is necessary in order to compare habitats and to establish the relevance of significant spatial characteristics. One of the striking features of groyne fields is the presence of heterogenous structures within a small area. Groyne fields with breached groynes deserve particular attention, as here both areas with higher and lower flow are present, together with extensive siltation and erosion areas. In comparison with groyne fields the other investigation areas are more homogeneous, but also larger and divided into fewer sections. Especially genuine slackwater areas and oxbows are interconnected low-flow areas and are much larger than the low-flow areas of hundreds of groyne fields. Small areas of the groyne fields, such as sandbanks or erosion channels, can in some cases serve as a substitute for lost habitats, such as the aquatic zones around river islands and sandbanks in the main channel.

Keywords: ecomorphology, hydraulics, groyne fields, training walls, gravel banks, oxbow lakes.

1. Einleitung

Das 144.000 km² große Einzugsgebiet der Elbe umfaßt Böhmen, d.h. große Teile der Tschechischen Republik (49.600 km²) und durchfließt in der Bundesrepublik Deutschland die Länder Sachsen, Sachsen-Anhalt, Brandenburg, Mecklenburg-Vorpommern, Niedersachsen, Schleswig-Holstein und Hamburg. Die Quellen der Elbe liegen im Riesengebirge (Weiße Elbe) und im Böhmerwald (Moldau). Nach dem Durchfließen des antezedent angelegten Durchbruchstals in der Sächsischen Schweiz erreicht die Elbe bei Torgau das norddeutsche Tiefland. Sie mündet in einem Binnendelta in Hamburg und erreicht über ihr Ästuar bei Cuxhaven die Nordsee. Die Internationale Kommission zum Schutz der Elbe (IKSE 1996) gliedert die Elbe von der Quelle bis Stromkilometer (Skm) 96,0 auf deutschem Gebiet in die Obere Elbe, von Skm 96,0 bis zum Wehr Geesthacht bei Skm 585,9 in die Mittlere Elbe und von Skm 585,9 bis Skm 727,7 an der Seegrenze bei Cuxhaven/Friedrichskoog Spitze in die Untere Elbe oder Tideelbe. Die im Text vorgestellten Ergebnisse von morphodynamischen Untersuchungen im Rahmen des BMBF-Verbundprojektes "Ökologische Zusammenhänge von Fischgemeinschafts- und Lebensraumstrukturen der Elbe" beziehen sich auf den unteren Abschnitt der Mittleren Elbe.

Die Morphologie der Mittelelbe hat sich in den letzten Jahrhunderten als Folge wasserbaulicher Maßnahmen weitgehend verändert. Der Bau von Deichen schränkte die Überflutungsflächen ein, und der Stromlauf wurde durch Regelbauwerke, insbesondere Buhnen fixiert. Auswertungen von historischen Karten durch HARMS et al.(1998) weisen den Verlust von Strominseln und Sandbänken, die Abnahme des Breiten-Tiefenverhältnisses sowie der Anzahl angebundener Nebengewässer und die Flächenreduzierung naturnaher Auenlandschaften nach. Insgesamt kann so ein Rückgang der morphodynamischen Vielfalt und die grundlegende Veränderung der für einen Tieflandfluß typischen Morphologie festgestellt werden.

Die Elbe ist heutzutage nach einer Studie des INSTITUTS FÜR ÖKOLOGISCHE WIRTSCHAFTSFORSCHUNG GMBH (2001) im Auftrag des BUND für die Binnenschiffahrt von untergeordneter Bedeutung. Ein weiterer Unterschied zu westdeutschen Wasserstraßen war und ist der schlechte Erhaltungszustand vieler Regelbauwerke bis 1989 und auch in den Jahren danach. JÄHRLING (1996) konstatiert, daß es aufgrund unterlassener oder nur partiell betriebener Unterhaltung in den Jahren bis 1989 u.a. zu Absenkungen von Buhnen, "Durchreißen" von Buhnenwurzeln, Überwachsen vorhandener Buhnen, Uferabbrüchen und Sedimentanspülungen kam. Nach mündlicher Mitteilung des Wasser- und Schiffahrtsamtes Magdeburg waren 1991 von Skm 290 bis 505 von ca. 3000 Buhnen ca. 800 zerstört oder reparaturbedürftig. Von diesen wurden bis Ende 2000 ca. 500 Buhnen repariert. Die Reparatur von durchbrochenen Buhnen wird kontrovers diskutiert. Befürworter befürchten die Abnahme der Regelungsfähigkeit durch Hinterströmen der durchbrochenen Buhnen mit den Folgen von Ufererosion und verringerter Sohlschubspannung im Hauptstrom. Für die Tauchtiefen, welche während der ausgedehnten Niedrig- und niedrigen Mittelwasserphasen für die Schifffahrt als zu gering gelten, wird eine Abnahme bei gleichzeitig zunehmender Seitenerosion prognostiziert. Umgekehrt bedeuten durchbrochene Buhnen gerade aufgrund der kleinräumig begrenzten Erosionstätigkeit der Durchbruchsströmung eine erhöhte Vielfalt der Morphologie und eine reduzierte Verlandung innerhalb der Buhnenfelder.

Als Grundlage für ein fischökologisches Habitatmodell wurden im Rahmen des BMBF-Projektes Buhnenfelder unterschiedlicher Lagen und Erhaltungszustände, Kiesbänke, Flußeinmündungen sowie künstliche und natürliche Nebengewässer untersucht. Aufgenommen wurden Korngrößenverteilung, Strömungsverhältnisse sowie Ufer- und Sohlenmorphologie. Der Schwerpunkt liegt auf der Beschreibung der hydromorphologischen Charakterisierung und der Besonderheiten und Eigenschaften von Buhnenfeldern.

1.1. Landschaftsentwicklung und Geschichte der Elbe

Die Entwicklung des Flußgebietes vollzog sich über lange geologische Zeiten. Die kreidezeitlichen Sedimentgesteine in Nordböhmen und der Sächsischen Schweiz wurden in großen, flachen Seebecken abgelagert. Über den Dresdener Halbgraben bestand eine Verbindung zwischen diesen Gebieten und dem kreidezeitlichen Meer im Bereich des heutigen Norddeutschland. Trotz der tektonischen Hebung von Erzgebirge und Lausitzer Bergland und dem lebhaften Vulkanismus im Zusammenhang mit dem sich bildenden Egergraben, behauptete die Elbe während des Tertiärs ihren Lauf im Bereich der alten Tiefenlinie und entwässerte das nördliche böhmische Becken. Erst im Pliozän, dem jüngsten Abschnitt des Tertiärs, wurde auch der Oberlauf der Moldau der Elbe tributär.

Im Quartär war für die Laufentwicklungen der Elbe und ihrer Nebenflüsse in Norddeutschland das glaziale und fluvio-glaziale Geschehen im Zusammenhang mit dem mehrfachen Auf- und Abbau des skandinavischen Inlandeises steuernd. Die in Sachsen auftretenden älteren Elbeterrassen sinken nach Norden unter die heutige Oberfläche und sind im Untergrund nur unter günstigen Bedingungen weiter zu verfolgen. Auch die in der Weichseleiszeit als Flußbett des Urstromtales entwickelte Niederterrasse ist heute nur bis in den Raum Hamburg verbreitet und wird zum Nordseebecken hin durch jüngere Ablagerungen überlagert. Zwischen Gorleben und Cuxhaven entwickelte sich die heutige Linienführung des Elbelaufes erst im Zusammenhang mit der Weichsel-Kaltzeit. Die dabei entstehenden Niederterrassen belegen durch ihren Schotterbestand die Verbindung der Mittelgebirgsflüsse mit der unteren Elbe und bekunden durch ihre Talbreite von örtlich bis über 10 km die große Bedeutung dieser Abflußbahn. Über das Aussehen dieser ausgedehnten periglazialen Talgründe vermitteln die Abbildungen von EISSMANN (1981) für den Raum Leipzig – Riesa ein eindruckvolles Bild: in den kilometerbreiten Tälern vagabundierten die Abflußbahnen zwischen den Sand- und Kiesbänken in verzweigten Flußbetten. Nur im Bereich der feuchteren Talränder kam es örtlich zu höherer Vegetation. Dominant sind baumlose Tundrenflächen mit Eiskeilpolygonen. Als typische Tiere werden das Mammut, Moschusochsen oder Riesenelche angeführt. In den trockenen Jahreszeiten wirbelten Starkwinde riesige Staubfahnen auf, das Material wurde als Löss in der weiteren Nachbarschaft abgelagert. Die erodierten Flußsande blieben als äolische Bodenfracht in den Talgründen liegen und formten Dünenfelder.

Das Holozän, die vergangenen 10.000 Jahre, ist als Warmzeit durch klimatische und hydrologische Bedingungen, die unseren Erfahrungen entsprechen, ausgezeichnet. Nach dem letzten Kälterückschlag setzte vor 10.300 Jahren im Präboreal und Boreal die Bewaldung der Landschaft durch Kiefern und Eichen ein und damit auch eine Revolution in der Talgestaltung. Parallel mit dem Abschmelzen des Permafrostes und dem Ende der periglazialen Abtragungsbedingungen auf den Hängen veränderten sich sowohl die hydrologischen Bedingungen als auch die Sedimentfrachten grundlegend. Mit mehr oder weniger großer Verzögerung reduzierten sich die Abflüsse der Elbe, durch Erosion entstand ein etwa 2 bis 3 km breites Talband. Das neue Flußbett mit Stromschlauch und Hochwasserbett tiefte sich um etwa 6 m in die Niederterrasse ein und besteht im wesentlichen aus umgelagerten Sanden und Feinkiesen aus der Niederterrasse. Im Grundriß entwickelte sich dabei aus dem vormals verzweigten Flußsystem das aktuelle Mäandersystem.

Mit der vor etwa 8.000 Jahren einsetzenden Phase des sogenannten Atlantikums erreichte die aktuelle Warmzeit Maximalbeträge an Wärme und Feuchtigkeit. Vielerorts kam es dabei erstmals zur Ablagerung von den ältesten Auenlehmen, doch dominant blieben die in ehemaligen Altarmen der Mäander eingelagerten humosen Altwassersedimente. Der Raum Magdeburg – Havelberg wurde in dieser Phase ganz besonders durch häufige Flußverlagerungen betroffen. Über die Tiefenlinie Burg – Genthin – Rathenow kam es bei Hochwasserabflüssen der Elbe immer wieder zu Laufveränderungen nach Osten. Mit Hilfe der Sedimente in den ehemaligen Altarmen ist durch eingelagerte Früchte, Hölzer und Pollen der vormalige Aufbau der Auen zu rekonstruieren. Im Subatlantikum vor etwa 3.500 Jahren setzte dann mit der zunehmenden bäuerlichen Nutzung der flußnahen Landschaften und der damit aufkommenden verstärkten Erosion auf den Rodungsflächen die Ablagerung von Auelehm in den Hochwasserbereichen der Elbe ein. Diese Vorgänge erreichten ihre Dominanz jedoch erst in einzelnen Phasen der mittelalterlichen Rodung.

Bei zunehmendem Nutzungsdruck änderten sich unter neuzeitlichen Bedingungen die hydrologischen und sedimentologischen Rahmenbedingungen der Flüsse, selbst die Abflußbahnen wurden nun den Bedürfnissen der Nutzer angepaßt. Im Zusammenhang mit der Intensivierung der Nutzung zur Zeit der sächsischen Kaiser wurde nicht nur die erste Magdeburger Brükke gebaut, sondern auch die Auenwälder zunehmend als Kulturwald genutzt und Uferbereiche, Straßen und Siedlungen durch lokale Deichbauten geschützt. Außerdem spielte die Schiffahrt auf der Elbe, sie wird in einem Diplom Kaiser Ottos I. für das Mauritius-Kloster in Magdeburg (9. Juli 965) ausdrücklich erwähnt, bereits in alten Zeiten eine bedeutende Rolle. Die jüngere Entwicklung des Deichbaus läßt sich am Beispiel der Wische nördlich von Stendal nachweisen. Hier entstand in den Jahrzehnten nach dem Dreißigjährigen Krieg eine Polderlandschaft von holländischen Ausmaßen (vgl. die Darstellung auf Karte 26 im Atlas von Schlüter & August 1958). Dabei waren die neuen technischen Möglichkeiten zur Ableitung und zum Schöpfen des Wassers entscheidend. Gleichzeitig wuchsen mit der zunehmenden Höhe der Deiche auch die Probleme der Deichbrüche und des sogenannten Qualmwassers. In diesem Zusammenhang sei auf das Katastrophenhochwasser vom Februar 1909 verwiesen. Durch Eisgang wurde der Deich bei Skm 419 nahe Berg erodiert und in der Wische 27.000 ha Kulturland mit Siedlungen unter Wasser gesetzt. Eine eindrucksvolle Karte mit den Brüchen der Elbdeiche am linken Ufer zwischen Bleckede und Winsen (Niedersachsen) für die Zeit zwischen 1470 und 1855 veröffentlichte Schmidt (2001). Es kam in dieser Zeit allein entlang dieser Flußstrecke zu 51 Deichbrüchen.

Im Gefolge der Neuordnung Mitteleuropas durch den Wiener Kongreß wurde zwischen den Anrainerstaaten die Elbschiffahrtsakte vom 23. Juni 1821 verabredet und unterzeichnet. Mit dieser Absichtserklärung zur Verbesserung und Vereinheitlichung des Schiffsverkehrs auf der Elbe war die Basis für einen umfassenden technischen Flußausbau gelegt. Schmidt (2001) führt für die Zeit zwischen vor 1600 und 1810 für die Elbe bereits 13 Mäanderdurchstiche auf, doch der Durchbruch zum modernen Flußsystem geschah erst nach der sogenannten Additionalakte vom 13. April 1844. Die preußischen Urmeßtischblätter 1 : 25.000 wurden entlang der Elbe in den Jahren vor der Additionalakte aufgenommen und dokumentieren somit sehr präzise den Zustand des Flusses vor seinem großen Umbau. Entsprechendes gilt für die sächsische Elbstromkarte aus den Jahren 1850 bis 1855.

Für die Elbe im ehemaligen Mündungsbereich bei Werben wurde ein Kartenvergleich zwischen den Meßtischblättern von 1843 und 1996 durchgeführt. Zwischen den Stromkilometern 424,5 und 433,5 hat sich in den betrachteten Jahren prinzipiell wenig verändert. Dank der Buhnenbauten und der Deckwerke hat sich der Elblauf kaum verlagert. Der Deichverlauf ist mehr oder weniger konstant geblieben. Die Fläche zwischen den Deichen beträgt 10,4 km^2, der mittlere Abstand von Deich zu Deich beträgt etwa 1,2 km, die Breite des Stromschlauchs ist bei Mittelwasser ungefähr 240 m. Die größten geomorphologischen Veränderungen sind dabei im Uferbereich festzustellen. 1842 war gerade die erste Generation von Buhnen gebaut. Nach der Karte erreichten sie eine Gesamtlänge von etwa 2 km, während das heutige Buhnensystem laut der topographischen Karte (d.h. ohne die versandeten Buhnen) eine strömungswirksame Gesamtlänge in der Größenordnung von 5,9 km erreichen. Unter ökologischen Gesichtspunkten war die im Zusammenhang mit den Ausbauten eingetretene Erosion zahlreicher ausgedehnter Kies- und Sandbänke (46 ha) sicherlich gravierend. Die dafür im Zusammenhang mit den Buhnen erzeugten sandigen Buhnenfelder sind – wie in der Folge belegt werden wird – nur ein sehr mäßiger Ersatzlebensraum. Weiterhin ist festzuhalten, daß auch im Raum Werben zwischen den Deichen die noch vor 150 Jahren vorhandenen Auenwaldbestände von etwa 150 ha oder rund 15 % der Deichzwischenfläche auf einzelne Baumgruppen und Baumreihen reduziert wurden. Die Beseitigung der Auenwälder und die Reduktion der Bäume und Buschbestände in den Deichvorländern geschah immer mit dem Ziel der Hochwasserregulierung.

Die Höchstwasserstände hat zuletzt SCHMIDT (2001) für die Elbe in Dresden untersucht. Extremabflüsse mit Wasserständen von 8 und mehr Metern sind aus den folgenden Jahren bekannt: 1500, 1654, 1784, 1830, 1845, 1862 und 1890. Im 20. Jahrhundert wurden in den Maximaljahren 1900, 1920 und 1940 nur die Wasserstände von 7,5 m knapp überschritten, während im 19. Jahrhundert die 7-m-Marke 25 mal überschritten wurde, trat dies im 20. Jahrhundert nur 5 mal auf. Es ist somit für die Elbe bei Dresden zu konstatieren, daß im Vergleich zum 19. Jahrhundert die Hochwässer im vergangenen Jahrhundert an Zahl und Intensität abnahmen (vgl. die Ergebnisse der HW-Analysen von HELMS et al. 2002, S. 129) Gleichzeitig haben aufgrund der Aufheizung des winterlichen Elbwassers auch die Gefahren im Zusammenhang mit der Vereisung des Flusses abgenommen.

1.2. Aktueller Zustand und landschaftsökologischer Wert der Flußlandschaft Mittlere Elbe

Trotz der Veränderungen der letzten Jahrhunderte und der Eingriffe durch den Menschen gilt die Elbe auf deutschem Gebiet, auch aufgrund fehlender Querverbauungen oberhalb von Geesthacht, als relativ naturnaher Fluß mit heterogener Morphologie. Dies trifft sowohl für die rezente Aue zu, als auch für abwechslungsreiche Uferstrukturen, welche aufgrund der vierzigjährigen stark reduzierten Unterhaltungsarbeiten zu DDR-Zeiten entstanden sind. Desweiteren besitzt die Elbe mit dem Streckenabschnitt von Wittenberg bei Skm 215 bis Skm 585,9 ein ausgedehntes Potamal, stellt also einen Tieflandfluß mit den typischen Eigenschaften von geringer Tiefe, feinkörnigem Sediment und – unter natürlichen Bedingungen – einer ausgeprägten Mäandrierung und Seitenerosion dar. Die Umlagerungen von Sedimenten, welche unterhalb der Havelmündungen in Form von Transportkörpern stattfinden (HENTSCHEL 1998), und die abwechselnden Akkumulationen und Erosionen in Abhängigkeiten von wechselnden Wasserständen bedingen eine hohe Strukturvielfalt und Variabilität der Sohle. Diese Eigenschaften haben z. B. in Bereichen mit durchbrochenen Buhnen und erodierten Uferbefestigungen teilweise zu Seitenerosion mit Uferabbrüchen und durch Umlagerungen von Sedimenten zu Sandbänken und temporären Inseln in Buhnenfeldern geführt.

In dem durchgängigen Abschnitt der Mittleren Elbe stehen aufgrund fehlender Stauhaltungen Abfluß und Wasserstand noch in direktem Zusammenhang. Allerdings sind viele Nebenflüsse der Elbe, u. a. Havel, Saale, Karthane, Stepenitz, Seege und Elde durch Staustufen, Schöpfwerke, Talsperren und Wehre reguliert, womit zumindest oberhalb der Einmündungen Einflüsse auf Abflußregime, Sedimenttransport, Selbstreinigungskapazitäten und die Longitudinalität bestehen.

Von großer Bedeutung ist weiterhin der Zusammenhang zwischen Aue und Hauptstrom, einerseits durch ausgedehnte Überflutungsflächen, anderseits durch die noch vorhandenen temporär oder permanent angebundenen Nebengewässer. Die Überflutungsrinnen in den Auenbereichen sind Zeugen der ursprünglich raumgreifenden und weit verzweigten Stromlandschaft mit Nebengewässern und Altarmen.

2. Methodik der hydromorphologischen Untersuchungen

Die hydromorphologische Charakterisierung erfordert Aufnahmen der physikalischen Parameter von Sohl- und Ufermorphologie, Sedimenten und der hydraulischen Verhältnisse. Dies bedeutete, nach Auswahl und Identifizierung geeigneter Bereiche, die Durchführung aufwendiger Freilandmessungen, um eine hohe Meßdatendichte ausreichender Qualität zu gewinnen. Die Daten wurden sowohl bei regelmäßigen Kampagnen zu unterschiedlichen Wasserständen als auch im Rahmen von Feldversuchen erhoben. In Abhängigkeit von Güte und Dichte der vorhandenen Daten konnten für einige Untersuchungsgebiete Flächeninterpolationen von Strömungsdaten durchgeführt werden. Die Sohlen- und Ufermorphologien wurden für ausgewählte Testflächen mittels kombinierter Tiefenlotung und Satellitennavigation aufgenommen und als digitale Geländemodelle verfügbar gemacht. Schwerpunktmäßig wurden Buhnenfelder unterschiedlicher Erhaltungszustände und Lagen untersucht. Tabelle 1 enthält alle aufgenommenen Buhnenfelder.

2.1. Freilandmessungen von Strömung, Morphologie und Korngrößen

2.1.1. Morphologische Aufnahmen

Die Aufnahme der Sohlmorphologie erfolgte von einem fahrenden Boot aus mit einem Flachwasserecholot und einem parallel laufenden Satellitennavigationssystem (GPS). Ergänzt wurden die Aufnahmen der benäßten Flächen durch tachymetrische Einmessungen der Uferbereiche. Ziel war die Aufnahme der Morphologie bis zur Uferlinie, welche bei bordvollem Wasserstand erreicht wird und im engeren Untersuchungsgebiet bei Havelberg einem Pegelstand von ca. 370 cm entspricht. Teilweise wurden die Deichvorländer bis zur Deichkrone mit eingemessen. Die Anzahl der Meßpunkte ermöglichte die Erstellung von Geländemodellen im GIS auf der Basis eines 1 × 1 m-Rasters.

2.1.2. Strömungsmessungen

Für Strömungsmessungen wurde die Ultraschall-Velocimetrie gewählt. Eingesetzt wurden Geräte für Punktmessungen und zur Aufnahme von Vertikalprofilen. Bei der Punktmessung wurde der Ultraschall-Doppler-Strömungsmessers ADV (Acoustic Doppler Velocimeter) mit einer Schallfrequenz von 10 MHz für die Aufnahme von oberflächennahen, sohlnahen und mittigen Strömungen verwendet. Der Ultraschall-Doppler-Profil-Strömungsmesser (3,0 MHz Basic ADP) hingegen ermittelt in einer vertikalen Säule gleichzeitig in unterschiedlichen Tiefen von vorher zu definierenden Abständen die Strömungsrichtungen und -geschwindigkeiten. Der ADV eignet sich für Messungen im Flachwasser und wurde zu Fuß in Tiefen bis 150 cm eingesetzt. Der Einsatz des ADP erfolgte vom Boot aus in tieferen Bereichen, im Hauptstrom und bei Hochwässern auch in den Buhnenfeldern. Der Vorteil längerer sta-

Tab. 1: Hydromorphologisch untersuchte Buhnenfelder
Tab. 1: Hydromorphological surveyed groyne fields

Strom-kilometer	Struktur	Lage	Untersuchte Parameter
418,2	Buhnenfeld mit Buhnenbruch Mitte	Gerade Fließstrecke	Morphologie, Strömung, Korngrößen
419,2	Buhnenfeld mit Buhnenbruch Mitte, provisorisch repariert	Gleithang	Morphologie
419,6	Buhnenfeld mit Buhnenbruch Wurzel	Prallhang	Morphologie
419,7	Buhnenfeld repariert	Prallhang	Morphologie
421	Buhnenfeld repariert	Gleithang	Morphologie, Strömung, Korngrößen
421,7	Buhnenfeld mit Buhnenbruch Wurzel	Gleithang	Morphologie
421,8	Buhnenfeld mit Buhnenbruch Wurzel	Gleithang	Morphologie, Strömung, Korngrößen
423,4	Buhnenfeld intakt, neu	Prallhang	Morphologie, Strömung, Korngrößen
452,9	Buhnenfeld intakt, stark verlandet	Gleithang	Morphologie
453,1	Buhnenfeld intakt, stark verlandet	Gleithang	Morphologie

tionärer Messungen an einer Stelle liegt in der Aufzeichnung von Instationaritäten, also Änderungen von Strömungen pro Zeiteinheit und deren Periodizitäten.

2.1.3. Korngrößenanalysen

Die Entnahme der Sedimentproben erfolgte an eingemessenen Punkten zumeist mit einem Handstechrohr von 10 cm Länge. Dabei wurde das Substrat, u.a. bei Tauchgängen, den oberen 10 cm der Sohle entnommen. Von den Sand- und Kiesproben wurde nach DIN 19683 in maschineller Trockensiebung die Korngrößenverteilung ermittelt. Bei Ton- und Schluffgehalten über 10 % (geschätzt) wurde naßgesiebt. Eine weitere Unterteilung der Fraktion < 63 µm erfolgte nicht.

2.2. Ableitung hydromorphologischer Indizes

Mit Hilfe der erstellten GIS-Karten können für auszuwählende Teilflächen (z.B. eine Probenahmenfläche) innerhalb eines Habitates (z.B. Buhnenfeld) oder für das gesamte Habitat statistische Auswertungen vorgenommen und Indizes berechnet werden. Die Methode erlaubt die flexible Generierung von Parametern aus der Datengrundlage. Wurden z.B. Proben mittels Elektrobefischung entlang der Uferlinie eines Buhnenfeldes gezogen, lassen sich nur für diesen im GIS abzugrenzenden Bereich Tiefenindizes, Strömungsindizes u.a. bestimmen. Im Falle eines Zugnetzhols für ca. 2/3 der Fläche eines Buhnenfeldes kann diese Fläche ebenfalls entsprechend definiert und ausgewertet werden.

2.2.1. Ableitung von morphologischen Indizes

Nach Aufnahme der Morphologie und Verarbeitung der Daten wurden u.a. folgende Indizes abgeleitet (die Berechnung wird im Ergebnisteil erläutert):

- Volumina und Wasserflächen
- Verlandungsgrade (Grundfläche abzügl. der benäßten Fläche)
- Durchschnittstiefen
- Uferlinienlängen (Verhältnis der pegelstandsabhängigen Wasserlinie zum Abstand der Buhnenköpfe und der Länge der Buhnen)

Dies erfolgte für die Pegelstände in Abständen von 10 cm von Niedrigwasser bis zum bordvollen Abfluß und deckt alle innerhalb des Projektzeitraumes aufgetretenen Niedrig- und niedrigen Mittelwasserstände ab.

2.2.2. Ableitung von Strömungsindizes

Die aufgenommenen Strömungsdaten lassen sich entweder direkt mit den fischereibiologischen Fangdaten der nächstliegenden Meßpunkte vergleichen oder mit Interpolationsverfahren auf die gesamte Fläche übertragen. Die Abbildungen 1 und 2 stellen Strömungsrosen von Geschwindigkeiten und Richtungen oberflächennaher Strömungen für die Buhnenfelder bei Skm 421 (reparierte Buhne) und 421,8 (durchbrochene Buhne) dar. Für jeden der 30 bis 40 einzelnen über die jeweiligen Buhnenfelder und den angrenzenden Bereich des Flußschlauches verteilten Meßpunkte wurden Parameter wie z.B. mittlere, maximale und minimale Strömungsgeschwindigkeiten oder mittlere Strömungsrichtungen und Änderungen der Strömungsrichtungen pro Meßzeitraum berechnet und mittels Kriging als gewähltem Interpolationsalgorithmus auf der Basis eines 4 × 4 m Rasters in die Fläche interpoliert. Dieses Vorgehen erlaubt die Verknüpfung der flächenbezogenen Strömungsdaten mit den fischereibiologischen Ergebnissen.

2.2.3. Darstellung der Korngrößenverteilung

Zum Vergleich von Korngrößenverteilungen in Buhnenfeldern und auf Kiesbänken werden ausgesuchte Proben besprochen, welche entlang einer orthogonal zur Uferlinie in Richtung Hauptstrom verlaufenden und mittig in den jeweiligen Untersuchungsgebieten liegenden Tangente entnommen wurden. So können Ab- oder Zunahmen von Anteilen gröberer Korngrößen in Richtung Hauptstrom untersucht und mit den hydraulischen Verhältnissen verglichen werden.

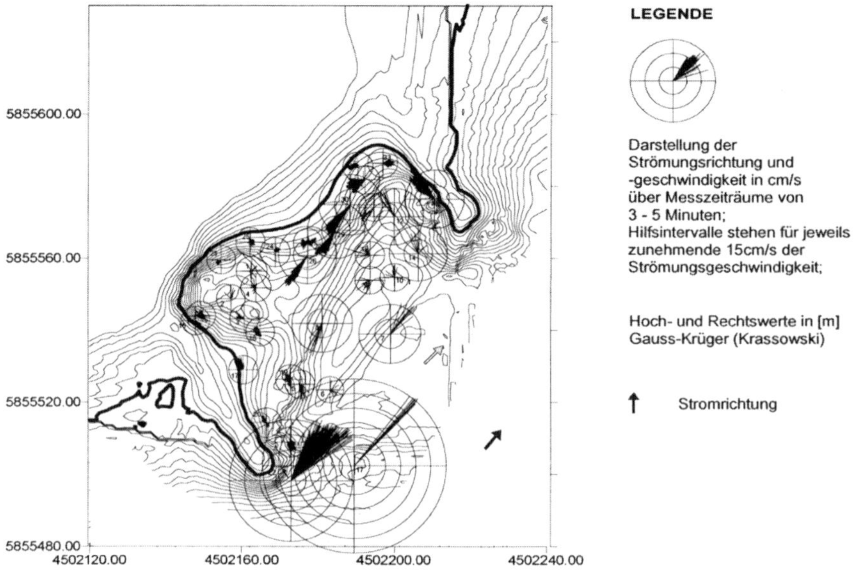

Abb. 1: Oberflächennahe Strömungsverhältnisse (Meßtiefe 10 cm) in einem Buhnenfeld mit reparierter Buhne bei Stromkilometer 421, links.

Fig. 1: Flow close to surface (depth: 10 cm) in a groyne field with repaired groyne at river km 421, left side.

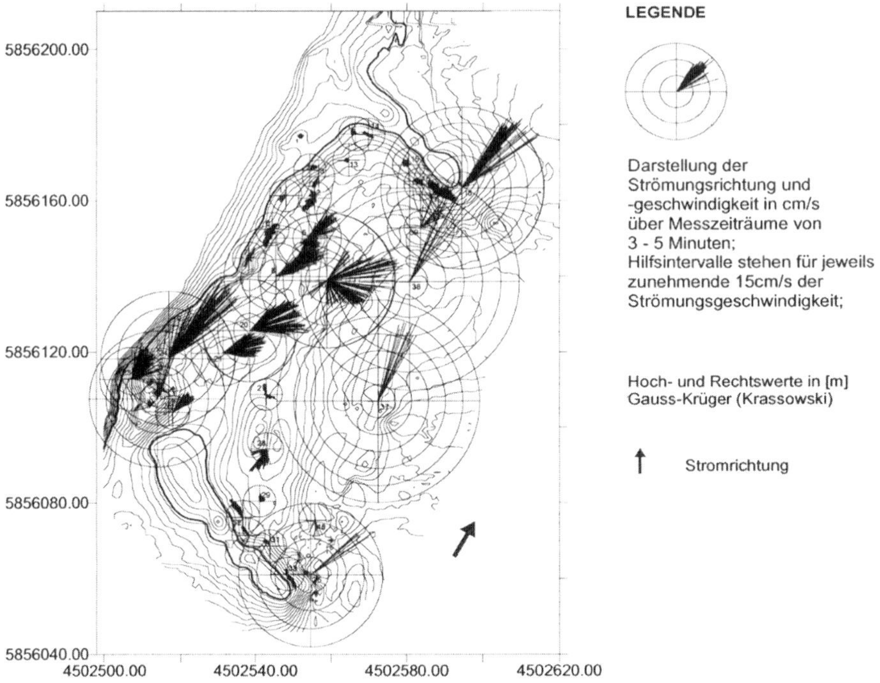

Abb. 2: Oberflächennahe Strömungsverhältnisse (Messtiefe 10 cm) in einem Buhnenfeld mit durchbrochener Buhne bei Stromkilometer 421,8, links.

Fig. 2: Flow close to surface (Depth: 10 cm) in a groyne field with a breached groyne upstream at river km 421.8, left side.

3. Beschreibung und Vergleich der Ergebnisse von untersuchten Uferbereichen und Nebengewässern

3.1. Buhnenfelder

3.1.1. Morphologische Indizes

Die Aufnahme der Morphologie erfolgte für insgesamt 10 Buhnenfelder. Kombiniert mit Strömungsindizes oder der Korngrößenverteilung sind weitere Aussagen, wie z.B. die Berechnung von Wasseraustausch pro Zeiteinheit oder die Ausdehnung von Flächen mit erhöhten Kiesanteilen denkbar. In diesem Kapitel werden einige dieser Indizes verglichen. In den Abbildungen 3 - 6 sind die vier am ausführlichsten untersuchten Buhnenfelder dargestellt.

3.1.1.1. Wasserflächen- und Volumenindizes

Die Wasserflächen- und Volumenindizes ermöglichen Vergleiche der unterschiedlichen Ausdehnungen der Buhnenfelder. Die Unterschiede sind erheblich. Das größte Buhnenfeld 423,4 weist für einen anzunehmenden Niedrigstwasserstand von 150 cm (Pegel Havelberg) eine Wasserfläche von 10.616 m^2 und ein Volumen von 11.657 m^3 sowie für den Wasserstand von 370 cm eine Wasserfläche von 19.040 m^2 und ein Volumen von 43.539 m^3 auf. Das Buhnenfeld mit der geringsten Ausdehnung bei Skm 453,1 hat lediglich eine Wasserfläche von 1.318 m^2 und ein Volumen von 1.350 m^3 bei Niedrigstwasser und eine Fläche von 4.376 m^2 sowie ein Volumen von 6.890 m^3 bei einem Wasserstand von 370 cm. Abbildung 7 stellt die unterschiedlichen Wasserflächen in Abhängigkeit von den Pegelständen für ausgesuchte Buhnenfelder dar.

Die Kurven verlaufen im mittleren Pegelbereich weitestgehend stetig und mit gleicher Steigung. In den geringeren Tiefen bis 200 cm ist für einige Buhnenfelder eine deutlichere Zunahme der Wasserfläche zu verzeichnen, welches auf die Verlandungen hinweist, die bei Zunahmen der Wasserspiegellagen in diesem Bereich

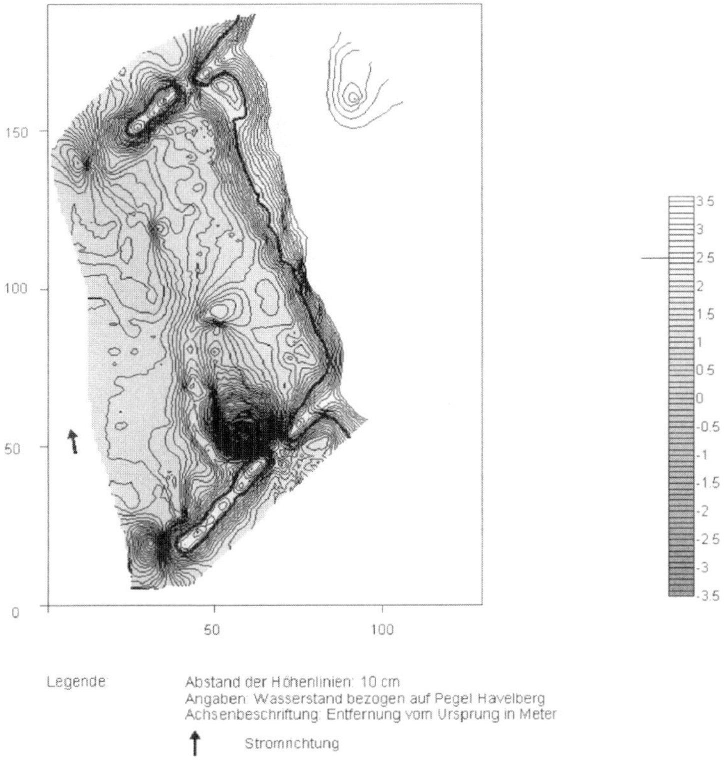

Abb. 3: Morphologisches Modell von Buhnenfeld Skm 418,2, rechts.
Fig. 3: Morphological model of a groyne field at river km 418.2, right side.

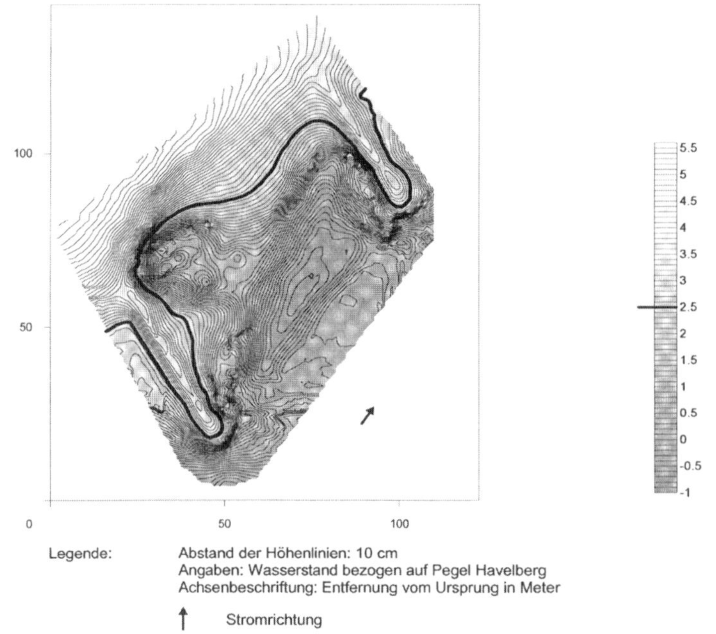

Abb. 4: Morphologisches Modell von Buhnenfeld Skm 421, links.
Fig. 4: Morphological model of a groyne field at river km 421, left side.

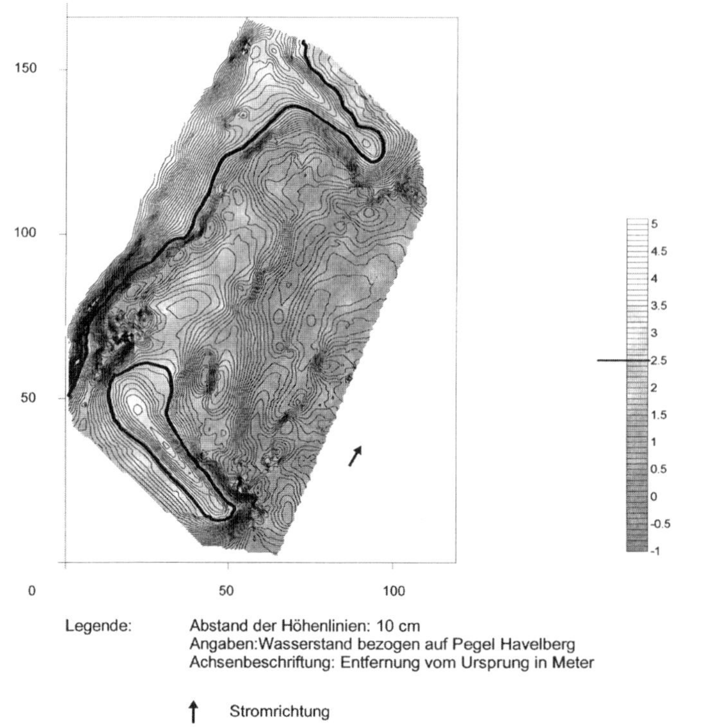

Abb. 5: Morphologisches Modell von Buhnenfeld Skm 421,8, links.
Fig. 5: Morphological model of a groyne field at river km 421.8, left side.

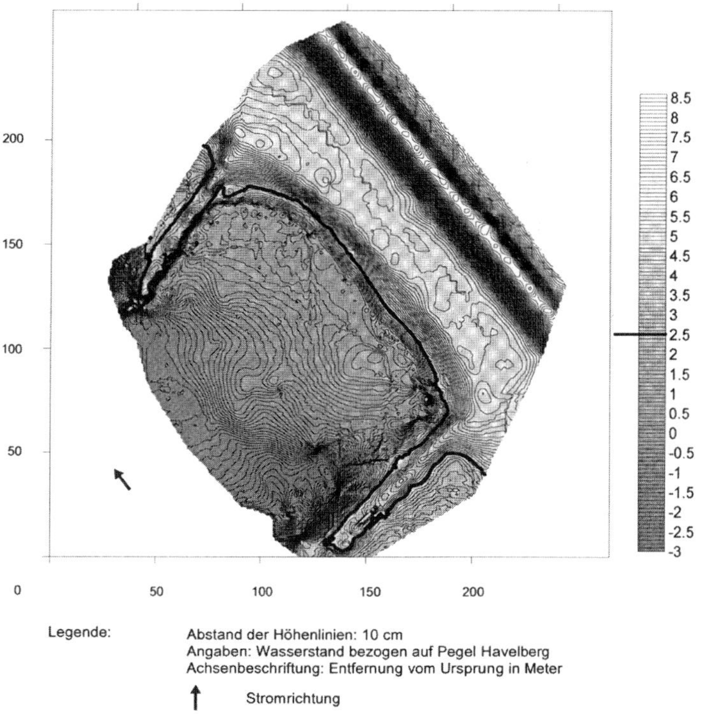

Abb. 6: Morphologisches Modell von Buhnenfeld Skm 423,4, rechts.
Fig. 6: Morphological model of a groyne field at river km 423.4, right side.

überspült werden. Eine Ausnahme hinsichtlich der Morphologie stellt Buhnenfeld 419,2 rechts dar, welches durch eine zentrale ausgedehnte Sandbank geprägt ist. Beide Buhnen sind mittig mit Sandsäcken provisorisch repariert. Die übergroße Länge der Buhnen förderte eine ausgedehnte Verlandung im Zentrum. Durch die ehemaligen Durchbrüche der Buhnen wurde die Sandbank binnenseits wieder stark erodiert. Diese Sandbank trennt somit bei niedrigen Wasserständen einen breiten und tiefen ufernahen Bereich vom äußeren stromseitigen Abschnitt ab. Zwischen diesen Teilflächen besteht dann keine Verbindung. Die Verlandung dieses Buhnenfeldes wirkt sich auch auf andere morphologische Parameter wie Durchschnittstiefe und Uferlinienlänge sowie auf die Strömungsverhältnisse aus.

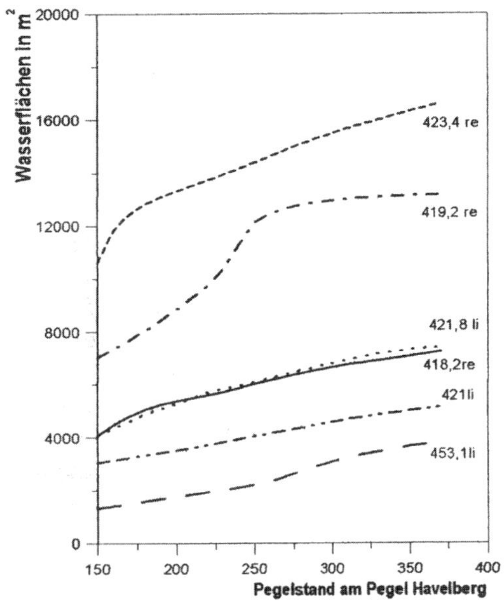

Abb. 7: Wasserflächen in Buhnenfeldern in Abhängigkeit von Wasserständen.
Fig. 7: Water surface in groyne fields in dependence of water levels.

3.1.1.2. Verlandung

Der Verlandungsgrad errechnet sich aus der Grundfläche abzüglich der Wasserfläche. Es bestehen deutliche Unterschiede zwischen den

Ausdehnungen der Verlandungszonen (Abb. 8). Als stark verlandet anzusehen sind die Gleithangbuhnenfelder bei Skm 452,9 und Skm 453,1 links mit Verlandungen von bis zu 70 % bei Niedrigwasser. In der Mehrzahl der Buhnenfelder geht der Verlandungsgrad mit steigendem Wasserstand gleichmäßig zurück. Sprünge im Verlauf weist Buhnenfeld 419,2 auf. Der etwa S-förmige Verlauf der Kurve wird hervorgerufen durch die zentrale Verlandung (s.o.) sowie durch die relativ steilen Uferbereiche. Mit Überströmung der Sandbank ändert sich die Ausdehnung der Verlandung nur noch geringfügig, und bei Pegel 370 cm besteht die geringste Verlandung aller Buhnenfelder mit weniger als 5 %.

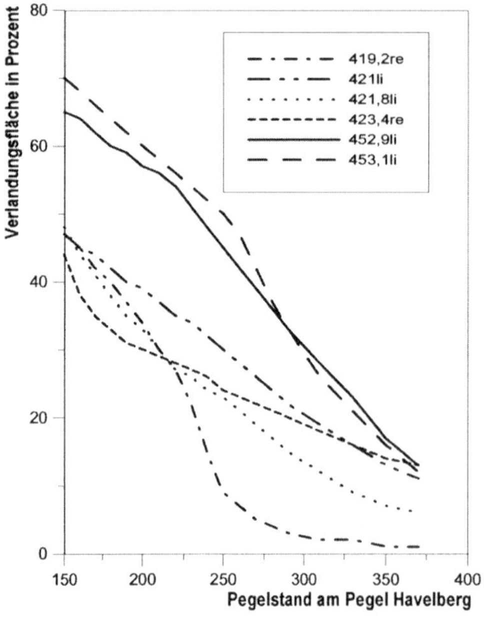

Abb. 8: Verlandungsanteile (%) in Buhnenfeldern in Abhängigkeit von Wasserständen.
Fig. 8: Siltation areas (%) in groyne fields in dependence of water levels.

Ein Vergleich der Buhnenfelder 421 und 421,8 verdeutlicht ebenfalls den Verlauf der Verlandungen bei unterschiedlichen Wasserständen. Eine stärkere Zunahme der Verhältniszahl Wasserfläche/Grundfläche des durchbrochenen Buhnenfeldes bei Skm 421,8 bei steigendem Pegelstand erklärt sich durch eine flächenhaft ausgedehntere, aber insgesamt flachere Verlandung als in Buhnenfeld 421. Ein Anstieg des Wasserstandes um 1 m überschwemmt z.B. die zentrale Sandbank in Buhnenfeld 421,8 beinahe völlig und führt deshalb zu einer deutlicheren Steigerung der Verhältniszahl. In Buhnenfeld 421 herrschen hingegen weniger heterogene Strukturen. Wie in Abbildung 4 zu erkennen ist, beschränkt sich die Verlandungszone auf die relativ kleine Sandbank im Leebereich der stromauf gelegenen Buhne, sowie auf einen zusammenhängenden breiten Uferbereich oberhalb der stromab gelegenen Buhne. Beide Strukturen und der Bereich des tiefen Kolkes weisen im Vergleich zum Buhnenfeld 421,8 steilere Ufer auf. Ein Anstieg des Wasserstandes läßt hier deshalb die Wasserfläche im Verhältnis zur Grundfläche in geringerem Maße anwachsen. Erst bei einem Pegelstand von ca. 370 cm (Pegel Havelberg) und gänzlich überschwemmten Strukturen nähern sich die Verhältniszahlen wieder an.

3.1.1.3. Durchschnittstiefen

Die Durchschnittstiefen beziehen sich auf die zu den verschiedenen Wasserständen jeweils auftretenden benäßten Flächen (Abb. 9). Die Steigungen der Kurven verändern sich mit den Pegelständen und verdeutlichen damit die Verhältnisse der stromseitigen Bereiche der Buhnenfelder, welche auch bei Niedrigwasser noch überströmt sind, zu den mehr oder weniger verlandeten ufernahen Flächen. So ist erkennbar, daß die Buhnenfelder 452,9 und 453,1 im Vergleich zu den übrigen Buhnenfeldern bei hohem Wasserstand als flach, bei geringen Wasserständen aber als durchschnittlich flach einzuordnen sind.

Im Vergleich der Buhnenfelder 421,8 und 421 weist das tiefere und geringer strukturierte Buhnenfeld 421 bei allen Wasserständen eine höhere Durchschnittstiefe auf. Die Zahl liegt für Buhnenfeld 421 bei niedrigem Wasserstand bei 1,12 m, da auch bei geringen Wasserständen relativ tiefe Bereiche vorkommen. Der in Buhnenfeld 421,8 deutlich unter 0,75 m liegende Wert zeigt hingegen die geringen Tiefen in den äußeren Bereichen an. Die schwächer ausgeprägte Steigung der Indexkurve von Buhnenfeld 421 im mittleren Bereich der Kurve im Vergleich zu Buhnenfeld 421,8 verdeutlicht die ab diesem Wasserstand beginnende Überschwemmung des Verlandungsbereiches entlang der Uferlinie und die somit kurzfristig im Verhältnis zum Volumen stärker zunehmende Wasserfläche. Bei Erreichen des bordvollen Abflusses sind die unterschiedlichen Strukturen weitgehend nivelliert und die Differenzen der Tiefen geringer. Buhnenfeld 421 weist bei einem Pegel von 370 cm eine Durchschnittstiefe von 2,44 m und Buhnenfeld 421,8 eine Durchschnittstiefe von 2,21 m auf.

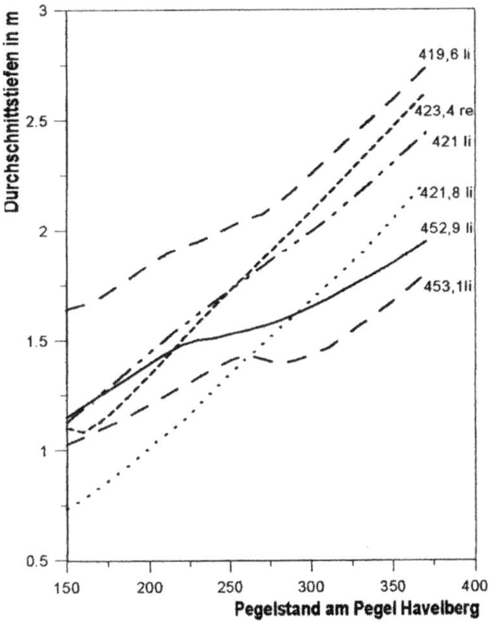

Abb. 9: Durchschnittstiefen in Buhnenfeldern in Abhängigkeit von Wasserständen.
Fig. 9: Average water depths in groyne fields in dependence of water levels.

3.1.1.4. Uferlinien

Die Heterogenität der Morphologie eines Buhnenfeldes läßt sich in Anlehnung an den Uferentwicklungsfaktor von SCHWOERBEL (1993) mit dem Uferlinienindex gut erfassen. Der Index beschreibt die Länge der Uferline innerhalb des Buhnenfeldes zu den verschiedenen Wasserständen. Die Länge der tatsächlichen Uferlinie wurde unter Berücksichtigung der unterschiedlichen Buhnenfeldausdehnungen zum Abstand der Buhnenköpfe und der Länge beider Buhnen (idealisierte Uferlinie) ins Verhältnis gesetzt. Z. T. bestehen Ähnlichkeiten zum Verlandungsindex, wobei allerdings hier auch die Form von Verlandungsflächen und das Vorhandensein von z.B. Kolken und Durchbrüchen mit eingehen. Die Kurven des Verlandungsindex sind mit steigendem Wasserstand stetig abnehmend. Wenn hingegen mit steigendem Wasserstand Strukturen wie trockengefallene Durchbrüche oder Kolke wieder durchströmt oder angebunden werden, kann der Uferlinienindex auch zunehmen. Dies ist für die Buhnenfelder mit durchbrochenen Buhnen 418,2, 419,2 und 421,7 bei Niedrigwasserständen von 150 cm bis 250 cm deutlich ausgeprägt. Aus Gründen der Übersichtlichkeit sind hier in Abbildung 10 repräsentativ für diese Gruppe nur die Buhnenfelder 419,2 und 421,8 dargestellt. In den stark verlandeten Buhnenfeldern 452,9 und 453,1 ist tendenziell ebenfalls bei steigendem Wasserstand eine Zunahme erkennbar, wobei die Zunahme aufgrund der starken Verlandung allerdings erst ab einem Wasserstand von 200 cm bzw. 250 cm eintritt und nur gering ausgeprägt ist. Buhnenfeld 423,4 (Abb. 10) zeigt nur unwesentliche Zunahmen bis zum Pegel von ca. 250 cm. Die Uferlinien nehmen ab diesem Pegelstand deutlicher ab. Die Buhnenfelder 419,6 sowie 419,7 und 421 (Abb. 10) haben fast durchgängig abnehmende Uferlinienlängen. Diese vier letztgenannten Buhnenfelder sind also hinsichtlich Veränderungen der Uferstruktur bei unterschiedlichen Wasserständen eher als strukturarm zu bezeichnen. Zusammenfassend lassen sich drei Gruppen ausmachen. Die Buhnenfelder mit heterogenen Uferstrukturen haben bei wechselnden Wasserständen abwechlungsreiche Kurvenverläufe mit mehrmaligen Zu- und Abnahmen der Uferlinienlängen (419,2 und 421,8). Buhnenfelder mit überwiegend abnehmenden und nur teilweise geringen Zunahmen der Uferlinienlänge verfügen über eine Verlandungsform, die mit dem Ufer verbunden ist. Bei steigendem Wasserspiegel kommt es hier zu ungleichmäßigen Überströmungen und deshalb zu geringen Längenzunahmen (421 und 423,4). Buhnenfelder, die im wesentlichen durch verlandete Uferstrukturen gekennzeichnet sind, haben eher gleichbleibende oder leicht zunehmende Uferlinienlängen zu verzeichnen (452,9 und 453,1).

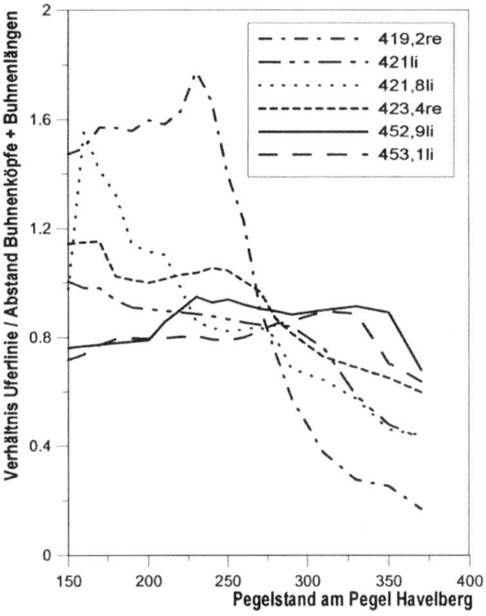

Abb. 10: Uferlinienlängen in Buhnenfeldern in Abhängigkeit von Wasserständen.
Fig. 10: Flowage line in groyne fields in dependence of water levels.

3.1.2. Strömung

Die unterschiedlichen Abflüsse im Jahresverlauf und die wechselnden hydraulischen Bedingungen haben Einfluß auf morphodynamische Prozesse und die Ökologie. Eine Auswertung der Tageswerte des Pegels Havelberg der Jahre 1997 bis 1999 verzeichnet für Niedrigwasserstände (NWst) 7,67 %, für niedrige Mittelwasserstände (NMWst) 49,58 %, für hohe Mittelwasserstände (MWst) 18,81 %, für Mittlere Hochwasserstände (MHWst) 21,64 % und für hohe Hochwasserstände (HHWst) 2,3 % der Tage. Die Bereiche der Wasserstände wurden selbst festgelegt, orientieren sich aber an den Auswertungen der Aufzeichnungen der Jahre 1991 bis 2000 durch das WSA Brandenburg und den Berechnungen der niedrigsten Wasserstände (NW = 161 cm), Mittelwasserstände (MW = 298 cm) und Mittleren Hochwasserstände (529 cm) für diese Periode. Messungen erfolgten für Niedrigwasserstände bei Pegelständen von 160 bis 180 cm, bezogen auf den Pegel Havelberg, für niedrige Mittelwasserstände (definiert für Pegelstände von 180 cm bis 300 cm) bei Pegelständen von 250 cm bis 300 cm. Darüber hinaus wurden hohe Mittelwasserstände für Pegelstände von 300 cm bis 370 cm (annähernd ausufernd) definiert. Mittlere Hochwasserstände gelten für Pegelstände von 370 cm bis 529 cm. Pegelstände von mehr als 529 cm wurden als hohe Hochwasserstände eingeordnet. Die hinsichtlich der Strömung in den untersuchten Buhnenfeldern flächendeckend aufgezeichneten Niedrigwasser- und niedrigen Mittelwasserstände decken demnach über 57 % des Untersuchungszeitraums ab. Hochwässer treten nach Auswertungen der IKSE (1996) von langjährigen Aufzeichnungen des Pegels Neu Darchau überwiegend in den Frühjahrsmonaten März bis Mai zur Zeit der Schneeschmelze in Erzgebirge und Riesengebirge auf. Die niedrigsten Wasserstände werden in den Monaten August bis Oktober erreicht.

Die Strömungsverhältnisse werden hier nur für Niedrig- und Mittelwasserverhältnisse besprochen, da die Verknüpfung mit den fischbiologischen Daten für diese Wasserstände vorgesehen ist. Eine beispielhafte Erläuterung der hydraulischen Verhältnisse bei Hochwasser erfolgt in Kapitel 3.1.3. „Korngrößen“, da diese für das Verständnis der Sedimentationsverhältnisse in Buhnenfeldern notwendig sind.

Die Strömungen in Buhnenfeldern werden für mittlere und niedrige Abflüsse durch den zentralen Rückströmungswirbel charakterisiert. Die Einströmung in das Buhnenfeld erfolgt vorwiegend am Buhnenkopf der stromab gelegenen Buhne. Von hier aus bildet sich eine Strömungsfahne entlang der Buhne und der Uferlinie bis zur stromauf gelegenen Buhne. Die Strömung innerhalb des Buhnenfeldes verläuft also stromauf, ein allgemein bekanntes und leicht zu beobachtendes Phänomen. Im Zentrum dieses Rückstromwirbels treten geringere Fließgeschwindigkeiten als in der Peripherie auf. Bei genauerer Betrachtung läßt sich auch im Gelände beobachten, daß es zusätzlich vor allem in den Eckbereichen zur Ausbildung von kleinen Sekundärwirbeln kommt, deren Rotationsrichtung gegenläufig zum Hauptwirbel verläuft.

Weiterhin läßt sich die Wirbelstraße abgrenzen, welche sich hinter dem stromauf gelegenen Buhnenkopf bildet. Die Wirbelstraße verläuft tendenziell in Richtung der stromab gelegenen Buhnenmitte. Dies ist allerdings eine vereinfachende Beschreibung, da Pendelungen in kurzen mehrminütigen Abständen stattfinden. Die Strömungsrichtung pendelt teilweise in das Buhnenfeld hinein und zeitweise außen am Buhnenfeld vorbei. Die Schwingungen wiederholen sich bei ungestörtem Zustand regelmäßig.

Diese generalisierten Beschreibungen werden durch die Morphologie und Lage des Buhnenfeldes und die Anströmungsverhältnisse modifiziert. Da die Buhnenfelder an der mittleren Elbe alle mehr oder weniger ausgeprägten Verlandungen unterliegen, werden dadurch auch die hydraulischen Verhältnisse beeinflußt. Spezielle Veränderungen ergeben sich durch Bau- und Unterhaltungsmaßnahmen, wie Ausbaggerungen und Umlagerung von Sand und Schüttungsmaterial und sind vielfach die Ursache für Kolke im Leebereich der reparierten Buhnen.

Unterhalb von Durchbrüchen in beschädigten Buhnen verläuft eine zur Rückströmung entgegengesetzte Durchbruchströmung, die Ufer und Verlandungen im Buhnenfeld erodiert.

Eines der Projektziele war es, unterschiedliche Buhnenfelder genauer zu untersuchen, um Strukturen, Korngrößenverteilungen und Hydraulik sowie Wechselwirkungen beschreiben und quantifizieren sowie fischökologische Bewertungen vornehmen zu können. Die Untersuchungen erfolgten abgestuft, für vier ausgesuchte Buhnenfelder mit unterschiedlichen Erhaltungszuständen wurden umfassende Untersuchungen durchgeführt, sechs weitere wurden morphologisch aufgenommen. Für Strömungsmessungen wurden zwei am Gleithang liegende Buhnenfelder vergleichbarer Größe und Lage mit durchbrochener stromauf gelegener Buhne (421,8) und reparierter stromauf gelegener Buhne (421) ausgesucht. In Prallhanglage wurde ein Buhnenfeld mit zwei durchbrochenen Buhnen (418,2) und ein Buhnenfeld mit erneuerten Buhnen (423,4) ausgewählt (Tab. 1 und Abb. 3-6). Die Strömungen wurden für Niedrigwasserstände und niedrige Mittelwasserstände gemessen, da die Verknüpfung mit den fischökologischen Daten im Rahmen des Verbundprojektes vor allem für diese Wasserstände stattfindet.

Um einen Eindruck der hydraulischen Verhältnisse der vier Buhnenfelder zu erhalten, werden zunächst die durchschnittlichen oberflächennahen Fließgeschwindigkeiten innerhalb der Buhnenfelder untereinander verglichen. Die ausgewertete Fläche ist hierbei stromseitig durch eine Linie zwischen den Buhnenköpfen begrenzt. Überraschenderweise ließen sich bei steigenden Wasserständen keine Zunahmen der durchschnittlichen Fließgeschwindigkeiten für alle Buhnenfelder ermitteln. Dieses Ergebnis ist nur unter Berücksichtigung der weiter oben diskutierten Flächenanteile und der Morphologien zu erklären.

In zwei der vier Buhnenfelder (421 und 423,4), beide mit intakten Buhnen, nimmt bei steigendem Wasserstand erwartungsgemäß die durchschnittliche Fließgeschwindigkeit innerhalb des Buhnenfeldes zu. In Buhnenfeld 423,4 unterscheiden sich die beiden Wasserstände um einen Pegelstand von 1,2 m. Das Volumen des Fassungsvermögens verdoppelt sich von 16.500 m^3 auf 33.000 m^3, der Anteil der verlandeten Fläche nimmt um 14 % ab und beträgt bei höherem Wasserstand nur noch 18 % der Grundfläche. Die durchschnittliche Fließgeschwindigkeit beträgt bei NWst 22,3 cm/s und bei NMWst 24,5 cm/s (Zunahme 9,86 %). Für Buhnenfeld 421, ein Buhnenfeld geringerer Ausdehnung und Gleithanglage, erfolgten die Messungen bei Pegelstand 160 cm und 250 cm. Das Fassungsvolumen nimmt dabei von ca. 3.500 m^3 auf 6.200 m^3 zu. Der Verlandungsanteil nimmt bei dieser Wasserstandsänderung um 13 % ab und beträgt noch 30 % der Grundfläche des stärker verlandeten Buhnenfeldes. Die durchschnittliche Fließgeschwindigkeit steigt von 10,2 cm/s (NWst) auf 12,5 cm/s (NMWst), d. h. um 22,5 %.

Der Vergleich dieser Parameter unter Berücksichtigung der im Kapitel 3.1.1 beschriebenen morphologischen Verhältnisse ermöglicht mehrere Aussagen. Zum einen nimmt in dem Gleithangbuhnenfeld 421 die Strömung deutlicher zu, was durch die sehr geringen Fließgeschwindigkeiten bei Niedrigwasser zu erklären ist. Der Kolkbereich ist bei Strömungen von zum Teil nur 0,01 m/s bereits als Stillwasserbereich einzuordnen. Außerdem werden aufgrund der Buhnenlage die äußeren Bereiche weniger von der Wirbelstraße und dem Hauptstrom beeinflußt. Die Zunahme der durchschnittlichen Fließgeschwindigkeit ist vor allem mit der Ausdehnung stärker durchströmter Bereiche an der stromab gelegenen Buhne zu erklären. Die Fläche des Kolkbereiches hingegen verändert sich aufgrund der steilen Ufer bei veränderten Wasserständen kaum, d.h. die relativen Flächenanteile nehmen im flacheren und stärker durchströmten Abschnitt deutlicher zu. Das Prallhangbuhnenfeld 423,4 weist einen ähnlich ausgeprägten Stillwasserbereich nicht auf. Die sich bei steigendem Pegelstand ausdehnenden strömungsberuhigten Bereiche und stärker durchströmten Bereiche befinden sich beide in relativ flachen Uferzonen und nehmen in etwa gleichmäßig zu. Die Veränderung fällt deshalb in diesem Beispiel trotz des größeren Pegelunterschiedes geringer aus. Zudem ist aufgrund der Prallhanglage auch bei Niedrigwasser die Fließgeschwindigkeit bereits relativ hoch.

In den beiden durchbrochenen Buhnenfeldern 421,8 und 418,2 nimmt die durchschnittliche Fließgeschwindigkeit bei niedrigerem Pegelstand erstaunlicherweise zu, obwohl die Durchbrüche bei niedrigeren Pegelständen trockenfallen und schon deshalb, ohne Berücksichtigung des ohnenhin geringeren Abflusses, mit eher geringeren Fließgeschwindigkeiten zu rechnen sein sollte. Die durchschnittliche Strömungsgeschwindigkeit für Buhnenfeld 418,2 beträgt bei Niedrigwasser (NWst) 19,1 cm/s, bei niedrigem Mittelwasser (NMWst) hingegen 17,5 cm/s. Für Buhnenfeld 421,8 liegen die Werte für NWst bei 26,1 cm/s und für NMWst bei 23,2 cm/s. Auch hier kann dies nur unter Einbeziehung der Morphologie und der Flächenanteile stärker und geringer durchströmter Bereiche, welche wiederum mit den Uferneigungen zusammenhängen, verstanden werden. Die Strömungsfahne, welche sich hinter dem Durchbruch bildet, hat insgesamt einen geringeren Einfluß auf die Strömungsverhältnisse des gesamten Buhnenfeldes als die flachen strömungsberuhigten Randbereiche, die bei NWst oder NMWst einen bedeutenden Teil der Uferbereiche einnehmen. Für Buhnenfeld 421,8 gilt weiterhin, daß die im Lee der stromauf gelegenen Buhne liegende Sandbank bei einem Absinken des Wasserspiegels um einige Dezimeter trockenfällt und ca. 25 - 30 % des Buhnenfeldes nicht mehr benäßt sind. Die Flächenanteile der verlandeten Bereiche betragen für Buhnenfeld 418,2 bei NMWst 20 % und 22 % für 421,8. Bei NWst machen in Buhnenfeld 418,2 die verlandeten Bereiche 36 % aus und für 421,8 sogar 48 %, d.h. dieses Buhnenfeld hat den höchsten Verlandungsgrad aller vier Buhnenfelder bei Niedrigwasserständen. Im Vergleich der Buhnenfelder wurden die größten Zunahmen der Verlandung zwischen diesen beiden Wasserständen mit 16 % für Buhnenfeld 418,2 und 26 % für Buhnenfeld 421,8 festgestellt.

Werden die mittleren Strömungsgeschwindigkeiten in Klassen mit Weiten von jeweils 10 cm/s eingeteilt, läßt sich die Verteilung der strömungsberuhigten und stärker durchströmten Bereiche genauer betrachten. Als Beispiele sollen die beiden verschiedenen Wasserstände der Buhnenfelder 421 und 421,8 verglichen werden (Abb. 11 und 12). Für Buhnenfeld 421 verläuft die Strömungsverteilung mit zunehmendem Pegelstand wie oben beschrieben. Die Verschiebung der Anteile der Strömungsklassen ist gleichmäßig. Das Fehlen von Häufigkeiten in den Klassen höherer Geschwindigkeiten ist mit der Länge der Buhnen sowie mit der Lage des Buhnenfeldes erklärbar. Die äußeren Bereiche, welche entlang der Linie zwischen den Buhnenköpfen liegen, werden weniger als in Buhnenfeld 421,8 von der Wirbelstraße tangiert, da die stromauf gelegene Buhne in Buhnenfeld 421 kürzer ist und die Linie deshalb weiter nach innen versetzt ist.

In Buhnenfeld 421,8 ist die Klassenverteilung ungleichmäßiger. Zum einen sind die angesprochenen häufiger strömungsberuhigten Bereiche, welche bei höherem Wasserstand die Durchschnittsgeschwindigkeit drücken, nicht in der

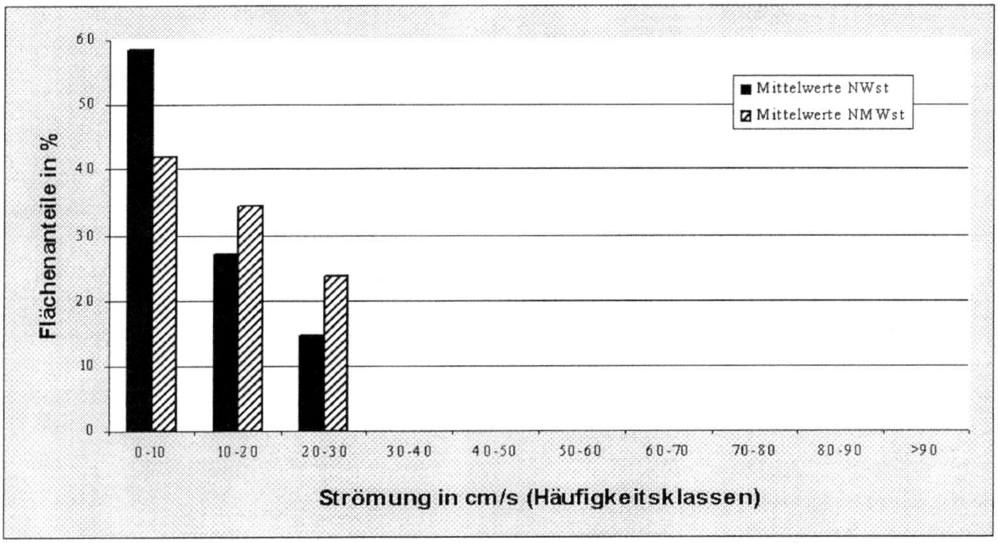

Abb. 11: Klassenverteilung von Strömungsgeschwindigkeiten in Buhnenfeld Skm 421, links, bei Niedrigwasserständen und niedrigen Mittelwasserständen.
Fig. 11: Class distribution of flow velocities in groyne field at river km 421, left side at low water and low mean water.

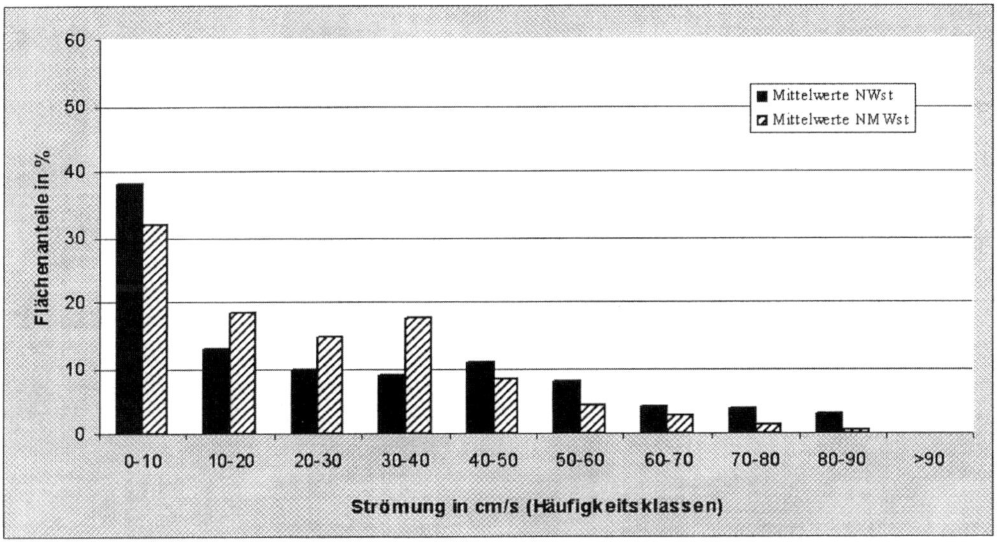

Abb. 12: Klassenverteilung von Strömungsgeschwindigkeiten in Buhnenfeld Skm 421,8, links, bei Niedrigwasserständen und niedrigen Mittelwasserständen.
Fig. 12: Class distribution of flow velocities in groyne field at river km 421.8, left side at low water and low mean water.

untersten Klasse (0 - 10 cm/s), sondern in den Bereichen geringer bis mittlerer Strömung vertreten. Da in diesem Buhnenfeld bei Niedrigwasser überproportional viele gering durchströmte Bereiche trockenfallen, wandert bei Niedrigwasser die durch den Hauptstrom induzierte Wirbelstraße weiter in das Buhnenfeld hinein. Bei trockengefallenem Durchbruch drückt die fehlende Durchbruchströmung die Wirbelstraße nicht mehr zeitweise nach außen.

Die Pendelung der Wirbelstraße fällt also geringer aus, und der äußere Bereich des Buhnenfeldes wird bei niedrigerem Wasserstand dauerhaft durchströmt, was sich im Mittelwert widerspiegelt. Dies bedeutet insgesamt, daß bei Niedrigwasser die Flächenanteile prozentual sowohl in der Klasse der niedrigsten als auch der höchsten Fließgeschwindigkeiten dominieren, während bei höherem Wasserstand, mit durchströmtem Durchbruch, die mittleren Klassen häufiger sind.

Weder die morphologischen Indizes, wie z.B. Größe der Verlandungsflächen, noch die Durchschnittswerte für die Strömungen beschreiben die Verhältnisse isoliert betrachtet ausreichend. Es ist notwendig, die Parameter zu kombinieren und mit Hilfe eines GIS zu verschneiden. Die Veränderungen der Flächenanteile verlandeter und benäßter Flächen sind z.B. abhängig von Wasserstand und Uferneigung. In Habitaten mit senkrechten Wänden verändert sich selbst bei hohen Pegelstandsänderungen nicht viel, bei Uferneigungen unter 3 % können hingegen schon geringste Schwankungen eine große Fläche überspülen oder trockenfallen lassen. Die hydraulischen Eigenschaften des Buhnenfeldes hängen wiederum von Lage und Ausdehnung ab. Fallen flache, aber stark überströmte Flächen trocken, welche sich wie bei Buhnenfeld 421 im Bereich des Rückströmungswirbels befinden, so verringert sich die Durchschnittsströmung deutlich. Fallen umgekehrt in den durchbrochenen Buhnenfeldern vorwiegend strömungsberuhigte Bereiche trocken, so erhöht sich die Durchschnittsgeschwindigkeit bei Niedrigwasserständen. Die Funktionen dieser Flächen als Ersatzhabitate - für z.B. bei Niedrigwasser nicht mehr angebundene Nebengewässer - sind somit stark eingeschränkt.

3.1.3. Korngrößen

Abbildung 13 enthält die während des Winterhochwassers 1999 aufgenommenen Strömungsverhältnisse an einigen repräsentativen Meßstellen in den Buhnenfeldern 421 und 423,4. Dargestellt sind für die tieferen Bereiche immer Strömungsgeschwindigkeiten der unteren Abschnitte, da die mit dem ADP von der Sohle in Richtung Wasseroberfläche aufgenommenen Vertikalprofile nur Reichweiten von bis zu 4 m haben. Das tiefste Profil wurde im Kolk hinter dem Buhnenkopf aufgenommen und verdeutlicht die Fließgeschwindigkeiten in Tiefen von 7,20 m bis 3,40 m. An der oberen Achse sind die verschiedenen Korngrößenklassen abgetragen, die nach DIN korrelaten kritischen Geschwindigkeiten für die Sohlbeschaffenheit sind der unteren Achse zu entnehmen.

Im Hauptstrom wurden bei einem Wasserstand von 615 cm (Pegel Havelberg) mittlere Fließgeschwindigkeiten von bis zu 133 cm/s erreicht. 60 cm oberhalb der Sohle (der technisch mögliche sohlennächste Meßwert) wurden allerdings Werte von 85 cm/s gemessen, womit Transport von Mittelkies möglich ist. Allerdings ist zu berücksichtigen, daß die sohlennahen Fließgeschwindigkeiten geringer sind. Grobkies wurde in den Buhnenfeldern nicht festgestellt und ist in diesem Streckenabschnitt auch in der Sohle nicht vorhanden, wie Untersuchungen der Kornzusammensetzung der Elbesohle durch die Bundesanstalt für Gewässerkunde (BFG 1994) belegen. Innerhalb des Buhnenfeldes sind die mittleren Fließgeschwindigkeiten deutlich geringer und erreichen nur noch 60 bis 80 cm/s innerhalb des Kolkes in Nähe des Buhnenkopfes, bis zu 75 cm/s mittig unterhalb der Buhne und 45 cm/s ufernah. Die Strömungsgeschwindigkeiten werden demnach durch die Buhnen, auch bei einer deutlichen Überströmung von bis zu 2 m, um ca. 50 % reduziert und nehmen von den stromseitigen zu den uferseitigen Bereichen stetig ab. Entsprechend verringern sich auch die Anteile gröberer Kornfraktionen in Richtung des Ufers.

Ebenfalls bemerkenswert ist die starke Reduzierung der Fließgeschwindigkeiten hinter Gehölzen, mit entsprechend hohen Anteilen an Feinsedimenten im Strömungsschatten. Die Fließgeschwindigkeiten unterhalb einer Baumgruppe am Prallhang waren mit 20 bis 30 cm/s noch geringer als auf Grünland am Gleithang bei Skm 421 und deutlich geringer als auf dem anschließenden Grünland am Prallhang bei Skm 423,4 (60 bis 80 cm/s). Gehölzen kommt deshalb aus ökologischer Sicht bei Hochwasserereignissen eine hohe Bedeutung als Ruhezonen zu.

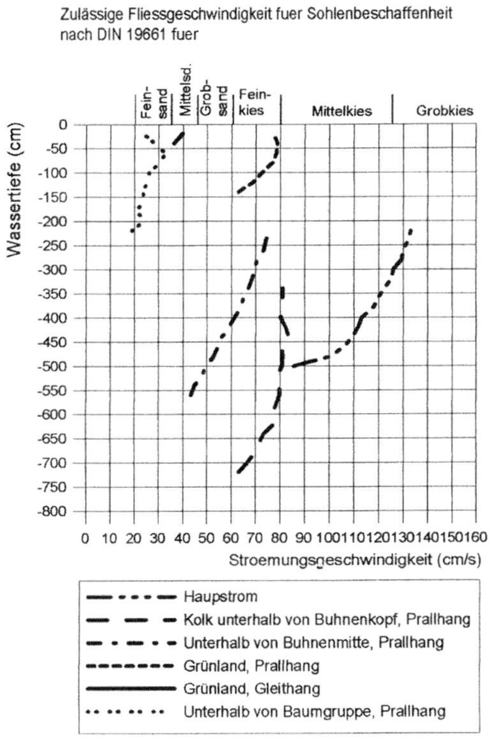

Abb. 13: Vertikalprofile der Strömung an ausgesuchten Stellen der Buhnenfelder 423,4 (Prallhang) und 421 (Gleithang) bei Hochwasser vom 11.3.1999, Pegel Havelberg: 615 cm.

Fig. 13: Vertical profiles of flow at selected spots in groyne field at river km 423.4 (outer bend) and at river km 421 (inner bend) at flood on 11.03.1999, water level at Havelberg: 615 cm.

Analysen der Korngrößenverteilung verdeutlichen in den Buhnenfeldern die Heterogenität der Sedimente. In den Proben sind alle Korngrößen von Mittelkies bis Schluff und Ton vertreten. Tendenziell läßt sich sagen, daß die gröberen Fraktionen in den äußeren flußseitigen Bereichen und in Durchbrüchen auftreten, während die feinen Fraktionen vorwiegend in Nähe der strömungsberuhigten Buhnenwurzel zu finden sind. Auch schlammige Sedimente mit hohem Organikanteil (Mudde) kommen in diesem Abschnitt vor. Dieses Verteilungsmuster konnte in Abwandlungen in allen Buhnenfeldern festgestellt werden. Heterogene Korngrößenverteilungen werden durch die unterschiedlichen Strömungsverhältnisse innerhalb der Buhnenfelder verursacht. Die wechselnden Wasserstände und variierenden Strömungen führen im Jahresverlauf auch innerhalb der Proben zu ungleichmäßigen Sortierungen mit häufigen bimodalen Verteilungen. Zu berücksichtigen ist hierbei auch, daß die Frachtmengen an Schwebstoffen in Abhängikeit von den Abflußverhältnissen jährlich stark variieren können (Schmidt & Dröge 1999). Zum weiteren Vergleich, insbesondere mit den Kiesbänken, wurden Querprofile aus allen über die Gesamtflächen der vier untersuchten Buhnenfelder verteilten Proben gewählt.

In der Tendenz nehmen die gröberen Korngrößen vom Ufer Richtung Hauptstrom in allen Buhnenfeldern zu, die gröberen Fraktionen befinden sich in den äußeren Bereichen der Buhnenfelder, die feineren in den ufernahen Bereichen. Weiterhin ist in einigen Buhnenfeldern eine bimodale Verteilung mit Peaks im mittelsandigen und im feinkiesigen Bereich feststellbar. Zur weiteren Ansprache von Sedimentationsunterschieden bieten sich Vergleiche zwischen den beiden Gleithangbuhnenfeldern 421 (repariert), Abbildung 15 und 421,8 (durchbrochen), Abbildung 16 und zwischen der in relativer Nähe zueinander gelegenen Kiesbank 425, Abbildung 19 und Buhnenfeld 423,4, Abbildung 17 an. Für die beiden Buhnenfelder 421 und 421,8 werden vorweg flächenhaft die Proben angesprochen, um die Verteilungsmuster in der Gesamtfläche der Buhnenfelder zu verdeutlichen.

Die Betrachtung aller untersuchten Proben ermöglicht weiterführende Aussagen. Beispielsweise ergeben die Analysen der Buhnenfelder 421 und 421,8 Ähnlichkeiten entlang der Uferlinie sowie am stromauf gelegenen Buhnenkopf. Die Proben hinter dem Buhnenkopf weisen hohe Anteile an Feinsedimenten auf, was mit den Verwirbelungen hinter dem Buhnenkopf und den damit reduzierten Fließgeschwindigkeiten und Absinkbewegungen besonders während der ausgeprägten Niedrigwasserperioden zusammenhängt. Weiterhin sind in Buhnenfeld 421 entlang der Uferlinie die Korngrößen ebenfalls relativ kiesig und grobsandig, im zentralen Bereich sowie im Kolk unterhalb der reparierten Buhne jedoch feiner als in Buhnenfeld 421,8.

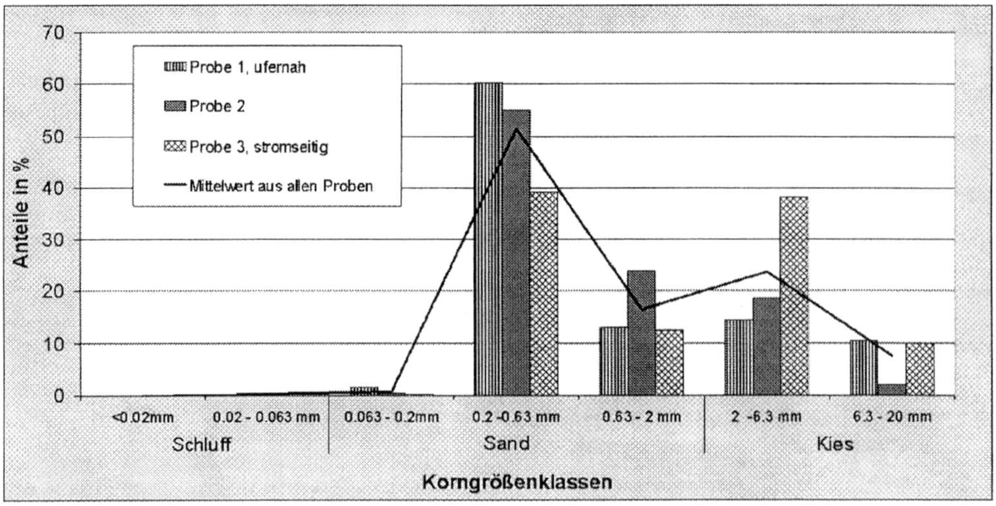

Abb. 14: Korngrößenverteilung an einem Querprofil in Buhnenfeld Skm 418,2, rechts.
Fig. 14: Grain size distribution at a crossection in groyne field at river km 418.2, right side.

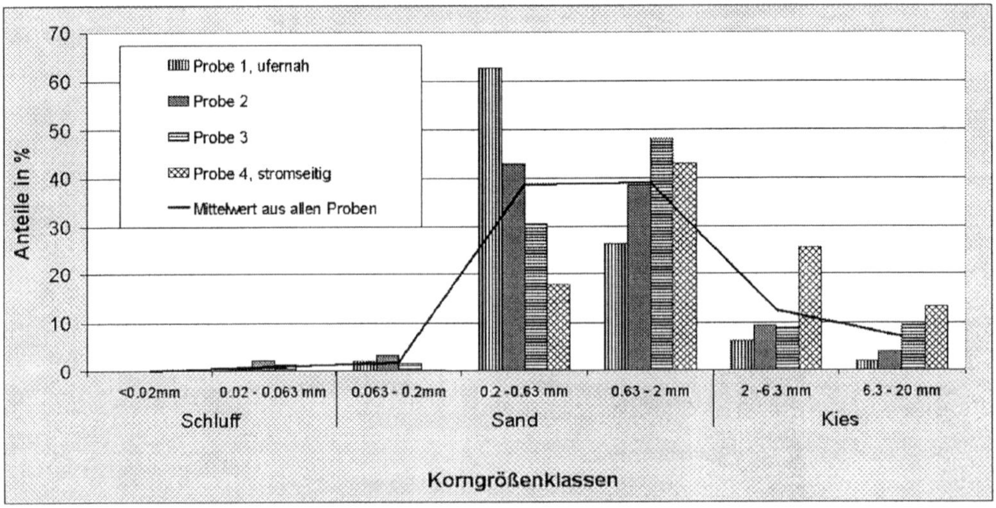

Abb. 15: Korngrößenverteilung an einem Querprofil in Buhnenfeld Skm 421, links.
Fig. 15: Grain size distribution at a crossection in groyne field at river km 421, left side.

Relevante Unterschiede wurden somit im mittigen Bereich der Buhnenfelder festgestellt, wo aufgrund des Durchbruchs in Buhnenfeld 421,8 höhere Kiesanteile als in Buhnenfeld 421 vorkommen. Auffallend ist in Buhnenfeld 421 im Kolkbereich ein bei Störung der Sedimente festgestellter intensiver Schwefelgeruch, ein Hinweis auf den in diesem Stillwasserbereich stattfindenden anaeroben Abbau organischen Materials.

Höhere Mittel- und Feinkiesanteile konnten in allen vier Buhnenfeldern nicht nur in den äußeren Bereichen, sondern auch mittig vor der stromab gelegenen Buhne festgestellt werden. Dies hängt mit der stark turbulenten Zone der durch die Buhnen verursachten Wirbelstraße bei höheren Wasserständen zusammen. Diese Zone mit hohen Strömungsgeschwindigkeiten verläuft bei hohem Mittelwasser und Hochwasser diagonal in das Buhnenfeld hinein und lagert hier gröberes Material ab.

Ein Vergleich der Querprofile der Buhnenfelder 421 und 421,8 zeigt, daß die Maxima in der mittelsandigen und grobsandigen Fraktion auftreten. Weiterhin nehmen in beiden Buhnenfeldern wie auch in den übrigen Buhnenfeldern im ufernahen Bereich die Fraktionen < Mittelsand stetig ab. Die stromseitigen Proben sind in beiden Buhnenfeldern annähernd normal verteilt mit den Höchstwerten im grobsandigen Bereich von 43 %.

In Buhnenfeld 421 ähneln sich die beiden ufernahen und die beiden flußseitigen Proben. Für Buhnenfeld 421,8 verhält sich diese Verteilung für die beiden mittigen Proben anders, da sowohl die Sandbank als auch der Durchbruch dieses Buhnenfeld sedimentologisch von dem Buhnenfeld 421 unterscheiden. Die zweite Probe (Durchbruch) gleicht der vierten äußeren Probe, d.h. das Maximum liegt im mittelsandigen Bereich. Die höheren Strömungen während der niedrigen Mittelwasserphasen im Durchbruch sind dafür ausschlaggebend. Die Fraktionsanteile der dritten Probe nehmen von Mittelsand bis Mittelkies hingegen wie die ufernahe

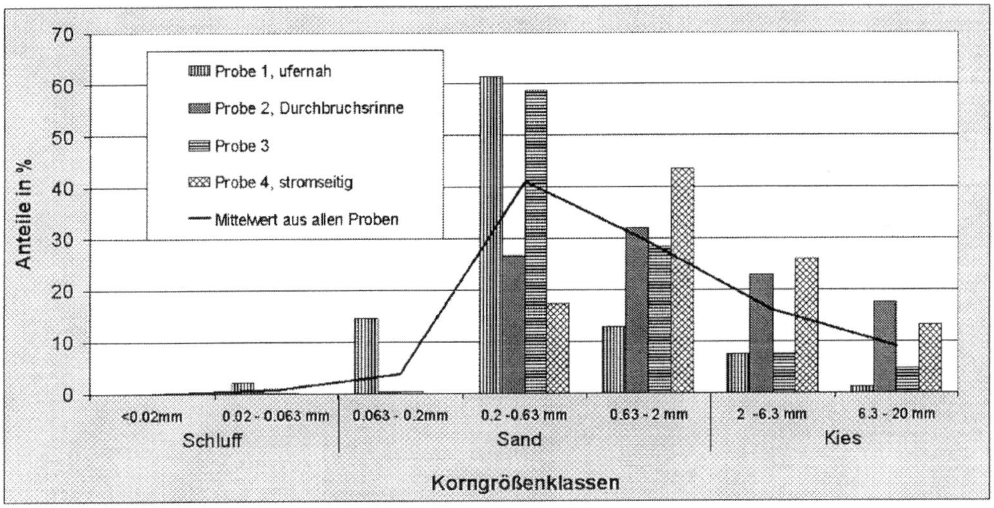

Abb. 16: Korngrößenverteilung an einem Querprofil in Buhnenfeld Skm 421,8, links.
Fig. 16: Grain size distribution at a crossection in groyne field at river km 421.8, left side.

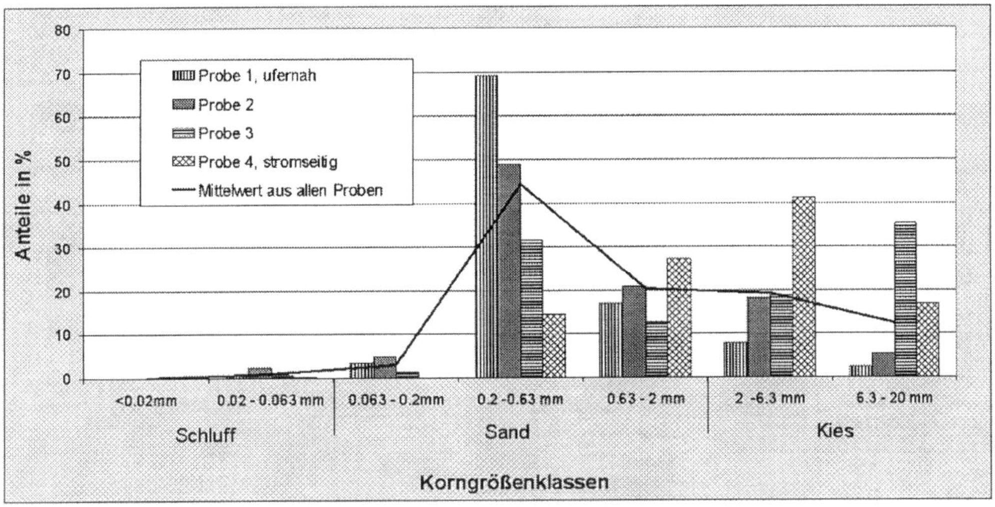

Abb. 17: Korngrößenverteilung an einem Querprofil in Buhnenfeld Skm 423,4, rechts.
Fig. 17: Grain size distribution at a crossection in groyne field at river km 423.4, right side.

Probe stetig ab, wenn auch weniger steil. Diese komplexere Verteilung in Buhnenfeld 421,8 spiegelt die heterogeneren und abwechslungsreicheren morphologischen Strukturen wider.

Während am Gleithang die mittel- und grobsandigen Fraktionen dominieren, kommt es in den Prallhanglagen bzw. in der geraden Fließstrecke besonders in den flußnahen Bereichen zu einer Verschiebung zu den Feinkiesen (Buhnenfelder 423,4 und 418,2 [Abb. 14]). Dies ist vor allem eine Folge der bei höheren Wasserständen ebenfalls höheren Fließgeschwindigkeiten in Prallhanglagen. Die Mittelsandanteile der ufernahen Proben sind in Buhnenfeld 423,4 mit 69 % gegenüber den ufernahen Proben der Gleithangbuhnenfelder (421: 63%; 421,8: 61,5%) dagegen nur leicht erhöht. Diese höheren Anteile sind vermutlich auf die gemessenen höheren Fließgeschwindigkeiten entlang der Uferlinie auch in Mittel- und Niedrigwasserphasen zurückzuführen. Diese bedeuten einen höheren Wasseraustausch und somit höhere Einträge pro Zeiteinheit.

3.2. Kiesbänke

Die Kiesbänke wurden innerhalb des Verbundprojektes als potentielle Laichgebiete für kieslaichende Fischarten hinsichtlich der Korngrößenverteilung untersucht. Ausdehnung sowie Fließgeschwindigkeiten wurden nicht aufgenommen. Die Beschreibung konzentriert sich deshalb auf die Sedimente und ermöglicht zudem einen Vergleich mit den oben besprochenen Korngrößenverteilungen in Buhnenfeldern. Die größten Anteile grober Kornfraktionen innerhalb der Untersuchungsgebiete wurden auf den Kiesbänken Güsen (Skm 363) und Havelberg (Skm 425) gefunden. In Güsen kamen z. T. Anteile von Mittel- und Feinkies von bis zu 75 % vor. Die durchschnittliche Korngröße der untersuchten Proben betrug 1,20 mm, sie liegt also im grobsandigen Bereich

Auf beiden Kiesbänken bestehen abnehmende Gradienten der Anteile von Mittelkies von den ufernahen zu den stromseitigen Flächen. Diese Gradienten verlaufen allerdings nicht kontinuierlich, sondern in einer bimodalen Verteilung. Besonders für die Kiesbank Güsen wird die Abnahme in Richtung Strommitte deutlich. Die höchsten Gewichtsanteile liegen hier für alle fünf Proben für Mittelkies, also der gröbsten hier ermittelten Korngröße vor. Für Mittelkies läßt sich eine Abnahme der Anteile vom Ufer (67 %) in Richtung des stromseitigen Randes der Kiesbank (25 %) fast durchgängig feststellen. Lediglich die dritte Probe weist etwas geringere Mittelkiesanteile

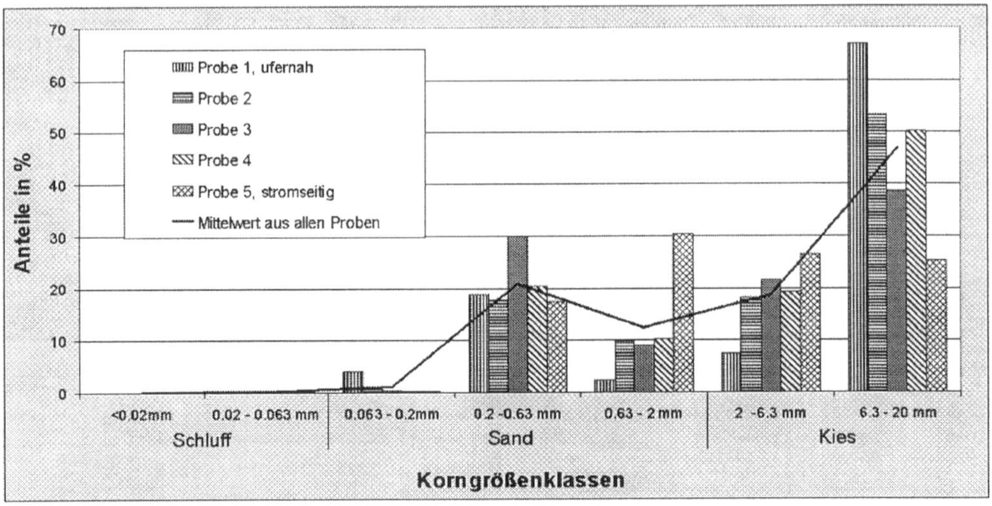

Abb. 18: Korngrößenverteilung an einem Querprofil auf Kiesbank Skm 363.
Fig. 18: Grain size distribution at a crossection on the gravel bank at river km 363.

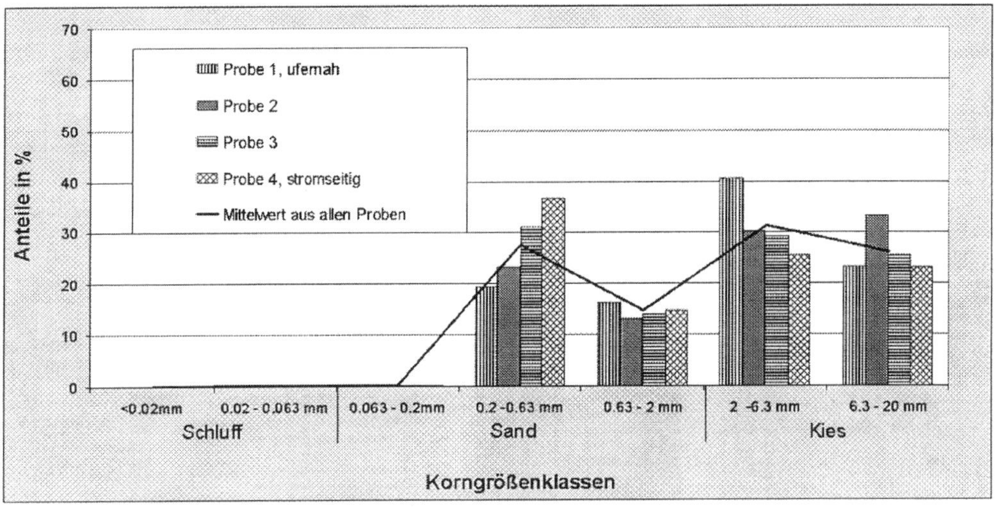

Abb. 19: Korngrößenverteilung an einem Querprofil auf Kiesbank Skm 425.
Fig. 19: Grain size distribution at a crossection on the gravel bank at river km 425.

zugunsten relativ erhöhter Feinkiesanteile auf. Feinkies nimmt hingegen vom Ufer in Richtung Strommitte ebenso wie Grobsand durchgängig zu, während die Mittelsandanteile mit ca. 18 % Gewichtsanteilen (Ausnahme Probe 3 mit 30 %) annähernd gleichverteilt sind. Für die Fraktionen Feinkies und Grobsand läßt sich folgern, daß bei abnehmenden Wasserständen und geringeren Fließgeschwindigkeiten bei rückläufigen Hochwässern eine Ablagerung erfolgt, die in den ufernahen Bereichen aufgrund kürzerer Überflutungsdauern geringer ausfällt. Die relativen Anteile von Feinkies und Grobsand sind hier also geringer, während Mittelkies während der Überflutungsphasen im Bereich der gesamten Kiesbank abgelagert wird. Die rückläufigen Wasserstände lassen sich hier gut ablesen. Die annähernd gleichen Mittelsandanteile in allen Proben sind vermutlich mit Einlagerungen in den Poren der Kiesbank zu erklären, unterliegen also bereits während der Hochwasserphasen einer verstärkten Akkumulation, was für die gröberen Fraktionen nur in geringerem Maße zutrifft.

Die Auswertung eines Querprofils an der Kiesbank bei Skm 425 (Raum Havelberg) ergab nur zum Teil vergleichbare Ergebnisse. Insgesamt liegen hier, 62 Kilometer weiter stromab, bereits deutlich feinere Sedimente vor. Die durchschnittliche Korngröße des Querprofils betrug 0,84 mm, was ebenfalls noch im grobsandigen Bereich liegt.

Entsprechend der feineren mittleren Korngröße fallen auch die Mittelkiesanteile für diese Kiesbank wesentlich geringer aus. Der abnehmende Gradient gröberer Anteile vom Ufer Richtung stromseitiger Berandung der Kiesbank ist auch hier festzusstellen, wird aber nur in der feinkiesigen Fraktion deutlich. Hier nimmt der Anteil von 40 % (ufernah) auf 25 % (stromseitig) ab. Anders als bei der Kiesbank Güsen ist hier zusätzlich auch eine Zunahme von Mittelsand vom Uferbereich (20 %) in Richtung des Hauptstromes (37 %) deutlich erkennbar. Es bestehen also auch hier gegenläufige Zu- und Abnahmen, mehr gröbere Fraktionsanteile im ufernahen Abschnitt und mehr feinere im stromseitigen Bereich. Dieses im ersten Moment überraschende Ergebnis ist wie bei Kiesbank Skm 363 mit der geringeren Überflutungsdauer vor allem während der Niedrigwasserphasen und der damit zusammenhängenden geringeren Ablagerung von Feinmaterial im höher gelegenen Uferbereich zu erklären.

Die beiden Kiesbänke wurden als mögliche Laichhabitate untersucht. Insgesamt können die Kiesbänke als zu feinkörnig für kieslaichende Fischarten angesehen werden, da grobkiesige

Bereiche fehlen und hohe Sandanteile die Poren der Kiesbänke verdichten.

3.3. Leitwerk Lostau-Hohenwarthe

3.3.1. Morphologie

Der Leitwerksbereich weist eine ausgedehnte Fläche mit geringen Fließgeschwindigkeiten und hohem Verlandungsgrad im Zentrum auf. In Abbildung 20 ist die stark ausgeprägte Verlandungszone deutlich erkennbar, deren Ausdehnung ca. 50 % der gesamten Fläche ausmacht. Diese Akkumulationsfläche wird von der Einmündung der Ehle durchschnitten. Der stromauf gelegene tiefere Teil des Leitwerkes ist auf Ausbaggerungen in den achtziger Jahren zurückzuführen. Bei Niedrigwasser fällt der verlandete Bereich gänzlich trocken, so daß der tiefere hintere Abschnitt nur durch eine kanalähnliche schmale Rinne angebunden ist.

3.3.1.1. Wasserfläche und Volumen

Die Ausdehnung der Grundfläche des Leitwerkes ist mit 32.000 m^2 bedeutend größer als die des größten Buhnenfeldes 423,4 mit ca. 19.000 m^2. Das Volumen bei einem Pegelstand von 450 cm bezogen auf den Pegel Niegripp (annähernd ausufernder Wasserstand, entspricht Pegel Havelberg 370 cm) beträgt 64.500 m^3 und übertrifft das Volumen des Buhnenfeldes 423,4 von 43.500 m^3 um 48 %. Bei Niedrigwasser dagegen sind die Wasserflächenausdehnungen mit ca. 10.000 m^2 im Buhnenfeld und Leitwerk gleich. Das Volumen des Leitwerkbereiches beträgt dann knapp 14.000 m^3 und übertrifft aufgrund der Tiefenverhältnisse im Innern das Volumen des Buhnenfeldes 423,4 von 11.600 m^3 um 27 %. Da es sich, wie oben erwähnt, um einen Bereich mit nur sehr geringen Strömungen handelt und die Ausdehnung sowie die Tiefenverhältnisse im ausgebaggerten hinteren Abschnitt deutlich

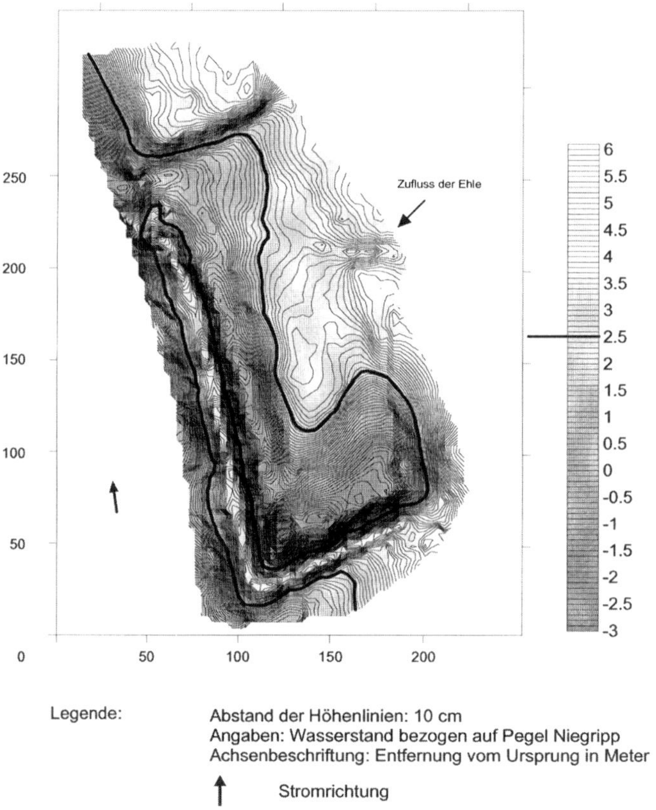

Abb. 20: Morphologisches Modell des Leitwerkes bei Skm 337, rechts.

Fig. 20: Morphological model of a training wall at river km 337, right side.

höher als in Buhnenfeldern sind, können hier für die Morphodynamik Unterschiede im Vergleich zu den wesentlich offeneren und stärker durchströmten Buhnenfeldern festgestellt werden.

3.3.2. Strömung

Das untersuchte Leitwerk bei Skm 337 weist im Vergleich zu Buhnenfeldern abweichende hydraulische und sedimentologische Bedingungen auf. Insgesamt kann das Leitwerk während Niedrig- und Mittelwasserständen überwiegend als strömungsberuhigter Bereich mit großen Stillwasserbereichen eingeordnet werden. Lediglich im vorderen Bereich des Leitwerks wurden bei Niedrigwasser und niedrigem Mittelwasser Strömungsgeschwindigkeiten von mehr als 10 cm/s gemessen. In dem inneren, stromauf gelegenen Teil des Leitwerks lagen die Fließgeschwindigkeiten hingegen bei ca. 1 cm/s. Auch bei Hochwasser ist das Leitwerk eher strömungsberuhigt. Während des aufgenommenen Hochwasserereignisses wurden oberflächennah nur hinter der Querverbauung hohe Fließgeschwindigkeiten erreicht. Weiter stromab bildet sich ein Staueffekt, und es treten im Übergangsbereich von dem tieferen ausgebaggerten Abschnitt zum Verlandungsbereich wesentlich geringere Geschwindigkeiten auf. Im stromab gelegenen Bereich werden aufgrund seitlicher Zuflüsse aus dem Hauptstrom über das Leitwerk wieder erhöhte Geschwindigkeiten erreicht.

3.3.3. Korngrößen

Der Großteil der entnommenen Sedimentproben besteht aus Mudden, welche nur bei geringen Fließgeschwindigkeiten abgelagert werden. Dies deutet auf quasi-limnische Verhältnisse hin. Diese Feinsedimente werden auch bei kurzfristigen Hochwässern mit erhöhten Strömungsgeschwindigkeiten aufgrund ihrer hohen Kohäsivität nicht wieder mobilisiert. Kies- und Sandanteile kommen nur in dem Eingangsbereich des Leitwerkes vor.

3.4. Altarme

Altarme sind während der meisten Zeit des Jahres mit Ausnahme von Hochwasserereignissen Stillwasserbereiche, weshalb hier auf Messungen von Strömungen verzichtet wurde. Vergleichbar sind die Strömungsverhältnisse denen des aufgenommenen Leitwerks bei Lostau-Hohenwarthe (Skm 337), d. h. Wasseraustausch und Durchfluß finden nur im Eingangsbereich statt, oftmals verstärkt durch Querverbauungen (Buhnen) im Leebereich der Einmündungen. Die drei aufgenommenen Altarme bei Sandau (Skm 418), Havelberg (Skm 422) und Bälow (Skm 444) können deshalb im wesentlichen durch morphologische Parameter wie Ausdehnung, Tiefen und Volumen beschrieben und unterschieden werden.

3.4.1. Wasserfläche

Für Beschreibung und Vergleich der Ausdehnung wird hier der Niedrigstwasserstand gewählt. Die Altarme setzen sich im Binnenbereich oftmals in temporär, nur bei höheren Wasserständen angebundenen Nebengewässern fort. Abgrenzung und Vergleich dieser Flächen ist deshalb bei höheren Wasserständen schwierig. Obwohl die anschließenden Bereiche auch bei Hochwasser aufgenommen wurden, wurden nicht alle Senken vollständig erfaßt. Die ermittelten Wasserflächen müssen deshalb als Größenordnungen verstanden werden, die den Vergleich mit Buhnenfeldern oder Leitwerken ermöglichen sollen. Für den Wasserstand von 150 cm (Pegel Havelberg) für die Altarme Havelberg und Sandau sowie 110 cm (Pegel Wittenberge) für den Altarm Bälow lassen sich folgende Flächenausdehnungen berechnen. Der Altarm Havelberg hat bei einem Niedrigwasserstand eine zusammenhängende Wasserfläche von ca. 44.000 m^2, der Altarm Sandau von ca. 42.000 m^2 und der Altarm Bälow (Abbildung 21) von ca. 15.000 m^2. Für das größte der untersuchten Buhnenfelder 423,4 liegt für diesen Wasserstand eine Wasserfläche von 10.600 m^2 vor. Der relativ schmale und kleine Altarm Bälow hat also noch die 1 ½-fache Ausdehnung des Buhnenfeldes 423,4. Die beiden Altarme in Havelberg und Sandau übertreffen das Buhnenfeld um das 4-fache, durchschnittliche Buhnenfelder um das 4- bis 5-fache und stark verlandete mit einer Fläche von nur ca 1.300 m² um das 33fache der Flächen. Da speziell bei Niedrigwasser in Buhnenfeldern vor allem die Stillwasserbereiche abnehmen, können Altarme dann flächenmäßig diese Bereiche von mehreren hundert Buhnenfeldern übertreffen. Innerhalb der Nebengewässer handelt es sich weiterhin um zusammenhängende, unzerschnittene und nicht verteilte Flächen.

3.4.2. Tiefenverhältnisse

Abbildung 22 zeigt den Verlauf der Durchschnittstiefen für die benäßten Flächen der untersuchten Altarme. Der Altarm Bälow weist mit 0,5 m für Niedrigwasser die geringsten Durchschnittstiefen auf, für den Altarm Sandau wurden die höchsten Durchschnittstiefen ermittelt (1,21 m bei Niedrigwasserstand), welche mit einem künstlichen Ausbau zu erklären sind. Die Kurven verlaufen bis zu einem Pegelstand von 250 cm (Pegel Havelberg) aufgrund relativ homogener Sohlenstrukturen der überströmten Flächen weitestgehend stetig. Lediglich für den Altarm Bälow weist die Kurve bis zu einem Pegelstand von 180 cm eine zunächst geringere Steigung auf. Die Wasserfläche nimmt aufgrund der Überströmung flacher Bereiche anfangs deutlicher zu als die Tiefe.

Im Vergleich mit den Durchschnittstiefen der Buhnenfelder ist für niedrige Pegelstände kein wesentlicher Unterschied festzustellen. Der Altarm Bälow ist mit stärker verlandeten Buhnenfeldern zu vergleichen, während die beiden übrigen Altarme mit der Mehrzahl der Buhnenfelder vergleichbare Tiefen aufweisen. Deutlichere Unterscheidungen lassen sich wie erwähnt in Bezug auf Wasserfläche und Hydraulik ableiten. Dies verhält sich bei höheren Wasserständen, insbesondere bei Hochwasser, anders. Die großflächige Überströmung und Anbindung weiterer Nebengewässer und vor allem vegetationsbestandener Flächen mit relativ geringen Strömungsgeschwindigkeiten bietet dann eine hohe strukturelle Vielfalt.

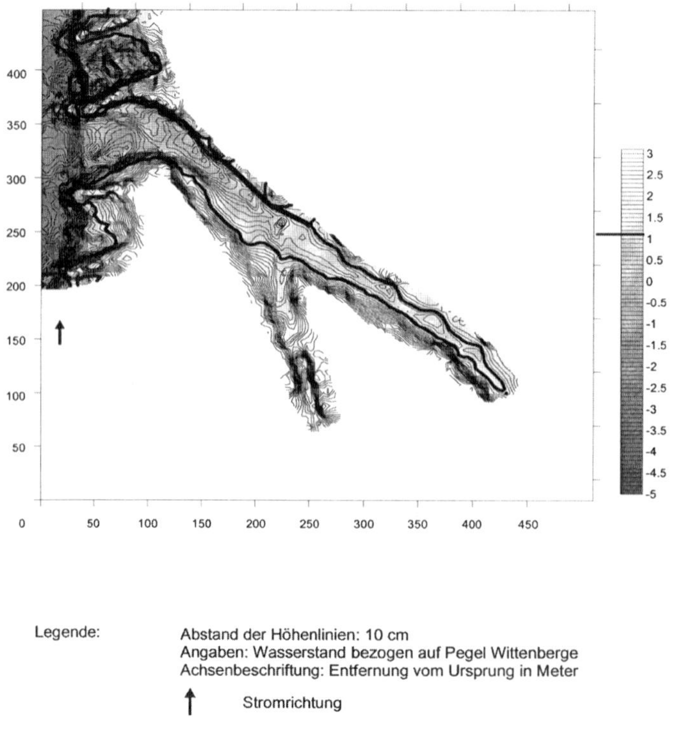

Abb. 21: Morphologisches Modell des Altarmes bei Skm 444, rechts.
Fig. 21: Morphological model of oxbow at river km 444, right side.

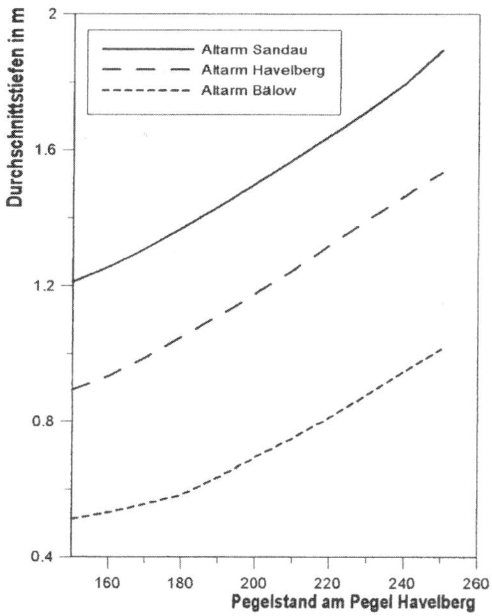

Abb. 22: Durchschnittstiefen in Altarmen in Abhängigkeit von Wasserständen.

Fig. 22: Average depths in oxbows in dependence of water levels.

4. Diskussion

In Buhnenfeldern sind vor allem heterogene Strukturen auf kleinem Raum von Bedeutung. Das Buhnenfeld 421,8 mit stromauf durchbrochener Buhne ist hier besonders hervorzuheben, da sowohl stärker durchströmte als auch strömungsberuhigte Flächen und eine ausgedehnte Verlandungsfläche mit flachen Uferneigungen im Zentrum vorkommen. Andere Buhnenfelder weisen ebenfalls Besonderheiten auf, so daß die Gesamtheit aller Buhnenfelder ein relativ hohes Angebot unterschiedlicher Verhältnisse und Flächen bietet. Dies ist u.a. durch die sedimentologischen Eigenschaften der Sandbewegungen bedingt, welche auch vor Beginn der Regulierungsmaßnahmen zu häufigen Umlagerungen und morphologischen Veränderungen beitrugen. Problematisch ist jedoch die große Tendenz zu Verlandungen, welche nur in durchbrochenen Buhnenfeldern verringert ist. Buhnenfelder, die aktuell oder bis vor kurzem durchbrochen waren, tragen in wesentlich höherem Maße zu einer abwechslungsreichen Morphologie bei. In diesem Zusammenhang ist auch Buhnenfeld 419,2, rechts zu sehen, welches eine starke zentrale Verlandung und einen tiefen ufernahen, aufgrund ehemaliger Durchbrüche erodierten Bereich aufweist. Ein Vergleich der Strömungsverhältnisse der beiden in relativ benachbarter Lage liegenden Buhnenfelder 421 (reparierte Buhnen) und 421,8 (durchbrochene Buhnen) verdeutlicht die viel höheren Strömungen in Buhnenfeld 421,8 bei gleichzeitig ausgeprägten strömungsberuhigten Bereichen in den flacheren Uferbereichen. Dieses Buhnenfeld ist hinsichtlich der Hydraulik heterogener als Buhnenfeld 421.

Die Beurteilung von Durchbrüchen ist kontrovers. Einerseits werden Ufererosion und der dadurch verursachte Grünflächenverlust sowie eine Reduktion der Wassermengen im Hauptstrom während der Niedrigwasserphasen befürchtet. Die Folgen wären eine Zunahme von Akkumulationen sowie die Verringerung der Tauchtiefe im Hauptstrom. Andererseits verhindern Durchbruchsströmungen eine zunehmende Verlandung der Buhnenfelder und fördern eine höhere strukturelle Heterogenität.

Weiterhin wurden zwei Kiesbänken untersucht, um potentielle Laichhabitate für Substratlaicher zu identifizieren. Die Kiesbänke weisen deutlich gröberes Material in den ufernahen und zentralen Bereichen auf, in stromseitigen Abschnitten sind aufgrund der ganzjährigen Überströmungen auch Feinsedimente in hohen Anteilen vorhanden. In Buhnenfeldern kommen gröbere Korngrößen in den äußeren Abschnitten und hinter Durchbrüchen vor, die durchschnittlichen Korngrößen sind allerdings deutlich geringer als auf Kiesbänken.

Hinsichtlich der hydraulischen Verhältnisse lassen sich Buhnenfelder von Nebengewässern oder dem untersuchten Leitwerksbereich abgrenzen. Echte Stillwasserbereiche mit Fließgeschwindigkeiten von maximal 1 cm/s sind in Buhnenfeldern selten. Bei Niedrigwasser nehmen diese Bereiche in Buhnenfeldern oftmals sogar noch ab, da die Binnenflächen trockenfallen und nur noch die äußeren Bereiche durchströmt werden. Ruhezonen verringern sich in diesen dann großteils verlandeten Habitaten. Wird ein bestimmter Wert unterschritten, ist die

Folge eine Reduzierung der morphodynamischen Vielfalt und eine zunehmende Kanalisierung der Fließrinne ohne ausreichend flache und langsam durchströmte Uferzonen.

Die Flächen innerhalb des Leitwerkes und in Nebengewässern hingegen sind mit Ausnahme der Einstrombereiche überwiegend als Stillwasserbereiche einzuordnen.

Die Funktion von Buhnenfeldern als Ersatz für verlorengegangene Habitate, wie z.B. aquatischen Zonen von Strominseln und Sandbänken, kann nach Auswertung der morphodynamischen Daten teilweise angenommen werden, ist aber nur für kleinräumige Teilflächen gegeben und zudem stark parzelliert. Dies gilt für stark verlandete Buhnenfelder allerdings nur bei mittleren oder höheren Wasserständen. Nebengewässer hingegen weisen hydraulische Bedingungen und Ausdehnungen auf, die sich von denen in Buhnenfeldern unterscheiden und eher mit denen in Leitwerken vergleichbar sind. Wird berücksichtigt, daß bei Niedrigwasserständen in den Buhnenfeldern vor allem die strömungsberuhigten inneren Bereiche trockenfallen und somit nur noch geringe Anteile zur Verfügung stehen, so können die Stillwasserbereiche eines Altarmes flächenmäßig die Stillwasserbereiche von mehreren hundert Buhnenfeldern übertreffen. Zudem handelt es sich innerhalb der Nebengewässer um zusammenhängende Flächen und nicht parzellenmäßig zergliederte Teilflächen.

Auswirkungen des Schiffsverkehrs gehen in die Ausführungen nicht ein, da der Schiffsverkehr zu den niedrigen Wasserständen im Untersuchungsgebiet überwiegend gering ist. Dennoch sei darauf hingewiesen, daß der Schiffsverkehr neben dem natürlichen Abfluß einen bedeutenden Einfluß auf den Schwebstoffhaushalt und die Sedimentverlagerung von Buhnenfeld zu Buhnenfeld hat, wie Untersuchungen von Spott (1990) zeigen.

5. Literatur

Bundesanstalt für Gewässerkunde (BFG). 1994. Kornzusammensetzung der Elbesohle von der tschechisch-deutschen Grenze bis zur Staustufe Geesthacht, BFG 0834.

Eissmann, L. 1981. Periglaziäre Prozesse und Permafroststrukturen aus sechs Kaltzeiten des Quartärs. Ein Beitrag zur Periglazialgeologie aus der Sicht des Saale-Elbe-Gebietes. Altenburger naturwissenschaftliche Forschungen, Heft 1, Altenburg.

Harms, O., S. Kiene, & F. Nestmann. 1998. Morphologische Gewässerstrukturen der Elbe, ihre Entwicklung, ihre ökologische Bedeutung und ihre Entwicklungsmöglichkeiten. Gewässerschutz im Einzugsgebiet der Elbe. 8. Magdeburger Gewässerschutzseminar, Leipzig, 387-388.

Helms, M., J. Ihringer, & F. Nestmann. 2002. Analyse und Simulation des Abflußprozesses der Elbe. In: Nestmann, F., & B. Büchele (eds.): Morphodynamik der Elbe, 91-202.

Hentschel, B. 1998. Lokale morphologische Beeinflussung der Stromsohle durch Unterhaltungs- und Ausbaumaßnahmen in der unteren Mittelelbe. Gewässerschutz im Einzugsgebiet der Elbe. 8. Magdeburger Gewässerschutzseminar, Leipzig, 391-392.

Institut für Ökologische Wirtschaftsforschung GmbH. 2001. Ökonomisch-ökologische Bewertung der Strombaumaßnahmen an der Elbe. Studie im Auftrag des Bundes für Umwelt und Naturschutz (BUND), Berlin.

IKSE (Internationale Kommission zum Schutz der Elbe). 1996. Die Fischfauna der Elbe. Magdeburg.

Jährling, K.-H. 1996. Die flußmorphologischen Veränderungen an der Mittelelbe seit dem Jahr 1989 aus Sicht der Ökologie. 7. Magdeburger Gewässerschutzseminar, Leipzig, 78.

Schlüter, O., & O. August. 1958. Atlas des Saale- und Mittleren Elbegebietes. Mitteldeutscher Heimatatlas, 2.Auflage, Leipzig.

Schmidt, A., & B. Dröge. 1999. Feststofftransport in der Elbe. Fachtagung Elbe - Dynamik und Interaktion von Fluß und Aue. Karlsruhe, 57-60.

Schmidt, M. 2001. Hochwasser und Hochwasserschutz vor 1850, eine Auswertung alter Quellen und Karten. München.

Schwoerbel, J. 1993. Einführung in die Limnologie. Gustav Fischer Verlag, Stuttgart, Jena, 23.

Spott, D. 1990. Zur Dynamik und Herkunft der Schwebstoffe in der Elbe. 3. Magdeburger Gewässerschutzseminar, Leipzig, 84-90.

Zeitschrift für Fischkunde	Supplementband 1, 2002	Ökologie der Elbefische	S. 41-57

Vergleichende Untersuchungen zur Eignung von Fanggeräten für Fischlarven und Jungfische in großen Fließgewässern

Comparative studies on the suitability of fishing gear for fish larvae and juveniles in large rivers

SVEN OESMANN* & MATTHIAS SCHOLTEN**

Universität Hamburg, Elbelabor, Große Elbstraße 268, D-22767 Hamburg.
*eMail: oesmann@arfobig.de
**eMail: matthias.scholten@uni-hamburg.de

Zusammenfassung: Die im Rahmen des BMBF-Verbundprojektes „Ökologische Zusammenhänge zwischen Fischgemeinschafts- und Lebensraumstrukturen der Elbe" eingesetzten, flächenbezogen quantifizierbaren Fanggeräte sollten bezüglich ihrer Eignung zum Fang von Fischlarven und Jungfischen beurteilt werden. Verwendet wurden große Zugnetze, kleine Zugnetze, Larvennetze, tragbare Elektrofischereigeräte und Larvensenken. Große Zugnetze zeigten eine hohe Diversität der Fänge und erfaßten Fische ab einer Totallänge von 30 mm. Sie waren geeignet, die Fischgemeinschaft ab dem Spätsommer bis ins frühe Frühjahr zu beschreiben. Ihre Größe limitierte allerdings die Einsatzmöglichkeiten in kleinen Auegewässern. Kleine Zugnetze erfaßten die meisten Arten und wiesen neben einer hohen Diversität das ausgewogenste Längenspektrum auf. Sie schienen gut geeignet, die postlarvale und juvenile Fischgemeinschaft zu beschreiben. Durch ihre geringe Größe eigneten sie sich auch zum Befischen kleiner Auegewässer und für die Untersuchung von Habitatbindungen in großskaligen Dimensionen. Larvennetze wiesen bezüglich der Präsenzstruktur Ähnlichkeiten zu den Zugnetzen auf. Sie erfaßten allerdings einen geringeren Teil des Längenspektrums und eigneten sich daher besonders als Ersatzgerät für Zugnetze, wenn diese aufgrund eines zu geringen Wasserstandes nicht mehr eingesetzt werden konnten. Die Quantifizierungsmethode für tragbare Elektrofischereigeräte nach SCHOLTEN (2003) lieferte plausible Resultate. Ihre Anwendung ließ dieses Fanggerät für die Untersuchung von Habitatbindungen postlarvaler und juveniler Fische geeignet erscheinen. Die relativ hohe Diversität in den Fängen ließ ebenfalls auf eine Eignung dieser Methode für kleinskalige Untersuchungen der Fischgemeinschaft in Ufernähe schließen. Die Senke bildete nur einen sehr kleinen Teil des Längenspektrums ab. Sie eignete sich daher nur für die Untersuchung larvaler Lebensstadien. Darüber hinaus wurde ein umgekehrt proportionaler Zusammenhang zwischen der durch ein Fanggerät befischten Fläche und den ermittelten Abundanzen gefunden.

Schlüsselwörter: Elbe, Elektrofischereigerät, Selektivität, Senke, Zugnetz.

Summary: The area related fishing gear, used in the framework of the BMBF-project „Ecological relations between fish communities and habitat structures in the River Elbe (ELFI)" had to be assessed concerning their suitability to catch larvae and juveniles of fish. Large beach seines, small beach seines, larvae beach seines, portable electrofishing devices and larval lift nets were used. The catches of large seines appeared to be of high diversity and swept fish from 30 mm in total length upwards. The large seines were suitable to describe the fish community from late summer until early spring. Their usage in small floodplain backwaters is limited due to their large sizes. The highest numbers of species were recorded with the small beach seines. The catches showed a high species diversity and the best-balanced length spectrum. They were well suited to describe the fish community structure of postlarvae and juveniles, as well as of their habitat relations in larger scales. The suitability of this gear for investigations of small backwaters derived from its small size. The larvae beach seines showed similarities to the larger seines concerning the frequency of occurrence of the species. However, a smaller proportion of the length spectrum was represented in the catches. Therefore, they were suitable as replacement gear for beach seines in situations where the water levels were too low to use larger seines. The quantification method for portable electrofishing devices by SCHOLTEN (2003) provided comprehensible results. Its application appeared to be suitable in the case of the examination of habitat relations of postlarvae and juveniles of fish. A relatively high diversity in the catches indicated a possible applicability of this method for the examination of the nearshore fish community. The lift net depicted a small part of the length spectrum. Therefore, it was only suitable for the examination of larval life stages. Furthermore, an inverse proportional relation between the covered area and the abundance was detected.

Keywords: River Elbe, electrofishing device, selectivity, lift net, beach seine.

1. Einleitung

Da die meisten fischereilichen Fangmethoden eine, wie auch immer geartete, Selektivität aufweisen, ist der Fang eines Fanggerätes in den meisten Fällen nicht repräsentativ für eine gesamte Population (BAGENAL 1968). Die Untersuchung von Jungfischgemeinschaften erfordert möglichst exakte Abschätzungen der Abundanzen und Biomassen larvaler und juveniler Fische. Dies ist besonders für stark unterschiedliche Längenspektren der zu untersuchenden Fische der Altersgruppe (AG) 0 schwierig und erfordert den Einsatz unterschiedlicher Fanggeräte (ANNEER et al. 1992), da kein einziges Fanggerät geeignet ist, in allen Habitaten das gesamte Längenspektrum zu erfassen (URHO 1997). Der Einsatz unterschiedlicher Fanggeräte wiederum erfordert eine detaillierte Analyse der jeweiligen Fangeffizienzen der verwendeten Geräte. Dabei sind für die jeweilige Längengruppe jeweils die effizientesten der Fangmethoden auszuwählen (THIEL 1996). Die Standardisierung der mit den jeweiligen Fanggeräten ermittelten Abundanzen und Biomassen erfolgt über die Hochrechnung auf einheitliche Maßeinheiten. Erschwert wird die Standardisierung durch Fanggeräteeigenschaften, die die Hochrechnungsdimensionen ggf. limitieren. So lassen sich einige Fanggeräte, die beim Fang der Fische nicht die gesamte Wassersäule erfassen, lediglich auf ein Standardvolumen hochrechnen. Dieses ist z.B. bei pelagisch eingesetzten Ringnetzen der Fall. Andere Fanggeräte, wie beispielsweise Zugnetze, erfassen - adäquat eingesetzt - die gesamte Wassersäule, befischen eine definierte Fläche und ermöglichen somit die Hochrechnung auf Standardflächen. Schwierig wird in diesem Falle allerdings die Berechnung des befischten Volumens, da für eine exakte Erfassung sehr genaue Angaben über die Morphologie der befischten Fläche eines jeden durchgeführten Hols nötig wären. Auf unterschiedliche Standardbezüge hochrechenbare Fanggeräte lassen sich daher nur bedingt, und wenn, dann indirekt vergleichen.

Im folgenden Beitrag werden die im Teilprojekt „Jungfischgemeinschaften" des BMBF-Verbundprojektes „Ökologische Zusammenhänge zwischen Fischgemeinschafts- und Lebensraumstrukturen der Elbe (ELFI)" eingesetzten flächenbezogen quantifizierbaren Fanggeräte kritisch betrachtet. Neben einer Analyse der erfaßten Arten- und Längenspektren und der festgestellten Abundanzen soll die spezielle Eignung der einzelnen Fanggerätetypen für bestimmte Fragestellungen beurteilt werden. Zu diesem Zweck werden die in den Fängen ermittelten Diversitäten und der Einfluß der befischten Fläche auf die Zusammensetzung der Fänge untersucht.

Darüber hinaus soll die für kleinräumige Untersuchungen von Fischlarven herangezogene Larvensenke bezüglich ihrer Längen- und Artenselektivität mit einem tragbaren Elektrofischereigerät verglichen werden.

2. Material und Methoden

2.1. Untersuchungsgebiet

Die Untersuchungen fanden in der unteren Mittelelbe zwischen Rogätz (Stromkilometer [Skm] 350) und der Seegemündung nahe der Ortschaft Meetschow (Skm 488) statt. Eine detaillierte Beschreibung des aktuellen Zustands und der Landschaftsentwicklung dieses Bereiches geben WIRTZ & ERGENZINGER (2002). Befischt wurden die Gewässertypen Hauptstrom, Zuflußmündungen, angebundene Altarme, semipermanent angebundene Altarme, temporäre Nebengewässer und Überschwemmungsflächen (Tab. 1).

2.2. Eingesetzte Fanggeräte

Der Einsatz der verwendeten Fanggeräte wurde den jeweils herrschenden Wasserständen und dem Fischaufkommen angepaßt. Dies ist sinnvoll, weil neben den gewässermorphologischen und hydrologischen Rahmenbedingungen auch biotische Faktoren, wie das Verhalten und die Verteilung der Zielorganismen, die Repräsentanz der Probennahme maßgeblich beeinflussen (URHO 1997). Daher wurden nicht alle Fanggeräte zu jedem Zeitpunkt in jedem Gewässertyp eingesetzt (Tab.1).

2.2.1. Uferzugnetze

Es wurden drei Uferzugnetze ohne Steert mit Unterschieden bezüglich Länge, Maschenweite und Netzmaterial verwendet. Das größte verwendete Zugnetz (ZN 30) maß 30 m Länge und wies eine Maschenweite von 4 mm auf. Die Höhe der Netzwand nahm von 4,0 m in der Netzmitte auf 3,0 m in den Flügelenden ab. Dieses Netz fischte durch eine schwere Grundleine relativ "scharf" über Grund. Große Zugnetze wurden im Frühjahr vor dem Auftreten der Altersgruppe 0 und ab dem Spätsommer bis Jahresende überwiegend zum Fang juveniler Fische eingesetzt. Da in größeren Fanggeräten die Wahrscheinlichkeit, daß empfindliche Fischlarven beim Einholen des Netzes zu Schaden kommen und dann ggf. nicht mehr bestimmt werden können, besonders hoch ist, wurde auf den Einsatz des großen Zugnetzes in Zeiten hohen Larvenaufkommens verzichtet. Die Mindestwassertiefe für den Einsatz dieses Netzes lag bei ca. 1,5 Metern.

Die beiden kleineren Zugnetze (ZN 15) waren jeweils 15 m lang und hatten eine Maschenweite von 1 mm. Die Höhe der Netzwände beider Netze nahm von 3,0 m in der Netzmitte auf 2,0 m an den Flügelenden ab. Eines der beiden Netze war durch einen Polyurethan Überzug „imprägniert". Dadurch wurde das Netz etwas schwerer und etwas „steifer". Diese Eigenschaften führten dazu, daß es etwas „schärfer" fischte, als die baugleiche unimprägnierte Variante und sich daher besonders in den weiter vom Hauptstrom entfernten Gewässern mit besonders weichen Sedimenten leichter „eingrub". In diesen Gewässerbereichen wurde daher vornehmlich das unimprägnierte Netz eingesetzt. Beide Netze hatten eine relativ leichte Grundleine, gingen aber trotzdem recht gut über Grund. Sie konnten auch bei Wassertiefen von mindestens ca. 80 cm eingesetzt werden. Kleine Zugnetze wurden während der gesamten Saison für Untersuchungen der Jungfischgemeinschaft benutzt, sofern der Wasserstand dieses erlaubte.

2.2.2. Larvennetz

Das Larvennetz, das kleinste der bei den Untersuchungen verwendeten Zugnetze, maß bei 3,5 m Länge eine Höhe von 1,5 m und wies eine Maschenweite von 1,4 mm sowie einen Steert auf. Es konnte auch bei sehr geringen Wasserständen von mindestens 10 cm Wassertiefe verwendet werden und wurde überwiegend in den permanent angebundenen Altarmen, Zuflußmündungen und den angrenzenden Bereichen des Hauptstromes eingesetzt. Die oft sehr weichen Substrate in den nicht permanent angebundenen Nebengewässern der Elbe schränkten dort die Einsatzmöglichkeiten dieses Fanggerätes (siehe 2.5) ein. Mit dem Larvennetz wurde die Fischgemeinschaft insbesondere im Sommer 1998 bei geringen Wasserständen befischt.

2.2.3. Elektrofischereigerät

Für die kleinräumige Erfassung der Jungfische und Fischlarven wurde ein batterieversorgtes Elektrofischereigerät der Marke DEKA 3000 (600V, 9,3A, Impulsstrom) angewendet. Durch die Verwendung einer ringförmigen Anode (15 cm Durchmesser) wurde das Gerät für den Fang kleiner Fische nach den Vorgaben von COPP & PENAZ (1988) modifiziert.

Die einzelnen Probenpunkte wurden innerhalb bestimmter Abschnitte der Uferzone zu-

Tab.1: Verwendete Fanggerätetypen (FTyp), Fanggeräte, Netzlänge (Länge), Netzhöhe (Höhe), Maschenweite (MW), mittlere befischte Fläche (Fläche), Anzahl der insgesamt pro Fanggerät durchgeführten Hols (N Gesamt), Anzahlen der im Untersuchungszeitraum pro Gewässertyp (GTyp), Monat und Fanggerät durchgeführten Hols; H = Hauptstrom; Z = Zuflußmündung; A = angebundener Altarm; S = semipermanent angebundener Altarm; T = temporär angebundenes Nebengewässer; Ü = Überschwemmungsfläche.

Tab.1: Used types of sampling gear (FTyp), sampling device (Fanggeräte), net length (Länge), net hight (Höhe), mesh size (MW), mean of the sampled area (Fläche), numbers of hauls per sampling device (N Gesamt), number of hauls per water type (GTyp), month and sampling device; H = main channel; Z = mouth of tributary; A = connected backwater; S = semipermanently connected backwater; T = temporarily connected backwaters; Ü = floodplain.

FTyp	Fanggerät	Länge [m]	Höhe [m]	MW [mm]	Fläche [m²]	N Hols Gesamt	Monat	3	4	5	6	7	8	9	10	11	12	Summe
							GTyp											
ZN 30	Uferzugnetz	30	4	4	501,62	71	H	4		8				3	4	9		28
							Z	2		3				1	5	3		14
							A	3		3			3	7	4	7		27
							T	1		1								2
							Summe	10		15			3	11	13	19		71
ZN 15	Uferzugnetz, imprägniert	15	3	1	123,33	646	H		16	12	81	87	78	40	26	10		350
							Z			2	35	30	26	18	15	6		132
							A			5	25	40	41	11	11	2		135
	Uferzugnetz	15	3	1	114,67	248	S		1	3	19	20	11	6	5	1		66
							T	4	6	20	45	55	46	10	13	7	2	208
							Ü										3	3
							Summe	4	23	42	205	232	202	85	70	26	5	894
LN	Larvenzugnetz	3,5	1,5	1,4	38,19	127	H			19	29	1						49
							Z			5	34	2	2	1				44
							A			3	28	2						33
							T			1								1
							Summe			28	91	5	2	1				127
E-Batt	E-Fischereigerät, DEKA-3000				0,73	3753	H			336	783	401	587	99	43			2.249
							Z			4	48	20	66					138
							A			9	71	74	115	6				275
							S			28	123	86	61		18			316
							T			33	299	85	106	12	17			552
							Ü			53	157	13						223
							Summe			463	1481	679	935	117	78			3.753
S 1	Larven-Senke	1		1	1,00	704	H			216								216
							S			35	10							45
							T			75	92							167
							Ü			106	170							276
							Summe			432	272							704

fällig erhoben. Dabei wurde eine maximale Tiefe von ca. 80 cm für den Einsatz des Gerätes nicht überschritten.

Dieses Fanggerät wurde in sämtlichen untersuchten Gewässertypen während der gesamten Saison für kleinräumige Untersuchungen der Habitatpräferenzen postlarvaler und juveniler Fische eingesetzt.

2.2.4. Senke

Des weiteren wurde eine Larvensenke mit 1 mm Maschenweite und einer Grundfläche von 1 m^2 eingesetzt. Sie wurde nach einer Verweilzeit von 5 Minuten am Gewässergrund eingeholt. Eingesetzt wurde dieses Fanggerät im Hauptstrom, in den nicht permanent angebundenen Nebengewässern und auf Überschwemmungsflächen. Die Senke wurde ausschließlich im Frühjahr zum Fang von Fischlarven genutzt.

Die Fanggeräte wurden bezüglich spezifischer Eigenschaften wie Fangmethode, Fanggerätegröße und -maschenweite in Fanggerätetypen (siehe Tab. 1) eingeteilt.

2.3. Probenaufarbeitung

Die Fische wurden quantitativ den Fanggeräten entnommen. Die AG 0 wurde in 4 %iger Borax gepufferter Formaldehydlösung fixiert und im Labor bis zur Art bestimmt. Die AG 1+ wurde vor Ort bestimmt und vermessen. Die Totallänge wurde auf 1 mm below gemessen. Die Bestimmung der Fische erfolgte nach Koblizkaja (1981). Gründlinge mit einer Totallänge unter 40 mm wurden als *Gobio* spec. bezeichnet, da eine genaue Zuordnung zu einer der beiden Gründlingsarten, *Gobio gobio* bzw. *Gobio albipinnatus* nicht sicher vollzogen werden kann (Wanzenböck et al. 1989). In dieser Arbeit wurden Fische mit einer $L_T < 100$ mm berücksichtigt.

2.4. Quantifizierung der Fänge

Die Vergleich- und Quantifizierbarkeit der unterschiedlichen Proben wurde durch eine einheitliche Vorgehensweise bei der Probenerhebung je Fanggerätetyp gewährleistet, wie es auch Urho (1997) empfiehlt. Die Uferzugnetze wurden so eingesetzt, daß jedem Hol die Grundfläche einer viertel Ellipse zugrunde gelegt werden konnte. Das Ausbringen der Zugnetze erfolgte per Boot in einem rechten Winkel zur Uferline. Das wasserseitige Netzende wurde daraufhin in einer halbkreisförmigen Bahn zum Ufer gezogen. Die befischte Fläche wurde dann nach der Formel:

$$A = (\pi \times a \times u)/4$$

mit A = befischte Fläche in [m^2]
a = ausgebrachte Netzlänge in [m]
u = Uferschlußstrecke in [m]

berechnet.

Der Einsatz des Larvenzugnetzes erfolgte durch zwei Personen, die mit dem aufgespannten Netz eine definierte Strecke uferparallel durchs Wasser wateten.

Die Quantifizierung der befischten Fläche erfolgte nach der Formel

$$A = s \times b$$

mit A = befischte Fläche in [m^2]
s = befischte Strecke in [m]
b = Netzbreite in [m].

Die eingesetzte Larvensenke hatte eine Grundfläche von 1 m^2.

Die Quantifizierung der Fänge mit dem Elektrofischereigerät erfolgte ebenfalls über die Kalkulation der befischten Fläche (Scholten 2003). In diese Kalkulation gehen als physikalische Parameter die aktuell herrschende Leitfähigkeit, die Temperatur und der Substrattyp des Gewässers mit ein. Die totale Fischlänge findet als biologische Größe Eingang in die Kalkulation. Die Schwellenwerte der Galvanotaxis wurden in intensiven Untersuchungen für Jungfische und Fischlarven ermittelt (vgl. Scholten 2003). Aufgrund dieser Untersuchungen ist es möglich, eine größen- und habitatabhängige Reichweite des verwendeten Gerätes zu ermitteln.

Für vergleichende Untersuchungen unterschiedlicher Fanggeräte wurden die quantifizierten Fänge auf eine Standardfläche von 1 ha bzw. 1 m^2 hochgerechnet.

2.5. Vergleich der Fanggeräte

Die sich durch Gewässermorphologie, Hydrologie und aus Fluktuationen der Fischzönose ergebenden Limitationen beeinflußten die saisonale Einsetzbarkeit der einzelnen Fanggeräte-Typen (siehe Tab.1).

Qualitative Vergleichsparameter stellten das erfaßte Arten- und Längenspektrum und die Präsenz einzelner Arten in den Fängen dar und bezogen sich auf den gesamten Datensatz.

Quantitative Vergleiche unterschiedlicher Fanggerätetypen wurden auf die Untersuchungszeiträume: 01.06. bis 30.06. (Juni) und 15.08. bis 14.09. (August/September) der Jahre 1997, 98 und 99 begrenzt. Dadurch wurden die saisonalen Unterschiede im Längenspektrum der Jungfischgemeinschaft berücksichtigt.

Zur Beschreibung quantitativer Unterschiede wurden die ermittelten Abundanzen sowie deren Verteilung herangezogen. Die Diversitäten der Fänge der einzelnen Fanggerätetypen wurden für bestimmte Gewässertypen mit dem Diversitätsindex nach Shannon-Wiener (Lozán 1992) beurteilt.

Die Abhängigkeit der ermittelten Abundanzen von der befischen Fläche wurde mit der parameterfreien Spearman-Rangkorrelation untersucht. Der als Testgröße ermittelte Spearman-Korrelationskoeffizient kann Werte zwischen -1 und +1 annehmen. Das Vorzeichen zeigt dabei die Art der Korrelation an (Precht 1987).

Der direkte Vergleich der Fanggeräte Larvensenke und Elektrofischereigerät erfolgte anhand von räumlich und zeitlich parallel erhobenen Stichproben aus dem Raum Havelberg-Sandau (Skm 418-421) der Jahre 1998 bis 2000. Eine detaillierte Analyse der Größenselektivitäten wurde mit dem linearen Selektivitätsindex nach Strauss (1979) durchgeführt:

$$L = r_i - p_i / 100$$

mit

L = Selektivitätsindex,

r_i = Anteil der Fische der Längenklasse i in dem Elektrofischereigerät,

p_i = Anteil der Fische der Längenklasse i in der Larvensenke.

Die Fangquoten wurden als Anteil erfolgreicher Fänge zur Gesamtzahl der Stichproben berechnet. Die Berechnung erfolgte separat für einzelne Wochen und einzelne Jahre, um interannuelle Unterschiede in den Fischdichten zu berücksichtigen und saisonale Unterschiede in der Fängigkeit der beiden Fanggeräte aufzudecken. Der Vergleich der Fangquoten erfolgte über den Chi²-Test.

Der Vergleich der erfaßten Fischgemeinschaft basiert auf den maximalen Abundanzen pro Art und Quadratmeter. Für die Berechnung wurden die Werte nach der Formel

$$y = \ln(x+1)$$

mit

$$x = \text{Abundanz } [\text{Ind/m}^2]$$

transformiert.

Das Art-Abundanz-Spektrum beider Fanggeräte wurde mit dem von Horn (1966) vereinfachten Diversitätsindex nach Morisita verglichen. Dieser Index ist besonders robust gegenüber unterschiedlichen Anzahlen von Stichproben (Wolda 1981). Der Morisitas-Index errechnet sich aus:

$$I_M = (2 \cdot \Sigma (n_{1i} \cdot n_{2i}))/(\lambda_i + \lambda_j) \cdot N_1 \cdot N_2$$

mit: $\lambda_j = (\Sigma\, n_{ij}^2)/N_j^2$

wobei

n_{ij} = Anzahl der Individuen der Art i in der Stichprobe j;

N_j = die Anzahl der Individuen in Stichprobe j und N_1 bzw. N_2 die Gesamtzahl der Individuen die mit dem Elektrofischereigerät (1) bzw. mit der Larvensenke (2) gefangen wurden.

Der Vergleich der Häufigkeitsverteilungen für den direkten Vergleich der Fänge der Larvensenke mit denen des Elektrofischereigerätes erfolgte über den Chi²-Test. Hierzu wurden die Häufigkeiten der Fänge des Elektrofischereigerätes als erwartete Häufigkeiten betrachtet. Um den Anforderungen des Chi²-Tests zu genügen, wurden nur Längenklassen mit einem Erwartungswert von $E \geq 1$ mit in die Analyse einbezogen.

3. Ergebnisse

Insgesamt gehen in die Analysen 71 ZN-30-Hols, 800 ZN-15-Hols, 127 Larvennetz-Hols, 3753 Elektrofangpunkte und 704 Senk-Hols ein (Tab.1). Dem direkten Vergleich Senke/Elektrofischereigerät liegen 425 Elektrofischereigerät-Proben und 420 Senk-Hols zugrunde (Tab. 2).

3.1. Analyse des erfaßten Artenspektrums

Im Laufe des ELFI-Projektes wurden mit den o.g. Fanggeräten 30 Fischarten nachgewiesen, von denen 14 in allen verwendeten Fanggerätetypen gefunden wurden (Abb. 1). Die meisten Arten wurden mit dem ZN 15 (28) und dem Elektrofischereigerät (25) nachgewiesen. Weitaus geringere Artenzahlen wurden mit dem ZN 30 (21), der Senke (20) und dem Larvennetz (16) gefangen.

3.1.1. Diversität

Im Gesamtfang wurden die höchsten Diversitäten (H_s) für die Zugnetze (ZN 30: H_s = 2,28; ZN 15: H_s = 2,16) festgestellt (Abb. 2). Etwas geringer fielen die Werte des Elektrofischereigerätes (H_s = 1,98) und des Larvennetzes (H_s = 1,82) aus. Die geringste Diversität wurde für die Senke (H_s = 1,26) ermittelt.

Im Juni wurden die höchsten Diversitäten in fast allen Gewässertypen für kleine Zugnetze (ZN 15), gefolgt von dem Elektrofischereigerät (E-Batt) und dem Larvennetz (LN) ermittelt (Abb.3). In den temporär angebundenen Nebengewässern und auf Überschwemmungsflächen wurden die großen Zugnetze (ZN 30) und Larvennetze (LN) nicht eingesetzt. In den temporär angebundenen Nebengewässern erreichte die Diversität in den Fängen des Elektrofischereigerätes ebenfalls hohe Werte. Auf den Überschwemmungsflächen wurden für das Elektrofischereigerät nur sehr geringe Diversitäten ermittelt. Die Senke wies in allen Einsatzgebieten geringe H_s-Werte um 1 auf.

Auch im August/September wurden die höchsten H_s-Werte für die ZN 15 in den Zuflußmündungen und angebundenen Nebengewässern festgestellt (Abb. 4). Bis auf den Hauptstrom wurden auch in den übrigen Gewässertypen die höchsten H_s-Werte für diese Netze ermittelt. Für das Elektrofischereigerät wurden im Hauptstrom ebenfalls hohe Werte gefunden. In den Nebengewässern lagen die H_s-Werte des Elektrofischereigerätes in den semipermanent angebundenen Nebengewässern knapp hinter denen der kleinen Zugnetze, in den weiter zum Hauptstrom orientierten Gewässertypen waren sie sehr viel geringer.

3.1.2. Präsenz

Generell nimmt der Anteil der leeren Hols mit einer Abnahme der durch die Fanggeräte befischten Fläche zu.

Die für die einzelnen Arten erzielten Präsenzen im Gesamtfang der einzelnen Fanggerätetypen weisen deutliche Unterschiede auf (Abb. 1). Während sich bei den Zugnetzen (ZN 30 und ZN 15) ähnliche Präsenzmuster ergaben, nahm das Larvennetz eine intermediäre Stellung zwischen den Zugnetzen und dem Elektrofischereigerät mit größeren Übereinstimmungen zu den Zugnetzen ein. Das sich für die Senke ergebende Präsenzmuster ähnelte am ehesten dem des Elektrofischereigerätes.

Die höchsten maximalen Präsenzen wurden mit den Uferzugnetzen (> 60 %) erzielt. Auch mit dem Larvennetz wurden noch relativ hohe maximale Präsenzwerte (> 40 %) erreicht. Die mit den Fanggeräten Larvensenke (< 25 %) und Elektrofischereigerät (< 15 %) erzielten maximalen Präsenzen waren deutlich geringer.

Tab. 2: Anzahl sowie zeitliche und räumliche Aufteilung der Stichproben zu vergleichenden Untersuchungen des Elektrofischereigerätes (E-Batt) und der Larvensenke (S 1).
Tab. 2: Number, temporal and spatial structure of samples for comparative investigations of the electro fishing device (E-Batt) and the lift net (S1).

		Hauptstrom		Nebengewässer		Überschwemmungsflächen		Gesamt	
Jahr	Woche	E-Batt	S 1	E-Batt	S 1	E-Batt	S 1	E-Batt	S 1
1998	21	56	38					56	38
	22	48	49					48	49
1999	21			15	12	69	86	84	98
	23			30	24	60	45	90	69
	25			31	32	58	78	89	110
2000	24			29	27	29	29	58	56
Gesamt:		104	87	105	95	216	238	425	420

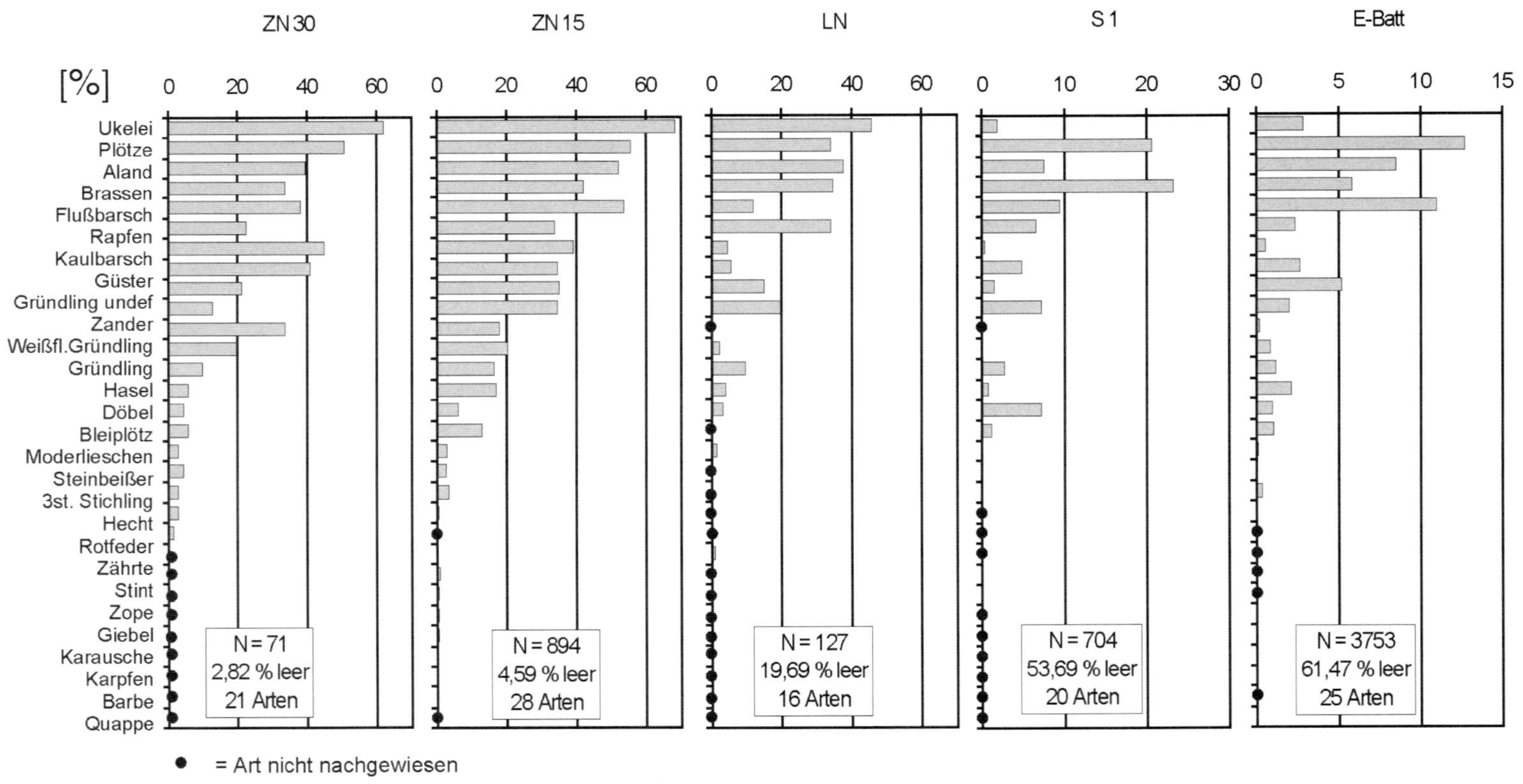

Abb. 1: Präsenz der gefangenen Fischarten in den unterschiedlichen Fanggerätetypen (FTyp); Anzahl durchgeführter Hols (N); Anteil leerer Hols (leer); Anzahl nachgewiesener Arten (Arten); nicht nachgewiesene Arten (schwarzer Punkt), jeweils pro FTyp (Abkürzungen s. Tab. 1).

Fig. 1: Frequency of occurrence of caught species in the different gear types (FTyp); number of hauls (N); proportion of empty hauls (leer); number of detected species (Arten); not detected species (black spot), each per FTyp (abbreviations see tab. 1).

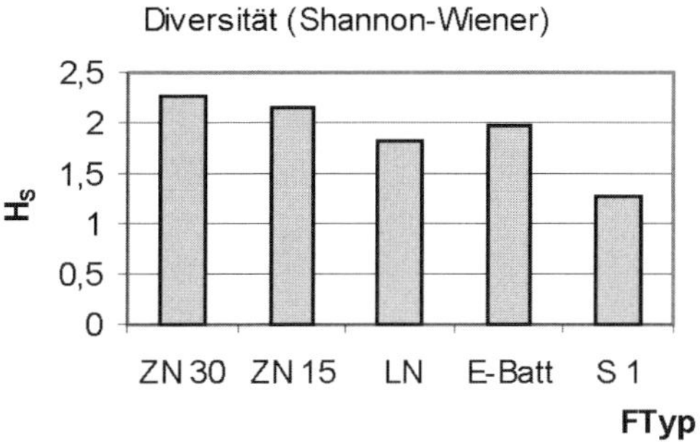

Abb. 2: Diversitätsindizes (Shannon-Wiener, H_S) der Gesamtfänge der einzelnen Fanggerätetypen (FTyp) (Abkürzungen siehe Tab. 1).
Fig. 2: Diversity indices (Shannon-Wiener, H_S) for the total catches of the different gear types (FTyp) (abbreviations see tab. 1).

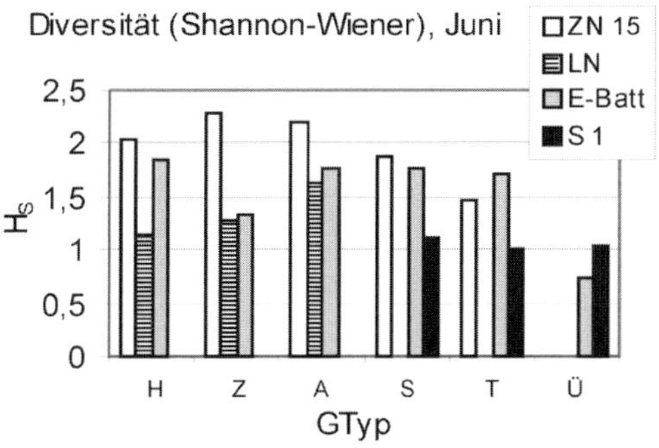

Abb. 3: Diversitätsindizes (Shannon-Wiener, H_S) der Gesamtfänge der einzelnen Fanggerätetypen (FTyp) in unterschiedlichen Gewässertypen (GTyp) im Juni (Abkürzungen siehe Tab. 1).
Fig. 3: Diversity indices (Shannon-Wiener, H_S) for the total catches of the different gear types (FTyp) in different water types (GTyp) in June (abbreviations see tab. 1).

Die Ukelei (*Alburnus alburnus*) war die am häufigsten in den Uferzugnetzen (ZN 30 und ZN 15) und dem Larvennetz auftretende Art. In den Senk- und Elektrofischereigerät-Fängen trat diese Arte mit Präsenzen < 5 % eher selten auf.

Die Plötze (*Rutilus rutilus*) war die zweithäufigste mit den Uferzugnetzen als auch mit der Senke gefangene Art. Sie war die häufigste in den Elektrofischereigerät-Fängen auftretende Art.

Als dritthäufigste Art traten jeweils einer der Perciden Kaulbarsch (*Gymnocephalus cernua*, ZN 30) und Flußbarsch (*Perca fluviatilis*, ZN 15 und Senke) in den Zugnetz- und Senkhols auf. Der

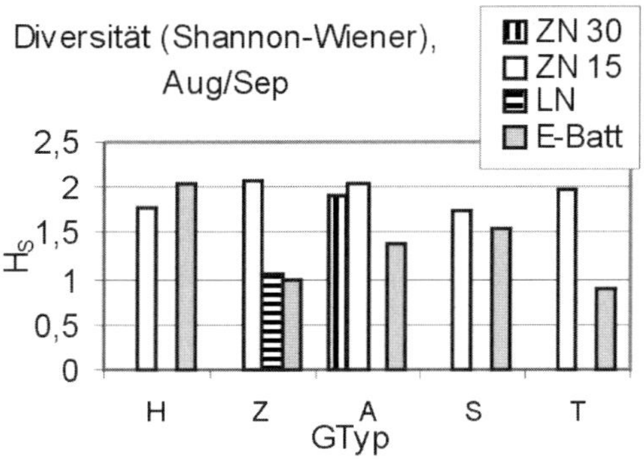

Abb. 4: Diversitätsindizes (Shannon-Wiener, H_S) der Gesamtfänge der einzelnen Fanggerätetypen (FTyp) in unterschiedlichen Gewässertypen (GTyp) im August/September (Abkürzungen siehe Tab. 1).
Fig. 4: Diversity indices (Shannon-Wiener, H_S) for the total catches of the different gear types (FTyp) in different water types (GTyp) in August/September (abbreviations see tab. 1).

Flußbarsch war die zweithäufigste in den Elektrofischereigerät-Fängen auftretende Art. In den Larvennetzfängen waren percide Fische deutlich seltener.

Alande (*Leuciscus idus*) wurden mit Ausnahme der Senke in allen Fanggeräten häufig gefangen. Deutliche Unterschiede zwischen den Fanggerätetypen zeigten sich in den Präsenzen für Ukelei (*Alburnus alburnus*), Brassen (*Abramis brama*), Güster (*Abramis björkna*) sowie Fluß- (*Perca fluviatilis*) und Kaulbarsch (*Gymnocephalus cernua*). Während die Ukelei mit den kleinräumig fangenden Fanggeräten Elektrofischereigerät und Larvensenke nur selten gefangen wurde, kamen sie in den Zug- und Larvennetzfängen häufiger vor. Ähnlich verhielt es sich mit den Präsenzen von Güster und Kaulbarsch, doch traten diese auch selten in den Fängen des Larvennetzes auf. Brassen waren nur in den Fängen des Elektrofischereigerätes unterrepräsentiert.

3.2. Analyse des erfaßten Längenspektrums

Fanggeräte weisen aufgrund ihrer Maschenweite und ihrer Fangmethode eine spezifische Eignung für den Fang bestimmter Größenspektren unterschiedlicher Fischarten auf. Um die Netzselektivität zu beurteilen, ist es sinnvoll, das vom

Netz gefangene Längenspektrum kritisch zu betrachten.

Eine Analyse der Abundanzanteile unterschiedlicher Längenklassen am Jahresgesamtfang der eingesetzten Fanggerätetypen zeigt, daß die Senke speziell für den Fang besonders kleiner larvaler und postlarvaler Fische geeignet war (Abb. 5). Bei diesem Fanggerät machte der Anteil der Fische < 25 mm Länge mehr als 80 % des Gesamtfanges aus. Das für den Fang der frühen Entwicklungsstadien besonders geeignete Senknetz unterschied sich in dem erfaßten Längenspektrum signifikant vom Elektrofischereigerät DEKA 3000 und Larvenzugnetz (P = 0,001, U-Test, zweiseitig).

Larvennetze und das in diesem Projekt zum Fang von Jungfischen modifizierte Elektrofischereigerät (DEKA 3000; COPP & PENAZ 1988) wiesen ein breiteres Längenspektrum auf und waren für den Fang postlarvaler und juveniler Fische bis ca. 55 mm Totallänge gut geeignet (Abb. 5).

Die kleinen Zugnetze (ZN 15) waren ebenfalls für den Fang von Fischlarven gut geeignet. Sie wiesen das ausgeglichenste Längenspektrum der verwendeten Fanggeräte auf. Für größere Juvenile bis 95 mm Totallänge waren Zugnetze (ZN 15 und ZN 30) am besten geeignet. Tiere < 30 mm Länge wurden mit ZN 30 wegen der höheren Maschenweite von 4 mm kaum gefangen (Abb. 5).

Da nicht alle Fanggeräte über das ganze Jahr eingesetzt wurden, sind die Analysen des Gesamtlängenspektrums von den zu den Fangzeiten vorherrschenden Längenverteilungen im Gewässer überlagert. Ein genaueres Bild ergibt sich, wenn die Fänge aus kürzeren Zeitintervallen miteinander verglichen werden.

Während im Juni alle verwendeten Fanggeräte ungefähr das gleiche Bild des vorgefundenen Längenspektrums mit Lage der Maxima zwischen 10 und 40 mm Totallänge zeichneten (Abb. 6), unterschieden sich die fanggerätespezifischen Längenhäufigkeitsverteilungen im August/September sehr deutlich voneinander (Abb. 7). Während die für das Elektrofischereigerät ermittelten Verteilungen im unteren Bereich des Spektrums (15 bis 25 mm Totallänge) einen mit den anderen Fanggeräten nicht nachvollziehbaren Peak aufwiesen, gingen sie ab ca. 30 mm Totallänge aufwärts relativ synchron mit denen der ZN 15. Die Verteilung des ZN 30 bildete den unteren Teil des Längenspektrums bis 30 mm Totallänge nicht ab. Von 35 bis 65 mm Totallänge verlief die Funktion relativ synchron mit der der übrigen Fanggeräte. Im oberen Teil des Längenspektrums wurden bei diesem Netz deutlich höhere Abundanzanteile festgestellt als bei den anderen Geräten (Abb. 7).

3.3. Vergleich der ermittelten Abundanzen

Die Abundanzmittelwerte zeigten im Juni über das gesamte Längenspektrum für alle verwendeten Fanggeräte die gleichen Trends (Abb. 8). Die

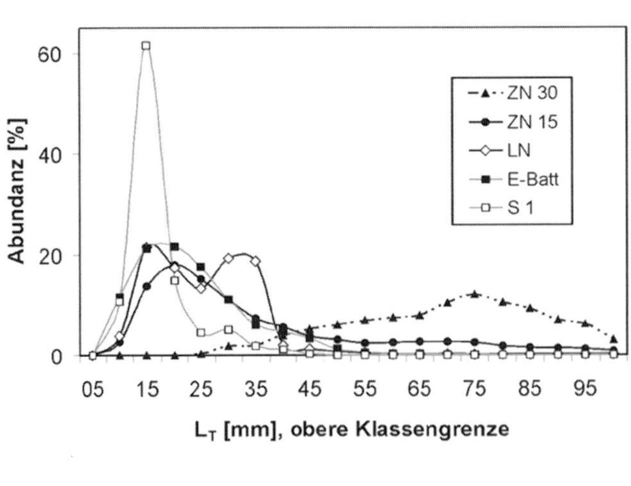

Abb. 5: Längen-Häufigkeitsverteilungen des Gesamtfanges der unterschiedlichen Fanggerätetypen (FTyp) in % der Gesamtsumme der Abundanzen der unterschiedlichen Längenklassen; Klassengrösse 5 mm, Beschriftung: obere Klassengrenze (Abkürzungen siehe Tab. 1).
Fig. 5: Length-frequency-distributions of the different gear types (FTyp) given in per cent of the accumulated abundance of the different length-classes. Class size 5 mm, captions: upper class-limits (abbreviations see tab. 1).

Abb. 6: Längen-Häufigkeitsverteilungen des Gesamtfanges der unterschiedlichen Fanggerätetypen (FTyp) in % der Gesamtsumme der Abundanzen der unterschiedlichen Längenklassen im Juni; Klassengrösse 5 mm, Beschriftung: obere Klassengrenze (Abkürzungen siehe Tab. 1).
Fig. 6: Length-frequency-distributions of the different gear types (FTyp) in June given in per cent of the accumulated abundance of the different length-classes. Class size 5 mm, captions: upper class-limits (abbreviations see tab. 1).

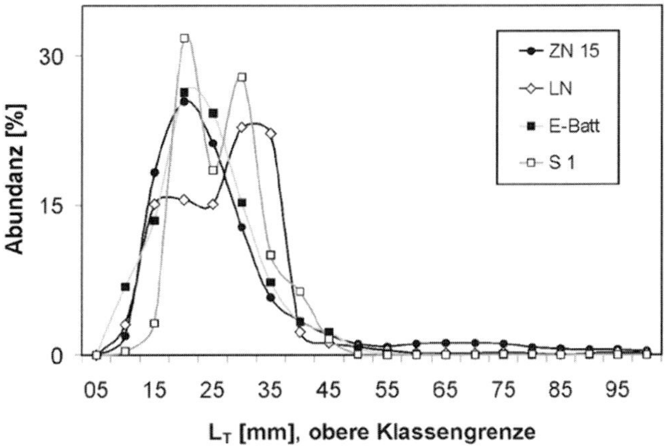

Abb. 7: Längen-Häufigkeitsverteilungen des Gesamtfanges der unterschiedlichen Fanggerätetypen (FTyp) in % der Gesamtsumme der Abundanzen der unterschiedlichen Längenklassen im August/September; Klassengrösse 5 mm, Beschriftung: obere Klassengrenze (Abkürzungen siehe Tab. 1).
Fig. 7: Length-frequency-distributions of the different gear types (FTyp) in August / September given in per cent of the accumulated abundance of the different length-classes. Class size 5 mm, captions: upper class-limits (abbreviations see tab. 1).

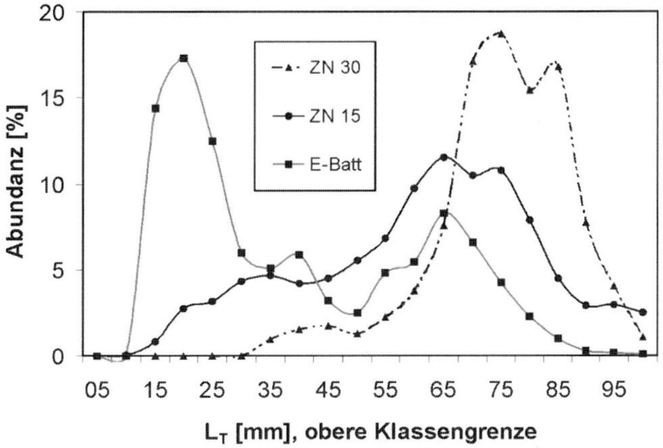

Größenordnungen differierten vom Fanggerät mit den geringsten Werten (Larvennetz) zu dem mit den höchsten Werten (Elektrofischereigerät) um drei Zehnerpotenzen. Mit den kleinräumig fangenden Geräten (Elektrofischereigerät und Senke) wurden weitaus höhere Abundanzen ermittelt als mit den verwendeten Zugnetzen.

Im August/September divergierten die mittleren Abundanzen im unteren Teil des Längenspektrums um ca. vier Zehnerpotenzen (Abb. 9). Mit zunehmender Fischlänge konvergierten die mittleren Abundanzen auf eine Differenz von ca. zwei Zehnerpotenzen. Auch hier wurden mit kleinräumig fangenden Geräten höhere Abundanzwerte festgestellt.

Im Gesamtfang der Zugnetze (ZN 30, ZN 15, Larvennetz) wurde eine signifikante Abnahme der mittleren Abundanzen mit Zunahme der befischten Fläche festgestellt (Spearman-Rang-Korrelation; $p<0{,}001$; $R= -0{,}159$; $n = 743$). Dieser Zusammenhang wird in Abbildung 10 exemplarisch für das Larvennetz und die ZN 15 im Monat Juni dargestellt. Aus Gründen der Anschaulichkeit wurde eine lineare Regressionsgerade eingefügt. Deutlich wird in dieser Darstellung, daß der Abundanzgradient in einem kleinen Zeitfenster zwar erkennbar, aber nur relativ schwach ausgeprägt ist.

3.4. Vergleich der kleinflächig fangenden Fanggeräte Larvensenke und Elektrofischereigerät

Für den direkten Vergleich von Elektrofioschereigerät und Senke wurden die Uferbereiche der Buhnenfelder, der Nebengewässer und

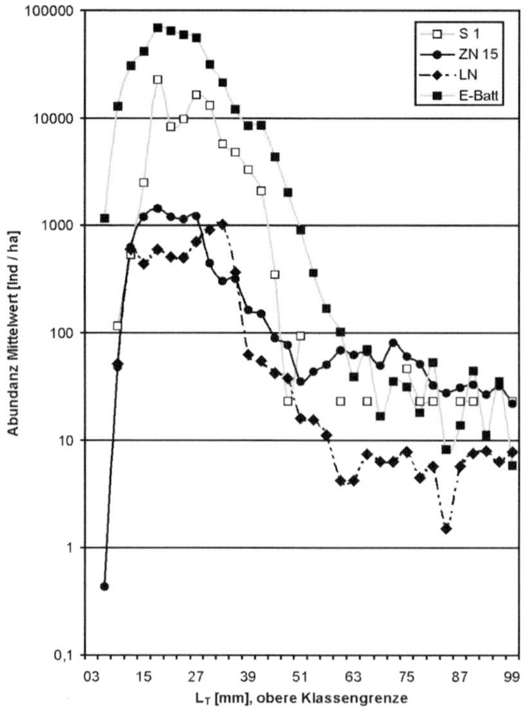

Abb. 8: Mittlere Abundanz pro Längenklasse (in [Individuen pro ha]) einzelner Fanggerätetypen (FTyp) im Juni, Klassengrösse 3 mm, Beschriftung: obere Klassengrenze (Abkürzungen siehe Tab. 1).

Fig. 8: Mean abundance per length-class (in [individuals per ha]) of different gear types (FTyp) in June, Class size 3 mm, captions: upper class-limits (abbreviations see tab. 1).

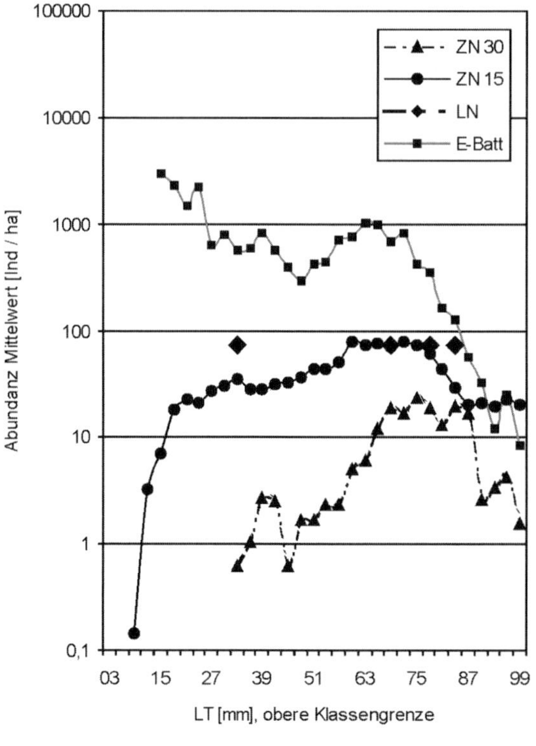

Abb. 9: Mittlere Abundanz pro Längenklasse (in [Individuen pro ha]) einzelner Fanggerätetypen (FTyp) im August/September, Klassengrösse 3 mm, Beschriftung: obere Klassengrenze (Abkürzungen siehe Tab. 1).

Fig. 9: Mean abundance per length-class (in [individuals per ha]) of different gear types (FTyp) in August/September, Class size 3 mm, captions: upper class-limits (abbreviations see tab. 1).

Abb. 10: Lineare Regression der Abundanz (Anzahl gefangener Individuen/ha * 10^{-3}) in Abhängigkeit von der befischten Fläche anhand von Fängen mit kleinen Zugnetzen (ZN 15) und dem Larvennetz (LN) im Juni.
Fig. 10: Linear regression of abundance (in numbers of caught individuals/ha * 10^{-3}) in relation to the covered area. The hauls were made with small beach seines (ZN 15) and the larvae net (LN) in June.

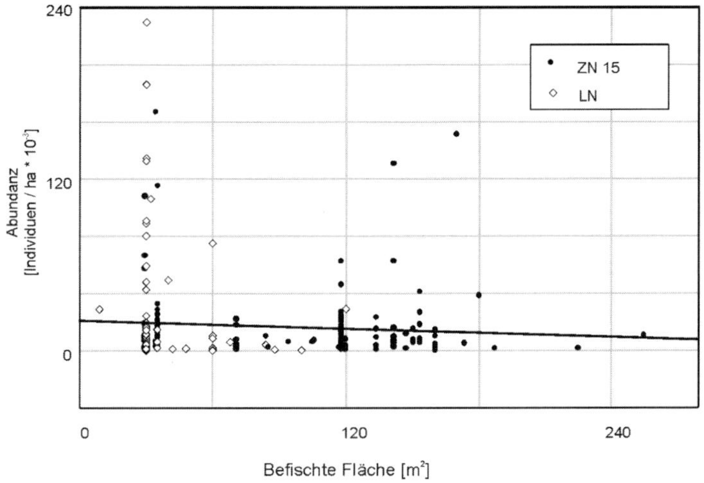

Abb. 11: Frequenzanteile der einzelnen Längenklassen an der Summe des Gesamtfanges (Frequenz) für Senke und Elektrofischereigerät (E-Batt), Selektionsindex nach STRAUSS (1979).
Fig. 11: Frequency proportions of different length-classes with regard to the sum of the total catch (frequency) for lift net und electro fishing device (E-Batt), index of selectivity according to STRAUSS (1979).

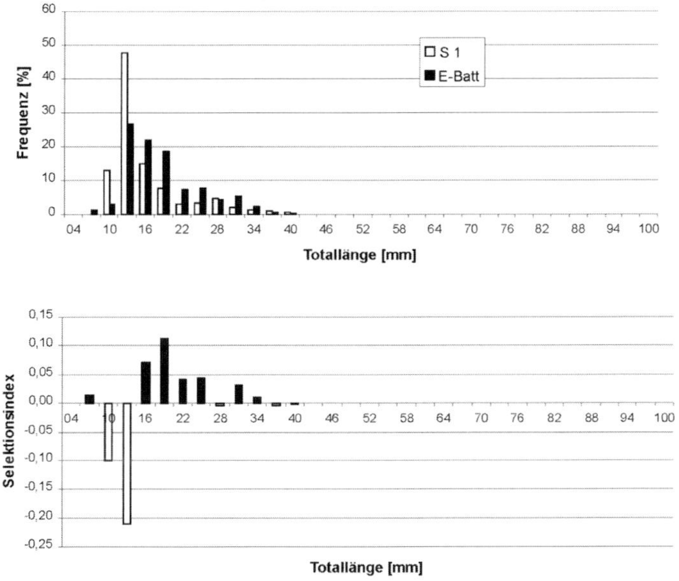

der Überschwemmungsflächen in etwa gleichen Anteilen befischt (Tab. 2).

Beide Fanggeräte zeigten mit einer Ähnlichkeit des Morisita-Index von $I_M = 0,976$ nur sehr geringe Unterschiede in der Erfassung des Art-Abundanzspektrums. Ein Wert von 1 entspricht völliger Übereinstimmung, während 0 absolute Unähnlichkeit beschreibt. Im Gegensatz dazu konnte ein signifikanter Unterschied zwischen den erfaßten Längenhäufigkeitsspektren der beiden Fanggeräte festgestellt werden ($Chi^2 = 140,64$; $p < 0,001$). So weist der Index von Strauss für die Larvenseke eine selektive Erfassung der Fischgrößen unter 15 mm gegenüber dem Elektrofischereigerät auf (Abb. 11). Für die Längenklassen zwischen 16 und 35 mm wurde wiederum eine erhöhte Selektivität des Elektrofischereigerätes gegenüber der Senke festgestellt. Fische aus den größeren Längenklassen sind von beiden Fanggeräten nur in Einzelfängen erfaßt worden.

Beim Vergleich der Fangquote konnten keine Unterschiede zwischen beiden Fanggeräten festgestellt werden. Lediglich in der 21. Woche 1999 wies die Senke eine signifikant höhere Fangquote auf als das Elektrofischereigerät (Chi^2-Test = 4,69; $p < 0,05$).

4. Diskussion

Die Unterschiede in den erfaßten Artenspektren zeigen, in Übereinstimmung mit den Untersuchungen von FAGO (1998), daß der Einsatz eines einzigen Fanggerätes nicht genügt, um eine Fischgemeinschaft vollständig zu beschreiben. So können z.B. verschiedene Zugnetze je nach Schwere und Beschaffenheit der Unterleine unterschiedlich dicht am Grund entlangfischen und dadurch bodengebundene Arten wie z.B. Kaulbarsch oder Schmerlen verschieden gut erfassen. Darüber hinaus wird die Effizienz eines Fanggerätes von Faktoren wie dem Fluchtverhalten der Fische und der Art und Weise der Netzhandhabung beeinflußt (URHO 1997).

Kleinräumig fischende Fanggeräte wie Elektrofischereigeräte, Senknetze und Larvenzugnetze werden hauptsächlich in Ufernähe verwendet, wohingegen Zugnetze auf einer sich weiter vom Ufer hinweg erstreckenden Fläche eingesetzt werden. Je mehr das jeweilige Fanggerät die vor dem Ufer gelegenen Freiwasserbereiche mit geringeren Fischdichten erfaßte, desto geringer fielen die mittleren Abundanzwerte aus. Besonders die späten Larval- und frühen Juvenilstadien vieler Fischarten bevorzugen nach ihrer Driftphase den flachen und im Vergleich zum Freiwasser wärmeren unmittelbaren Uferbereich (RHEINBERGER et al. 1987, BAIN et al. 1988, COPP 1990, COPP 1992). Sie nutzen die in Ufernähe vorherrschenden günstigen Wachstumsbedingungen, was auch Laborversuche mit juvenilen Plötzen von KRAUSE et al. (1998) belegen. In Ufernähe genießen sie ebenfalls Schutz vor Prädation durch größere Fische (vergl. SCHLOSSER 1987), die mit zunehmender Größe bei abnehmender Kohortenstärke in tiefere Bereiche abwandern. Aus diesem Zusammenhang ergeben sich dann z.B. unterschiedliche Präsenzen für Fische, die Habitate nutzen, die mit einigen Fanggeräten nicht vollständig erfaßt werden. So bevorzugt beispielsweise die Ukelei, eine pelagische Art, bereits als Juvenilstadium tieferes Wasser (COPP 1992). Diese Art war folglich in den Fängen der weiter ins Pelagial hereinfischenden Zugnetze besser repräsentiert.

Die Zunahme der ermittelten Abundanzen mit abnehmender befischter Fläche ist möglicherweise ein Effekt der Patchiness bzw. der inhomogenen Verteilung der postlarvalen und juvenilen Fische, die den unmittelbaren Uferbereich präferieren. Überlagert wird dieses Phänomen in dieser Untersuchung von den unterschiedlichen Einsatzzeiten und -häufigkeiten der verschiedenen Fanggeräte. Besonders der Einsatz des großen Zugnetzes verstärkt diesen Effekt. Dennoch lassen die in Abb. 11 dargestellten Larven- und Zugnetzfänge aus dem Monat Juni einen möglichen Zusammenhang zwischen der flächenbezogenen Abundanz und der Ausdehnung der befischten Fläche erkennen.

Mit Zunahme der befischten Fläche werden die kleinräumigen Verteilungsunterschiede der Fische über den entsprechend größeren Bereich gemittelt. Daher hat eine Erhöhung der befischten Fläche neben der Reduzierung der Anzahl leerer Hols (URHO 1997) eine Abnahme der ermittelten Abundanzen zur Folge, wenn dadurch Bereiche mit geringeren Fischdichten einbezogen werden.

Als Folge des oben Genannten ergeben auf Erhebungen mit unterschiedlichen Fanggeräten basierende Dominanzmuster voneinander abweichende Ergebnisse. Dieses wird aus den unterschiedlichen Präsenzen der verschiedenen Fischarten in den Fängen unterschiedlicher Fanggeräte deutlich. Aus Arbeiten, die sich nur auf die Elektrofischerei stützen, geht in großen Fließgewässern häufig die Plötze (*R. rutilus*) als dominante Art hervor (EHRCHEN 2000, BISCHOFF & WOLTER 2001), während auf Zugnetzfänge gestützte Arbeiten öfter die Ukelei (*A. alburnus*) (SCHOLTEN 2003, STAAS 1996) oder den Brassen (*A. brama*) als dominierend herausstellen (FLECK 1998). Ähnlich unterschiedliche Resultate erhielt LÜBCKER (1998), der sowohl mit einem Elektrofischereigerät die Plötze als auch mit Zugnetzfängen den Brassen als dominante Art in einem Nebengewässer der mittleren Elbe feststellte.

4.1. Großes Zugnetz (ZN 30)

Das größte für Jungfischuntersuchungen verwendete Zugnetz zeichnete sich besonders durch eine hohe Diversität der Fänge aus. Zum

Fang von Fischlarven war es aufgrund seiner hohen Maschenweite nicht geeignet. Jungfische ab einer Totallänge von 30 mm wurden von diesem Netz quantitativ erfaßt. Es eignete sich daher besonders für die Beschreibung der Fischgemeinschaft während der Phasen, in denen keine Fischlarven auftraten (Spätsommer, Winter, frühes Frühjahr). Seine Größe wirkte sich limitierend auf die Einsatzmöglichkeiten besonders in kleinen Auegewässern und zu Zeiten geringer Wasserstände aus.

4.2. Kleine Zugnetze (ZN 15)

Die kleinen Zugnetze wiesen ein sehr ausgeglichenes Längen- und ein großes Artenspektrum auf. Die Diversität der Fänge war sehr hoch. Daher schienen sie zur Beschreibung der postlarvalen und juvenilen Fischgemeinschaft sehr gut geeignet zu sein. Ihre geringen Ausmaße ermöglichten Einsätze in relativ kleinen Auegewässern, selbst bei vergleichsweise geringen Wasserständen. Die Größe der befischten Fläche läßt das Fanggerät für kleinräumige Untersuchungen der Habitatpräferenzen ungeeignet erscheinen. Für großräumige Untersuchungen dieser Phänomene ist es jedoch durchaus adäquat, besonders beim Auftreten starker regionaler Gradienten der Umweltvariablen.

4.3. Larvennetz

Das Larvennetz zeigte bezüglich der Präsenzmuster Ähnlichkeiten mit den Zugnetzen. Allerdings war es nur bis zu Fischlängen von ca. 60 mm geeignet, diese quantitativ zu erfassen. Da es in sehr flachem Wasser eingesetzt werden konnte, eignete es sich vor allem während der Niedrigwasserperioden im Sommer als Ersatzgerät für die größeren Zugnetze, die höhere Wasserstände benötigten. Die geringen Artenzahlen, die mit diesem Netz erzielt wurden, sind sicher darauf zurückzuführen, daß es nicht in den semipermanent und temporär angebundenen Nebengewässern und auf Überschwemmungsflächen und nur selten im Hauptstrom eingesetzt wurde. Von den 14 nicht erfaßten Arten sind 7 limnophil und 4 rheophil. Daher waren sie in den nicht mit dem Larvennetz beprobten Gewässertypen zu erwarten. Die Diversität in den Fängen dieses Netzes ist um einiges geringer als die der Zugnetzfänge.

Zugnetze insgesamt sind innerhalb des Bereiches des Längenspektrums, den sie abdecken, relativ wenig längenselektiv (Wiley et al. 1983) und liefern akkurate quantitative und qualitative Daten (Leslie & Timmins 1992).

4.4. Elektrofischereigerät

Obwohl Garner (1997) darauf hinweist, daß bei der Interpretation von Fischdichten aus kleinräumigen Elektro-Befischungen größte Vorsicht geboten sei, scheint die von Scholten (2003) erarbeitete Quantifizierungsmethode, vor dem Hintergrund der o.g. Auswirkungen der jeweils befischten Fläche auf die ermittelten Abundanzen, zu plausiblen Resultaten zu führen. Ein Scheucheffekt, der für die Elektrofischerei bekannt ist (Bovee 1982), beeinträchtigt die ermittelten Abundanzen nicht. Die methodisch begründete Extrapolation der von Scholten (2003) ermittelten Fangradien kommt allerdings, besonders im unteren Längenbereich des hier untersuchten Längenspektrums, zu sehr hohen Abundanzwerten. Diese Tendenz ist aber auch bei eindeutig flächenbezogenen Fanggeräten wie Larvensenken durch die Auswirkungen von Patchiness-Phänomenen zu beobachten.

Das vom Elektrofischereigerät erfaßte Längenspektrum, die relativ hohe Diversität in den Fängen und die kleine pro Hol befischte Fläche lassen es sowohl für kleinräumige Untersuchungen der ufernahen Fischgemeinschaft als auch zur Analyse der Habitatpräferenzen postlarvaler und juveniler Fische geeignet erscheinen. Zum Fang pelagischer Fische wie der Ukelei ist es nicht gut geeignet, da es nur bei geringen Wasserständen und damit ufernah eingesetzt werden kann.

4.5. Senke

Das sehr unausgewogene Längenspektrum der Larvensenke läßt sie nur für die Untersuchung von Larval- und Postlarvalstadien, die allerdings mit ihr äußerst effektiv befischt werden, adäquat erscheinen. Nach MURPHY & CLUTTER (1972) erbringen gezogene Netze die befriedigendsten quantitativen Resultate für frühe Larvalstadien. Für den Fang größerer Tiere ist das Senknetz ungeeignet, da diese Längengruppen deutlich unterrepräsentiert sind. Dies läßt sich mit dem Fluchtverhalten größerer Tiere erklären. Wegen der kleinen Netzöffnungsfläche des Senknetzes ist es Fischen ab einer bestimmten Größe leicht möglich, diesem auszuweichen. Der im Längenspektrum sichtbare Peak als auch die positive Selektion eines geringen Teils des Längenspektrums gegenüber dem Elektrofischereigerät zeigen indes einen besonders hohen Fangerfolg für die entsprechenden Längengruppen auf.

5. Schlußfolgerungen

Resümierend ergibt sich für jedes der beschriebenen Fanggeräte eine spezifische Eignung zum Fang von Fischlarven und Jungfischen.

Die im ELFI-Projekt verwendeten Fanggeräte weisen alle spezielle Vor- und Nachteile auf. Generell sollte ein Fanggerät entsprechend der jeweiligen Fragestellung ausgewählt werden. Die Maschenweite der Netze spielt besonders für frühe Entwicklungsstadien eine wichtige Rolle. Sie sollte so gewählt werden, daß die zu untersuchenden Tiere möglichst quantitativ von der Netzselektion erfaßt werden. Allerdings sollte sie ebenfalls in einem günstigen Verhältnis zur Größe des Fanggerätes stehen.

Kleinräumig fangende Geräte bilden die Patchiness der untersuchten Tiere besonders gut ab. Sie eignen sich besonders, um kleinräumige Untersuchungen zur Habitatnutzung durchzuführen. Je größer das Fanggerät ist, desto größer wird meist auch dessen Eignung, einen umfassenderen Teil der Fischgemeinschaft zu beschreiben. Die Zuordnung zu synchron erhobenen Umweltparametern wird allerdings durch die Ausdehnung der befischten Fläche unschärfer. Limitiert werden die Einsatzmöglichkeiten unterschiedlicher Fanggeräte meist durch die hydrologischen und gewässermorphologischen Rahmenbedingungen. Darüber hinaus sollte bei der Auswahl des Fanggerätes auch der Ausstattung der Zielarten mit Verhaltensmustern (z.B. Fluchtverhalten, Habitatpräferenzen) Rechnung getragen werden, die einen Fang erschweren könnten.

6. Danksagung

Wir danken dem BMBF für die Finanzierung des ELFI-Projektes. Den anonymen Gutachtern sei an dieser Stelle für die kritische Durchsicht des Manuskriptes gedankt. Unser Dank gilt darüber hinaus den Mitarbeitern H. HOLST, M. GERKENS, S. RIEMANN, A. CONRAD, T. LINKE, A. SOLINGER, I. LÜBCKER, A. CUGAT, M. BERNREUTHER, C. PUSCH, A. EHRCHEN, M. FLECK, M. WELLENREUTHER, P. OBERDÖRFFER, H. GÖRING, K. BENKENDORF, G. HOFFMANN, G. KURTZ und A. KAKUSCHKE, die durch ihre tatkräftige Mithilfe bei den Probennahmen an der mittleren Elbe und der Probenaufarbeitung im Labor das ELFI-Projekt unterstützten. Ein weiteres herzliches Dankeschön geht an Frau M. BRUMM-SCHOLZ und Herrn S. STÄCKER, die uns engagiert bei der Probenaufarbeitung unterstützten.

7. Literatur

ANNEER, G., E.M. BLOMQUIST, H. HALLBACK, J. MATTILA, S. NELLBRING, K. SKÓRA, & L. URHO. 1992. Methods for sampling and observation of shallow water fish. The Baltic Marine Biologists, Publ. No. 13, 120.

BAGENAL, T. 1968. Methods for Assessment of Fish Production in Fresh Waters. Blackwell, Oxford, 3rd. ed., p9ff, 365.

BAIN, M. B., & J.T. FINN. 1988. Streamflow regulation and fish community structure. Ecology. 69(2), 382-392.

BISCHOFF, A., & C. WOLTER, 2001. The 0+ fish community structure in a large lowland river: first results of a study from the river Oder. Arch. Hydrobiol. Suppl. 135/2, Large Rivers 12, 137-151.

BOVEE, K. D. 1982. A guide to stream habitat analysis using the instream Flow Increment Methodology. U.S. Fish and Wildlife Service, Fort Collins, CO (Instream Flow Information Paper No. 12, FWS/OBS 82/86).

COPP, G. H., & M. PENAZ. 1988. Ecology of fish spawning and nursery zones in the floodpain, using a new sampling approach. Hydrobiologia 169, 209-224.

COPP, G. H. 1990. Shifts in microhabitat use of larval and juvenile roach, *Rutilus rutilus* (L.), in a floodplain channel. J. Fish Biol. 36, 683-692.

COPP, G. H. 1992. Comparative microhabitat use of cyprinid larvae and juveniles in a lotic floodplain channel. Env. Biol. Fish. 33, 181-193.

EHRCHEN, A. 2000. Habitatnutzung juveniler und adulter Fische im Bereich der mittleren Elbe. Diplomarbeit. Universität Hamburg.

FAGO, D. 1998. Comparison of Littoral Fish Assemblages Sampled with a Mini-Fyke Net or with a Combination of Electrofishing and Small-Mesh Seine in Wisconsin Lakes. N. Am. J. Fish. Managem. 18, 731-738.

FLECK, M. 1998. Nahrungsbeziehungen früher Entwicklungsstadien dominanter Fischarten in Gewässern der Elbaue bei Wittenberge/Havelberg. Diplomarbeit. Universität Hamburg.

GARNER, P. 1997. Sample sizes for length and density estimation of 0+ fish when using point sampling by electrofishing. J. Fish Biol. 50, 95-106.

HORN, H. 1966. (zit. in WOLDA 1981). Measurement of „overlap" in comparative ecological studies. Am. Nat. 100, 419-471.

KOBLIZKAJA, A. F. 1981. Bestimmungsschlüssel der Jungfische des Wolgadeltas (in russisch). Moskau, 208.

KRAUSE, J., G. STAAKS, & T. MEHNER. 1998. Habbitat choice in shoals of roach as a function of water temperature and feeding rate. J. Fish Biol. 53, 377-386.

LESLIE, J. K., & C.A. TIMMINS. 1992. Beach seine collections of freshwater larval fish at the shore of lakes. Fish. Res. 15, 243-251.

LOZAN, J. L. 1992. Angewandte Statistik für Naturwissenschaftler. Verlag Paul Parey, Berlin und Hamburg.

LÜBCKER, I. 1998. Habitatwechsel von Jungfischen in einem Nebengewässer der mittleren Elbe. Diplomarbeit. Universität Hamburg.

MURPHY, G. I., & R.I. CLUTTER. 1972. Sampling anchovy larvae with a plankton purse seine. Fish. Bull. 70, 789-798.

PRECHT, M. 1987. Bio-Statistik. R.Oldenbourg Verlag, München, Wien, 359.

RHEINBERGER, V., R. HOFER, & W. WIESER. 1987. Growth and Habitat separation in eight cohorts of three species of cyprinids in a subalpine lake. Env. Biol. Fish. 18 (3), 209-217.

SCHLOSSER, I. J. 1987. The role of predation in age- and size-related habitat use by stream fishes. Ecology 33, 651-659.

SCHOLTEN, M. 2003. Efficiency of point-abundance sampling by electro-fishing modified for short fishes. J. Appl. Ichthyol. (eingereicht)

STAAS, S. 1996. Das Jungfischaufkommen im Niederrhein und in angrenzenden Nebengewässern unter Berücksichtigung der Uferstrukturen. Dissertation. Universität Köln.

STRAUSS, R.E. 1979. Reliability estimates for Ivlevs's electivity index, the forage ratio, and a proposed linear index of food selection. Trans. Am. Fish. Soc. 108, 344 – 352.

THIEL, R. 1996. The Impact of Fish Predation on the Zooplankton Community in a Southern Baltic Bay. Limnologica 26 (2), 123-137.

URHO, L. 1997. Controlling bias in larval fish sampling. Arch. Hydrobiol. Spec. Issues Advanc. Limnol. 49, 125-135.

WANZENBÖCK, J., H. KOVACEK, & B. HERZIG-STRASCHIL. 1989. Zum Vorkommen der Gründlinge (Gattung: *Gobio*: Cyprinidae) im österreichischen Donauraum. Österreichs Fischerei 42, 118-128.

WILEY, M. L., & C. TSAI. 1983. The Relative Efficiencies of Electrofishing vs. Seines in Piedmont Streams of Maryland. N. Am. J. Fish. Man. 3, 243-253.

WIRTZ, C., & P. ERGENZINGER. 2002. Die untere Mittelelbe: hydromorphologische Charakterisierung von Uferbereichen und Nebengewässern. Z. Fischk. Suppl. Bd. 1, 13-40.

WOLDA, H. 1981. Similarity, Sample Size and Diversity. Oecologia 50, 296-302.

Zeitschrift für Fischkunde	Supplementband 1, 2002	Ökologie der Elbefische	S. 59-77

Das Jungfischaufkommen in Uferstrukturen des Hauptstroms der mittleren Elbe – zeitliche und räumliche Dynamik

The larval and juvenile fish assemblages of inshore habitats of the River Elbe main channel – temporal and spatial dynamics

MATTHIAS SCHOLTEN

Universität Hamburg, Institut für Hydrobiologie und Fischereiwissenschaft,
Elbelabor, Große Elbstraße 268, 22767 Hamburg.
eMail: Matthias.Scholten@uni-hamburg.de

Zusammenfassung: In den Jahren 1997 und 1998 wurde die Jungfischgemeinschaft in den Uferstrukturen des Hauptstromes mit Larven- und Uferzugnetzen, einem tragbaren Elektrofischereigerät sowie Senknetzen untersucht. Die Probennahmen konzentrierten sich auf einen Elbabschnitt bei Havelberg zwischen den Stromkilometern 418 und 427. Insgesamt konnten 19 Fisch- und eine Neunaugenart festgestellt werden. Rheophile Arten dominierten mit 52 % die Jungfischgemeinschaft, wobei der Aland (*Leuciscus idus*) mit 36,9 % die größte Abundanz aufwies. Weiterhin dominierten eurytope Arten wie die Ukelei (*Alburnus alburnus*) mit 21,1 % und die Perciden Flußbarsch (*Perca fluviatilis*) und Zander (*Sander lucioperca*) mit zusammen über 10 % die Jungfischgemeinschaft. Eine Analyse von 175 Zug- und Larvennetzhols mittels multivariater Statistik (CCA) ergab eine signifikante Strukturierung der Jungfischgemeinschaft nach zeitlichen (saisonalen und interannuellen) sowie räumlichen Gradienten (Buhnenfeldtyp). Saisonal wechselte die Zusammensetzung der Jungfischgemeinschaft. So dominierten im Frühsommer (Juni) Alande mit 32,3 % sowie die Perciden Flußbarsch (24,6 %) und Zander (14,4 %) und im Spätsommer Ukelei mit 30 %, Aland (18,6 %) und der Weißflossengründling (*Gobio albipinnatus*) mit 17,9 %. Die höchste Diversität wurde im August 1997 bzw. im Juli 1998 erreicht. Als Ursache für die saisonalen Unterschiede kamen artspezifisches Laichverhalten und entwicklungsspezifische Habitatwahl in Betracht. So ließen sich im Gegensatz zum Frühsommer im Spätsommer für rheophile Arten signifikant höhere Dichten auf Kiesbänken (MWU-Test, $p < 0,01$, $n = 38$) und in defekten Buhnenfeldern gegenüber intakten Buhnenfeldern (MWU-Test, $p < 0,05$, $n = 56$) feststellen. Dies deutet auf einen Habitatwechsel der Jungfische aus strömungsberuhigten Bereichen in Habitate mit hoher hydraulischer Diversität wie Kiesbänke und defekte Buhnenfelder hin. Als Ursache kam eine entwicklungsspezifische Verschiebung der Präferenz gegenüber abiotischen Parametern, wie z.B. Fließgeschwindigkeit, in Betracht. Starke interannuelle Unterschiede der Jungfischdichten (Ind. · ha^{-1}) wurden zwischen 1997 und 1998 für die Arten Aland, Ukelei, Flußbarsch und Weißflossengründling nachgewiesen. Lang anhaltender hoher Wasserstand bis in den Mai 1997 und ein Sommerhochwasser im Juli führten zu einem Mangel an verfügbaren strömungsberuhigten Habitaten für Fischlarven. Die Unterschiede der Jungfischdichten in 1997 gegenüber 1998 deuten somit auf einen "wash out effect" hin, der durch einen Mangel an Retentionsfläche für Fischlarven bei höheren Wasserständen hervorgerufen wurde.

Schlüsselwörter: Saisonale und interannuelle Gradienten, CCA, Habitatwechsel, Habitatverfügbarkeit, Buhnenfelder, Kiesbänke.

Summary: In the years 1997 and 1998 the young-of-the-year (YOY) fish community of inshore habitats of the main channel has been investigated. Sampling was carried out with beach seines, lift nets as well as electrofishing modified for small fishes in a stretch of the Elbe River closed to Havelberg between stream kilometres 418 and 427. Altogether 19 fish and one lamprey species have been recorded. Rheophilic species dominated the YOY-fish community with 52 % of relative abundance in which the ide (*Leuciscus* *idus*) had highest abundance with 36,9 %. Bleak (*Alburnus alburnus*) dominated the euroytopic fish community with 21,1 % as well as perch (*Perca fluviatilis*) and zander *(Sander lucioperca)* with 10 %. Analysis of 175 hauls of beach seine and larval net using multivariate statistics (CCA) showed a significant gradient of time (seasonal and annual) and space (type of groyne fields). A seasonal change of the YOY fish community was identified between early summer (June) when ide (32,3 %) as well as perch (24,6 %) and zander (14,4 %) were dominant and late summer (August) when bleak (30 %), ide (18,6 %) and whitefin gudgeon (*Gobio albipinnatus*, 17,9 %) dominated the YOY fish community. Index of diversity was highest in August 1997 and July 1998, respectively. Seasonal changes in fish community structure were explained by species specific spawning behaviour, and different habitat choice for different developmental stages. In late summer, significantly higher densities of rheophilic YOY fishes were estimated on gravel and sandy banks (MWU-test, $p<0,01$, $n = 38$) and insight of destroyed groyne fields (MWU-test, $p<0,05$, $n = 56$) than at intact groyne fields. This indicates a change of habitat during the juvenile development of rheophilic fishes. The juvenile fishes switched from inshore habitats of low velocity into areas of high hydraulical diversity like gravel banks and fields downstream of destroyed groyne fields caused by a change of preference for abiotic factors like velocity. High interannual differences in densities of juvenile fishes were recorded between 1997 and 1998 for ide, bleak, perch and whitefin gudgeon. This could be explained by the hydrological regime in 1997 to 1998. High water level up to the mid of May 1997 and a flood event in late July and early August 1997 caused a shortage of suitability of habitats with low velocity especially for larval fish. Therefore, the low densities of YOY fishes in 1997 in comparison with 1998 were caused by an wash out effect during high water level in 1997.

Keywords: Seasonal and interannuel gradients, CCA, habitat shift, habitat availability, groyne fields, gravel banks.

1. Einleitung

Flußufer gelten als potentielle Aufwuchshabitate für Fische (SCHIEMER et al. 2001a), speziell für Arten, die das Hauptgerinne eines Flusses als Laichhabitat nutzen. Nach dem Schlüpfen durchläuft die Fischbrut in ihrer frühen Entwicklung eine komplexe Abfolge von einzelnen Stadien (BALON 1984), die mit einer starken Veränderung der Körperform und Physiologie einhergeht (KAMLER 1992). Diese spiegelt sich in einer veränderten Fähigkeit wider, auf Umwelteinflüsse zu reagieren (BLAXTER 1974). So erhöht sich z. B. die Schwimmfähigkeit mit steigender Körpergröße (LIGHTFOOD & JONES 1996), so daß besonders Fischlarven bei hohen Fließgeschwindigkeiten der Gefahr des Verdriftens ausgesetzt sind (FLOYD et al. 1984). Kritische Fließgeschwindigkeiten bestimmen aber nicht nur die Verbreitung von Fischlarven (MANN & BASS 1997), sondern auch die Effizienz der Nahrungsaufnahme (FLORE et al. 2001), welche eine Grundvoraussetzung für positives Wachstum darstellt (WIESER 1986). Eine erfolgreiche Individualentwicklung hängt somit nicht nur von biologischen Faktoren wie Nahrungsangebot und Räuberdruck, sondern auch von den abiotischen Umweltfaktoren, wie Fließgeschwindigkeit und Temperatur, ab (HOUDE 1997).

Diese komplexe Wirkung des Lebensraumes (Habitat) auf die Entwicklung der Fische ermöglicht die Verwendung von Jungfischen als Indikatoren, um die Qualität und Eignung flußmorphologischer Strukturen als Aufwuchshabitate zu beurteilen (COPP et al. 1991, SCHIEMER et al. 1991). Somit ist die Erhebung von Jungfischaufkommen eine Methode zur fischökologischen Beurteilung anthropogener Einflüsse auf größere Fließgewässer bzw. Flüsse.

Die Mittelelbe hat sich in den letzten zwei- bis dreihundert Jahren von einem ehemals verzweigten Gerinne mit vielen Inseln durch Begradigung und den Bau von Buhnen zu einem ausgebauten Fluß mit einem sehr homogen strukturierten Ufer entwickelt (KIENE et al. 2002). Die morphologische und hydraulische Diversität der Uferbereiche kann sich durch Zerstörung von Buhnen aufgrund von Eisgang und Hochwasserereignissen erhöhen (WIRTZ & ERGENZINGER 2002). Besonders in den Elbabschnitten der neuen Bundesländer befinden sich viele zum Teil stark zerstörte Buhnen. Die Uferzone ist daher in diesen Abschnitten der Mittelelbe sehr heterogen strukturiert.

Da bislang aus der mittleren Elbe keine systematischen Untersuchungen von Jungfischaufkommen vorliegen, war eine wesentliche Aufgabe dieser Arbeit die Erhebung der Jungfischbestände in den unterschiedlichen Uferstrukturen des Hauptstroms. Dabei wurde das Ziel verfolgt, die Schlüsselfaktoren für die Struktur und Zusammensetzung der Jungfischgemeinschaften in den Uferstrukturen zu bestimmen. Geleitet wurde diese Auswertung durch die Hypothese:

- Zeitliche und räumliche Gradienten strukturieren die Jungfischgemeinschaft in den Uferstrukturen des Hauptstroms.

Aufgrund der entwicklungsspezifischen Fähigkeit von Fischen, auf Umwelteinflüsse zu reagieren, besiedeln Fischlarven und Jungfische unterschiedliche Habitate. Es kommt zu einem Wechsel zwischen verschiedenen Habitaten während des ersten Entwicklungsjahres. Dieser Habitatwechsel wurde von Spindler (1988) für rheophile Fischarten an der Donau und von Freyhof (1998) an der Sieg nachgewiesen. Aus diesem Kontext ergab sich als weitere Hypothese:

- Im Verlauf ihrer Individualentwicklung nutzen Jungfische in der Mittelelbe unterschiedliche Uferstrukturen des Hauptgerinnes.

2. Material und Methoden

2.1. Das Untersuchungsgebiet

Die Untersuchungen konzentrierten sich im Raum Havelberg (Sachsen-Anhalt) zwischen Stromkilometer (Skm) 418 und 427. In diesem Elbabschnitt befinden sich besonders viele Buhnen in unterschiedlichen baulichen Zuständen. So wurden Buhnenfelder, die unterhalb von intakten oder reparierten Buhnen liegen, als „intakt" und Buhnenfelder, die unterhalb von zerstörten Buhnen liegen, als „defekt" bezeichnet. In zwei Buhnenfeldern (Skm 419 und 419,7) kommt es bei niedrigen Wasserständen zu einer völligen oder teilweisen Abtrennung einzelner Wasserflächen vom Hauptgerinne. Diese Wasserflächen sind strömungsberuhigt und werden daher als „Bucht" bezeichnet. Stark verlandete Buhnenfelder, deren Buhnen nicht mehr zu erkennen waren, wurden als Sand- und Kiesbänke mit in die Untersuchungen einbezogen. Eine detaillierte morphologische und hydraulische Charakterisierung der untersuchten Buhnenfelder und Kiesbänke findet sich bei Wirtz & Ergenzinger (2002).

2.2. Die Erhebung der Daten im Freiland

Die Erfassung des Artenspektrums basiert auf den Freilanderhebungen der Jahre 1997 und 1998. Die Probennahmen fanden 1997 zwischen Mai und September alle zwei Wochen, von September bis November 1997 und von Mai bis August 1998 alle vier Wochen statt.

Insgesamt wurden 162 Hols mit Uferzugnetzen von 15 m Länge und 1 mm Maschenweite durchgeführt. Ergänzend kam im November 1998 ein 30 m langes Uferzugnetz mit 4 mm Maschenweite (vier Hols) und im Mai und Anfang Juni 1998 ein Larvenzugnetz von 3,5 m Länge und mit 1 mm Maschenweite (neun Hols) zum Einsatz.

Parallel zu den Zugnetzen wurden 1997 und 1998 kleinräumig wirkende Fanggeräte eingesetzt, wie das tragbare Elektrofischereigerät DEKA 3000 und eine Fischlarvensenke mit 1 m^2 Netzfläche (1 mm Maschenweite). Das batteriegetriebene Impulsgerät DEKA 3000 (600 V, 9,6 A) wurde für den Fang von Fischlarven und Jungfischen nach den Vorgaben von Copp & Penaz (1988) modifiziert. Detaillierte Angaben zur Anwendung, Quantifizierung und Effizienz der Fanggeräte sind Oesmann & Scholten (2002) zu entnehmen.

2.3. Bearbeitung des Fanges

Die gefangenen Fische wurden gehältert und die Totallänge (TL) auf 1 mm below erfaßt. Fische, die aufgrund ihrer geringen Größe nicht eindeutig im Gelände bestimmt werden konnten, wurden in einer 4 %igen Formaldehyd-Lösung, gepuffert mit Natrium-Tetraborat ($Na_2B_4O_7 \cdot 10\ H_2O$), fixiert und im Labor taxonomisch bearbeitet.

Die Artbestimmung der Jungfische und Fischlarven folgte den Angaben von BRACKEN & KENNEDY (1967) sowie KOBLIZKAJA (1981). Juvenile Gründlinge lassen sich erst ab einer Länge von 40 mm eindeutig den Arten Gründling (*Gobio gobio*) bzw. Weißflossengründling (*Gobio albipinnatus*) zuordnen (WANZENBÖCK et al. 1989). Kleinere Individuen wurden daher mit der Bezeichnung *Gobio* spec. versehen.

Karpfenfische, die sich in ihren morphometrischen Merkmalen keiner Art eindeutig zuordnen ließen, wurden als Cyprinidenbastarde betrachtet.

Die Beurteilung der Entwicklungsstadien folgte den Angaben von KOBLIZKAJA (1981), wobei in dieser Arbeit Fische der Entwicklungsstadien A bis E als Fischlarven und die Entwicklungsstadien F und G als Jungfische bezeichnet wurden. Jungfische eines Jahres wurden bis zum 31.12. des Jahres als Altersgruppe 0, ab dem 1.1. des Folgejahres als Altersgruppe 1 bezeichnet. Die Abgrenzung der Altersgruppe 0 zur Altersgruppe 1 erfolgte über Modalwertvergleiche der Längen-Häufigkeits-Frequenzen nach der Bhattacharya-Methode unter Verwendung der Software FAO/ICLARM Stock Assessment Tools (FiSAT). Die weiterführenden Analysen in dieser Arbeit beschränken sich auf die Altersgruppe 0.

2.4. Ökologische Charakterisierung der Arten

Die Flußfischarten werden bezüglich ihrer Lebenszyklusstrategie in ökologische Gilden eingeteilt. Die Einteilung basiert auf dem von SCHIEMER (1988) begründeten und in den folgenden Jahren weiterentwickelten Schema (SCHIEMER et al. 1991, SCHIEMER & WAIDBACHER 1992). Die in dieser Arbeit für die Elbfische relevanten Gilden bedeuten:

- rheophil A: strömungsliebende Arten, deren gesamter Lebenszyklus im Fluß verläuft.
- rheophil B: strömungsliebende Arten, die einzelne Phasen ihres Lebenszyklus in strömungsberuhigten Nebengewässern verbringen.
- eurytope Arten: Arten, die anpassungsfähig sind, sich strömungsindifferent verhalten und somit ein weites Spektrum von Habitaten besiedeln können.
- limnophile Arten: Arten, deren gesamter Lebenszyklus in stehenden und vegetationsreichen Auengewässern abläuft.

Die von SCHIEMER & WAIDBACHER (1992) nicht aufgelisteten Arten Quappe und Stint werden nach THIEL & BOS (1998) als rheophil B bzw. als rheophil A charakterisiert.

2.5. Datenanalyse

Für die Bestimmung des Artenspektrums (=Artenzahl) wurden die Hols aller Fanggeräte der Jahre 1997 und 1998 herangezogen.
Die Charakterisierung der Jungfischgemeinschaft erfolgte durch die Indizes Diversität, Evenness, relative Abundanz und Präsenz. In diese Berechnung gehen ausschließlich Daten der Zug- und Larvennetze ein.
Diversität (nach SHANNON & WIENER, zit. nach KREBS 1999):

$$H_S = -\Sigma\, p_i \cdot \ln (p_i) \quad p_i = (n_i \,/\, N) \qquad \text{(Gl. 1)}$$

Evenness: $$E = H_S \cdot (\ln (S)^{-1}) \qquad \text{(Gl. 2)}$$

Relative Abundanz:

$$A_i\, [\%] = (n_i \cdot 100) \cdot N^{-1} \qquad \text{(Gl. 3)}$$

Präsenz: $$P_i\, [\%] = (a_i \cdot 100) \cdot A^{-1} \qquad \text{(Gl. 4)}$$

dabei bedeuten:

H_S = Diversitäts-Index,
E = Evenness
S = Gesamtzahl der Arten,
n_i = Summe der Individuendichte [Ind. · ha^{-1}] der Art i,
N = Gesamtsumme der Individuendichten [Ind. · ha^{-1}] aller Arten,
a_i = Anzahl der Proben, in denen die Art i enthalten ist,
A = Gesamtzahl der Proben.

Der quantitative Vergleich der beiden Untersuchungsjahre und der Uferstrukturen basiert auf Zugnetzfängen aus den Monaten Juni und August, um saisonale Schwankungen in den Abundanzen der Jungfische zu berücksichtigen.

Interannuelle und saisonale Unterschiede in der Abundanzstruktur der Jungfischgemeinschaft wurden nach dem von HORN (1966) vereinfachten Morisita-Index analysiert:

$I_m = (2 \Sigma n_{1i} \cdot n_{2i})/(\lambda_1 + \lambda_2) \cdot N_1 \cdot N_2$ (Gl. 5)
mit:
$\lambda_j = (\Sigma n^2_{ij})/N^2_j$ (Gl. 6)
wobei:
n_{ji} = Anzahl der Individuen der Art i in der Stichproben j,
N_j = die Anzahl der Individuen in Stichprobe j;
N_1 und N_2 = die Gesamtzahl der Individuen, die im Jahr 1997 beziehungsweise im Jahr 1998 gefangen wurden.

Dieser Index ist sehr robust gegenüber dem Einfluß unterschiedlicher Stichprobenumfänge und Diversitäten (WOLDA 1981).

Zur Bestimmung der strukturierenden Schlüsselfaktoren wurden die Daten aus den Zug- und Larvennetzfängen mittels einer indirekten („detrended correspondance analysis", DCA) und einer direkten („canonical correspondence analysis", CCA) Gradientenanalyse ausgewertet (JONGMANN et al. 1998). Hierzu wurden die Abundanzdaten einer logarithmischen Transformation unterzogen:

$y = \ln(x+1)$ (Gl. 7)
mit
y = transformierter Abundanzwert
x = Abundanz (Ind. $\cdot$ ha^{-1})

Die Wochen- und Monatsnummern wurden als ordinalskalierte Variablen für die Erfassung saisonaler Effekte in die Analyse mit eingebracht. Die Angabe der Buhnenfeldtypen und des Untersuchungsjahres gingen als „dummy-variable" in die Analyse ein, d.h. 1997 wurde als 1 und 1998 als 0 codiert (TER BRAAK & SMILAUER 1998). Die Signifikanz der ersten und der weiteren Ordinationsachsen wurde über einen Monte Carlo-Test bei 250 Permutationen geprüft. Alle multivariaten Analysen wurden mit dem Programm CANOCO 4.0 durchgeführt.

Eine Überprüfung der Normalverteilung der Daten erfolgte mittels des "Shapiro und Wilks"-Tests. Für nicht normalverteilte Daten erfolgten Vergleiche zweier Stichproben mit Hilfe des U-Test von Mann und Whitney. Das Signifikanzniveau wurde bei allen Verfahren für $p < 0,05$ festgelegt.

3. Ergebnisse

3.1. Hydroklimatische Bedingungen in der Mittelelbe

Das Abflußverhalten der Elbe wies starke Unterschiede zwischen 1997 und 1998 auf (Abb. 1b). Ein hoher Wasserstand im Frühjahr 1997 verursachte eine Überflutung der Buhnen bis in den Mai hinein. Starke Regenfälle im Oberlauf der Elbe führten im Juli/August 1997 zu einem Sommerhochwasser. Anschließend folgte eine Niedrigwasserphase bis in den Dezember hinein. Im Gegensatz dazu wurde 1998 bereits Ende April der Niedrigwasserstand erreicht, der bis Mitte September anhielt. Parallel mit sinkendem Wasserstand kam es im April 1998 zu einer deutlich früheren Erwärmung des Wassers als in 1997 (Abb. 1a). So wurde in 1998 eine Wassertemperatur von 10 °C ca. 22 Tage früher erreicht als in 1997, eine Temperatur von 15 °C ca. 15 Tage eher als im Jahr davor.

3.2. Zusammensetzung der Jungfischgemeinschaft und steuernde Schlüsselfaktoren

Für 19 Fischarten und 1 Neunaugenart ließen sich frühe Entwicklungsstadien in den Uferzonen des Hauptstroms im Raum Havelberg feststellen (Tab. 1).

Mit einer Präsenz von über 60 % kamen die drei Arten Aland (68,6 %), Weißflossengründling (62,3 %) und Ukelei (60,1 %) sehr häufig in der Jungfischgemeinschaft vor (Tab. 1). Die Jungfische der rheophilen Hasel (43,5 %) und Rapfen (38,9 %) und der beiden Perciden Flußbarsch (42,9 %) und Zander (35,5 %) konnten ebenfalls regelmäßig gefangen werden.

Die beiden häufigsten Arten Aland und Ukelei dominierten auch die Jungfischgemeinschaft mit einer relativen Abundanz von 36,9 % bzw. 21,1 % (Tab. 1). Flußbarsch und Zander bildeten im Gegensatz dazu mit 5,7 % bzw. 5,4 % einen vergleichbar geringen Anteil an der Jungfischgemeinschaft. Die rheophilen Arten, zu denen neben dem Aland noch die Gründlinge

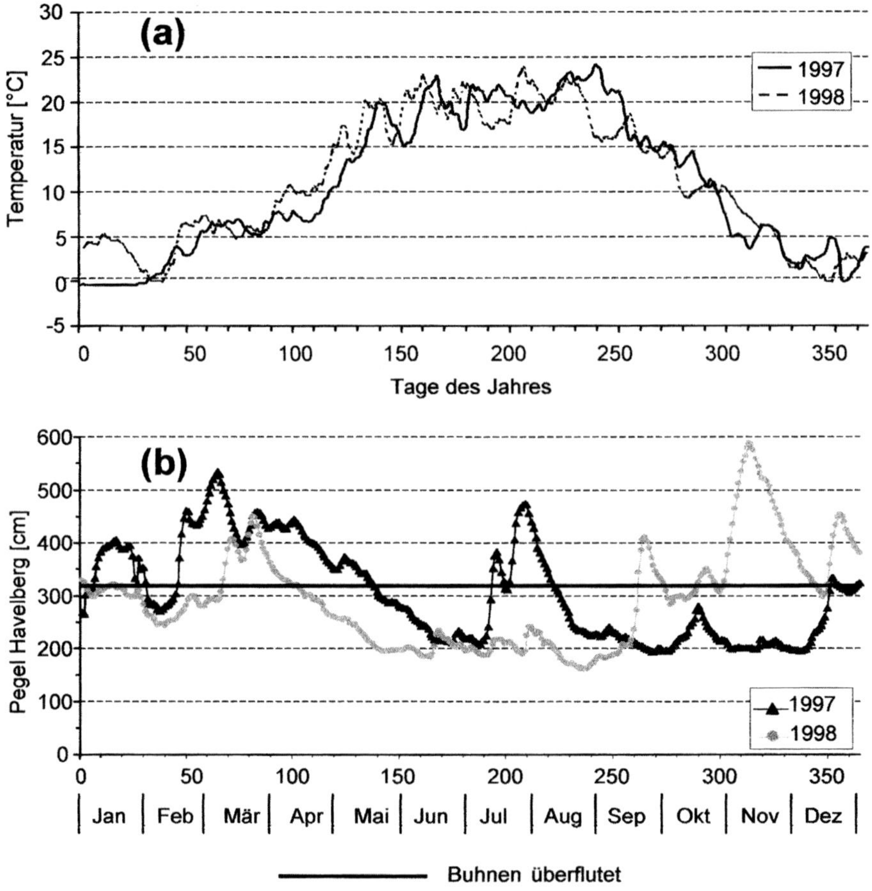

Abb. 1: Verlauf der Wassertemperatur (a) und des Wasserstandes (b) am Pegel Havelberg (Skm 423). Dargestellt sind die Tagesmittel für die Jahre 1997 und 1998.
Fig. 1: Water temperature (a) and water level (b) at the station Havelberg (Skm 423). Recorded are the daily means of temperature and water level in 1997 and 1998.

sowie Hasel, Rapfen, Quappe und Barbe gehören, stellten insgesamt 52 % der relativen Abundanz an der Jungfischgemeinschaft im Elbabschnitt Havelberg. Mit Hasel, Barbe, Döbel und Weißflossengründling waren die Arten, die der ökologischen Gilde rheophil A zugeordnet werden, in geringeren Abundanzen (< 10 %) vertreten als Aland, Rapfen und Gründling mit 44 %, die als rheophil B bezeichnet werden. Plötzen, Güster und Brassen stellten mit insgesamt 2,1 % nur einen kleinen Anteil an der Jungfischgemeinschaft.

Erstmalig konnte für die Mittelelbe eine erfolgreiche Reproduktion des Weißflossengründlings nachgewiesen werden. Mit einer relativen Abundanz von 5 % und einer Präsenz von 62,3 % kam diese Art wesentlich häufiger vor, als der Gründling (*Gobio gobio*) mit einer relativen Abundanz von 1,3 % und einer Präsenz von 29,7 %.

Der Nachweis juveniler Quappen und Barben erfolgte nur in Einzelfängen durch die Elektrofischerei. Zusätzlich gelang für die Elbe bei Wittenberge und Bälow in den Jahren 1997 und 1998 der Nachweis juveniler Stinte.

Die Analyse der Jungfischgemeinschaft mittels einer DCA ergab für die erste Achse eine Länge des Gradienten von 3,8 und erlaubte damit die weitere Untersuchung der Jungfischgemeinschaft mittels einer CCA (Jongmann et al. 1998). In dieser direkten Gradientenanaly-

Tab. 1: Präsenz [%] und relative Abundanz [%] von Fischen und Neunaugen der Altersgruppe 0 in 1997 und 1998. In die Präsenzberechnungen gehen nur die Fänge aus den Zug- und Larvennetzen ein. Einzelnachweise während des Sommerhochwassers 1997 wurden als „HW-Fänge", zusätzliche Nachweise mit dem Elektrofischereigerät als „E.-Fang" gekennzeichnet. Zur Einteilung in ökologische Gilden siehe Kapitel 2.4.
Tab. 1: Presence of occurrence [%] and relative abundance [%] of young-of-the-year fishes and lampreys in 1997 and 1998. Calculated values based only on seine net hols. Single records during high flood in summer 1997 are characterized as „HW-Fänge". Additional records of electrofishing gear are characterized as „E.-Fang". For assining fish species to ecological guilds see chapter 2.4.

Familie	Art	wiss. Bezeichnung	Kürzel	Ökologische Gilde	Präsenz [%]	rel. Abundanz [%]
Petromyzontidae	Flußneunauge	*Lampetra fluviatilis* (L.)	Lam.fl		E.-Fang	E.-Fang
Cyprinidae	Barbe	*Barbus barbus* (L.)	Bar.ba	rheophil A	E.-Fang	E.-Fang
	Hasel	*Leuciscus leuciscus* (L.)	Leu.le	rheophil A	43,5	3,4
	Aland	*Leuciscus idus* (L.)	Leu.id	rheophil B	68,6	36,9
	Döbel	*Leuciscus cephalus* (L.)	Leu.ce	rheophil A	28	1,5
	Rapfen	*Aspius aspius* (L.)	Asp.as	rheophil B	38,9	5,8
	Weißflossen-gründling	*Gobio albipinnatus Lukasch*	Gob.al	rheophil A	62,3	5
	Gründling	*Gobio gobio* (L.)	Gob.go	rheophil B	29,7	1,3
	Gründling mix	*Gobio spec.*	Gob.sp	rheophil A/B	62,3	11,3
	Ukelei	*Alburnus alburnus* (L.)	Alb.al	eurytop	60,1	21,1
	Plötze	*Rutilus rutilus* (L.)	Rut.ru	eurytop	22,9	1,5
	Güster	*Abramis björkna* (L.)	Abr.bj	eurytop	6,3	0,1
	Brassen	*Abramis brama* (L.)	Abr.br	eurytop	12	0,5
	Karpfen	*Cyprinus carpio* (L.)	Cyp.ca	eurytop	0,6	0,01
	Moderlieschen	*Leucaspius delineatus (Heckel)*	Leu.de	limnophil	HW-Fänge	HW-Fänge
	Bastard		Cyp.ba		2,9	0,05
Esocidae	Hecht	*Esox lucius* L.	Eso.lu	eurytop	5,7	0,14
Gadidae	Quappe	*Lota lota* (L.)	Lot.lo	rheophil B	E.-Fang	E.-Fang
Gasterosteidae	3st. Stichling	*Gasterosteus aculeatus (Cuvier)*	Gas.ac	limnophil	HW-Fänge	HW-Fänge
Percidae	Flußbarsch	*Perca fluviatilis* L.	Per.fl	eurytop	42,9	5,7
	Kaulbarsch	*Gymnocephalus cernuus* (L.)	Gym.ce	eurytop	16	0,9
	Zander	*Sander lucioperca* (L.)	San.lu	eurytop	35,5	5,4
			Anzahl Arten:		19	
			Anzahl Hols:		175	
			mittlere Abundanz[Ind*100m^{-2}]:		59,88	

se erklärten zeitliche Parameter (Angabe von Woche, Monat und Jahr) und räumliche Parameter (Buhnenfelder unterschiedlichen baulichen Zustands) die Varianz in der Zusammensetzung der Jungfischgemeinschaft zu 20 % (Abb. 2). Dabei entfielen 60 % der Erklärung auf die erste CCA-Achse (Monte Carlo Permutationstest, p<0,01) repräsentiert durch die Parameter Woche und Monat. Das Jahr und der Buhnenfeldtyp Bucht erklären durch ihre enge Korrelation mit der 2. Achse weitere 18 % der Art-Umwelt-Beziehungen (Monte Carlo Permutationstest, p<0,01).

Als Schlüsselfaktoren lassen sich somit die Zeit, in Form eines starken saisonalen Gradienten und interannueller Unterschiede und die räumlichen Strukturen, in Form von unterschiedlichen Buhnenfeldtypen bestimmen, die die Zusammensetzung der Jungfischgemeinschaft steuern.

3.3. Die zeitliche Dynamik der Jungfischgemeinschaft

Die Ausbildung der Jungfischgemeinschaft unterlag einem starken saisonalen Gradienten (Abb.1).

Im Mai und Juni wurde sie von den Jungfischen der früh laichenden Cypriniden Aland (28,4 bis 74,3 %), Rapfen (1,7 bis 8,6 %) und Hasel (4,9 bis 5,3 %) sowie der Perciden Flußbarsch (5,0 bis 56,9 %) und Zander (4,5 bis 13,9 %) dominiert (Tab. 2).

Die larvalen Entwicklungsstadien dieser Arten stellten in diesem Zeitraum zwischen 28,9 %

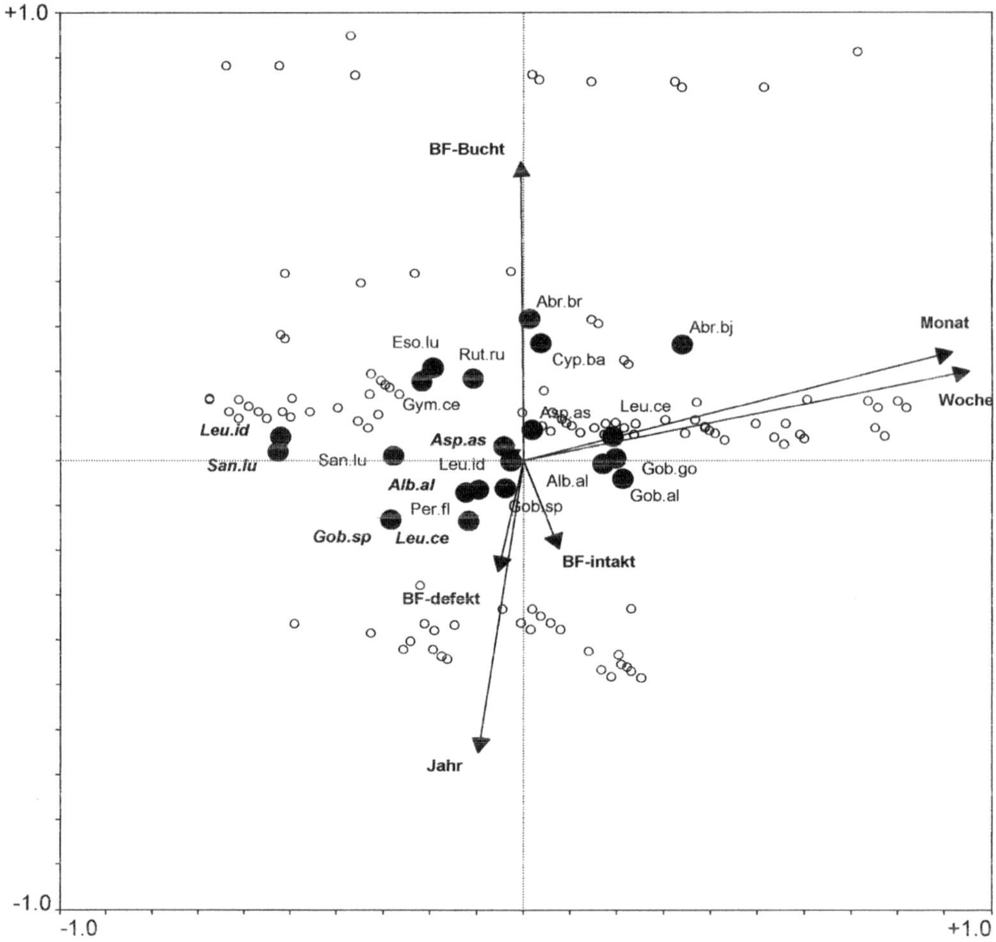

Abb. 2: Triplot der Kanonischen Korrespondenzanalyse (CCA) der Jungfischgemeinschaft im Raum Havelberg. Die Analyse basiert auf 175 Zug- und Larvennetzhols aus den Jahren 1997 und 1998. Die untersuchten Parameter werden als Pfeile dargestellt. Die Länge der Pfeile korrespondiert mit der Bedeutung des Parameters. Die offenen Kreise symbolisieren die einzelnen Stichproben, gefüllte Kreise einzelne Arten, wobei larvale Entwicklungsstadien durch kursive Schrift dargestellt werden. Artkürzel siehe Tabelle 1. BF = Buhnenfeld.

Fig. 2: Triplot of Canonical Correspondance Analysis (CCA) of the YOY fish community of main channel inshore habitats at Havelberg in the years 1997 and 1998. Data set based on 175 hols of beach seine and larval net. Analysed parameters plotted as arrows. The length of each arrow corresponds with the importance of the parameter. Open circles mark sites, filled circles mark species, larval stages are characterized in bold. For abbreviations of species see table 1. BF = groyne field.

(Mai) und 18,8 % (Juni) der Jungfischgemeinschaft (Tab. 2 und Abb. 3).

Im Laufe des Sommers änderte sich diese Zusammensetzung. So nahmen z.B. 1997 die relativen Abundanzen des Zanders von >14 % im Mai auf <1 % im September deutlich ab. Im Gegensatz dazu stieg der Anteil der Ukelei von 2,5 % im Juni 1997 auf >45 % im September 1997 und der Anteil der Döbel von 0,1 % im Juli 1997 auf 7,3 % im Oktober 1997 stark an. Ein ähnliches Bild ergab sich für das Jahr 1998 (Tab. 2)

Mit dem Auftreten früher Entwicklungsstadien der spät laichenden Arten Güster und

Tab. 2: Relative Abundanz [%] larvaler (la.) und juveniler (juv.) Fische in den Uferstrukturen der mittleren Elbe. Die Werte beziehen sich auf die mittlere Abundanz [Ind. · 100 m^{-2}] und werden für jeden Monat getrennt angegeben.

Tab. 2: Relative abundance [%] of larval (la.) and juvenile (juv.) fishes in inshore habitats of the middle Elbe River. Calculation based on separate mean abundance [Ind. · 100 m^{-2}] for each month.

	1997												1998						
	Mai		Juni		Juli		Aug.		Sept.		Okt.	Nov.	Mai		Juni		Juli		Aug.
Art	la.	juv.	la.	juv.	la.	juv.	la.	juv.	la.	juv.	ju.	juv.	la.	juv.	la.	juv.	la.	juv.	juv.
Flußbarsch	14,2	56,9	12,3	12,3		5,1		4,0		1,6	0,8					5,0		6,7	3,3
Zander	14,6		0,5	13,9		18,6		1,2		0,2						4,5		0,3	0,2
Hecht		14,2		0,4		0,3		0,1		0,1	0,4								
Aland			3,9	28,4		41,3		18,6		22,0	7,0	6,5	12,5	74,3		56,9		18,2	20,9
Hasel			1,0	4,9		5,2		5,3		4,2	5,1	6,7	1,3	5,3		2,1		0,8	1,3
Rapfen			6,7	1,7		3,1		1,8		2,8	2,3			2,8		8,6		4,2	3,8
Kaulbarsch				3,4		1,7		1,3		0,4				0,6		0,2		0,1	
Gobio.spec.			5,0	13,3	0,7	14,2	0,2	9,5		2,7	8,8	0,2	2,2	0,9	1,8	7,8	1,0	12,9	12,2
Wfl.-Gründling				0,5	0,5	0,5		17,4		10,6	17,1	16,7				0,1		12,4	7,6
Ukelei			1,7	0,8	0,6	1,6	1,1	28,9	0,2	45,7	38,6	63,1			1,6	9,8	1,7	36,2	46,1
Plötze				1,4		5,4		0,8		2,6	5,5	0,4				1,0		1,3	0,2
Brasse				0,3		1,2		1,4		1,8	0,4					0,0		0,4	0,3
Gründling						0,2		4,3		1,5	6,8	1,1						2,2	3,5
Döbel						0,1	0,1	2,7		2,8	7,3	4,2			0,2	0,3		1,7	0,6
Bastard						0,1		0,4		0,1									
Güster								0,7		0,7		0,9							
Karpfen								0,1											
N (Hols):	3		26		18		24		25		13	11	4		20		14		17
mittlere Abundanz [Ind.•100m^{-2}]	6,6		69,12		40,23		32,84		36,27		17,2	7,24	79,16		166,01		70,91		77,1

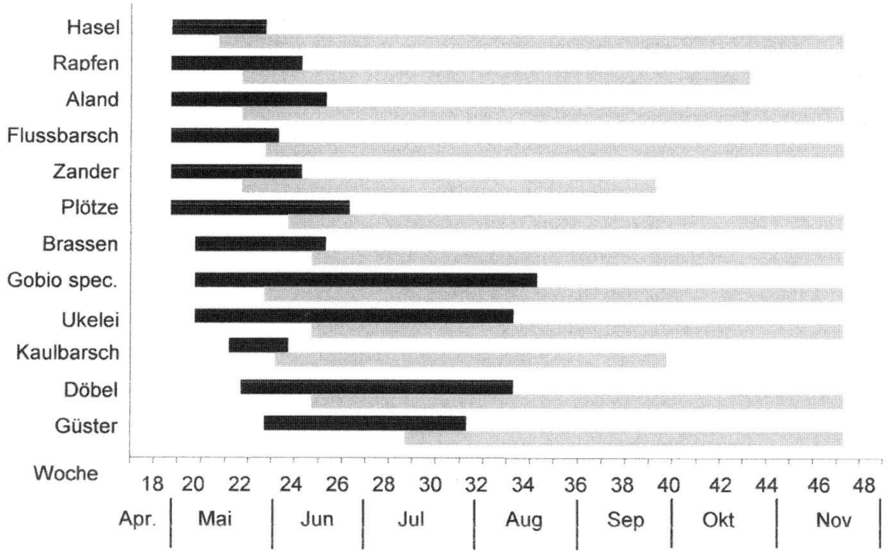

Abb. 3: Saisonales Vorkommen von larvalen (■) und juvenilen (▒) Entwicklungsstadien in den Uferstrukturen des Hauptstromes der mittleren Elbe in 1997 und 1998 (kombiniert).

Fig. 3: Seasonal occurrence of larval (■) and juvenile (▒) stages at inshore habitats of the middle Elbe River in 1997 and 1998 (combined).

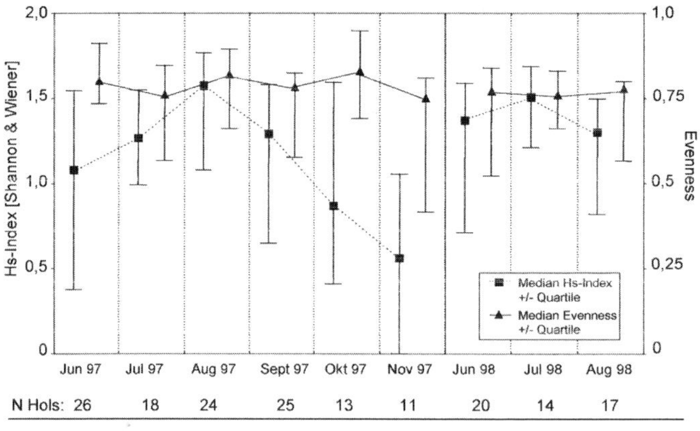

Abb. 4: Saisonaler Verlauf der Diversität (Hs-Index nach SHANNON & WIENER) und der Evenness der Jungfischgemeinschaft in den Uferstrukturen der Mittelelbe zwischen Skm 418 und 427 in 1997 und 1998.

Fig. 4: Seasonal change of species diversity (Hs-Index of SHANNON & WIENER) and Evenness of the YOY fish community at inshore habitats of the middle Elbe River between Skm 418 and 427 in 1997 und 1998.

Döbel (Abb. 3) erreichte die Diversität der Jungfischgemeinschaft im Juli (1998) ihren Höhepunkt (Abb. 4). Im Jahr 1997 verschob sich das Maximum der Diversität in den Monat August. Als Folge des Sommerhochwassers (Abb. 1b) konnten zu diesem Zeitpunkt zusätzlich Jungfische limnophiler Arten wie Moderlieschen und Dreistachliger Stichling in den Uferstrukturen des Hauptstroms gefangen werden (Tab. 1). Die juvenilen Weißflossengründlinge bildeten zu diesem Zeitpunkt mit 17,4 % (August 1997) und 12,4 % (Juli 1998) ebenfalls einen großen Anteil an der Jungfischgemeinschaft.

Im Spätherbst erreichte die Diversität der juvenilen Fische in den Uferzonen des Hauptstromes, bei vergleichsweise hohen Evenness-Werten, ihren niedrigsten Wert (Abb. 3). Juvenile Rapfen, Zander und Kaulbarsche wurden im November in den Uferstrukturen des Hauptstromes nicht mehr nachgewiesen.

Ein Vergleich zwischen der Jungfischgemeinschaft des Frühsommers (Mai bis Ende Juni) und des Spätsommers (August bis September) ergab einen größeren saisonalen Unterschied in der Abundanzstruktur (Morisita Index von 0,86) als der Vergleich zwischen den beiden Jahren 1997 und 1998 (Morisita Index von 0,97). Im Gegensatz dazu wiesen die Fischdichten große Unterschiede zwischen 1997 und 1998 auf (Tab. 3). So zeigten Arten mit einer langen Laichzeit wie Ukelei und die Gründlinge 1998 signifikant höhere Jungfischdichten als in 1997. Aber auch die Arten Aland und Flußbarsch konnten 1998 in höheren Dichten festgestellt werden als 1997.

Tab. 3: Vergleich der mittleren Abundanzen (Ind. · 100 m^{-2}) ± Standardabweichung von Jungfischen in den Uferstrukturen der mittleren Elbe zwischen den Jahren 1997 und 1998. Der statistische Vergleich beider Jahre erfolgte für jede Art über den MWU-Test.

Tab. 3: Comparison of abundance (Ind. · 100 m^{-2}) ± standard deviation of young-of-the-year fishes at inshore habitats of the middle Elbe River between the years 1997 and 1998. MWU-test were used to estimate statistical significance for each of the species separately.

	1997 (N = 65)	1998 (N = 56)	MWU- test
Art	mittlere Abundanz [Ind. • 100 m^{-2}]	mittlere Abundanz [Ind. • 100 m^{-2}]	p-Wert
Ukelei	293,86 ± 1386,4	5041,39 ± 24507,79	< 0,001
Gobio spec.	21,82 ± 63,73	987,72 ± 1992,97	< 0,001
Flussbarsch	15,85 ± 48,48	322,54 ± 783,97	< 0,01
Aland	132,67 ± 429,19	947,69 ± 2378,54	< 0,05
Wfl.-Gründling	92,75 ± 573,80	225,11 ± 617,90	< 0,05
Plötze	6,07 ± 19,61	32,86 ± 5,14	n.s
Rapfen	10,6 ± 40,66	160,72 ± 46,14	n.s
Hasel	39,95 ± 182,74	54,88 ± 151,71	n.s
Zander	9,92 ± 22,22	209,01 ± 620,15	n.s

3.4. Die räumliche Dynamik der Jungfischgemeinschaft

Ein quantitativer Vergleich der Abundanzen von Jungfischen und Fischlarven zwischen den Kiesbänken und Buhnenfeldern unterschiedlichen Erhaltungsgrades (Abb. 5) ergab für den Frühsommer keine signifikanten Unterschiede, weder für die eurytopen noch für die rheophilen Arten. Dies änderte sich im

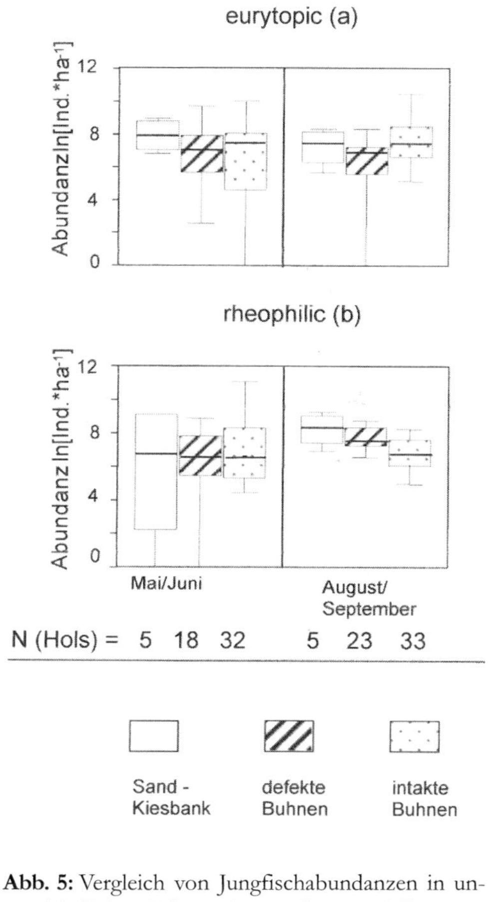

Abb. 5: Vergleich von Jungfischabundanzen in unterschiedlichen Uferstrukturen der Mittelelbe. Dargestellt sind Median, Quartile sowie 5% bzw. 95% Perzentile. Die Darstellung erfolgte für transformierte Daten aus Zugnetzfängen der Jahre 1997 und 1998.
Fig. 5: Comparison of YOY-fish abundances in different inshore habitat types at the middle Elbe River. Graphs show median, quartil as well as 5% and 95% box-whisker-plots. Data set based on seine net hauls from 1997 and 1998.

Jahresverlauf. So wurden im August/September sowohl auf den Sand- und Kiesbänken (MWU-Test; p < 0,01; Abb. 5a) als auch in den defekten Buhnenfeldern (MWU-Test; p < 0,05; Abb. 5a) deutlich höhere Dichten von Jungfischen rheophiler Arten gefunden als in den intakten Buhnenfeldern. Dies betraf die Arten Aland, Rapfen und Döbel sowie die beiden Gründlingsarten. Für die Jungfische eurytoper Arten konnten keine Unterschiede in den Dichten zwischen verschiedenen Uferstrukturen im Spätsommer festgestellt werden (Abb. 5b).

4. Diskussion

4.1. Die Artenzusammensetzung der Jungfischgemeinschaft

Im Vergleich zu anderen Abschnitten der Mittelelbe stellten Thiel et al. (2000) für den Raum Havelberg die höchsten Artenzahlen fest. Mit dem Nachweis von 19 Fischarten und einer Rundmaulart (Flußneunauge) lag der Artenreichtum der Jungfischgemeinschaft in diesem Elbabschnitt für die Uferzonen des Hauptstromes über dem der Nebengewässer (16-18 Arten, Oesmann 2002) und unter dem der Zuflußmündungen (21 Arten, Oesmann 2002).

Die drei dominierenden Arten Aland, Ukelei und der Weißflossengründling nutzten den Hauptstrom als Laich- und Aufwuchsgebiet. So vermutet Fredrich (2000) aufgrund von telemetrischen Untersuchungen, daß die Laichplätze der Alande in den Uferzonen des Hauptstroms der Mittelelbe liegen. Ukelei laichen über Algen und an Pflanzen oder über sandigem und kiesigem Substrat (Kugel 1942). Nach Angaben von Freyhof (1998) und Holcik & Hruska (1966) können die Laichplätze durchaus stark überströmt sein. Diese Bedingungen finden sich in der hydromorphologischen Situation der Kiesbänke in der Elbe wieder (Wirtz & Ergenzinger 2002), wo Fladung (2001) Laichfische und Eier von Ukelei nachweisen konnte. Dies kann auch für den Weißflossengründling angenommen werden, der 1998 erstmals in der Elbe nachgewiesen wurde (Scholten 2000). Die häufige Präsenz juveniler Weißflossengründlinge und die bis zu fünffach höheren Dichten gegenüber juvenilen Gründlingen (*Gobio gobio*) charakterisieren den Weißflossengründling als typische Art für den Hauptstrombereich der Elbe. Dies bestätigt die Einschätzung von WANZENBÖCK et al. (1989) und WOLTER & BISCHOFF (2001), die die Art als Besiedler des Hauptgerinnes der Donau bzw. Oder einstufen.

Neben diesen drei dominierenden Arten nutzten Hasel und Rapfen ebenfalls den Hauptstrom sowohl als Laich- als auch als Aufwuchshabitat. So gibt FLADUNG (2001) Kiesbänke unterhalb von Havelberg als Laichplätze für den Rapfen an.

Juvenile Plötzen, Güster und Brassen traten in Uferstrukturen des Hauptstromes nur in sehr geringen Abundanzen auf. Sie dominierten hingegen die untersuchten Nebengewässer der Mittelelbe (OESMANN 2002). Von Laichwanderungen adulter Plötzen aus dem Hauptstrom in die Nebengewässer berichten KESTEMONT et al. (1999) an der Maas. MOLLS (1999) und GRIFT (2001) konnten eine Einwanderung geschlechtsreifer Brassen und Güster in die Altarme des Niederrheins während des Frühjahrs nachweisen. Aufgrund dieser Angaben läßt sich für alle drei Arten auf eine altersspezifische Habitatwahl schließen, in der die Nebengewässer überwiegend als Laich-, Aufwuchs- und Überwinterungshabitate (LARINK et al. 2000) und der Hauptstrom als Aufenthaltsort im Sommer für adulte und präadulte Tiere außerhalb der Fortpflanzungsperiode genutzt wird (FLADUNG 2002).

Gleiches gilt für Zander, Fluß- und Kaulbarsch. Die pelagischen Stadien der frühen Larvalphase erfordern strömungsberuhigte Bereiche, wie sie zu diesem Zeitpunkt großflächig nur in den Altarmen und Nebengewässern vorhanden sind. OESMANN (2002) stellte ein sehr häufiges Vorkommen von Zander- und Barschbrut in den Nebengewässern der mittleren Elbe fest. Auch STAAS (1996) fand am Niederrhein die höchsten Abundanzen larvaler und juveniler Stadien dieser Arten in den angebundenen Altarmen und Baggerseen. Das Auftreten besonders früher Entwicklungsstadien in den Buhnenfeldern am Rand des Hauptstromes ist daher nur durch eine Ausdriftung aus den Mündungsbereichen der Nebengewässer oder durch Laichaktivitäten dieser Arten am Rande des Hauptstroms selbst zu erklären. Die größten Abundanzen von Kaulbarschbrut wurden in den strömungsberuhigten Bereichen hinterspülter Buhnen gefunden und damit in einem Habitat, für das auch STAAS (1996) am Niederrhein hohe Abundanzen besonders der larvalen Stadien feststellte.

Für Stinte lagen bisher Nachweise aus dem Raum Havelberg (BRÄMICK et al. 1998) und Wittenberge (SPIEß et al. 1994) vor. Populationen der nichtwandernden Form des Stintes werden für die Spree und die Flußseen der Havel angegeben (BRÄMICK et al. 1998). Die Tatsache, daß es sich hier um Einzelfunde handelt, spricht für eine Verdriftung aus Populationen der Havel.

Der Fund juveniler Quappen läßt auf eine Nutzung der Uferstrukturen des Hauptstroms als Aufwuchshabitat schließen. Auch von FLADUNG (2002) wurden Quappen regelmäßig in der Elbe gefangen.

Nachweise von Neunaugenquerdern lagen aus der unteren Mittelelbe bislang nicht vor. Neben dem eigenen Fang erbrachte auch FLADUNG (mdl. Mitteilung) einen Nachweis von je einem Exemplar aus einem Buhnenfeld bei Havelberg und oberhalb des Hafens von Schnackenburg. Ferner berichtet FLADUNG (mdl. Mitteilung) über Jahresfänge von einigen hundert Flußneunaugen in den Hamen eines Fischers der unteren Mittelelbe. Insgesamt dürften Flußneunaugen im Elbeeinzugsgebiet wieder regelmäßig vorkommen, nachdem PETERMEIER et al. (1994) die Art für den Zeitraum 1980 bis 1993 als verschollen bezeichnet hat.

Insgesamt kann aufgrund der Verbreitung (Präsenz) und der Häufigkeit (Abundanz) juveniler und larvaler Stadien von acht Arten (Aland, Ukelei, Weißflossengründling, Rapfen, Hasel, Döbel, Gründling und Flußbarsch) der Haupstrom als Laich- und Aufwuchshabitat angesehen werden. Für zwei weitere Arten (Zander und Kaulbarsch) lassen die hohen Präsenzen und die nur kurzzeitig hohen Abundanzen juveniler Stadien auf eine zumindest zeitweise Nutzung der Uferstrukturen des Hauptstroms als Aufwuchshabitate schließen. Drei Arten (Güster, Brassen und Plötze) traten nur in geringen Abundanzen und Präsenzen im Hauptstrom auf.

Sie nutzten vor allem die Nebengewässer als Aufwuchshabitate (Oesmann 2002).

4.2. Saisonale und räumliche Dynamik in der Jungfischgemeinschaft und ihre Ursachen

Artenzusammensetzung und Diversität der Jungfischgemeinschaft im Hauptstrom der Mittelelbe unterliegen einem starken saisonalen Wechsel. Dies konnte auch von Staas (1996) für den Niederrhein und von Wintersberger (1996) in der Donau aufgezeigt werden. Als Ursachen für diese Dynamik lassen sich artspezifisches Laichverhalten und entwicklungsspezifische Habitatwahl anführen.

Laichverhalten

Die Fischarten, die das Hauptgerinne der Elbe als Laich- und Aufwuchshabitat nutzten, trennen sich in frühlaichende Arten wie Aland, Rapfen, Flußbarsch und Zander und Spätlaicher wie Döbel, Ukelei, Güster sowie die beiden Gründlingsarten auf. Als Ursache ist ein artspezifischer und temperaturabhängiger Laichvorgang zu benennen. So beginnen Alande ab einer Wassertemperatur von 7 °C (Herzig & Winkler 1985), Flußbarsche ab 8 °C (Treasurer 1988), Rapfen ab 10 °C (Vostradovsky 1974) und Zander ab 12 °C (Deelder & Willemsen 1964) zu laichen. Unter Berücksichtigung temperaturabhängiger Wachstums- und Entwicklungszeiten kommt es somit zu einem zeitlich gestaffelten ersten Auftreten von Fischlarven in den Uferstrukturen. Spätlaichende Arten wie Döbel (Prokes & Penaz 1980) und Güster treten mit ihren Larvalstadien erst im Verlauf des Sommers auf. Arten mit einem multiplen Laichverhalten wie Ukelei (Kestemont & Philippart 1991), Güster (Kestemont et al. 2001) sowie Gründling (Banarescu et al. 1999) und Weißflossengründling (Wanzenböck & Wanzenböck 1993) geben die Eier nicht in einem Laichvorgang, sondern über einen längeren Zeitraum verteilt ab. Dadurch kommen die larvalen Entwicklungsstadien über einen längeren Zeitraum in den Uferstrukturen der Elbe vor. Die im Vergleich zu den juvenilen Stadien naturgemäß hohen Abundanzen larvaler Entwicklungsstadien führten daher zu einer Zunahme der relativen Abundanzen dieser Arten innerhalb der Jungfischgemeinschaft.

Entwicklungsspezifische Habitatwahl

Die saisonale Veränderung der Abundanzstruktur der Jungfischgemeinschaft geht auf art- und entwicklungsspezifische Unterschiede in der Habitatwahl zurück.

In den Monaten Mai und Juni traten Jungfische und Fischlarven überwiegend an den strömungsberuhigten Ufern von Kiesbänken und in den Buhnenfeldern unterhalb der intakten Buhnen auf (Abb. 6 a). Der Aufenthalt innerhalb strömungsberuhigter Bereiche kann auf eine begrenzte Schwimmfähigkeit der Larvalstadien (Mills 1991), bessere Temperaturverhältnisse (Baras & Nindaba 1999), hohe Nahrungsverfügbarkeit (Baras & Nindaba 1999) oder den Schutz vor Prädatoren (Copp & Jurajda 1993) zurückzuführen sein.

Im Laufe des Sommers waren die Jungfischdichten rheophiler Arten an den Kiesbänken und in den Buhnenfelder unterhalb durchbrochener Buhnen deutlich höher als innerhalb der Buhnenfelder (Abb. 5/6 b). Dieser Wechsel aus den strömungsberuhigten Bereichen hin zu Habitaten mit vergleichsweise hohen Fließgeschwindigkeiten konnte ebenfalls von Spindler (1988) für rheophile Arten an der Donau belegt werden. Als Ursache ist ein entwicklungsspezifischer Wechsel in der Präferenz morphologischer und hydraulischer Ansprüche zu sehen. So beschreibt Grift (2001) für larvale Stadien des Alands die Aufwuchshabitate als flache Bereiche mit Fließgeschwindigkeiten bis zu 0,2 $m \cdot s^{-1}$. Ab dem juvenilen Stadium werden tiefere Bereiche (bis zu 2 m) mit Fließgeschwindigkeiten bis zu 0,5 $m \cdot s^{-1}$ bevorzugt (Grift 2001). Arbeiten von Flore et al. (2001) an der Nase (*Chondrostoma nasus*), ebenfalls eine rheophile Art, begründen die Präferenz von zunehmend höheren Fließgeschwindigkeiten während der Ontogenie mit bioenergetischen Vorteilen beim Nahrungserwerb. Als Schwel-

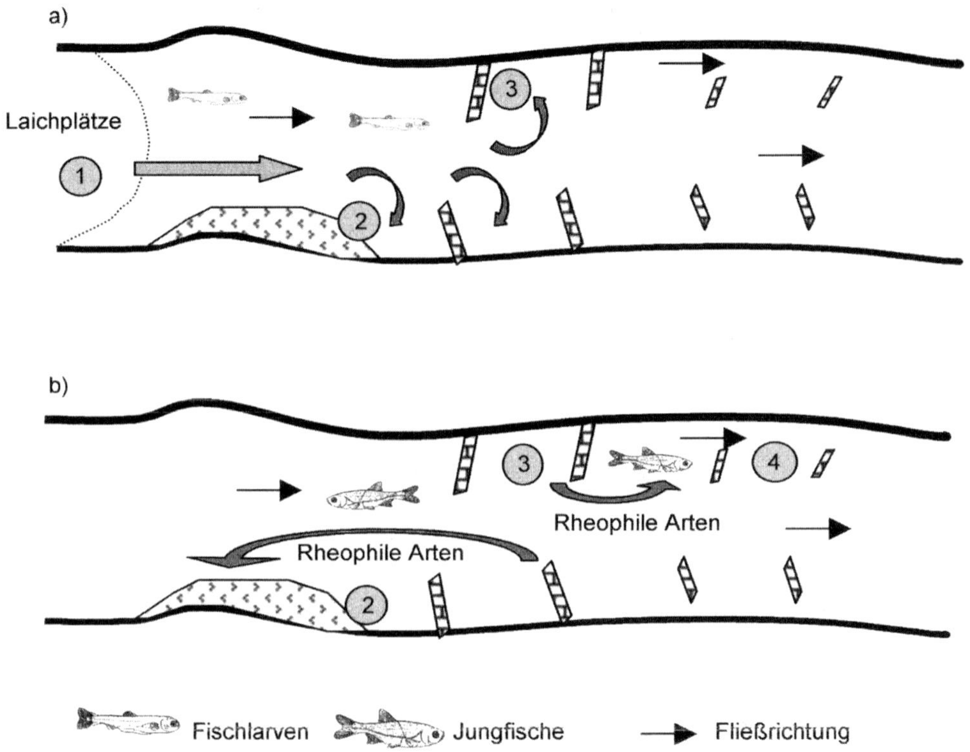

Abb. 6: Habitatnutzung der Fischlarven und Jungfische rheophiler Arten im Hauptstrom der Elbe. a) = Verdriftung larvaler Fische von den Laichplätzen (1) in die strömungsberuhigten Bereiche unterhalb von Kiesbänken (2) und intakten Buhnen (3). b) = Habitatwechsel juveniler Fische aus den strömungsberuhigten Bereichen unterhalb von intakten Buhnen zu den Bereichen stärkerer Strömung an Kiesbänken (2) bzw. in die Buhnenfelder unterhalb der durchbrochenen Buhnen (4).
Fig. 6: Habitat use of larval and juvenile rheophilic fishes in the main channel of the River Elbe. a) = larval drift from spawning area (1) into areas of low velocities downstream of gravel banks (2) and intact groynes (3). b) = habitat shift of juvenile fishes into gravel banks (2), and into areas with high velocities downstream of destroyed groyne fields (4).

lenwert für bioenergetisch optimale Fließgeschwindigkeiten geben die Autoren Werte von der 4- bis 5fachen Körperlänge in $m{\cdot}s^{-1}$ an. Bei einer mittleren Körperlänge von 78,9 mm (± 5,96 mm, n = 133) für juvenile Hasel und von 77,57 mm (± 6,36 mm, n = 810) für juvenile Alande im August/September stellen Strömungsgeschwindigkeiten von 0,3 bis 0,4 $m{\cdot}s^{-1}$ optimale Aufwuchsbedingungen dar. Diese Fließgeschwindigkeiten wurden bei spätsommerlichem Niedrigwasserstand nur noch an Kiesbänken und in Buhnenfeldern unterhalb der defekten Buhnen erreicht und deutlich überschritten (Wirtz & Ergenzinger 2002). Mit sinkendem Wasserstand konnten Wirtz & Ergenzinger (2002) sogar eine Zunahme der mittleren Fließgeschwindigkeiten in Buhnenfeldern unterhalb von defekten Buhnen feststellen.

Juvenile Zander zeigten eine starke Abwanderung aus den Buhnenfeldern. Van Densen (1985) berichtet von einem Beginn der Piscivorie für juvenile Zander im Ijsselmeer ab 20-30 mm Totallänge Ende Juni/Anfang Juli. Parallel wurde ein Habitatwechsel von den Uferbereichen zum Pelagial dokumentiert, wo hohe Dichten der bevorzugten Beuteart Stint nachgewiesen wurden. Wolter & Bischoff (2001) erfaßten juvenile Zander bei Schleppnetzbefischungen im Hauptgerinne der Oder. Die Abnahme der Abundanzen juveniler Zander in den ufernahen Habitaten könnte auf einen Wechsel in uferferne, tiefere Bereiche, und damit außerhalb des Fängigkeitsbereiches der eingesetzten Fanggeräte (OESMANN & SCHOLTEN 2002), hindeuten.

4.3. Interannuelle Dynamik in der Jungfischgemeinschaft und ihre Ursachen

Starke interannuelle Unterschiede der Jungfischdichten, wie sie für einige Arten zwischen den Jahren 1997 und 1998 auftraten, wurden z.B. von STAAS (1996) für den Rhein und von FREYHOF (1998) für die Sieg nachgewiesen. CARREL & OLIVIER (1998) machen für die annuelle Ausprägung der Struktur der 0+Fischgemeinschaft in der unteren Rhône kurzfristige Schwankungen des Abfluß- und Temperaturregimes verantwortlich.

Abflußregime, hydraulischer Stress und Habitatverfügbarkeit

Die Nachkommen von Flußfischarten sind je nach Laich- und Entwicklungsstrategie besonders sensibel gegenüber Verdriftungen und den damit verbundenen Mortalitäten, z.B. durch mechanische Schädigung der Eier und frühen Larvalstadien (BARDONNET 2001). Auf der anderen Seite ist Verdriftung direkt nach dem Schlupf ein wichtiger Teil der Lebenszyklustrategie der meisten rheophilen Flußfischarten, verbindet sie doch Laichplätze mit den strömungsberuhigten Aufwuchshabitaten (SCHIEMER et al. 1991, BARDONNET 2001). MILLS (1991) charakterisierte diese frühen Aufwuchshabitate mit Fließgeschwindigkeiten von 0,002 $m \cdot s^{-1}$. LIGHTFOOD & JONES (1996) geben z.B. für frühlarvale Plötzen (Totallänge = 7-9 mm) maximale Fließgeschwindigkeiten in der 2- bis 9fachen Körperlänge$\cdot s^{-1}$ an, bevor es zu ermüdungsbedingten Verdriftungen kommt. Die Fließgeschwindigkeit ist im larvalen Entwicklungsstadium nicht nur bedeutsam für die Schwimmfähigkeit, sondern auch für eine effiziente Nahrungsaufnahme und damit für das Wachstum (FLORE et al. 2001). Mit der ersten Aufnahme externer Nahrung fällt in diese Entwicklungsphase ein besonders kritischer Punkt in der Fischentwicklung (KAMLER 1992). Entscheidend für eine erfolgreiche Entwicklung ist somit das Vorhandensein von strömungsberuhigten Aufwuchshabitaten unterhalb der Laichplätze kies- und sandlaichender Arten während der Larvalzeit.

In der mittleren Elbe befinden sich derartige strömungsberuhigte Habitate in den Buhnenfeldern entlang des Hauptstroms. WIRTZ & ERGENZINGER (2002) quantifizierten für Buhnenfelder unterschiedlichen Typs das Angebot an strömungsberuhigten Flächen in Abhängigkeit vom Wasserstand bis zum bordvollen Abfluß. Ab einem Wasserstand von 320 cm (bezogen auf den lokalen Pegel Havelberg) reduziert sich drastisch der Anteil der strömungsberuhigten Flächen, da es zu einem Überströmen der Buhnen kommt. Für höhere Wasserstände und stark erhöhte Fließgeschwindigkeiten treffen die Autoren nur noch qualitative Aussagen. Parallel nahm die Uferlinienlänge deutlich ab. Eine große Uferlinienlänge im Verhältnis zum Stromstrich indiziert eine hohe Variabilität an Mikrohabitaten als Aufwuchs- und Refugialhabitate für Jungfische und Fischlarven (SEDELL et al. 1990, SCHIEMER et al. 2001 b). Das Wasser strömt zwischen beiden Uferkanten hindurch. Das strukturreiche Ufer verschwindet und der Fluß verläuft wie in einem Strömungsgerinne. Diese Situation ändert sich erst, wenn ab einem Pegel von ca. 400 cm, je nach Höhe der Uferkante, die Überflutung der rezenten Aue beginnt. Bei weiter steigenden Pegelständen und zunehmenden Fließgeschwindigkeiten auch in der Aue reduzieren sich die strömungsberuhigten Flächen allerdings erneut. Besonders Strukturen wie Ufergehölze und Röhrichte bieten dann im Strömungsschatten Refugien an. Hierbei ist dann allerdings auch die Lage im Flußschlauch (Prallhang oder Gleithang) von höherer Bedeutung als bei Niedrigwasserständen.

Im Jahr 1997 kam es bedingt durch ein Sommerhochwasser zu einer derartigen hydraulischen Situation im Hauptstrom. Die kritische Marke von 320 cm (Pegel Havelberg) wurde bis zum 19. Mai und zwischen Mitte Juli und Mitte August überschritten. Die in 1997 deutlich geringeren Dichten der Arten Ukelei, Gründling und Weißflossengründling gegenüber 1998 können dadurch erklärt werden. Mit dem Eintreten des Sommerhochwassers waren die frühlarvalen Stadien dieser portionslaichenden Arten davon besonders betroffen. Fehlende Refugialräume in dem untersuchten Abschnitt der Elbe aufgrund mangelnder Diversität der Uferstruktur bei Wasserständen zwischen 320 cm und 400 cm (Pegel Havelberg) lassen sich als Ursachen für einen "wash out" -Effekt heranziehen.

Temperaturregime, Laichverhalten und Wachstum

Aus dem artspezifischen und temperaturabhängigen Laichverhalten (s. Kap. 4.1) und dem Temperaturregime der Elbe im Frühjahr ergeben sich direkte Konsequenzen auf das zeitliche Aufkommen der Fischlarven. So kam es im April 1998 zu einer deutlich früheren Erwärmung des Wassers als in 1997 (Abb. 1a). Dies bedeutet, daß 1998 die Laichtemperaturen zwei bis drei Wochen eher erreicht wurden als in 1997. Mit der höheren Temperatur kommt es zu einem größeren Wachstum und damit zu einer schnelleren Entwicklung der Larven (JOBLING 1994).

Parallel zum Anstieg der Wassertemperatur sank im späten Frühjahr 1998 der Wasserstand deutlich ab, so daß bereits Ende April die Marke von 320 cm unterschritten wurde. Es kam zur Ausbildung von strömungsberuhigten Flächen im Uferbereich des Hauptstromes und damit zu optimalen Aufwuchshabitaten für Fischlarven. Diese strömungsberuhigten Flächen lagen 1997 aufgrund der hohen Wasserführung im Frühjahr nicht vor. Die höheren Jungfischdichten der frühlaichenden Arten Aland, Rapfen und der Flußbarsche 1998 gegenüber 1997 lassen sich mit den positiven Bedingungen des Jahres 1998 erklären. Somit sind von diesem Effekt nicht nur eurytope Arten besonders betroffen, wie BISCHOFF & WOLTER (2001) und FREYHOF (1998) dies vermuten, sondern auch rheophile Arten.

Die starken interannuellen Unterschiede in den Jungfischdichten bestätigen somit den engen Zusammenhang zwischen hydroklimatischen Ereignissen, morphologischer Struktur des Flusses und Stärke der Jahresklassen einzelner Flußfischarten, wie er von SCHLOSSER (1985) bereits beschrieben wurde.

4.4. Schlußfolgerung - die ökologische Funktion der Uferstrukturen für die Jungfischgemeinschaft

Die ökologische Funktion der Uferstrukturen für eine erfolgreiche Entwicklung der Flußfischarten, besteht somit in

- dem Schutz der Larvalstadien vor Ausdriftung durch hohe Fließgeschwindigkeiten.

Fehlende Komplexität der Habitate führt bei gleichzeitigem Anstieg des Wasserpegels und der damit einhergehenden Erhöhung der Fließgeschwindigkeit in vielen Uferhabitaten zu einer Ausdriftung von Fischlarven (PEARSONS et al. 1992). SCHIEMER et al. (2001 b) faßten diesen Sachverhalt im "River retention concept" zusammen und erklärten dadurch die starken Unterschiede in den Abundanzen von Nasen (*Chondrostoma nasus*) während der embryonalen, larvalen und juvenilen Entwicklungsphase. Besonders kurzfristige Hochwasserereignisse haben einen starken Einfluß auf die Jungfischgemeinschaft (SCHIEMER et al. 2001 b).

- der Bereitstellung hydraulisch und morphologisch vielfältiger Habitate für eine erfolgreiche Jungfischentwicklung besonders im Sommer und Spätsommer.

Die hydraulischen Untersuchungen der Uferstrukturen an der Mittelelbe (WIRTZ & ERGENZINGER 2002) belegen, daß bei niedrigen Wasserständen durchbrochene Buhnen und Kiesbänke wichtige Habitatbedingungen für Jungfische in den Uferstrukturen bieten. Das Vorkommen von Buhnenfeldern unterschiedlichen baulichen Typs verbunden mit einer hohen hydraulischen und morphologischen Vielfalt entspricht offensichtlich dem notwendigen entwicklungsspezifischen Habitatwechsel, wie er von GRIFT (2001) für Arten des Typs rheophil B am unteren Niederrhein beschrieben wird. Hier könnte die Begründung für den im Vergleich zu anderen großen europäischen Flüssen außergewöhnlich hohen Anteil von Arten dieser ökologischen Gilde an der Jungfischgemeinschaft liegen.

Somit ist das Nebeneinander von strömungsberuhigten Bereichen, wie sie überwiegend in intakten Buhnen zu finden sind, und Strukturen mit einer hohen hydraulischen und morphologischen Vielfalt, wie sie in Buhnenfeldern unterhalb von durchbrochenen Buhnen und an Kiesbänken vorkommen, von großer Bedeutung für eine erfolgreiche Entwicklung der Flußfische in der Mittelelbe.

Wasserbauliche Aktivitäten sollten daher vorhandene Durchbrüche erhalten und bei Stabilisierungen auf einen Erhalt der Durchströmung auch bei Niedrigwasser (< 180 cm Pegel Havelberg) achten.

5. Danksagung

Ein besonderer Dank geht an die Inhaber der Fischereirechte (Angelvereine und Berufsfischer) sowie die Fachbehörden in Sachsen-Anhalt und Brandenburg, die die Untersuchungen in ihren Gewässern erlaubten. Mein Dank gilt dem WSA Magdeburg, Außenstelle Wittenberge, für die Überlassung von Liegeplätzen für die Boote und dem WSA Brandenburg für die Bereitstellung von Pegel- und Temperaturdaten der Untersuchungsjahre. Ferner danke ich den vielen studentischen Hilfskräften und den Kollegen S. Oesmann und H. Holst sowie M. Brumm-Scholz und S. Stäkker, ohne die die aufwendige Geländearbeit und die Aufarbeitung der Proben nicht möglich gewesen wäre. Den anonymen Gutachtern danke ich für die konstruktive Kritik an der ersten Version dieses Artikels. Diese Arbeit wurde ermöglicht durch die Finanzierung des BMB+F, Förderkennzeichen 0339578/2.

6. Literatur

Balon, E.K. 1984. Reflections on some decisive events in the early life of fishes. Trans. Am. Fish. Soc. 113, 178-185.

Banarescu, P.M., V.M. Soric, & P.S. Economidis. 1999. *Gobio gobio* (Linnaeus, 1758). In: P. Banarescu (ed.): The freshwater fishes of Europe, Vol. 5 Cyprinidae 2. Aula-Verlag, Wiebelsheim, 81-134.

Baras, E., & J. Nindaba. 1999. Seasonal and diel utilisation of inshore microhabitats by larvae and juveniles of *Leuciscus leuciscus* and *Leuciscus cephalus*. Env. Biol. Fish. 56, 183-197.

Bardonnet, A. 2001. Spawning in swift water currents: Implications for eggs and larvae. Arch. Hydrobiol. Suppl. 135 (2-4), 271-291.

Bischoff, A., & C. Wolter. 2001. The flood of the century on the River Oder: effects on the 0+fish community and implications for floodplain restoration. Reg. Riv.: Res. & Managem. 17, 171-190.

Blaxter, J.H.S. 1974. The early life history of fish. Springer Verlag, Berlin.

Bracken, J., & M. Kennedy. 1967. A key to the eggs and young stages of coarse fish in Irish waters. Sci. Proc. Roy. Dublin Soc. (B) 2, 99-108.

Brämick, U., U. Rothe, H. Schuhr, M. Tautenhahn, U. Thiel, C. Wolter, & S. Zahn. 1998. Fische in Brandenburg – Verbreitung und Beschreibung der märkischen Fischfauna. Ministerium f. Ernährung, Landwirtschaft u. Forsten Brandenburg, Institut f. Binnenfischerei Potsdam-Sacrow (Hrsg.), Potsdam.

Carrel, G., & J.M. Olivier. 1998. 0+fish recruitment along a 10 year period in the Rhone River: role of hydroclimate factors. Riverine 0+fish international workshop '98. Vienna.

Copp, G. H., & M. Penáz. 1988: Ecology of fish spawning and nursery zones in the floodplain, using a new sampling approach. Hydrobiologia 169, 209-224.

Copp, G.H., J.M. Olivier, M. Penaz, & A.L. Roux. 1991. Juvenile fishes as functional describers of fluvial ecosystem dynamics: Applications on the river Rhone, France. Reg. Riv.: Res. & Managemt. 6, 135-145.

Copp, G.H., & P. Jurajda. 1993. Do small fish move inshore at night? J. Fish. Biol. Suppl. A 43, 229-241.

Deelder, C.L., & J. Willemsen. 1964. Synopsis of biological data on the pike-perch *Lucioperca lucioperca* (Linnaeus, 1758). FAO Fisheries Synopsis No. 28.

Fladung, E. 2001. Verfügbarkeit von Laichhabitaten für kieslaichende Arten. In: Universität Hamburg, Institut für Hydrobiologie und Fischereiwissenschaft (ed.): Ökologische Zusammenhänge zwischen Fischgemeinschafts- und Lebensraumstrukturen der Elbe. Zwischenbericht 2000 an das BMBF. Hamburg.

Fladung, E. 2002. Der präadulte/adulte Fischbestand in Buhnenfeldern und Leitwerken der Mittelelbe. Z. Fischk., Suppl.Bd. 1, 101-120.

Flore, L., H. Keckeis, & F. Schiemer, F. 2001. Feeding, energetic benefit and swimming capabilities of 0+nase (*Chondrostoma nasus* L.) in flowing water: an integrative laboratory approach. Arch. Hydrobiol. Suppl. 12 (2-4), 409-424.

Floyd, K.B., R.D. Hoyt, & S. Timbrook. 1984. Chronology of appearance and habitat partitioning by stream larval fishes. Trans. Am. Fish. Soc. 113, 217-223.

Fredrich, F. 2000. Wanderverhalten und diurnale Bewegungsaktivitäten des Aland (*Leuciscus idus*) in der Elbe. In: BFG/Projektgruppe Elbeökologie (eds.): Statusseminar Elbe-Ökologie, Tagungsband. Mitteilungsreihe der BfG/Projektgruppe Elbe-Ökologie 6, 200-201.

Freyhof, J. 1998. Strukturierende Faktoren für die Fischgemeinschaft der Sieg. Cuvillier Verlag, Göttingen.

Grift, R. 2001. How fish benefit from floodplain restoration along the lower River Rhine. PhD-Thesis, Universität Wageningen.

Herzig, A., & H. Winkler. 1985. Der Einfluß der Temperatur auf die embryonale Entwicklung der Cypriniden. Österr. Fischerei 38, 182-196.

Holcik, J., & V. Hruska. 1966. On the spawning substrate of the roach *Rutilus rutilus* (Linnaeus, 1758) and the bream *Abramis brama* (Linnaeus, 1758) and notes on the ecological characteristics of some European fishes. Vestn. Cesk. Spol. Zool. 30, 22-30.

Horn, H. 1966. Measurement of „overlap" in comparative ecological studies. Am. Nat. 100, 419-424.

Houde, E.D. 1997. Patterns and trends in larval-stage growth and mortality of teleost fish. J. Fish. Biol. 51, Suppl. A, 289-308.

Jobling, M. 1994. Fish Bioenergetics. Chapman & Hall, London. 307.

Jongmann, R.H.G., C.J.F. ter Braak, & O.F.R. van Tongeren. 1998. Data analysis in community and landscape ecology. Pudoc, Wageningen.

Kamler, E. 1992. Early life history of fish. An energetic approach. Chapman & Hall, London.

Kestemont, P., & J.C. Philippart. 1991. Considérations sur la croissance ovocytaire chez les poissons à ovogénèse synchrone et asynchrone. Bel. J. Zool. 121, 87-98.

Kestemont, P., J. Rinchard, V. Feys, & A. Fostier. 1999. Spawning migrations, sexual maturity and sex steroid levels in female roach *Rutilus rutilus* from the River Meuse. Aquat. sci. 61, 111-121.

Kestemont, P., J. Rinchard, F. Damoiseau, & M. Tans. 2001. Seasonal variations in egg and larval quality in two multiple-spawner cyprinid fish, the bleak *Alburnus alburnus* and the white bream *Blicca bjoerkna*. Arch. Hydrobiol. Suppl. 12 (2-4), 509-516.

Kiene, S., O. Harms, B. Büchele, & F. Nestmann. 2002. Morphologische Entwicklung der Elbe vor dem Hintergrund anthropogener Einflüsse – eine Zusammenstellung von Angaben aus der Literatur. In: Nestmann, F., & B. Büchele (eds.): Morphodynamik der Elbe. Schlußbericht des BMBF-Verbundprojektes mit Einzelbeiträgen der Partner und Anlagen-CD. Eigenverlag: Institut für Wasserwirtschaft und Kulturtechnik, Universität Karlsruhe (TH), 31-40.

Koblizkaja, A.P. 1981. Key for identifying young freshwater fishes. Light and Food Industrial House, Moskau [In Russisch].

Krebs, C.J. 1999. Ecological methodology, 2nd. edition. Benjamin/Cummings Menlo Park.

Kugel, G. 1942. Untersuchungen über den Ukelei. Z. Fischerei 40, 225-262.

Larink, O., O. Rüppell, & I. Brümmer, I. 2000. Bedeutung künstlicher Nebengewässer als Winterhabitate für Fische. In: Universität Hamburg, Institut für Hydrobiologie und Fischereiwissenschaft (ed.): Ökologische Zusammenhänge zwischen Fischgemeinschafts- und Lebensraumstrukturen der Elbe. Zwischenbericht 1999 an das BMBF. Hamburg.

Lightfood, G.W., & N.V. Jones. 1996. The relationship between the size of 0+roach, *Rutilus rutilus*, their swimming capabilities, and distribution in an english river. Folia Zoologica 45 (4), 355-360.

Mann, R.H.K., & J.A.B. Bass. 1997. The critical water velocities of larval roach (*Rutilus rutilus*) and dace (*Leuciscus leuciscus*) and implications for river management. Reg. Riv.: Res. & Managem. 13, 295-301.

Mills, C.A. 1991. Reproduction and life history. pp. 481-501. In: Cyprinid fishes: Systematics, biology and exploration. (I.J. Winfield, J. S. Nelson, eds.). Chapman & Hall, London.

Molls, F. 1999. New insights into the migration and habitat use by bream and white bream in the floodplains of the River Rhine. J. Fish Biol. 55, 1187-1200.

Oesmann, S. 2002. Die strukturierenden Faktoren der Jungfischgemeinschaften der mittleren Elbe. Z. Fischk. Suppl. Bd. 1, 79-99.

Oesmann, S., & M. Scholten. 2002. Vergleichende Untersuchungen zur Eignung von Fanggeräten für Fischlarven und Jungfische in großen Fließgewässern. Z. Fischk. Suppl.Bd. 1, 41-57.

Pearsons, T.N., H.W. Li, & G.A. Lamberti. 1992. Influence of habitat complexity on the resistance to flooding and resilience of stream fish assemblages. Trans. Am. Fish. Soc. 121, 427-436.

Petermeier, A., F. Schöll, & T. Tittizer. 1994. Historische Entwicklung der aquatischen Lebensgemeinschaft (Zoobenthos und Fischfauna) im deutschen Abschnitt der Elbe. Bundesanstalt für Gewässerkunde, Koblenz.

PROKES, M., & M. PENAZ. 1980. Early development of the chub, *Leuciscus cephalus*. Acta Sc. Nat. Brno 14, 1-40.

SCHIEMER, F. 1988. Gefährdete Cypriniden – Indikatoren für die ökologische Intaktheit von Flußsystemen. Natur und Landschaft 63, 370-373.

SCHIEMER, F., & H. WAIDBACHER. 1992. Strategies for conservation of a Danubian fish fauna. In: P.J. BOON, P. CALOW, & G.E. PETTS (eds.): River Conservation and Management. Wiley, London, 363-382.

SCHIEMER, F., T. SPINDLER, H. WINTERSBERGER, A. SCHNEIDER, & A. CHOVANEC, A. 1991. Fish fry associations: Important indicators for the ecological status of large rivers. Verh. Internat. Verein. Limnol. 24, 2497-2500.

SCHIEMER, F., L. FLORE, & H. KECKEIS. 2001a. Preface: 0+ fish as indicators for the ecological status of large rivers. Arch. Hydrobiol., Suppl. 12 (2-4), 115-116.

SCHIEMER, F., H. KECKEIS, W. RECKENDORFER, & G. WINKLER. 2001b. The „inshore retention concept" and its significance for large rivers. Arch. Hydrobiol. Suppl. 12 (2-4), 509-516.

SCHLOSSER, I.J. 1985. Flow regime, juvenile abundance, and the assemblage structure of stream fishes. Ecology 66, 1484-1490.

SCHOLTEN, M. 2000. First record of the whitefin gudgeon, *Gobio albipinnatus* LUKASCH, 1933, in the River Elbe. J. Appl. Ichthyol. 16, 131-133.

SEDELL, J.R., G.H. REEVES, F.R. HAUER, J.A. STANFORD, & C.P. HAWKINS. 1990. Role of refugia in recovery from disturbances: modern fragmented and disconnected river systems. Env. Managem. 14, 711-724.

STAAS, S. 1996. Das Jungfischaufkommen im Niederrhein und in angrenzenden Nebengewässern unter Berücksichtigung der Uferstrukturen. Dissertation, Universität Köln.

SPIEß, H.J., K.H. JÄHRLING, & U. RASCHEWSKI. 1994. Rundmäuler und Fische der Elbe im Land Sachsen Anhalt. Ministerium f. Umwelt, Naturschutz u. Raumordnung d. Landes Sachsen-Anhalt, Magdeburg.

SPINDLER, T. 1988: Ökologie der Brutfische in der Donau bei Wien. Dissertation, Universität Wien.

TER BRAAK, C.J.F., & P. SMILAUER. 1998. CANOCO. Reference manual and user's guide to Canoco for windows: Software for Canonical Community Ordination (Version 4), Microcomputer Power. Ithaca, NY.

THIEL, R., Y. BUSLOVICH, M. GERKENS, S. OESMANN, M. SCHOLTEN, I. BRÜMMER, E. FLADUNG, & D. LILL. 2000. Ökologische Zusammenhänge zwischen Fischgemeinschafts- und Lebensraumstrukturen der Elbe. ATV-DVWK-Schriftenreihe 21, 237-258.

THIEL, R., & A. BOS. 1998. Fischereibiologische Untersuchung verschiedener Schlenzen an der Stromelbe in Hamburg. Gutachten im Auftrag der Umweltbehörde und Baubehörde Hamburg.

TREASURER, J.W. 1988. The distribution and growth of lacustrine 0+perch, *Perca fluviatilis*. Env. Biol. Fish. 21, 37-44.

VAN DENSEN, W.L. 1985. Piscivory and the development of bimodality in the size distribution of 0+ pikeperch (*Stizostedion luzioperca* L.). Z. angew. Ichthyol. 3, 119-131.

VOSTRADOVSKY, J. 1974. On the biology of asp (*Aspius aspius* L.) in the water supply reservoir Svihov (Zelivka). Zivocisna Vyroba 19, 683-688 (in Tschechisch mit engl. Zusammenfassung).

WANZENBÖCK, J., & S. WANZENBÖCK. 1993. Temperature effects on incubation time and growth of juvenile whitefin gudgeon, *Gobio albipinnatus* LUKASCH. J. Fish Biol. 42, 35-46.

WANZENBÖCK, J., J. KOVACEK, & H. HERZIG-STRASCHIL. 1989. Zum Vorkommen der Gründlinge (Gattung: *Gobio*; Cyprinidae) im österreichischen Donauraum. Österr. Fischerei, 118-128.

WIESER, W. 1986. Bioenergetik: Energietransformationen bei Organismen. Thieme, Stuttgart.

WINTERSBERGER, H. 1996. Spatial resource utitlization and species assemblages of larval and juvenile fishes. Arch. Hydrobiol. Suppl. 113, 29-44.

WIRTZ, C., & P. ERGENZINGER. 2002. Die untere Mittelelbe: hydromorphologische Charakterisierung von ausgesuchten Uferbereichen und Nebengewässern. Z. Fischk. Suppl. Bd. 1, 13-40.

WOLDA, H. 1981. Similarity indices, sample size and diversity. Oecologia 50, 296-302.

WOLTER, C., & A. BISCHOFF. 2001. Seasonal changes of fish in the main channel of the large lowland River Oder. Reg. Riv.: Res. & Managem. 17, 595-608.

Zeitschrift für Fischkunde	Supplementband 1, 2002	Ökologie der Elbefische	S. 79-99

Die strukturierenden Faktoren der Jungfischgemeinschaften der mittleren Elbe

The factors structuring the YOY fish communities of the middle Elbe River

SVEN OESMANN

Universität Hamburg, Institut für Hydrobiologie und Fischereiwissenschaft, Elbelabor, Große Elbstraße 268, D-22767 Hamburg.
eMail: oesmann@arfobig.de

Zusammenfassung: Für die mittlere Elbe gab es bisher keine Daten über die ökologischen Ansprüche von Jungfischen (THIEL et al. 2000). In dieser Arbeit sollte geklärt werden, welche Umweltfaktoren strukturierend auf die Altersgruppe (AG) 0 der Fischgemeinschaft in Nebengewässern der Elbe wirken. Dazu wurden in den Jahren 1997 bis 2000 zur Beschreibung der Jungfischgemeinschaft 787 Zugnetzhols ausgewertet. Diese entstammten den Gewässertypen Hauptstrom, Zuflußmündungen, permanent angebundene (= permanente), semipermanent angebundene (= semipermanente) und temporäre Nebengewässer. Begleitend zu den fischereilichen Aktivitäten erfolgte die Messung der abiotischen Parameter Wassertiefe, Wassertemperatur, Sauerstoffgehalt, pH-Wert, Leitfähigkeit, Wassertrübung, Strömungsgeschwindigkeit, Vegetationsbedeckung, Sonneneinstrahlung und Substrattyp. In einer direkten Gradientenanalyse (CCA) wurden 300 Datensätze herangezogen, um die strukturierend auf die AG 0 wirkenden Faktoren zu identifizieren. Die Diversität des Gesamtfanges nach Shannon und Wiener lag in den Gewässertypen Hauptstrom, Zuflußmündung, permanente und semipermanente Nebengewässer zwischen 2,07 und 2,14. Nur in den temporären Nebengewässern wurde ein geringer Wert von 1,68 festgestellt. Vom Hauptstrom in die Aue war ein Anstieg der mittleren Abundanzen um den Faktor 10 zu verzeichnen. Die mittlere Fischdichte aller Altersgruppen zusammen war mit 20.558 Individuen pro ha und 65,28 kg/ha relativ hoch. Die durchschnittliche Diversität der AG 0 war in den Gewässertypen Hauptstrom, Zuflußmündung, permanente und semipermanente Nebengewässer etwas geringer als die des Gesamtfanges, aber homogener. Auch in der AG 0 wurde die geringste Diversität in den temporären Nebengewässern festgestellt. Die AG 0 machte zwischen 72 % und 89 % der Abundanz und 11 - 27 % der Biomasse aus. Der Abundanzanteil der AG 0 war in den permanenten und temporären Nebengewässern am höchsten, in den Zuflußmündungen am geringsten. Der Biomasseanteil der AG 0 war im Hauptstrom, den permanenten und den semipermanenten Nebengewässern sehr hoch, in den anderen Gewässertypen deutlich geringer. Insgesamt wurden Individuen der AG 0 von 23 Arten festgestellt. Das höchste Arteninventar (21 Arten) wiesen die Zuflußmündungen auf, das geringste die permanenten und die semipermanenten Nebengewässer (16 Arten). Eine Analyse der Präsenzen ließ Verbreitungsschwerpunkte der einzelnen Arten in unterschiedlichen Gewässertypen erkennen. Die saisonale Fluktuation der Zusammensetzung der Fischgemeinschaft bezüglich der Habitatbindung nach SCHIEMER (1988) zeigte keine signifikanten Unterschiede der Abundanz- und der Biomasseanteile. Im Hauptstrom dominierten überwiegend Rheophile B, in den anderen Gewässertypen eurytope Fischarten. Die Variabilität der abiotischen Parameter Wassertemperatur, O_2-Gehalt, pH-Wert und Leitfähigkeit war im allgemeinen im Hauptstrom geringer als in den anderen Gewässertypen. Die Strömungsgeschwindigkeit variierte im Hauptstrom und den Zuflußmündungen und ging in den anderen Gewässertypen gegen 0. Die Fischartengemeinschaft der Altersgruppe 0 wird im Mittelelberaum von Eurytopen und Rheophilen B dominiert und hauptsächlich von den Faktoren Strömungsgeschwindigkeit, Leitfähigkeit, Vegetationsbedekkung und Trübung strukturiert. Auffällig sind die geringen Anteile Rheophiler A im Hauptstrom und phytophiler Limnophiler in den weniger stark mit dem Hauptstrom vernetzten Nebengewässern.

Schlüsselwörter: Zugnetz, Umweltfaktoren, Habitat, Diversität, direkte Gradienten Analyse.

Summary: Up to now, no data were available concerning the ecological demands of young-of-the-year fishes in the middle Elbe River (THIEL et al. 2000). Therefore, this study was performed to clarify the structuring effects of environmental factors on the age group (AG) 0 fish community in backwaters of the Elbe River. 787 seine net hauls, performed in the water types main channel, tributary mouths, permanently connected (= permanent), semipermanently connected (= semipermanent) and temporary backwaters during the years 1997 and 2000, were evaluated to describe the young fish community. The characteristics of the abiotic parameters water depth, water temperature, oxygen content, pH-value, conductivity, turbidity, current velocity, sun treatment and substrat type, measured accompaning the fisheries in every single water type, were described. 300 data sets were used to perform a direct gradient analysis (CCA) to identify the structuring factors of the AG 0. The Shannon-Wiener species diversity of the total catch found to be between 2.07 and 2.14 in the main channel, tributary mouths, permanent and semipermanent backwaters. A lower value (1.68) was only found in the temporary backwaters. A tenfold increase in mean abundance was recorded along a gradient from the main channel into the floodplain. The mean fish density of all age groups was relatively high amounting to 20.558 individuals per ha or 65.28 kg per ha, respectively. The diversity of AG 0 was slightly minor in the water types main channel, tributary mouths, permanent, and semipermanent backwater compared to the total catch, but more homogenous. The smallest diversity into the AG 0 was observed in the temporary backwaters. The proportion of AG 0 amounted to between 72 and 89 % of the total abundance and between 11 and 27 % of the total biomass. The abundance proportion of AG 0 was highest in permanent and temporary backwaters, lowest in the tributary mouths. The biomass proportion was very high in the main channel and permanent backwaters and obviously smaller in the other water types. In total 23 AG 0 species were recorded. The highest species numbers (21) were embodied in the tributary mouths, the lowest in the permanent and the semipermanent backwaters (16 species). An analysis of the frequency of occurrence showed spatial concentrations of single species in different water types. No significant differences in abundance and biomass were recorded in the fish community composition concerning the habitat linkage according to SCHIEMER (1988). Rheophilic B almost dominated in the main channel, eurytopics in the other water types. Generally, the variability of the abiotic parameters water temperature, O_2-content, pH-value and conductivity was lower in the main channel than in other water types. The current velocity showed variation in the main channel and was closed to 0 in other water types.The fish community of age group 0 was dominated by eurytopes and rheophils B. It was mainly structured by the factors current velocity, conductivity, vegetation coverage and turbidity. The low proportions of rheophilic A species in the main channel and phytophilic limnophils in the backwaters with fewer connection to the main channel are conspicuous.

Keywords: beach seine, environmental factors, habitat, diversity, direct gradient analysis.

1. Einleitung

Daß der Ausprägung von Umweltparametern eine die Fischgemeinschaft strukturierende Funktion zukommt, ist aus vielen Arbeiten, nicht nur aus dem limnischen Bereich, bekannt (z.B. BLESS 1981, BOOKE 1988, THIEL et al. 1995). Der Fischfauna kommt dabei eine Indikatorfunktion für die Lebensraumqualität, vor allem in Hinblick auf Strukturreichtum und die Vernetzung zwischen Fluß und Nebengewässer, zu (SCHIEMER & WAIDBACHER 1994). Da Fische im Laufe ihrer ontogenetischen Entwicklung signifikante Veränderungen bezüglich ihrer Habitatnutzung erfahren (WINTERSBERGER 1996b), sollten Untersuchungen der ökologischen Ansprüche der einzelnen Arten deren gesamte Lebensphase umfassen (SCHIEMER 1988). Lange Zeit lagen keine Daten über die ökologischen Ansprüche von Fischen in der Elbe vor (THIEL et al. 1998, THIEL et al. 2000). Weil die wichtigsten und sensibelsten Anforderungen an die Habitatgegebenheiten im Larval- und Jungfischstadium bestehen (SCHIEMER & WAIDBACHER 1994) und weil die Erfassung verschiedener Lebensstadien unterschiedliche Probennahmestrategien erfordern (OESMANN & SCHOLTEN 2002), konzentriert sich diese Arbeit auf die Altersgruppe 0 der Fische in der mittleren Elbe und versucht, einen Teil der bestehenden Datenlücke zu schließen.

Diese Untersuchung befaßte sich mit der Nutzung der in verschiedenen Gewässertypen des Mittelelberaumes verfügbaren Habitatstrukturen durch ökologische Gruppierungen larvaler, postlarvaler und juveniler Fische während ihres ersten Lebensjahres. Dabei wurde den die Jungfischgemeinschaft strukturierenden Faktoren besondere Aufmerksamkeit gewidmet. Ziel dieser Arbeit war es, diese Faktoren zu detektieren, ihre Ausprägung zu beschreiben, ihre strukturierende Wirkung auf die Jungfischgemeinschaft zu erörtern und Indizien für mögliche Defizite des Lebensraumes zu erkennen.

2. Material und Methoden

2.1. Untersuchungsgebiet

Die Untersuchungen fanden in den Jahren 1997 bis 2000 in der unteren Mittelelbe zwischen Rogätz (Stromkilometer [Skm] 350) und der Seegemündung nahe der Ortschaft Meetschow (Skm 488) statt. Eine detaillierte Beschreibung des aktuellen Zustands und der Landschaftsentwicklung dieses Bereiches geben WIRTZ & ERGENZINGER (2002). Es wurden an 8 Stationen (Tab. 1; Abb. 1) die Gewässertypen Hauptstrom, Zuflußmündungen, angebundene Altarme, semipermanent angebundene Altarme und temporäre Nebengewässer befischt. Diese Einteilung wurde gewählt, um dem wichtigen Einfluß unterschiedlicher Anbindungszeiten als Ausdruck der Vernetzung zwischen Hauptstrom und Nebengewässern (SCHIEMER & WAIDBACHER 1994) Rechnung zu tragen.

Die Probennahmestellen wurden so angeordnet, daß die befischten Gewässer in einer Achse vom Hauptstrom in die Aue möglichst gleichmäßig erfaßt wurden (Abb. 1). Der Hauptstrom wurde in unmittelbarer Nähe der Einmündungen der angebundenen Nebengewässer und Zuflüsse beprobt. In den Nebengewässern wurde jeweils eine mündungsnahe, eine in größtmöglicher Entfernung von der Mündung gelegene und eine in der Mitte zwischen den beiden anderen plazierte Probennahmestelle gewählt. Die Anordnung der Probestellen wird in Abbildung 1 exemplarisch für einen Altarm im Raum Havelberg (Station 10) skizziert.

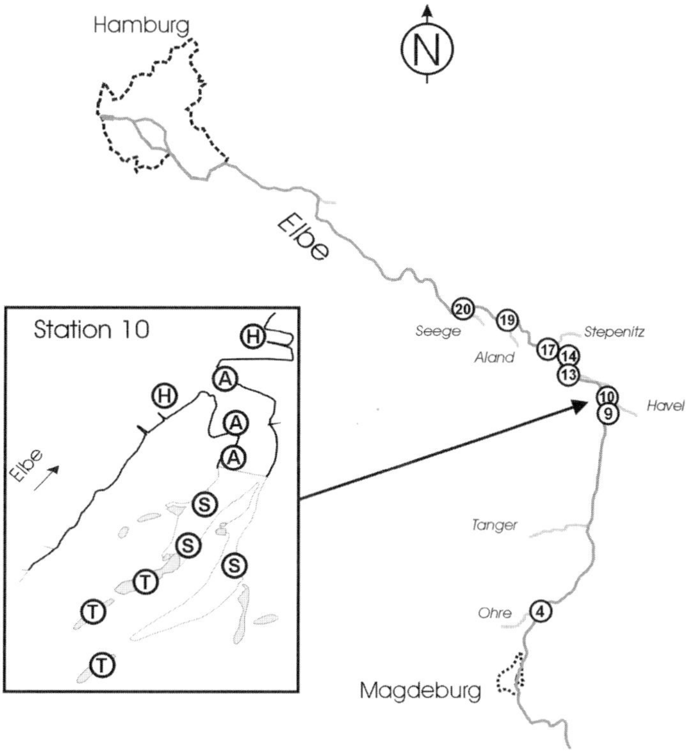

Abb. 1: Lage der Stationen (Zahlen) im Untersuchungsgebiet; Beispiel: Anordnung der Probennahmestellen (Buchstaben) in einem Altarm bei Havelberg (Station 10).
Fig. 1: Location of sampling stations (numbers) in the study area; Example: arrangement of sampling sites (letters) in a backwater near Havelberg (Station 10).

2.2. Eingesetzte Fanggeräte

Die Datengrundlage bilden die auf eine Standardfläche von 1 ha hochgerechneten Abundanzen und Biomassen aus 787, in den Jahren 1997 bis 2000 bei Tage durchgeführten Zugnetzhols, die in 39 Probennahmekampagnen erhoben wurden und sich über die unterschiedlichen Gewässertypen verteilten (Tab. 1). Eingesetzt wurden ein großes Zugnetz von 30 m Länge und 4 mm Maschenweite, zwei kleine Zugnetze mit 15 m Länge und 1 mm Maschenweite und ein Larvennetz mit 3,5 m Länge und 1,4 mm Maschenweite. Diese Fanggeräte sind gut geeignet, um Jungfischgemeinschaftsstrukturen zu beschreiben (OESMANN & SCHOLTEN 2002).

2.3. Bearbeitung der Fänge

Die Aufarbeitung und Quantifizierung der Fänge erfolgte wie in OESMANN & SCHOLTEN (2002) für Zugnetze beschrieben. Bei besonders großen Fängen wurden von der Altersgruppe 0 Unterproben mit mindestens 25 Individuen pro Art und Hol vermessen und auf den Gesamtfang hochgerechnet. Die Altersgruppe 1+ wurde in jedem Fall vollständig vermessen. Die Artbestimmung erfolgte nach KOBLIZKAJA (1981). Da im Mittelelberaum zwei Gründlingsarten auftreten (SCHOLTEN 2000), wurden diese ab einer Totallänge von 40 mm nach WANZENBÖCK et al. (1989) bestimmt. Kleinere Tiere wurden als *Gobio* spec. zusammengefaßt, da ihre genaue Art-

Tab. 1: Anzahl der an unterschiedlichen Stationen mit verschiedenen Fanggeräten durchgeführten Hols; Skm = Stromkilometer; eingesetzte Fanggeräte: LN = Larvennetz; ZN 15 = Zugnetz mit 15m Länge; ZN 30 = Zugnetz mit 30m Länge; befischte Gewässertypen: Hauptstrom; Zufluß = Zuflußmündungen; Angebunden = angebundene Altarme; Semipermanent = semipermanent angebundene Altarme; Temporär = temporäre Nebengewässer.

Tab. 1: Number of hauls per station, sampling device and water type. Ort = location, Skm = stream kilometre; used fishing gear: LN = larvae seine; ZN 15 = beach seine of 15m length; ZN 30 = beach seine of 30m length; Sampled water types: Hauptstrom = main channel; Zufluß = mouth of tributary; Angebunden = connected backwater; Semipermanent = semipermanently connected backwater; Temporär = temporary backwater.

					Anzahl der durchgeführten Hols				
Stations-Nr.	Ort	von Skm	bis Skm	Fanggerät	Hauptstrom	Zufluß	Angebunden	Semipermanent	Temporär
4	Rogätz/Blumenthal	350	354	LN	1		4		1
				ZN 15	17	33	38	17	14
				ZN 30	6	3	8		
9	Sandau	418	419	ZN 15			28	27	88
				ZN 30			2		
10	Havelberg	420	421	LN	4		16		
				ZN 15	13		58	1	57
				ZN 30	2		16		2
13	Werben	427	427	ZN 15					11
14	Bälow	442	442	LN	7		13		
				ZN 15	11		13		
				ZN 30	1		2		
17	Wittenberge	453	455	LN	5	15			
				ZN 15	14	44		18	25
				ZN 30		5			
19	Schnackenburg	476		LN	6	8			
				ZN 15	22	28			
				ZN 30	3	3			
20	Mödlich/Meetschow	488		LN	5	21			
				ZN 15	18	27			
				ZN 30	3	3			

bestimmung unsicher ist (vergl. SCHOLTEN 2002).

Die Altersbestimmung der Fische erfolgte nach der Bhattacharia-Methode mit dem Programm FISAT der FAO (Food and Agriculture Organization of the United Nations). Fische im ersten Lebensjahr wurden der Altersgruppe 0 zugeordnet, alle älteren Fische der Altersgruppe 1+.

Die ökologische Gruppierung der Arten bezüglich ihrer Habitatbindung (Tab. 2) erfolgte nach SCHIEMER (1988), SCHIEMER & WAIDBACHER (1994) und THIEL & BOS (1998).

2.4. Erhebung abiotischer Parameter

Nach jedem Netzhol wurde an der Probennahmestelle ein Satz abiotischer Parameter erhoben (Tab. 3).

Gemessen wurden Wassertemperatur, Sauerstoffgehalt, pH-Wert, Leitfähigkeit, Trübung (jeweils an der Wasseroberfläche), Strömungsgeschwindigkeit (5 cm über Grund und in 10 cm Wassertiefe) und die Wassertiefe (in maximaler Uferentfernung von einer Netzlänge).

Weiter wurden die Vegetationsbedeckung (in % der befischten Fläche, geschätzt), die Beson-

Tab. 2: Artenliste und ökologische Gruppierung der Arten nach ihrer Habitatbindung und Reproduktiongilde.
Tab. 2: Species list and ecological grouping of species according to their habitat relationship (Habitatbindung) and reproductive guild (Reproduktionsgilde).

Familie	Art	Wissenschaftlicher Name	Habitatbindung	Reproduktionsgilde
Anguillidae	Aal	*Anguilla anguilla*	eurytop	pelagophil
Cobitidae	Steinbeißer	*Cobitis taenia*	rheophil B	phytophil
Cyprinidae	Zope	*Abramis ballerus*	rheophil B	phytolitophil
	Güster	*Abramis björkna*	eurytop	phytophil
	Brassen	*Abramis brama*	eurytop	phytolitophil
	Ukelei	*Alburnus alburnus*	eurytop	phytolitophil
	Rapfen	*Aspius aspius*	rheophil B	lithophil
	Giebel	*Carassius gibelio*	eurytop	phytophil
	Karausche	*Carassius carassius*	eurytop	phytophil
	Karpfen	*Cyprinus carpio*	eurytop	phytophil
	Weißflossengründling	*Gobio albipinnatus*	rheophil A	psammophil
	Gründling	*Gobio gobio*	rheophil B	psammophil
	Gründling undefiniert	*Gobio* spec.	rheophil B	psammophil
	Moderlieschen	*Leucaspius delineatus*	limnophil	phytophil
	Döbel	*Leuciscus cephalus*	rheophil A	lithophil
	Aland	*Leuciscus idus*	rheophil B	phytolitophil
	Hasel	*Leuciscus leuciscus*	rheophil A	phytolitophil
	Plötze	*Rutilus rutilus*	eurytop	phytolitophil
	Rotfeder	*Scardinius erythrophthalmus*	limnophil	phytophil
	Schleie	*Tinca tinca*	limnophil	phytophil
	Zährte	*Vimba vimba*	rheophil A	phytolitophil
	Hybrid: Bleiplötz	*Abramis brama X Rutilus rutilus*	eurytop	phytolitophil
Esocidae	Hecht	*Esox lucius*	eurytop	phytophil
Gasterosteidae	Dreist. Stichling	*Gasterosteus aculeatus*	limnophil	ariadnophil
Osmeridae	Stint	*Osmerus eperlanus*	rheophil A	pelagophil
Percidae	Kaulbarsch	*Gymnocephalus cernuus*	eurytop	phytolitophil
	Flußbarsch	*Perca fluviatilis*	eurytop	phytolitophil
	Zander	*Sander lucioperca*	eurytop	phytophil

Tab. 3: Abiotische Parameter (Parameter); im Text verwendeter Name (Name), Maßeinheit (Einheit), Art der Erhebung (Messung)und Skalierung der gewonnenen Daten (Skalierung).
Tab. 3: Abiotic parameters (Parameter), name (Name) used in the text, unit (Einheit), kind of measurement (Messung) and scaling of the acquired data (Skalierung).

Parameter	Name	Einheit / Angabe	Messung	Skalierung
Wassertiefe in maximaler Uferentfernung	Tiefe	[m]	Multisonde	intervall
Wasseroberflächentemperatur	Temperatur	[°C]	Multisonde	intervall
Sauerstoffgehalt	O_2-Gehalt	[mg/l]	Multisonde	intervall
pH-Wert	pH-Wert	pH (dimensionslos)	Multisonde	intervall
Leitfähigkeit bei 25 °C	Leitfähigkeit	[µS/cm]	Multisonde	intervall
Wassertrübung	Trübung	Extinktion (dimensionslos)	Multisonde	intervall
Strömungsgeschwindigkeit 10 cm über Grund	Strömung	[m/s]	Strömungsmesser	intervall
Strömungsgeschwindigkeit in 10 cm Wassertiefe	Strömung 2	[m/s]	Strömungsmesser	intervall
Vegetationsbedeckung	Vegetation	% befischte Fläche	geschätzt	intervall
aktuelle Besonnung	Sonne 1	0 = Schatten; 1= Sonne	geschätzt	nominal
potentielle Besonnung	Sonne 2	0 = Schatten; 1= Sonne	geschätzt	nominal
Substrattyp	Substrat	1 = Blockstein 2 = grober Schotter 3 = Grobkies 4 = Feinkies 5 = Sand 6 = Schlamm 7 = Ton	geschätzt	ordinal

nung (Schatten/bewölkt, besonnt) und der Sedimenttyp (ordinal, geschätzt) ermittelt.

2.5. Berechnungen

Diversität

Die Berechnung der Diversitäten erfolgte mit dem Shannon-Wiener Index (LOZAN 1992).

Zentrierung der Daten

Für statistische Berechnungen wurden die abiotischen Daten pro Meßkampagne nach der von JONGMANN et al. (1987) empfohlenen Formel

$$X_i^* = x_i - x_m$$

mit X_i^* = zentrierter Parameter-Wert
x_i = gemessener Parameter-Wert
x_m = Mittelwert des Parameters pro Kampagne

zentriert. Dadurch wurden saisonale Unterschiede weitgehend eliminiert.

Abundanz-Äquivalent

Die Abundanz-Daten wurden für statistische Analysen in ein Abundanzäquivalent transformiert. Damit sollten hohe, zwischen den einzelnen Kampagnen auftretende Abundanzunterschiede ausgeglichen und der Einfluß von Ausreißern herabgesetzt werden (LAMOUROUX et al. 1998). Die Umrechnung erfolgte nach der Formel:

$$AQ = \ln(1+1000 * A)$$

mit AQ = Abundanzäquivalent
A = Abundanz [Individuen pro ha]

2.6. Statistische Auswertung

Die multivariate statistische Analyse erfolgte mit dem Programm Canoco 4.0 (TER BRAAK & ŠMILAUER 1998). Ziel war es, in einer direkten Gradientenanalyse die Zusammensetzung der Artengemeinschaften in Abhängigkeit von den gemessenen Umweltparametern zu analysieren (TER BRAAK 1986).

DCA

Um die Höhe der den Artdaten immanenten Beta-Diversität festzustellen, wurde eine Korrespondenzanalyse (CA) in Form einer DCA (**D**etrendet **C**orrespondence **A**nalysis) durchgeführt. Ab einer Beta-Diversität von 3 kann von einem unimodalen Modell ausgegangen werden, bei dem die direkte Gradientenanalyse mit einer Kanonischen Korrespondenzanalyse (Canonical Correspondence Analysis, CCA) durchgeführt werden sollte (vgl. JONGMANN et al. 1987).

CCA

Bei der Durchführung einer CCA wird derjenige Teil der Varianz in den Abundanzdaten detektiert, der durch gemessene Umweltparameter erklärt werden kann.

In einem sogenannten Biplot werden die relevanten Umweltparameter als Pfeile dargestellt. Die Pfeillänge gibt Auskunft über die Wichtigkeit des jeweiligen Parameters bezüglich seines Einflusses auf die Artenzusammensetzung. Die Anordnung der Arten relativ zu den als Pfeile dargestellten Parametern gibt Auskunft über den Einfluß des jeweiligen Parameters auf das Auftreten der Art.

3. Ergebnisse

3.1. Zusammensetzung des Gesamtfanges

Im Gesamtfang wurde das aus Tabelle 2 ersichtlichen Artenspektrum von 25 Arten und einem Hybriden (Bleiplötz: *Abramis brama x Rutilus rutilus*) nachgewiesen.

Die höchste Diversität der Fänge (Tab. 4) wurde in den Zuflußmündungen (2,14) festgestellt. Die Diversitäten der angebundenen (2,12) und semipermanent angebundenen Nebengewässer (2,10) unterschieden sich kaum. Etwas geringer fielen die H_s-Werte des Hauptstroms (2,07) aus. Die mit Abstand geringsten Werte wurden in den temporären Nebengewässern (1,68) festgestellt.

Der Mittelwert der Abundanzen und Biomassen über den gesamten Untersuchungszeitraum lag für alle Gewässerbereiche und Altersgruppen zusammen genommen bei 20.558 Individuen und 65,28 kg pro ha (Abb. 2). Mit zunehmender Entfernung bzw. Abtrennung vom Hauptstrom war ein starker Anstieg der Abundanz und Biomasse zu verzeichnen. Während im Hauptstrom und den Zuflußeinmündungen mittlere Abundanzen von 5.200 bis 5.300 Individuen und Biomassen von 21,0 bis 22,6 kg pro ha ermittelt wurden, lagen die Werte in den am weitesten vom Hauptstrom entfernten bzw. am wenigsten mit dem Hauptstrom verbundenen Gewässerbereichen, den temporären Nebengewässern, bei 50.070 Individuen und 155,64 kg pro ha.

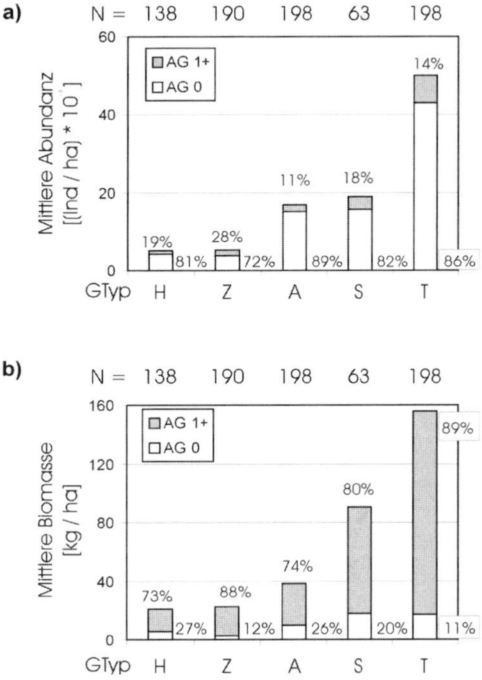

Abb. 2: Anteil der Altersgruppen 0 (AG 0) und ≥ 1 (AG 1+) a) an der mittleren Abundanz und b) an der mittleren Biomasse.
N = Anzahl durchgeführter Hols; GTyp = Gewässertyp; H = Hauptstrom; Z = Zuflußmündung; A = angebundener Altarm; S = semipermanent angebundener Altarm; T = temporäres Nebengewässer.
Fig. 2: Mean a) abundance (mittlere Abundanz) and b) biomass (mittlere Biomasse) of age group 0 (AG 0) and ≥ 1 (AG 1+). N = number of hauls; GTyp = water type; H = main channel; Z = mouth of tributary; A = connected backwater; S = semipermanently connected backwater; T = temporary backwater.

3.2. Die Altersgruppe 0

Die 0-Gruppe hatte in den unterschiedlichen Gewässertypen mit Individuendichten zwischen 3.811 und 43.013 pro ha im Mittel einen Abundanzanteil von 72-89 % und mit Biomassen zwischen 2,74 und 17,83 kg pro ha einen Anteil zwischen 11 und 27 % am Gesamtfang (Tab. 4; Abb. 2).

Der Abundanzanteil der Altersgruppe 0 war in den temporär angebundenen Gewässern (86 %) am höchsten. Hier wurden auch die höchsten mittleren Fischdichten von 43.013 Individuen pro ha festgestellt. Die mittlere Biomasse war allerdings in den semipermanent angebundenen Nebengewässern mit 17,83 kg pro ha bei ca. nur einem Drittel der mittleren Ab-

Tab. 4: Anzahlen pro Gewässertyp durchgeführter Hols (Hols), Anteil leerer Hols (% leer), Anzahl nachgewiesener Arten (Arten), Shannon-Wiener-Index (Diversität H_s), mittlere Abundanz, Anteil an der Abundanz (%), mittlere Biomasse, Anteil an der Biomasse (%), Anteil der Habitatgilden an der Artenzahl (Habitatbindung) und Anteil der Reproduktionsgilden an der Artenzahl (Reproduktion); Hauptstrom, Zufluß = Zuflußmündungen, Angebunden = angebundene Altarme, Semipermanent = semipermanent angebundene Altarme, Temporär = temporäre Nebengewässer; alle Gewässer zusammen (Gesamt), Ind = Individuen, ha = Hektar.

Tab. 4: Numbers of hauls (Hols Anzahl) per water type (Gewässertyp), percentage of empty hauls (% leer), age group (Altersgruppe), numbers of recorded species (Arten Anzahl), Shannon-Wiener-index (Diversität H_s), mean abundance (Abundanz), percentage abundance (Abundanz %), mean biomass (Biomasse), percentage biomass (Biomasse %), proportion of habitatguilds concerning species number (Habitatbindung), proportion of reproductive guilds concerning species number (Reproduktion); Hauptstrom = main channel, Zufluß = mouths of tributaries, Angebunden = connected backwaters, Semipermanent = semipermanently connected backwaters, Temporär = temporary backwaters.

			Gewässertyp					
			Hauptstrom	Zufluß	Angebunden	Semipermanent	Temporär	Gesamt
	Hols	Anzahl	138	190	198	63	198	787
		% leer	8,0	10,0	4,0	6,3	8,6	7,5
Gesamtfang	Arten	Anzahl	nicht ermittelt					25
	Diversität	H_s	2,07	2,14	2,12	2,10	1,68	2,13
	Abundanz	[Ind * ha^{-1}]	5.200	5.318	16.867	19.012	50.070	20.558
	Biomasse	[kg * ha^{-1}]	21,0	22,6	38,6	90,8	155,6	65,3
Altersgruppe 0	Arten	Anzahl	17	21	16	16	18	23
	Diversität	H_s	2,04	2,05	2,10	2,03	1,50	2,04
	Habitatbindung [% Arten]	rheophil A	24	14	18	13	11	9
		rheophil B	18	24	24	25	22	26
		eurytop	47	43	47	50	50	52
		limnophil	12	19	12	13	17	13
	Reproduktion [% Arten]	ariadnophil	6	5	0	6	6	4
		lithophil	12	10	12	13	11	9
		pelagophil	6	0	0	0	0	4
		phytolitophil	41	38	47	38	39	35
		phytophil	24	38	29	31	39	39
		psammophil	12	10	12	13	6	9
	Abundanz	[Ind * ha^{-1}]	4.223	3.811	15.070	15.650	43.013	17.527
		[%]	81,2	71,7	89,3	82,3	85,9	85,3
	Biomasse	[kg * ha^{-1}]	5,57	2,74	9,89	17,83	17,10	9,85
		[%]	26,5	12,1	25,6	19,7	11,0	15,1
Altersgruppe 1+	Abundanz	[Ind * ha^{-1}]	976	1.507	1.797	3.361	7.057	3.032
		[%]	18,8	28,3	10,7	17,7	14,1	14,7
	Biomasse	[kg * ha^{-1}]	15,44	19,86	28,73	72,92	138,54	55,42
		[%]	73,5	87,9	74,4	80,3	89,0	84,9

undanz geringfügig höher als die der temporären Nebengewässer (17,10 kg/ha). Der geringste Abundanzanteil (72 %; Tab. 4) der Altersgruppe 0 wurde in den Zuflußmündungen festgestellt. Hier lagen ebenfalls die Minima der mittleren Abundanz (3.811 Ind/ha), der mittleren Biomasse (2,74 kg/ha) und des Biomasseanteils (12 %; Tab. 4).

Der Biomasseanteil der Altersgruppe 0 war im Hauptstrom (27 %) und in den angebundenen (26 %) und semipermanent angebundenen (20 %) Nebengewässern sehr hoch. In den übrigen Gewässertypen war er deutlich geringer (< 15 %; Tab. 4).

Von 23 der nachgewiesenen Arten und einer Hybridform (Bleiplötz: *Abramis brama x Rutilus rutilus*) wurden Individuen in der Altersgruppe 0 gefangen.

Die Zuflußmündungen wiesen mit 21 Arten das höchste Arteninventar auf (Abb. 3). In den temporär angebundenen Nebengewässern wurden 18 Arten der Altersgruppe 0 gefunden. Das Arteninventar der anderen Gewässertypen war etwas geringer (Hauptstrom 17, angebundene und semipermanent angebundene Nebengewässer je 16 Arten).

Die durchschnittlichen Diversitäten der Altersgruppe 0 in den unterschiedlichen Gewässertypen lagen geringfügig unter denen des Gesamtfanges (Tab. 4) und waren mit Ausnahme der temporären Nebengewässer homogener. Die höchsten Werte wurden für die angebundenen Altarme (H_s = 2,10) ermittelt, gefolgt von den Zuflußeinmündungen (H_s = 2,05). Etwas geringer war die Diversität im Hauptstrom (H_s = 2,04) und den semipermanent angebundenen Nebengewässern (H_s = 2,03). In den temporären Nebengewässern war die Diversität mit Abstand am geringsten (H_s = 1,50).

Die Artenzusammensetzung der Altersgruppe 0 zeigte bezüglich Gilden der Habitatbindung in allen Gewässertypen einen hohen Anteil (> 40 %; Tab. 4) eurytoper Arten. Die Rheophilen B stellten mit Ausnahme des Hauptstroms in allen untersuchten Gewässertypen den zweithöchsten Anteil (22-25 %). Rheophile A waren im Hauptstrom mit 24 % die zweithäufigste ökologische Gilde und stellten auch in den angebundenen Nebengewässern einen relativ hohen Anteil von 18 %. In den übrigen Gewässertypen kamen sie in kleineren Anteilen vor. Limnophile hatten in den Zuflußmündungen (19 %) und den temporären Nebengewässern (17 %) relativ hohe Anteile am Artenspektrum. In den übrigen Gewässertypen stellten sie geringere Anteile an der Jungfischgemeinschaft (< 13 %).

Hinsichtlich der Reproduktionsgilden dominierten die Phytolithophilen das Artenspektrum

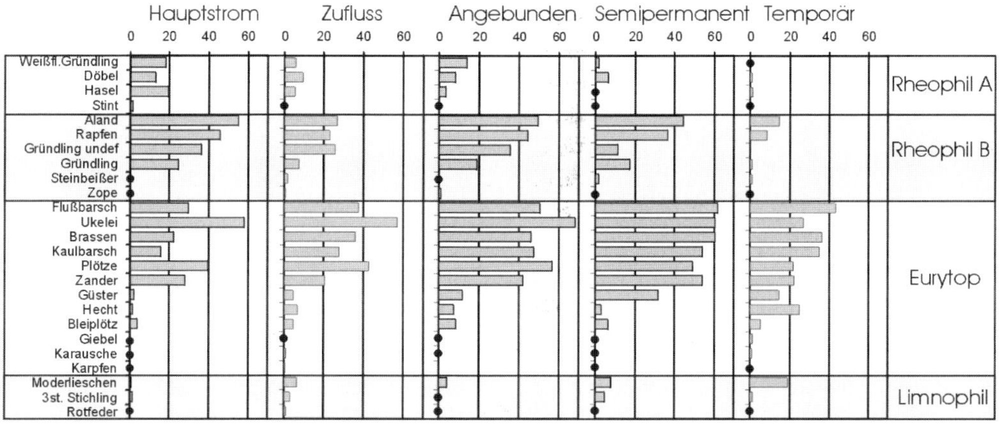

Abb. 3: Präsenzen (Frequenz des Auftretens in %) einzelner Arten der Altersgruppe 0 in den verschiedenen Gewässertypen.

Fig. 3: Frequency of occurrence in % of age group 0 species in different water types.

der Altersgruppe 0 mit Anteilen zwischen 38 und 47 %, gefolgt von den Phytophilen mit 24 bis 39 % (Tab. 4). Psammophile, Lithophile, Ariadno- und Pelagophile hatten deutlich geringere Artanteile (< 14 %). Ariadnophile kamen nicht in angebundenen Altarmen vor, Pelagophile nur im Hauptstrom.

Die Präsenzen der Altersgruppe 0 ließen Verbreitungsschwerpunkte einzelner Arten in bestimmten Gewässertypen erkennen (Abb. 3).

Im Hauptstrom dominierten Ukelei, Aland, die Gründlingsarten, Rapfen und Plötze. Häufig wurden hier auch Zander, Flußbarsch und Brassen gefangen. Hasel und Döbel waren relativ selten, wurden aber auch in den Zuflußmündungen nur gelegentlich angetroffen. Die Zuflußmündungen hatten eine dem Hauptstrom ähnliche Dominanzstruktur, in der rheophile Arten seltener und limnophile Arten wie Moderlieschen, Dreistacheliger Stichling und Rotfeder öfter auftraten. In Richtung der Aue kam der Hasel seltener vor. Weißflossengründlinge hatten eine der Hasel ähnliche Verbreitung, während der gewöhnliche Gründling wie auch der Döbel weiter in die Aue vordrang. Die Verbreitung des Rapfens ähnelte der des Gründlings. Beide kamen mit abnehmender Anbindung der Nebengewässer seltener vor.

In den angebundenen Nebengewässern hatten Ukelei, Plötze, Brassen und die Perciden die höchsten Präsenzen. Die Ukelei wurde insgesamt am häufigsten gefangen. Weiter in die Aue hinein nahm die Präsenz dieser Art ab. Ebenfalls häufig war die Plötze, deren Verbreitung der des Ukelei sehr ähnelte. Fluß- und Kaulbarsch waren ebenfalls häufig. Sie wiesen sehr ähnliche Verbreitungen auf. Auch weiter vom Hauptstrom entfernt kamen sie noch häufig vor.

In den temporären Nebengewässern hatten nur der Hecht und das Moderlieschen ihren Verbreitungsschwerpunkt. Die Verbreitung beider Arten erstreckte sich ebenfalls über Zuflußmündungen und die übrigen Nebengewässer. Hier waren Flußbarsch, Brassen und Kaulbarsch die dominanten Arten.

Insgesamt waren die Präsenzen der Limnophilen und der Rheophilen A relativ gering. Die Dominanz der Eurytopen war in den angebundenen und semipermanent angebundenen Nebengewässern am stärksten ausgeprägt. Im Hauptstrom dominierten Rheophile B. Eurytope waren aber auch hier stark vertreten. Die Rheophilen B traten neben dem Hauptstrom besonders in angebundenen und semipermanent angebundenen Nebengewässern häufig auf. Einige Rheophile B wurden nur in Nebengewässern und nicht im Hauptstrom nachgewiesen. So kam die Zope in Zuflußmündungen und angebundenen Altarmen vor. Der Steinbeißer trat ebenfalls in Zuflußmündungen, aber auch in semipermanent angebundenen und temporären Nebengewässern auf.

3.3. Saisonale Fluktuationen der Abundanzen der AG 0 in unterschiedlichen Gewässertypen

Die saisonale Entwicklung der prozentualen Abundanzzusammensetzungen der AG 0 zeigte bezüglich der Gilden der Habitatbindung nach Schiemer (1988) keine signifikanten Unterschiede (Mann-Whitney U-Test, $p = 0{,}05$) gegenüber der Zusammensetzung der Biomasse. Daher wurde auf die Darstellung der Biomassezusammensetzung in den einzelnen Gewässertypen verzichtet.

Die Entwicklung der mittleren Abundanzen zeigte in allen untersuchten Gewässertypen starke saisonale Unterschiede. Zum Jahresende hin nahmen die Fischdichten in den einzelnen Gewässertypen deutlich ab. Auch bezüglich der saisonalen Zusammensetzungen der Fischgemeinschaft wiesen die einzelnen Gewässertypen deutliche Unterschiede auf (Abb. 4b).

In allen untersuchten Gewässertypen dominierten über den gesamten Untersuchungszeitraum überwiegend eurytope Arten die Jungfischgemeinschaft.

Darüber hinaus konnten für jeden Gewässertyp saisonale Muster der Fischgemeinschaftszusammensetzung erkannt werden.

Im Hauptstrom wurden relativ geringe Abundanzen festgestellt. Maximale Fischdichten von 8.333 Individuen pro Hektar wurden in diesem Gewässertyp im August gefunden. Hier dominierten mit Ausnahme der Monate Mai

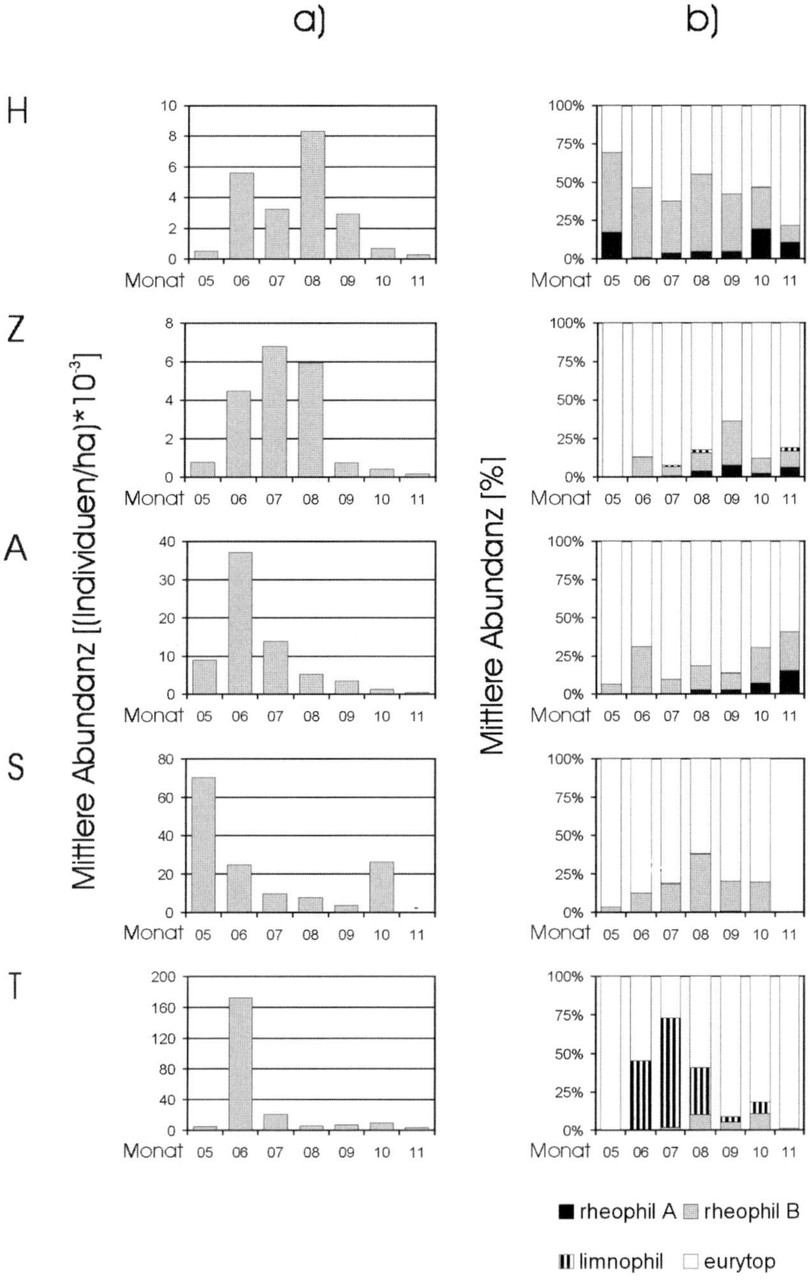

Abb. 4: Saisonale Entwicklung der Gesamtabundanzen (linke Seite, a) und der Abundanz-Anteile der Gilden der Habitatbindung (rechte Seite, b) nach SCHIEMER & WAIDBACHER (1994) in den unterschiedlichen Gewässertypen von Mai bis November; H = Hauptstrom, Z = Zuflußmündung, A = angebundener Altarm, S = semipermanent angebundener Altarm, T = temporäres Nebengewässer.

Fig. 4: Seasonal development of the total abundance (left side, a) and the abundance proportions of the guilds of habitat linkage (right side, b) according to SCHIEMER & WAIDBACHER (1994) in different water types from May to November; H = main channel, Z = mouth of tributary, A = connected backwater, S = semipermanently connected backwater, T = temporary backwater.

(Rheophile B: 54 %) und August (Rheophile B: 50 %) eurytope Arten die Jungfischgemeinschaft (53-78 %). Im Mai (17 %) und Oktober (20 %) hatten Rheophile A nennenswerte Anteile.

In den Zuflußmündungen glichen die Größenordnungen der maximalen Abundanzen denen des Hauptstromes. Die höchsten Fischdichten wurden in diesem Gewässertyp in den Monaten Juni bis August (4.476-6.775 Individuen pro ha) gefunden. Hier hatten eurytope Arten während der gesamten Saison (64-100 %) die höchsten Abundanzanteile. Während im August (2 %) und November (3 %) nennenswerte Anteile der Jungfischgemeinschaft auf Limnophile entfielen, waren über die gesamte Saison Rheophile B mit Anteilen zwischen 10-29 % (September) und Rheophile A (1-8 %) neben der dominierenden Gilde vertreten.

Die maximalen in den permanent angebundenen Nebengewässern ermittelten Abundanzen (37.124 Individuen pro ha) wurden im Juni festgestellt. Im Vergleich zum Hauptstrom und den Zuflußmündungen war dieser Wert hoch, im Vergleich zu den semipermanent angebundenen und temporären Nebengewässern eher gering. Die angebundenen Nebengewässer wurden ebenfalls von Eurytopen dominiert (59-93 %). Während im Mai nur geringe Anteile auf andere Gilden entfielen (Rheophil B: 7 %; Limnophil: 0,1 %), stellten die Rheophilen B von Juni (Maximum: 31 %) bis November (25 %) größere Anteile (> 10 %).

In den semipermanent angebundenen Nebengewässern waren die Abundanzen im Mai am höchsten (70.360 Individuen pro ha). Im Juni waren die Fischdichten dieses Gewässertyps bereits auf ca. ein Drittel des Vormonats reduziert. Im Oktober wurden wieder erhöhte Werte verzeichnet. Auch hier wurde die Jungfischgemeinschaft durchweg von Eurytopen (62-97 %) dominiert. Die Rheophilen B stellten mit 3-38 % (August) größere Anteile an der Jungfischgemeinschaft. Limnophile traten hier kaum (Maximum im Juni: 0,6 %) in Erscheinung.

Temporäre Nebengewässer wiesen im Mai mit 172.107 Individuen pro ha mit Abstand die höchsten mittleren Abundanzen auf. Bereits im Folgemonat war ein Rückgang auf 1/8 dieses Wertes zu verzeichnen. Die Jungfischgemeinschaft dieser Gewässer unterschied sich recht deutlich von der der anderen Gewässertypen. Zwar beherrschten auch hier die Eurytopen (27-100 %) das Bild, doch entfielen einzig hier größere Anteile auf Limnophile (4-71 %). Im Juni (45 %) und Juli (71 %) waren sie am stärksten vertreten.

3.4. Abiotische Parameter

Abiotische Parameter wurden in den Jahren 1997 bis 2000 gemessen (Tab. 3). Dargestellt sind Daten aus den Monaten Mai bis November 1997 (Abb. 5).

Die Wassertemperatur zeigte einen natürlichen Jahresgang mit maximalen Werten im August (Abb. 5a). Die Zuflußmündungen waren im Mittel kühler als der Hauptstrom. In den semipermanent angebundenen und den temporären Nebengewässern lagen die mittleren Temperaturen (Mediane) nur im Mai und Oktober unter denen des Hauptstromes. In den übrigen betrachteten Zeitintervallen waren die mittleren Wassertemperaturen in den Nebengewässern höher.

Von Mai bis August lagen die medianen Sauerstoffkonzentrationen im Hauptstrom und den Zuflußmündungen unter denen der Nebengewässer (Abb. 5b). Im September wiesen diese im Vergleich zu anderen Gewässertypen sehr hohe O_2-Konzentrationen auf. Zum Jahresende hin glichen sich die Unterschiede in den Sauerstoffgehalten der einzelnen Gewässertypen immer mehr aus. Extrem niedrige O_2-Werte wurden gelegentlich im Spätsommer in einigen temporär angebundenen Nebengewässern gemessen.

Der pH-Wert zeigte zu Beginn und am Ende der Untersuchungsperiode eine im Mittel sehr ausgeglichene Verteilung (Abb. 5c). Im Sommer stiegen die Werte im Mittel an, und es stellte sich ein heterogeneres Bild in den unterschiedlichen Gewässertypen ein. Die Nebengewässer zeigten überwiegend höhere pH-Werte als der Hauptstrom, während die pH-Werte der Zuflußmündungen abfielen. Dieser Parameter wird wahrscheinlich besonders in abgetrennten Be-

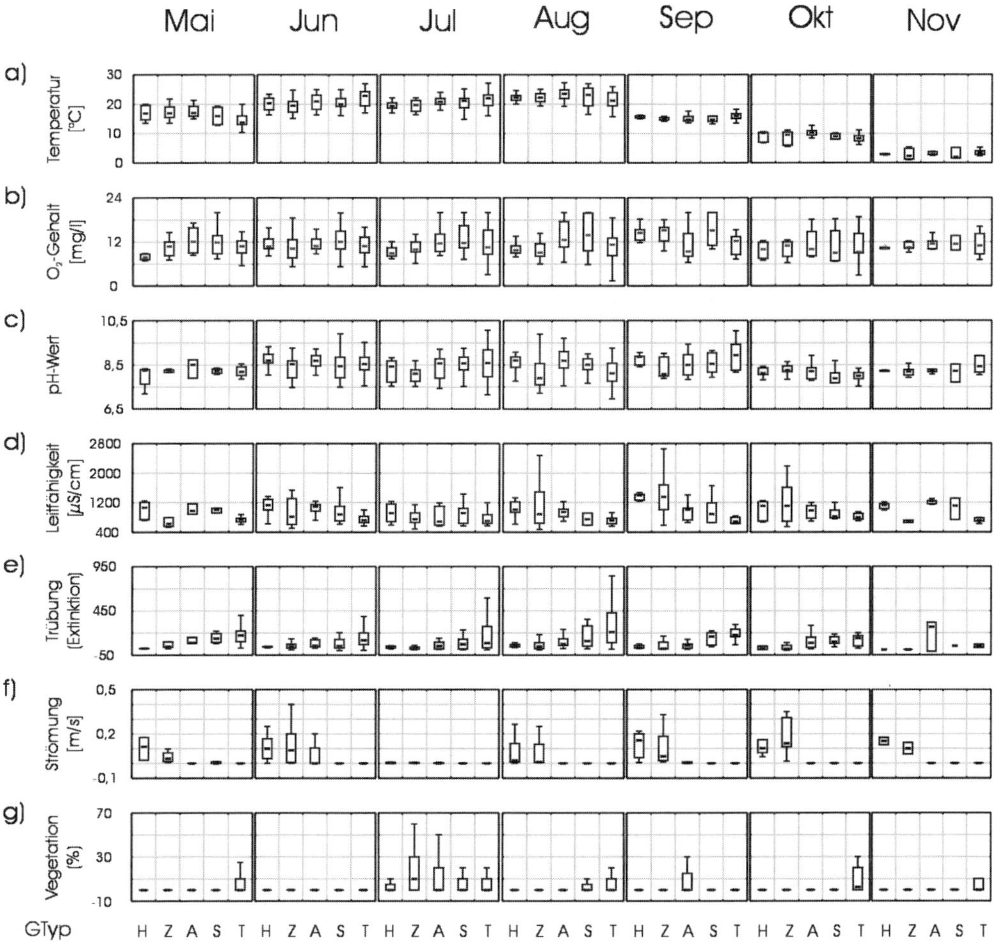

Abb. 5: Box-Whisker-Plot (Median, Percentile, Maxima ohne Ausreißer) der metrischen Parameter in den verschiedenen Gewässertypen von Mai bis November: a) Wassertemperatur (Temperatur); b) O_2-Gehalt; c) pH-Wert; d) Leitfähigkeit; e) Trübung; f) Strömungsgeschwindigkeit 10 cm über Grund (Strömung); Vegetationsbedeckung (Vegetation).

Fig. 5: Box-Whisker-Plot (median, percentiles, maxima without outliers) of metric parameters in the different water types from May to November: a) water temperature (Temperatur); b) O_2-content (O_2-Gehalt); c) pH-value (pH-Wert); d) conductivity (Leitfähigkeit); e) turbidity (Trübung); f) current velocity 10 cm above ground (Strömung); vegetation coverage (Vegetation).

reichen vom Ionen-Bedarf der Stoffwechselprozesse der Produzenten und Konsumenten beeinflußt.

Die Leitfähigkeitsmessungen ergaben einen Mittelwert von 933 µS/cm. Die Werte variierten um mehr als eine Zehnerpotenz und lagen zwischen 210 und 2660 µS/cm. Generell lagen die Mediane dieses Parameters im Hauptstrom höher als in den anderen Gewässertypen (Abb. 5d). Besonders niedrige Leitfähigkeiten wurden im Mai und November in den Zuflußmündungen und den temporären Nebengewässern festgestellt. Im Sommer fielen die Leitfähigkeiten meist mit zunehmender Entfernung zum Hauptstrom ab. Generell verminderten hohe Abflüsse des Hauptstromes dessen Leitfähigkeit und beeinflußten die angebundenen Nebengewässer. Der Zufluß Ohre (Station 4; Tab. 1; Abb. 1)

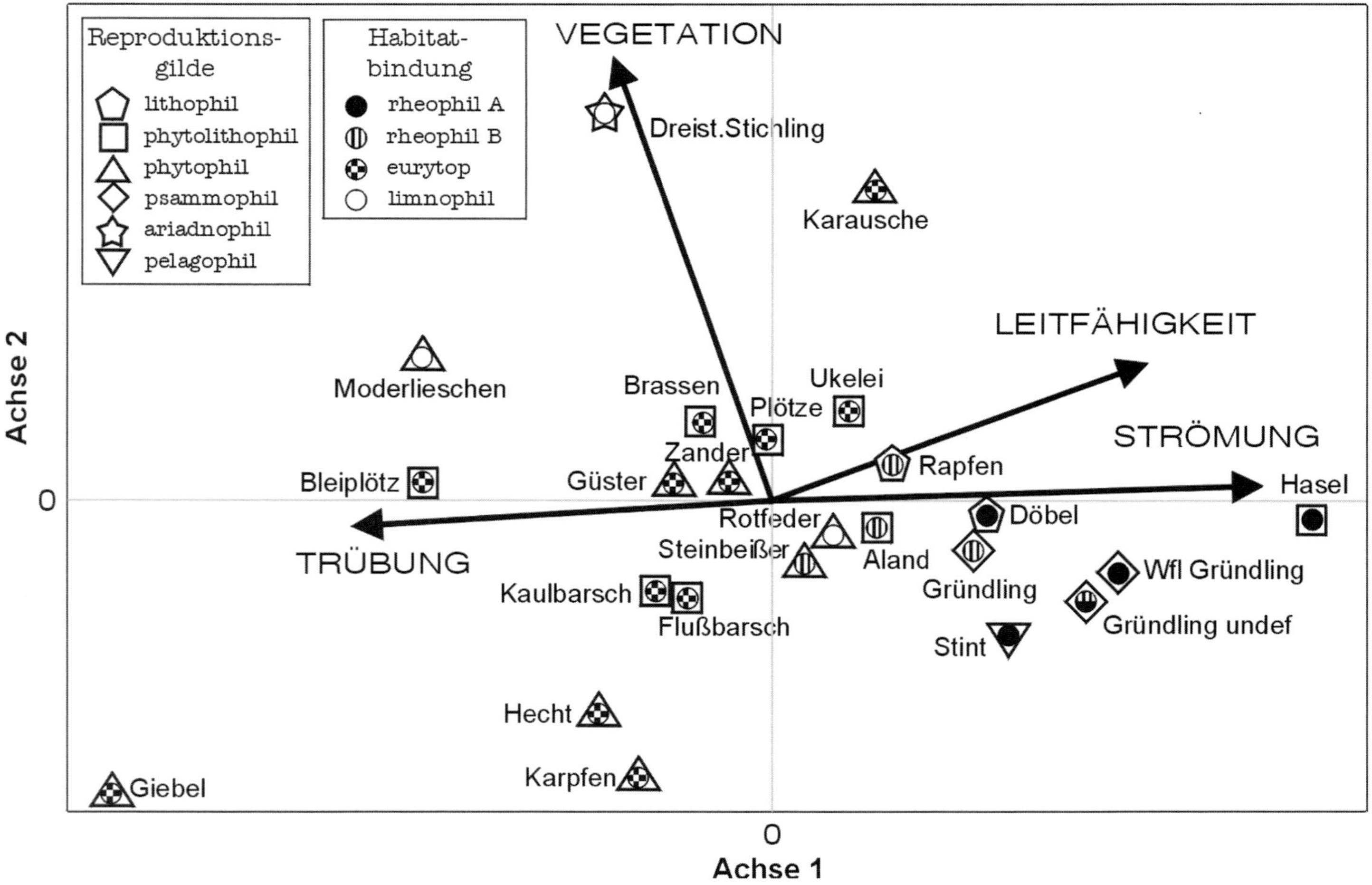

Abb. 6: CCA-Biplot der signifikanten Umweltvariablen (Pfeile) und Arten (Symbole) mit Angabe der Gilden der Habitatbindung und der Reproduktion.
Fig. 6: CCA-biplot of significant environmental variables (arrows) and species (symbols) with their guilds of habitat linkage and reproduction.

trug durch hohe Salzfrachten zu hohen Leitfähigkeiten in seinem Mündungsbereich bei.

Die Trübung nahm über die gesamte untersuchte Zeitspanne mit zunehmender Entfernung vom Hauptstrom zu (Abb. 5e).

Hohe Strömungsgeschwindigkeiten wurden nur im Hauptstrom und den Zuflußmündungen ermittelt. Da die Altarme im Anbindungsfall einseitig angebunden waren, konnten meßbare Strömungen nur in deren Mündungsbereichen festgestellt werden (Abb. 5 f).

Die Vegetationsbedeckung der beprobten Flächen variierte zwischen 0 und 100 % und war mit 5,5 % im Mittel sehr gering. In den temporären Nebengewässern waren die Probennahmeflächen regelmäßig von Vegetation bedeckt. Dieser Parameter wurde von den Wasserständen beeinflußt. In Hochwassersituationen wurde die terrestrische Ufervegetation von Wasser überstanden und konnte dann beprobt werden.

Die Variabilität der Parameter Wassertemperatur, O_2-Gehalt, pH-Wert, Trübung, Vegetationsbedeckung und Leitfähigkeit war über die gesamte Saison (mit Ausnahme des Monats Mai) im Hauptstrom (Abb. 5h) geringer als in den Nebengewässern. Die Strömungsgeschwindigkeit variierte im Hauptstrom und den Zuflußmündungen, wohingegen sie in den im Anbindungsfall einseitig angebundenen Nebengewässern im allgemeinen zu vernachlässigen war. In den Sommermonaten war für die Parameter O_2-Gehalt, pH-Wert, Leitfähigkeit, Trübung und Vegetation in allen Gewässertypen in der Variabilität ein deutlicher Anstieg zu verzeichnen (Abb. 5 a-g).

3.5. Die Fischgemeinschaft der Altersgruppe 0 strukturierende Faktoren

In die multivariate Analyse gingen die Daten aus 300 Zugnetzhols ein. Leerhols und Hols mit unvollständigen abiotischen Datensätzen wurden von der multivariaten Analyse ausgeschlossen. Die zur Auswahl des Ordinationsverfahrens durchgeführte DCA ergab eine Gradientenlänge der 1. Achse als Maß für die den Artdaten immanente Beta Diversität von 4,5. Damit konnte für die direkte Gradientenanalyse (bei einem Gradienten von > 3) von einem unimodalen Modell ausgegangen werden. Die beiden ersten Achsen erklärten 25,7 % der in den Artdaten auftretenden Varianz.

Die Analyse des Einflusses der die Jungfischgemeinschaft der Altersgruppe 0 strukturierenden Umweltfaktoren erfolgte in Form einer CCA. Dargestellt wurden signifikante Faktoren ($p = 0{,}0033$; Monte-Carlo-Permutationstest, 300 Permutationen) und die durch den Einfluß der abiotischen Faktoren angeordneten Fischarten.

Die Auftrennung der Arten entlang der Achse 1 erfolgt hauptsächlich durch die Faktoren Strömung und Trübung. Die Achse 2 repräsentiert überwiegend den Einfluß der strukturierenden Faktoren Vegetation und Leitfähigkeit.

Die Altersgruppe 0 der Elbfischfauna wurde entsprechend der Gilden der Habitatnutzung gut über die Strömung als strukturierendem Faktor aufgetrennt (Abb. 6, Achse 1). Die höchste Präferenz für hohe Strömungsgeschwindigkeiten zeigte der von SCHIEMER (1988) als rheophil A eingestufte Hasel. Mit Ausnahme des Steinbeißers ordneten sich auch die weiteren als rheophil A und B eingestuften Arten strömungspräferierend ein. Das Gros der Eurytopen, unter denen sich auch die meisten phyto-lithophilen Laicher befinden, verhielt sich mehr oder weniger indifferent gegenüber den strukturierenden Faktoren bzw. mied deren Extremwerte (vor allem hohe Strömungsgeschwindigkeiten) und ordnete sich um den Ursprung (Ausgangspunkt der Pfeile) an. Die Perciden, der Hecht, der Karpfen und besonders hybride Bleiplötze wiesen Präferenzen für trübe Gewässerbereiche auf. Die Karausche und der limnophile Dreistachelige Stichling zeigten sich besonders durch den Faktor Vegetation in ihrem Auftreten beeinflußt. Das limnophile Moderlieschen kam überwiegend in trüben und relativ vegetationsreichen Gewässerbereichen vor.

Die meisten phytophilen Eurytopen ordneten sich an den Rändern des dargestellten Spektrums an und mieden dabei generell hohe Strömungen.

4. Diskussion

Die Auswahl der für diese Untersuchung eingesetzten Fanggeräte war für eine möglichst quantitative Erfassung der Fischgemeinschaft der Altersgruppe 0 optimiert. Daher wurden relativ kleinmaschige Zugnetze verwendet, die nach Oesmann & Scholten (2002) gut für diesen Zweck geeignet sind. Ältere Fische sind daher in den Fängen höchstwahrscheinlich unterrepräsentiert. Der Anteil der Altersgruppe 0 ist zwar in Bezug zum Gesamtfang korrekt wiedergegeben, spiegelt aber nicht deren tatsächlichen Anteil an der Fischgemeinschaft wider, der um einiges geringer ausfallen dürfte. Dennoch ließen die erhobenen Daten einen detaillierten Vergleich der Besiedlung und Nutzung der unterschiedlichen Gewässertypen zu, da dieser Effekt für alle betrachteten Gewässerbereiche gleich ist.

Die Unterschiede in den mittleren Abundanzen und Biomassen des Gesamtfanges zwischen dem Hauptstrom und den strömungsberuhigteren Nebengewässern stehen in tendenzieller Übereinstimmung mit den Ergebnissen von Thiel et al. (1995) für die Unterelbe. Auch im Unterelbebereich stiegen die Abundanzen und Biomassen mit zunehmender Entfernung vom Hauptstrom an. Allerdings war die Zunahme beider Parameter in den Nebengewässern der Mittelelbe um einiges deutlicher. Während die Abundanz um den Faktor 10 in den temporären Nebengewässern anstieg (im Vergleich zum 5-fachen in den Nebenelben der Unterelbe, Kausch & Nellen 1994), verhielten sich die Biomassen ungefähr genauso, während sie im Unterelbebereich auf nicht einmal den doppelten Wert des Hauptstromes anstiegen.

Die in dieser Arbeit gefundenen Abundanz- und Biomassewerte stimmten größenordnungsmäßig gut mit denen von Lübcker (1998) für die ebenfalls untersuchte Station 14 überein.

Das gesamte in dieser Arbeit festgestellte Arteninventar war mit 25 nachgewiesenen Arten relativ gering. Die Artenzahl lag sowohl unter dem von Thiel et al. (2000) angegebenen Wert von 28 als auch unter dem von der Arge Elbe (1995) für den Mittelelberaum nachgewiesenen Wert von 32.

Methodisch bedingt dürften einige Arten allerdings in dieser Untersuchung nicht adäquat befischt worden sein. Das dargestellte Artenspektrum wird immer von der Selektion der verwendeten Fanggeräte beeinflußt. Dabei sind die Lebensgewohnheiten (Verhalten) der Zielarten (Urho 1997), aber auch fanggerätespezifische Eigenschaften (siehe Oesmann & Scholten 2002) von besonderer Bedeutung. Deckungsgebunden lebende Arten wie die Quappe (*L. lota*) sind in den Zugnetzfängen nicht aufgetreten. Hier würde die Einbeziehung der mit anderen Fanggeräten ermittelten Fangdaten sicher ein realistischeres Bild (vgl. Thiel et al. 2000) ergeben. Für die meisten sich mehr im Freiwasser aufhaltenden Arten waren mit der gewählten Methodik allerdings sehr genaue quantitative Aussagen möglich (Oesmann & Scholten 2002).

Die von Ehrchen (2000) für Nebengewässer der mittleren Elbe und Bischoff & Wolter (2001) für die Oder mit Elektrofischereigeräten gefundene Dominanz der Plötze in der Fischgemeinschaft könnte eventuell ebenfalls methodisch bedingt sein. Auch Ukelei, Brassen und Güster wurden in vergleichenden Untersuchungen über die Fängigkeit unterschiedlicher Fanggeräte besonders mit Elektrofischereigeräten in ihrer Präsenz anders beurteilt als mit Zugnetzen (Oesmann & Scholten 2002).

Ungeachtet der schwierigen Vergleichbarkeit von auf unterschiedlichen Fanggeräten beruhenden Untersuchungen scheinen die Nebengewässer der Elbe eine größere Diversität aufzuweisen als die der Donau: Alle Nebengewässer mit Anbindung an den Hauptstrom der Elbe (Zuflußmündungen, permanent und semipermanent angebundenen Nebengewässer) wiesen mit H_s-Werten von über 2 höhere Werte auf als die offenen Altarme der Donau. Die Diversitäten in den vom Hauptstrom getrennten Gewässertypen (Donau: abgeschlossene Altarme H = 1,687; Elbe: temporäre Nebengewässer H_s = 1,68) stimmten gut überein. Demgegenüber schnitt der Hauptstrom der Elbe (H_s = 2,07) sowohl im Vergleich zu ihren angebundenen Nebengewässern als auch gegenüber dem Hauptstrom der Donau (H = 2,34 und 2,85, Schiemer 1988) vergleichsweise schlecht ab. Dies mag daran gelegen haben, daß der Schwerpunkt dieser Arbeit auf den Nebengewässern der Elbe lag und daher nicht die gesamte Strukturvielfalt des Hauptstromes erfaßt wurde, wie sie von SCHOLTEN (2002) in ihrer Bedeutung für die Jungfischzönose dargestellt wurde.

Ein Nachweis von 92 % der gefangenen Arten in der Altersgruppe 0 zeigt die erfolgreiche Reproduktion der meisten Arten im Einzugsgebiet der unteren Mittelelbe an, wobei besonders die seltenen Arten aus weiter entfernten Laichgebieten stammen können. Für den Stint ist bekannt, daß er sich als Binnenpopulation in einigen Havelseen erfolgreich fortpflanzt. Der Karpfen benötigt günstige Temperaturbedingungen und wird wahrscheinlich nicht regelmäßig erfolgreich laichen. Das Verhältnis der in der Altersgruppe 0 nachgewiesenen Artenzahl zur Gesamtartenzahl aus anderen Quellen lag in der gleichen Größenordnung wie in der Untersuchung von BISCHOFF & WOLTER (2001) für die untere Oder.

Ein für den Hauptstrom nachgewiesenes Artenspektrum der Altersgruppe 0 von 17 Arten (Tab. 4) ist eventuell von der relativ geringen Beprobungsintensität in diesem Gewässertyp (Tab. 1) beeinflußt. So hat SCHOLTEN (2002) für den gleichen Gewässerbereich 20 Arten nachgewiesen, bemerkt aber einschränkend, daß es sich bei 2 Arten um selten gefangene (Quappe, Barbe) handelt. Eine Erhöhung der Stichprobenanzahl im Hauptstrom hätte die Wahrscheinlichkeit des Fanges dieser Arten sicherlich erhöht und somit ggf. zu einer höheren Artenzahl geführt. Zudem stellte SCHOLTEN (2002) besonders auf Kiesbänken, die als Strukturen in dieser Arbeit unberücksichtigt blieben, erhöhte Dichten rheophiler (A) Fische fest, unter ihnen die Barbe und die Schmerle (*Barbatula barbatula*).

Die Dominanzstruktur des Hauptstromes ähnelte der von SCHOLTEN (2002) beschriebenen, mit der Einschränkung, daß Rapfen in dieser Untersuchung eine höhere Präsenz hatten. Das mag daran liegen, daß in dieser Arbeit die Probennahmestellen überwiegend in der Nähe von Einmündungsbereichen lagen (Abb. 1). Von mehreren rheophilen B Cypriniden ist bekannt, daß die frühen Entwicklungsstadien eine hohe Affinität für angebundene Nebengewässer und Zuflüsse haben (WINTERSBERGER 1996b) oder strömungsberuhigte Bereiche präferieren (COPP et al. 1994). In den angebundenen Nebengewässern stimmte die Anzahl von 16 nachgewiesenen Arten gut mit den Ergebnissen von LÜBCKER (1998) überein, der alleine an Station 14 17 Arten nachwies.

Die Verteilung und Abundanz der Fische wird von einer Reihe von strukturierenden Faktoren beeinflußt. Dabei reagieren die Fische nicht auf einzelne unabhängig voneinander zu betrachtende Parameter, sondern vielmehr auf Kombinationen von hierarchisch wirkenden Variablen (WINTERSBERGER 1996a).

Abiotische Faktoren können die Wachstumsbedingungen beeinflussen und somit indirekt Auswirkungen auf die Fischgemeinschaft ausüben. Aber auch extreme Schwankungen der Umweltparameter können die Nutzbarkeit der Habitate für Jungfische beeinflussen.

Übereinstimmend mit Untersuchungen von COPP et al. (1994) im ungarischen und slovakischen Abschnitt der Donau, stellte sich die Strömung als wichtiger, die Jungfischgemeinschaft der Altersgruppe 0 strukturierender Faktor heraus.

Strömungsberuhigung führt zum einen zu einer schnelleren Wassertemperaturanpassung, besonders der oberen Wasserschichten, an die Lufttemperatur. Zum anderen kann eine Strömungsberuhigung zu einer wie von RECKENDORFER et al. (1999) für die Nebengewässer der Donau gefundenen Planktonretention führen. Dies und die im Sommer vorherrschenden höheren Temperaturen in den Nebengewässern lassen darüber hinaus die Wachstumsbedingungen in diesen Bereichen generell sehr gut erscheinen. Die hohen Abundanzen und Biomassen in diesen Gewässertypen zeigen, daß diese günstigen Bedingungen von Jungfischen genutzt werden.

Die in den Altarmen in der AG 0 dominanten planktivoren Eurytopen (vgl. FLECK 1998), wie z.B. Brassen und Plötze, scheinen von der günstigen Nahrungssituation zu profitieren.

Auch für larvale, sich schon früh von großem Zooplankton ernährende Rapfenlarven (KUJA-

WA et al. 1998) böten sich im Einzugsbereich der Nebengewässer sehr gute Nahrungssituationen. Da sich juvenile Rapfen vermutlich bereits sehr früh piscivor ernähren, ist es sehr wahrscheinlich, daß sie das hohe Larvenaufkommen in den angebundenen Nebengewässern nutzen und daher auch in den angrenzenden Bereichen häufiger anzutreffen sind.

Alle Nebengewässer waren im Anbindungsfall mit Ausnahme extremer Hochwassersituationen nur einseitig an den Hauptstrom angebunden. Daher stagnierte das Wasser in ihnen. Kontinuierlich schwach durchströmte Nebengewässer wie beidseitig angebundene Nebenarme, die eine besonderer Bedeutung als Aufwuchshabitate für rheophile Cypriniden aufweisen und deren Vorhandensein zu erhöhter Präsenz und Abundanz dieser ökologischen Gruppe führt (GRIFT et al. 2001), waren im Untersuchnungsgebiet nicht vorhanden.

Die Anordnung der Faktoren Strömung und Trübung (die in der Arbeit von COPP et al. 1994 ebenfalls ein wichtiger strukturierender Faktor ist) auf einer Achse könnte für die Elbe ihren ursächlichen Zusammenhang darin haben, daß ein Wasseraustausch in Nebengewässern zum einen zwangsläufig mit einer Strömung verbunden ist. Zum anderen begünstigt ein geringer Wasseraustausch in Verbindung mit Nährstoffeinträgen eine Nährstoffakkumulation. Dies wiederum ist für die Zusammensetzung der Phytoplankton-Zönose von grundlegender Bedeutung (HEIN et al. 1999). Besonders abgetrennte Nebengewässer neigen infolge der Einträge durch intensive Landnutzung im umliegenden Auevorland, bei unterbundenem Wasseraustausch mit dem Hauptstrom dazu, Nährstoffe zu akkumulieren. Als Folge dieses als auch eines stromabwärts gerichteten Eintrages während der Hochwässer (JUNK et al. 1989) kann eine Verschiebung von einer phyto- zu einer bakterioplankton-dominierten Planktonzönose erfolgen. Daraus wiederum resultiert eine Eintrübung der Gewässer. Eine derartige Dominanzverschiebung innerhalb der Planktonzönose wirkt sich ggf. negativ auf die Nahrungssituation von Jungfischen aus.

Im Extremfall kann es zu den in einigen temporären Nebengewässern gemessenen, ebenfalls von FLECK (1998) dokumentierten, sehr geringen Sauerstoffkonzentrationen im Spätsommer kommen. Ein "Umkippen" dieser Gewässer ist vermutlich besonders nach intensiven, durch Eutrophierungsprozesse ausgelösten Blaualgenblüten zu verzeichnen. Darüber hinaus können diese Extremwerte gegebenenfalls das Vorkommen anspruchsvoller limnophiler Arten limitieren und somit die Ursachen für die geringen Artenzahlen und Diversitäten in diesen Gewässertypen darstellen. Das Fehlen juveniler Stadien der limnophilen Schleie (*Tinca tinca*) in den strömungsberuhigten Nebengewässern der Elbe, die sich in den untersuchten Gewässern offensichtlich nicht reproduzierte, könnte darauf hindeuten.

Die Wichtigkeit der Ausprägung der Vegetation für die Struktur von Jungfischzönosen geht bereits aus Arbeiten von COPP et al. (1994), JURAIDA et al. (2001), DUNCAN et al. (2001) und GRIFT (2001) hervor. Besonders die phytophilen Laicher, zu denen viele Limnophile gehören, sind in ihrer Verbreitung an das Vorkommen von als Laichsubstrat geeigneter Vegetation gebunden. JURAIDA et al. (2001) stellten für die kanalisierten Bereiche der Morava ein Fehlen von Inundationsgewässern als Ursache für das Fehlen phytophil laichender Fische heraus. Da diese Gewässertypen im Mittelelberaum in ausreichendem Maße zur Verfügung stehen, ist ihre geringe Präsenz in den Nebengewässern der mittleren Elbe wahrscheinlich u.a. auf Fehlen geeigneter Vegetation zurückzuführen. Wenn die für den ästuarinen Bereich der Elbe ermittelte Lichtlimitation der Primärproduktion (KIES 1997) auch für den Mittelelberaum zuträfe, bekämen submerse Makrophyten schon bei geringen Wasserständen nicht mehr genug Licht zum Wachsen und könnten nur ausnahmsweise unter besonders günstigen Rahmenbedingungen z.B. an klaren Zuflüssen oder in nährstoffarmen Auegewässern größere Bestände bilden. Weiterhin sind die untersuchten Gewässer relativ strukturarm. In den seltensten Fällen wurden größere Mengen wasserüberstandenen Totholzes vorgefunden. Abgesehen davon, daß derartige Strukturen mit Zugnetzen nicht zu beproben wären, hätten sie sicher die Habitatvielfalt erhöht und dadurch höchstwahrscheinlich zu einer höheren Artenvielfalt beigetragen. Da nach SCHIEMER & WAIDBACHER (1994) Fische Indikatoren für den Strukturreichtum von Gewässern darstellen, könnte hierin ebenfalls eine Ursache der vergleichsweise geringen Diversität der Altersgruppe 0 in den temporären Nebengewässern liegen.

Die in diesen Gewässerbereichen derzeit vorhandenen abiotischen Rahmenbedingungen ermöglichen es insbesondere eurytopen Arten, besonders durch das Fehlen von Strukturreichtum und schwach durchströmten Bereichen, günstige Wachstumsbedingungen zu nutzen.

Mit Ausnahme der Strömung war die Variabilität der abiotischen Umweltparameter im Hauptstrom der Elbe geringer als in den anderen untersuchten Gewässertypen. Eine Zunahme der Variabilität vieler der gemessenen Umweltparameter in den Sommermonaten führt besonders in den Nebengewässern zu einer erhöhten Habitatdiversität. Damit eröffnen sich besonders in diesem Zeitraum für die Jungfische viele Möglichkeiten, spezifische ökologische Nischen zu besetzen. Hierin liegt möglicherweise die Ursache für die gefundenen hohen Diversitäten in den angebundenen Altarmen und Zuflußeinmündungen begründet.

Die Feststellung, daß das Auftreten von juvenilen Rheophilen (A) ausschließlich auf den Uferbereich des Flusses selbst beschränkt sei (SCHIEMER 1988, SCHIEMER & SPINDLER 1989), trifft auch für die Verhältnisse in der mittleren Elbe zu. So traten die als rheophil A eingestuften Arten in der AG 0 in nennenswerten Anteilen im Frühjahr und Sommer überwiegend im Hauptstrombereich der Elbe auf. Daß dabei artspezifisch unterschiedliche Nutzungen bestimmter lotischer und lenitischer Bereiche auftreten, geht aus Arbeiten von WINTERSBERGER (1996a) hervor. Zum Jahresende hin wurden allerdings erhöhte Anteile Rheophiler A in den Zuflußeinmündungen und angebundenen Nebengewässern festgestellt, was einen Habitatwechsel einiger Arten zur Überwinterung andeuten könnte.

Die als rheophil B klassifizierten Arten bildeten besonders im Sommer in allen mit dem Hauptstrom verbundenen Gewässertypen die zweithäufigste ökologische Gruppierung. Einige rheophile (B) Arten wurden nur in Nebengewässern und nicht im Hauptstrombereich nachgewiesen. In dieser Gilde scheint das bereits für den Rapfen beschriebene Phänomen der Nutzung der günstigen Wachstumsbedingungen in den Nebengewässern während des ersten Lebensjahres besonders ausgeprägt zu sein.

Kritisch bleibt anzumerken, daß die generelle Betrachtung der die Fischgemeinschaft strukturierenden Faktoren über einen Zeitraum, der sich über mehrere saisonale Zyklen erstreckt, anhand von allein bei Tage durchgeführten Fängen nicht unproblematisch ist. Zum einen werden schon durch das Auftreten einer Tagesrhythmik der Habitatwahl, wie sie von LÜBCKER (1998) beschrieben wurde, bestimmte wirkende Faktoren außer acht gelassen. Zum anderen ändern sich die Lebensraumansprüche der einzelnen Arten im Laufe ihrer ontogenetischen Entwicklung, besonders im Verlauf des ersten Lebensjahres erheblich (SCHIEMER & SPINDLER 1989, GEBHARDT 1990, BALON 1984). Dadurch entsteht eine Unschärfe, die die Identifizierung strukturierend wirkender Faktoren erschwert. Eine erklärte Varianz von 25,7 %, wie sie in der vorliegenden direkten Gradientenanalyse erzielt wurde, ist zwar relativ gering, dennoch sind die Ergebnisse konform mit anderen Quellen.

Die hier vorgelegten Resultate sind daher als eine erste orientierende Beschreibung der im Mittelelberaum vorgefundenen Jungfischgemeinschaftsstrukturen und der darauf Einfluß nehmenden Faktoren zu bewerten.

5. Danksagung

Die Arbeiten wurden finanziert durch das Bundesministerium für Bildung und Forschung (BMBF). Für die Korrektur des Manuskriptes bedanke ich mich bei A. HERSKIND, D. KRÜGER, M. SCHOLTEN und M. PEZENBURG. Weiterer Dank gilt den Mitarbeitern H. HOLST, M. GERKENS, S. RIEMANN, A. CONRAD, T. LINKE, A. SOLINGER, I. LÜBCKER, A. CUGAT, P. OBERDÖRFFER, C. PUSCH, A. EHRCHEN, M. FLECK, M. WELLENREUTHER, H. GÖRING, K. BENKENDORF, G. HOFFMANN, G. KURTZ und A. KAKUSCHKE, die durch ihre tatkräftige Mithilfe bei den Probennahmen an der mittleren Elbe und der Probenaufarbeitung im Labor das ELFI-Projekt unterstützten. Ein weiteres herzliches Dankeschön geht an Frau M. BRUMM-SCHOLZ und Herrn S. STÄCKER, die mich engagiert bei der Probenaufarbeitung unterstützten.

6. Literatur

ARGE ELBE (ARBEITSGEMEINSCHAFT FÜR DIE REINHALTUNG DER ELBE) 1995. Spektrum und Verbreitung der Rundmäuler und Fische in der Elbe von der Quelle bis zur Mündung. Wassergütestelle Hamburg.

BALON, E. K. 1984. Reflections on Some Decisive Events in the Early Life of Fishes. Trans. Am. Fish. Soc. 113, 178-183.

BISCHOFF, A., & C. WOLTER. 2001. The 0+ fish community structure in a large lowland river: first results of a study from the river Oder. Arch. Hydrobiol. Suppl. 135 (2), Large Rivers 12 (2-4), 137-151.

BLESS, R. 1981. Untersuchungen zum Einfluß von gewässerbaulichen Maßnahmen auf die Fischfauna in Mittelgebirgsbächen. Natur und Landschaft 56 (7), 23-32.

BOOKE, H. E. 1988. Streamflow regulation and fish community structure. Ecology 69 (2), 382-392.

COPP, G.H., G. GUTI, B. ROVNY, & J. CERNY. 1994. Hierarchial analysis of habitat use by 0+ juvenile fish in Hungarian/Slovak flood plain of the Danube River. Env. Biol. Fish. 40, 329-348.

DUNCAN, A., J. KUBECKA, S. KETT, N. HANNA, & J. SKELDON. 2001. Habitats of 0+ fry in an English lowland river. Arch. Hydrobiol. Suppl. 135 (2), Large Rivers 12, (2-4), 153-171.

EHRCHEN, A. 2000. Habitatnutzung juveniler und adulter Fische im Bereich der mittleren Elbe. Diplomarbeit. Universität Hamburg.

FLECK, M. 1998. Nahrungsbeziehungen früher Entwicklungsstadien dominanter Fischarten in Gewässern der Elbaue bei Wittenberge/Havelberg. Diplomarbeit. Universität Hamburg.

GEBHARDT, H. 1990. Die Bedeutung des Inundationsgebietes des Rheins als Laichgebiet für Fische. Limnologie aktuell, Band 1, Kinzelbach/Friedrich (Hrsg.), Gustav Fischer Verlag, Stuttgart New York.

GRIFT, R. E. 2001. How fish benefit from floodplain restoration along the lower River Rhine. PhD Thesis, Wageningen University. ISBN 90-5808-488-4.

GRIFT, R. E., A.D. BUIJSE, W.L.T. VAN DENSEN, & J.G.P. KLEIN BRETELER. 2001. Restoration of the river-floodplain interaction: benefits for the fish community in the River Rhine. Arch. Hydrobiol. Suppl. 135 (2), Large Rivers 12, 2-4.

HEIN, T., C. BARANYI, G. HELLER, C. HOLAREK, P. RIEDLER, & F. SCHIEMER. 1999. Hydrology as a major factor determining plankton development in two floodplain segments of the River Danube, Austria. Large Rivers 11 (3), 439-452.

JONGMANN, R.H.G., C.J.F. TER BRAAK, & O.F.R. VAN TONGEREN (ed.). 1987. Data Analysis in Community and Landscape Ecology, Pudoc, Wageningen. ISBN 90-220-0908-4.

JUNK, W.J., P.B. BAILEY, & R.E. SPARKS. 1989. The flood pulse concept in river-floodplain systems. In: DODGE, D.P. (Hrsg.). Can. Spec. Public. Fish. Aquat. Science 106, 110-127.

JURAIDA, P., M. REICHARD, E. HOHAUSVÁ, & J. ÈERNÝ. 2001. Comparison of 0+ fish communities between regulated-channelized and floodplain stretches of the River Morava. Arch. Hydrobiol. Suppl. 135/2, 187-202.

KAUSCH, H., & W. NELLEN. 1994. Fischgemeinschaft der Tide-Elbe. Tätigkeitsbericht 1992-1994 des Sonderforschungsbereiches 327 „Wechselwirkungen zwischen abiotischen und biotischen Prozessen in der Tide-Elbe“. Universität Hamburg.

KOBLIZKAJA, A. F. 1981. (Bestimmungsschlüssel der Jungfische des Wolgadeltas). Moskva, 208.

KIES, L. 1997. Distribution, biomass and production of planktonic and benthic algae in the Elbe Estuary. Limnologica 1997 27 (1), 55-64.

KUJAWA, R., A. MAMCARZ, A. SKRZYPCZAK, & D. KUCHARCZYK. 1998. Feeding Habits of asp *Aspius aspius* Larvae (Cyprinidae) in Lake Maroz, Poland. It. J. Zool. 65, 235-236.

LAMOUROUX, N., H. CAPRA, & M. POUILLY. 1998. Predicting habitat suitability for lotic fish: Linking statistical hydraulic models with multivariate habitat use models. Reg. Riv.: Res. & Managem. 14 (1), 1-11.

LOZAN, J. L. 1992. Angewandte Statistik für Naturwissenschaftler. Verlag Paul Parey, Berlin, Hamburg.

LÜBCKER, I. 1998. Habitatwechsel von Jungfischen in einem Nebengewässer der mittleren Elbe. Diplomarbeit. Universität Hamburg.

OESMANN, S., & M. SCHOLTEN. 2002. Vergleichende Untersuchungen zur Eignung von Fanggeräten für Fischlarven und Jungfische in großen Fließgewässern. Z. Fischk. Suppl. Bd. 1, 41-57.

RECKENDORFER, W., H. KECKEIS, G. WINKLER, & F. SCHIEMER. 1999. Zooplankton abundance in the River Danube, Austria: The significance of inshore retention. Freshw. Biol. 41 (3), 583-591.

SCHIEMER, F. 1988. Gefährdete Cypriniden - Indikatoren für die ökologische Intaktheit von Flußsystemen. Natur und Landschaft 63.

SCHIEMER, F., & T. SPINDLER. 1989. Endangered fish species of the Danube River in Austria. Reg. Riv.: Res. & Managem. 4, 397-407.

SCHIEMER, F., & H. WAIDBACHER. 1994. Naturschutzerfordernisse zur Erhaltung einer typischen Donau-Fischfauna. Limnologie aktuell 2, Gustav Fischer Verlag, Stuttgart, Jena, New York, 247-265.

SCHOLTEN, M. 2000. First record of the whitefin gudgeon, *Gobio albipinnatus* Lukatsch 1933, in the River Elbe. J. Appl. Ichthyol. 16, 131-133.

SCHOLTEN, M. 2002. Das Jungfischaufkommen in Uferstrukturen des Hauptstroms der mittleren Elbe - zeitliche und räumliche Dynamik. Z. Fischk. Suppl. Bd. 1, 59-77.

TER BRAAK, C.J.F. 1986. Canonical correspondence analysis: a new eigenvektor technique for multivariate direct gradient analysis. Ecology 67, 1167-1179.

TER BRAAK, C.J.F., & P. ŠMILAUER. 1998. CANOCO Reference manual and user's guide to Canoco for Windows: Software for canonical community ordination (version 4). Microcomputer Power (Ithaca. NY, USA).

THIEL, R., A. SEPÚLVEDA, R. KAFEMANN, & W. NELLEN. 1995. Environmental factors as forces structuring the fish community of the Elbe Estuary. J. Fish Biol. 46, 47-69.

THIEL, R., & A.R. BOS. 1998. Fischereibiologische Untersuchung verschiedener Schlenzen an der Stromelbe in Hamburg. Abschlußbericht. Zentr. Meeres- u. Klimaforsch., Univ. Hamburg.

THIEL, R., W. NELLEN, P. ERGENZINGER, F. KIRSCHBAUM, R. KNÖSCHE, & H.M. WINKLER. 1998. Ökologische Zusammenhänge zwischen Fischgemeinschafts- und Lebensraumstrukturen der Elbe. Z. Ökologie u. Naturschutz 7, 67-70.

THIEL, R., Y. BUSLOVICH, M. GERKENS, S. OESMANN, M. SCHOLTEN, I. BRÜMMER, E. FLADUNG, & D. LILL. 2000. Ökologische Zusammenhänge zwischen Fischgemeinschafts- und Lebensraumstrukturen der Elbe. ATV-DVWK-Schriftenreihe "Gewässerlandschaften", BMBF Symposium Elbeforschung, 237-258.

URHO, L. 1997. Controlling bias in larval fish sampling. Arch. Hydrobiol. Spec. Issues Advanc. Limnologia 49, 125-135.

WANZENBÖCK, J., H. KOVACEK, & B. HERZIG-STRASCHIL. 1989. Zum Vorkommen der Gründlinge (Gattung: *Gobio*; Cyprinidae) im österreichischen Donauraum. Österreichs Fischerei 42, 118-128.

WINTERSBERGER, H. 1996a. Spatial resource utilization and species assemblages of larval juvenile fishes. Arch. Hydrobiol. Suppl. 115, 29-44.

WINTERSBERGER, H. 1996b. Habitatwahl und Veränderungen der Lebensraumansprüche larvaler Donaufische im Verlauf ihrer ontogenetischen Entwicklung. Dissertation. Universität Wien.

WIRTZ, C., & P. ERGENZINGER. 2002. Die untere Mittelelbe: hydromorphologische Charakterisierung von Uferbereichen und Nebengewässern. Z. Fischk. Suppl. Bd. 1, 13-40.

Zeitschrift für Fischkunde	Supplementband 1, 2002	Ökologie der Elbefische	S. 101-120

Der präadulte/adulte Fischbestand in Buhnenfeldern und Leitwerken der Mittelelbe

The subadult/adult fish assemblage in groyne fields and dyke fields of the middle Elbe River

ERIK FLADUNG

Institut für Binnenfischerei e.V. Potsdam-Sacrow
Jägerhof am Sacrower See, 14476 Groß Glienicke
eMail: erik.fladung@ifb-potsdam.de

Zusammenfassung: Von Mai 1997 bis November 2000 wurden in 12 Buhnenfeldern und Leitwerken der Mittelelbe insgesamt 175 Befischungen mittels Elektrofanggerät und Zugnetz durchgeführt. Insgesamt wurden 41.607 Fische und Rundmäuler gefangen, welche 33 Arten zugeordnet werden konnten. Hinsichtlich der limnischen Arten weist die Stromelbe damit wieder ein früheren Jahren (um 1900) vergleichbares Artenspektrum auf. Die präadulte/adulte Fischartengemeinschaft wird in starkem Maße von Ubiquisten (Plötze [*Rutilus rutilus*], Barsch [*Perca fluviatilis*], Güster [*Abramis bjoerkna*], Brassen [*A. brama*], Ukelei [*Alburnus alburnus*], Aal [*Anguilla anguilla*]) geprägt, die 74 - 94 % der Abundanzanteile stellen. Von den rheophilen Fischarten traten Aland (*Leuciscus idus*), Döbel (*L. cephalus*), Hasel (*L. leuciscus*), Gründling (*Gobio gobio*), Rapfen (*Aspius aspius*) und Quappe (*Lota lota*) mit Nachweishäufigkeiten von 55 - 97 % häufig in den Fängen auf. Limnophile Fischarten waren dagegen selten anzutreffen. Innerhalb der untersuchten Uferstrukturen ließ sich eine Präferenz der Arten Aal, Aland, Barsch, Döbel, Hecht (*Esox lucius*) und Quappe für die Uferzone feststellen. Brassen, Rapfen, Zander (*Sander lucioperca*) und Zope (*Abramis ballerus*) bevorzugen hingegen die tieferen Buhnenfeldbereiche. Die beobachteten, regelmäßigen saisonalen Schwankungen des Fischbestandes spiegeln typische Habitatwechsel im Lebenszyklus der präadulten/adulten Fische wider. Im Zusammenhang mit der verbesserten Wasserqualität der Elbe seit 1990 ist eine zunehmende Bestandserholung typischer Flußfischarten (v.a. Hasel, Döbel, Quappe) zu beobachten. Ungeachtet dieser positiven Entwicklungen bestehen nach wie vor große Defizite v.a. bei den Langdistanzwanderern (Flußneunauge [*Lampetra fluviatilis*], Flunder [*Platichthys flesus*], Quappe, Stör [*Acipenser sturio*], Maifisch [*Alosa alosa*], Finte [*A. fallax*], Lachs [*Salmo salar*], Stint [*Osmerus eperlanus*], Nordseeschnäpel [*Coregonus oxyrhynchus*]) sowie in den Gilden der rheophilen (Barbe [*Barbus barbus*], Zährte [*Vimba vimba*], Zope) und limnophilen Fischarten (Schlammpeitzger [*Misgurnus fossilis*], Rotfeder [*Scardinius erythrophthalmus*]), die überwiegend auf strukturelle Defizite zurückzuführen sind. Buhnenfelder und Leitwerke der Mittelelbe weisen z.T. erhebliche Unterschiede in der Ausprägung der Habitatstrukturen auf, die sich insbesondere in den Vorkommenshäufigkeiten einzelner Arten widerspiegeln. Leitwerke stellen wichtige Refugialräume für eurytope und limnophile Fische sowie für die gefährdeten rheophilen Arten Rapfen, Zope und Steinbeißer (*Cobitis taenia*) dar. Buhnendurchbrüche fördern die Herausbildung heterogener, fluviatiler Habitatstrukturen, wirken einer Verlandung entgegen und bieten aufgrund der höheren Strömungsgeschwindigkeiten und -diversität typischen Flußfischarten wie Aland, Döbel, Gründling und Hasel geeignete Einstandshabitate. Die tendenziell geringsten Artenzahlen und Fischabundanzen wiesen stark verlandete Buhnenfelder mit intakten Buhnen auf. Im Sinne einer notwendigen Förderung flußtypischer Strukturen im Hauptstrom ist bei zukünftigen wasserbaulichen Maßnahmen insbesondere auf die Erhaltung von Buhnendurchbrüchen, eine dauerhafte Wiederanbindung vorhandener Nebengewässer, den Ersatz bestehender Deckwerke durch moderat durchströmte Leitwerke und die Förderung des Unterstandsangebotes für Fische zu orientieren.

Schlüsselwörter: Hauptstrom, Uferstrukturen, Elbfische, Zugnetz, Buhnenfeldtypen.

Summary: From May 1997 to November 2000 a total of 175 fish samples each were taken by electrofishing device and tow net in 12 groyne fields and dyke fields of the middle Elbe River. Altogether 41,607 fishes and cyclostomata belonging to 33 species were caught. The limnetic species documented in the main channel of the river clearly demonstrate that the actual species diversity is quite close to the conditions reported from the past (around 1900). The subadult/adult fish assemblage is dominated by eurytopic species (74-94 % abundance) such as roach (*Rutilus rutilus)*, perch (*Perca fluviatilis*), white bream (*Abramis bjoerkna*), common bream (*A. brama*), bleak (*Alburnus alburnus*) and eel (*Anguilla anguilla*). The rheophilic ide (*Leuciscus idus*), chub (*L. cephalus*), gudgeon (*Gobio gobio*), asp (*Aspius aspius*), dace (*Leuciscus leuciscus*) and burbot (*Lota lota*) were frequently found (frequency of occurrence 55-97 %), whereas limnophilic species were rare. Within the training walls and groyne fields examined a shoreline habitat preference was noticed in eel, ide, perch, chub, pike (*Esox lucius*) and burbot. In contrast common bream, asp, pikeperch (*Sander lucioperca*) and blue bream (*Abramis ballerus*) prefered deeper waters. The observed seasonal population dynamics can be interpreted as common habitat switch in the life cycle of subadult/adult fishes.

The continual improvement of the water quality since 1990 was followed by a fish stock recovery of typical rheophilic species such as ide, chub and burbot. Still, due to the lack of adequate habitat structures there are deficiencies in occurrence of long-distance migrating species (river lamprey [*Lampetra fluviatilis*], flounder [*Platichthys flesus*], burbot, Atlantic sturgeon [*Acipenser sturio*], allis shad [*Alosa alosa*], twaite shad [*A. fallax*], Atlantic salmon [*Salmo salar*], smelt [*Osmerus eperlanus*], North Sea houting [*Coregonus oxyrhynchus*]) as well as of rheophilic barbel (*Barbus barbus*), zaehrte (*Vimba vimba),* blue bream and limnophilic weatherfish (*Misgurnus fossilis*) and rudd (*Scardinius erythrophthalmus*).

Considerable differences in habitat structures of groyne fields and training walls are particularly reflected by the frequency of occurrence and abundance of the respective fish species. Training walls are important habitats for both eurytopic and limnophilic fishes as well as for endangered rheophilic asp, blue bream and spined loach (*Cobitis taenia*). Broken groynes promote the development of heterogenuous fluvial habitats and counteract toward siltation processes. Moreover, due to both enhanced and more diverse water currents they offer suitable habitats to typical fluvial species such as ide, chub, *Gobio* spp. and dace. In tendency, the lowest species numbers and total fish abundances were found in silted groyne fields. Future measures in river engineering should pay attention to the maintainance of broken groynes as well as to a permanent re-connection of secondary waters and to the establishment of shelters for fishes. Moreover, the replacement of bank protections by training walls with moderate stream velocities should be aspired.

Keywords: main channel, shoreline habitats, Elbe fishes, beach seine, groyne field types.

1. Einleitung

Die Mittelelbe unterlag insbesondere im Verlauf ihres Ausbaues zur Wasserstraße vielfältigen anthropogenen Einflüssen, die zu gravierenden Veränderungen der Fischartengemeinschaft in qualitativer und quantitativer Hinsicht führten (Bauch 1958, Petermeier et al. 1996).

Im Zusammenhang mit der beginnenden Industrialisierung wurden ab 1830 zur Schaffung eines möglichst glatten Stromschlauches Schifffahrtshindernisse (z.B. Sand- und Kiesbänke) beseitigt, Durchstiche angelegt und Nebengewässer verbaut. Der ab 1860 verstärkt einsetzende Bau von Buhnen, Deck- und Parallelwerken diente der Einengung der Fahrrinne und der Sicherung einer durchgehenden Schiffbarkeit (Kisker 1926). Umfangreiche Eindeichungsmaßnahmen führten zu einem großflächigen Entzug von Retentionsflächen – bis 1900 allein auf dem Gebiet der Neuen Bundesländer um 75 % (Simon 1994). Zahlreiche Nebengewässer fielen infolge der durch die Strombaumaßnahmen verursachten, fortlaufenden Betteintiefung der Elbe trocken oder wurden dauerhaft vom Strom abgeschnitten (Knösche 1998).

Die dadurch verursachten Veränderungen in der Fischartengemeinschaft betrafen zunächst v.a. sand- und kieslaichende Wanderfischarten, die im Zuge der Beseitigung von Sand- und Kiesbänken zurückgingen (Stör, Lachs, Schnäpel, Flußneunauge, Wanderquappe) und mit dem Bau der Staustufe Geesthacht endgültig von ihren Laichplätzen abgeschnitten wurden (Beckedorf & Schubert 1995, Kammerad 1995). Die zunehmende Gewässerverschmutzung durch Abwässer und Schadstoffe führte insbesondere ab 1930 aufgrund von Fischsterben, einem stark verringerten Nährtierangebot und der Verschlammung der Laichplätze sand- und kieslaichender Fischarten zu weiteren, gravierenden Beeinträchtigungen des Fischbestandes (Al-

BRECHT 1960). Die Fangerträge der Berufsfischerei gingen drastisch zurück; typische Flußfische wie Barbe, Rapfen, Quappe und Zährte machten weniger anspruchsvollen Arten Platz (PETERMEIER et al. 1996, FLADUNG 1998).
Aus fischökologischer und fischereilicher Sicht spielten Buhnenfelder eine wichtige Rolle, da sie teilweisen Ersatz für den Verlust zahlreicher Uferstrukturen boten und anfänglich eine hohe Bioproduktion aufwiesen (PAPE 1952, BAUCH 1958). Nach 1940 fanden keine größeren Ausbaumaßnahmen mehr statt; Reparaturarbeiten wurden nur in beschränktem Umfang durchgeführt. Zahlreiche Buhnen verfielen und bildeten wieder naturnahe Strukturen aus (JÄHRLING 1995, WIRTZ & ERGENZINGER 2002).
Seit 1990 haben umfangreiche Betriebsstillegungen und ein verstärkter Klärwerksbau zu einer sprunghaften Verbesserung der Wasserqualität der Elbe geführt (IKSE 2000), die eine zunehmende Erholung der Fischbestände, insbesondere ehemals typischer Flußfischarten, erwarten läßt.
Die Zielsetzung der vorgestellten Untersuchungen bestand darin, den Fischbestand in typischen Uferstrukturen (Buhnenfelder, Leitwerke) der Mittelelbe zu erfassen, um Defizite im Vergleich zum Zeitraum vor Beginn der Wasserverschmutzung (1930) sowie aktuelle Entwicklungstrends seit 1990 aufzeigen zu können. Ausgehend von einer Analyse und Bewertung des Einflusses von Buhnentyp und -erhaltungszustand auf die Ausprägung der präadulten/adulten Fischbestandsstrukturen sollten Möglichkeiten der Förderung elbetypischer Fischarten durch eine angepaßte Gestaltung zukünftiger Wasserbaumaßnahmen abgeleitet werden.

2. Material und Methodik

Für die Mittelelbe sind verschiedene Buhnenformen bekannt, von denen im Untersuchungsbereich die Normalform dominiert, während Leitwerke gelegentlich und Hakenbuhnen nur vereinzelt vorhanden sind (ARGE ELBE 1984, BAUCH 1958). In die vorliegenden Untersuchungen wurden deshalb einfache Buhnen unterschiedlichen Erhaltungsgrades sowie zusätzlich Leitwerke einbezogen. Insgesamt wurden 10 Buhnenfelder mit defekten (4), reparierten (3) und intakten (3) Buhnen sowie 2 Leitwerke an den Probenahmestationen Magdeburg bei Stromkilometer (Skm) 337-350, Havelberg (Skm 418-423) und Wittenberge (Skm 452-453) beprobt. Eine detaillierte morphologische und hydraulische Beschreibung der untersuchten Buhnenfeld- und Leitwerkstypen findet sich bei WIRTZ & ERGENZINGER (2002).

2.1. Datenerhebung

Die Fischbestandsaufnahmen erfolgten über einen Zeitraum von 4 Jahren (1997-2000) an allen

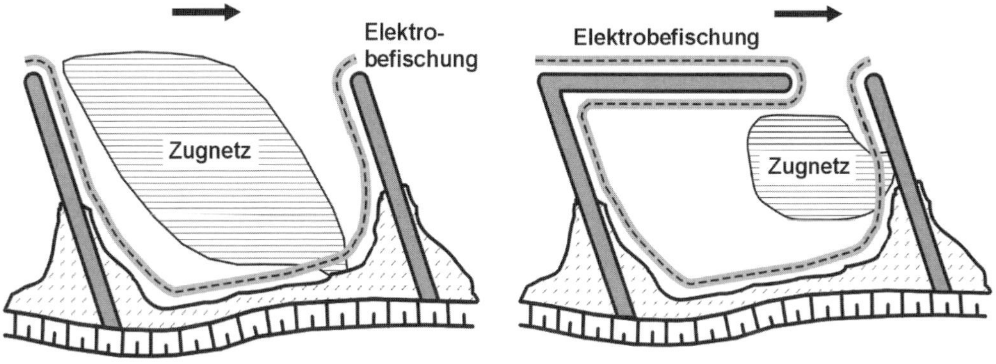

Abb. 1: Schematische Darstellung der Befischungsmethodik in Buhnenfeldern (links) und Leitwerken (rechts).
Fig. 1: Diagram showing the sampling method within the groyne fields (left) and dyke fields (right).

12 Probenahmepunkten jeweils in den Monaten April/Mai, Juli, September und Oktober/November. In Einzelfällen sowie im gesamten Zeitraum Oktober/November 1998 war wegen Hochwasser keine Befischung möglich. Innerhalb des Buhnenfeldes/Leitwerks wurden zwei Mesohabitate (Uferzone, Buhnenfeldmitte) definiert und mit unterschiedlichen Fanggeräten (Elektrofanggerät, Zugnetz), aus methodischen Gründen um einen Tag zeitversetzt, beprobt (Abb. 1). Insgesamt wurden in 15 Befischungskampagnen 175 Einzelbefischungen (Hols) mittels Elektrofanggerät bzw. Zugnetz in den 12 Buhnenfeldern und Leitwerken durchgeführt.

Die Befischung der 3-4 m breiten Uferzone erfolgte nach der Point-Abundance-Sampling-Methode entlang der gesamten Uferlinie (einschließlich Buhnen- und Leitwerksflanken) stromab vom Boot aus mittels eines generatorbetriebenen Gleichstromaggregates (EFKO, 5 kW) unter Verwendung einer Fangelektrode von 40 cm Durchmesser (Maschenweite 10 mm). Der Abstand der einzelnen Dips (Points) betrug 5-6 m. Für die Befischungen der zentralen Buhnenfeldbereiche wurde ein 110 m langes, 5 m hohes, sackloses Uferzugnetz (Maschenweiten 25, 22, 20 mm) eingesetzt. Beginnend auf Höhe des stromauf gelegenen Buhnenkopfes wurde das Netz vom Boot aus entlang der Wirbelstraße ausgelegt, mittels der Flügelleinen vom Ufer aus zusammengezogen und am Buhnenfuß der stromab gelegenen Buhne angelandet. Die Zugnetzbefischungen der Leitwerke erfolgten vom stromab gelegenen Buhnenkopf aus in analoger Weise. Die befischte Gewässerfläche wurde geschätzt und betrug durchschnittlich 1000 m² bzw. 30-70 % der Buhnenfeld- bzw. Leitwerksfläche.

Die gefangenen Fische wurden bestimmt, gezählt sowie Totallänge (0,5 cm below) und das Stückgewicht (± 1 g Genauigkeit) ermittelt.

2.2. Datenauswahl

In die Auswertung gingen entsprechend den unterschiedlichen Fragestellungen verschiedene Datensätze ein. Für qualitative Aussagen auf Artniveau wurden alle gefangenen Fische berücksichtigt. Quantitative Einschätzungen beruhen ausschließlich auf Datensätzen zu präadulten/adulten Fischen, da die Abundanzverhältnisse der juvenilen Altersstadien mit der verwendeten Fangtechnik nicht repräsentativ erfaßt wurden. Die Abgrenzung zwischen juvenilen (≤ 0+) und präadulten/adulten (> 0+) Altersstadien erfolgte über Modalwertvergleiche der Längen-Häufigkeitsfrequenzen nach der Bhattacharya-Methode unter Verwendung der Software FAO/ICLARM Stock Assessment Tools (FiSAT) bzw. bei sehr seltenen Arten mittels Altersbestimmungen anhand der Schuppen. Für direkte Vergleiche zwischen den untersuchten Mesohabitaten wurden nur die Fischarten und -größen herangezogen, die dem (aufgrund der verwendeten Maschenweiten) eingeschränkten Längenspektrum der Zugnetzfänge entsprachen. Unter Berücksichtigung der unterschiedlichen Fängigkeiten des Zugnetzes wurden für die verschiedenen Körperformtypen (schlank, mittelhoch, hochrückig) anhand der Längen-Häufigkeitsverteilung in den Zugnetzfängen unterschiedliche Längenuntergrenzen festgelegt.

Entsprechend der o.g. Ausführungen wurden folgende Datensätze definiert:

- Daten gesamt: alle Fische der verschiedenen Altersstadien (n = 41.607 Fische),
- Daten prä/adu 1: präadulte/adulte Fische (n = 28.240 Fische),
- Daten prä/adu 2: ausgewählte Fischarten, Fische mit Totallänge L_T > 11 cm (hochrükkiger Typ: Brassen, Güster, Zope), > 13 cm (mittelhoher Typ: Aland, Barsch, Döbel, Plötze), > 17 cm (schlanker Typ: Hecht, Quappe, Rapfen, Zander), (n = 12.144 Fische),
- Daten prä/adu 3: präadulte/adulte Fische der Uferzone (n = 20.217 Fische).

2.3. Datenanalyse und Statistik

Die in der Uferzone mittels Elektrofanggerät beprobte Fläche wurde anhand des mittleren Wirkungsradius der Fangelektrode und der Zahl der Dips berechnet. Für die Bestimmung des Wirkungsbereiches wurde zunächst auf der Grundlage der gemessenen Werte der Elektrodenkonstanten der anodische Spannungsabfall ermittelt, der Verlauf der Feldstärke im Abstand von der Anode berechnet und unter Annahme eines mittleren Feldstärkeschwellenwertes der Bereich der einsetzenden Galvanotaxis bestimmt (RÜMMLER et al. 2002). Die daraus resultierende mittlere Fangfläche betrug 7,4 m² pro Dip. Die Zugnetzfänge wurden auf eine Einheitsfläche von 1000 m² bezogen.

Die Nachweishäufigkeit in den Befischungen wurde als Kombination von Präsenz und Frequenz berechnet, um Aussagen zum Vorkommen der einzelnen Arten in den Uferstrukturen unabhängig von saisonalen und lokalen Einflüssen treffen zu können. Die Abgrenzung der Häufigkeitsstufen erfolgte in Anlehnung an SCHWERDTFEGER (1975), die der Dominanzklassen anhand der Abundanzanteile nach BICK (1989):

Häufigkeitsstufen		Dominanzklassen	
sehr selten	P_i = 0 bis 10 %	eudominant	> 10 %
selten	P_i ≥ 10 und < 25 %	dominant	≤ 10 %
verbreitet	P_i ≥ 25 und < 45 %	subdominant	≤ 5 %
häufig	P_i ≥ 45 und < 70 %	rezedent	≤ 2 %
sehr häufig	P_i ≥ 70 %	subrezedent	≤ 1 %

Die statistische Auswertung der Daten wurde mit Hilfe des Statistikprogramms WinSTAT 3.1 vorgenommen. Der paarweise Vergleich der Individuendichten in den untersuchten Mesohabitaten (Abb. 5) erfolgte nach vorangegangenem Test auf Normalverteilung (Kolmogorov-Smirnov-Test) mittels U-Test (nach Mann und Whitney). Unterschiede zwischen mehr als zwei Gruppen wurden bei vorliegender Normalverteilung mittels einer ANOVA (post hoc Tukey-Test), im anderen Falle mittels H-Test (n. Kruskal und Wallis) auf Signifikanz geprüft. Bei signifikantem H-Test wurde anschließend ein paarweiser Vergleich der einzelnen Gruppen mit Hilfe des Nemenyi-Tests (n. SACHS 1992) bzw. bei Vorliegen von > 25 % Bindungen mittels Dunn-Test (LOHSE et al. 1982) durchgeführt.

Die Nullhypothese wurde - wenn nicht anders angegeben - bei einer Irrtumswahrscheinlichkeit von $p \leq 0{,}05$ abgelehnt.

3. Ergebnisse

3.1. Zusammensetzung der Fischartengemeinschaft und zeitliche Dynamik

Insgesamt wurden in den Befischungen der Buhnenfelder und Leitwerke 41.607 Fische und Rundmäuler gefangen, die 33 Arten zuzuordnen waren.
Entsprechend ihrer Nachweishäufigkeit in den Befischungen (Tab. 1) sind in Anlehnung an SCHWERDTFEGER (1975) zehn Fischarten (Aland, Barsch, Plötze, Brassen, Döbel, Aal, Ukelei, Güster, Gründling, Rapfen) als sehr häufig sowie weitere drei Arten (Hasel, Quappe, Hecht) als häufig einzustufen. Verbreitet traten Kaulbarsch, Weißflossengründling und Zander auf, während Zope, Steinbeißer und Rotfeder als selten und die übrigen Fischarten sogar als sehr selten bezeichnet werden müssen. Mehr als die Hälfte der nachgewiesenen Fischarten sind deutschlandweit als gefährdet eingestuft. Nach der FFH-Richtlinie der EU geschützte Fische und Rundmäuler waren mit sechs Arten vertreten.

94 % der vorkommenden Fischarten konnten durch Elektrobefischungen in der Uferzone nachgewiesen werden. Es ergaben sich deutliche Unterschiede im Vergleich zu den Zugnetzfängen in den zentralen Buhnenfeldbereichen. Brassen, Güster und Zope wurden durch Zugnetzbeprobungen häufiger, Aland, Barsch, Plötze, Döbel, Quappe und Hecht hingegen z.T. deutlich seltener nachgewiesen. Die Arten Rotfeder, Barbe, Karausche, Nase, Regenbogenforelle und Wels kamen ausschließlich in Elektrobefischungen der Uferbereiche, Lachs und Peledmaräne wiederum nur in Zugnetzfängen in der Buhnenfeldmitte vor. Kleinfischarten wie Gründlinge, Kaulbarsch, Moderlieschen, Schmerle, Steinbeißer, Stichlinge, Ukelei sowie Flußneunauge und Aal waren in den Zugnetzfängen aus methodischen Gründen (Maschenweite) unterrepräsentiert und vermutlich aus diesem Grund z.T. nicht vertreten.

Die öko-ethologische Typisierung der verbreitet bis sehr häufig auftretenden Arten nach Strömungs- und Laichsubstratpräferenzen (Abb. 2)

Tab. 1: Nachweishäufigkeiten der einzelnen Arten in den Buhnenfeldern und Leitwerken, insgesamt sowie getrennt nach Mesohabitaten (N = 175 Befischungen, Daten: gesamt). [1] nach SCHIEMER & WAIDBACHER (1992), Einstufung der Peledmaräne nach Angaben von FÜLLNER et al. (1996); [2] Rote Liste Deutschland (D): 1= vom Aussterben bedroht, 2= stark gefährdet, 3= gefährdet; BLESS et al. (1994); [3] Fauna-Flora-Habitat-Richtlinie (FFH), EWG (1992).

Tab. 1: Frequency of occurrence of species in groyne fields and training walls for different mesohabitats and in total (N = 175 samples, database: total). [1] after SCHIEMER & WAIDBACHER (1992), classification of *Coregonus peled* based on data published in FÜLLNER et al. (1996); [2] Germany Red List (D): 1= nearly extincted, 2= strongly endangered, 3= endangered; BLESS et al. (1994); [3] Fauna-Flora-Habitat-Directive (FFH), EWG (1992).

Gilde[1]	Fischart	wiss. Bezeichnung	Gefährdung		Nachweishäufigkeit (in %)		
			D[2]	FFH[3]	Ufer-zone	Buhnen-feldmitte	gesamt
rheophil A	Döbel	*Leuciscus cephalus*	-	-	87,4	11,4	89,1
	Hasel	*Leuciscus leuciscus*	3	-	58,3	2,3	58,9
	Weißflossengründling	*Gobio albipinnatus*	2	x	29,1	2,3	30,3
	Barbe	*Barbus barbus*	2	x	4,6	0,0	4,6
	Flußneunauge	*Lampetra fluviatilis*	2	x	0,6	0,0	0,6
	Lachs	*Salmo salar*	1	x	0,0	0,6	0,6
	Nase	*Chondrostoma nasus*	2	-	0,6	0,0	0,6
	Regenbogenforelle	*Oncorhynchus mykiss*	-	-	0,6	0,0	0,6
	Schmerle	*Barbatula barbatula*	3	-	0,6	0,0	0,6
rheophil B	Aland	*Leuciscus idus*	3	-	94,3	44,0	96,6
	Gründling	*Gobio gobio*	-	-	77,7	1,7	77,7
	Rapfen	*Aspius aspius*	3	x	56,6	53,1	74,9
	Quappe	*Lota lota*	2	-	55,4	0,6	55,4
	Zope	*Abramis ballerus*	3	-	1,1	13,7	13,7
	Steinbeißer	*Cobitis taenia*	2	x	12,0	0,0	12,0
eurytop	Barsch	*Perca fluviatilis*	-	-	95,4	25,1	96,0
	Plötze	*Rutilus rutilus*	-	-	90,9	64,6	94,3
	Brassen	*Abramis brama*	-	-	48,0	85,1	89,7
	Aal	*Anguilla anguilla*	3	-	87,4	8,6	87,4
	Ukelei	*Alburnus alburnus*	-	-	83,4	11,4	85,7
	Güster	*Abramis bjoerkna*	-	-	62,9	70,9	80,6
	Hecht	*Esox lucius*	3	-	46,3	18,9	54,3
	Kaulbarsch	*Gymnocephalus cernuus*	-	-	29,1	11,4	36,0
	Zander	*Sander lucioperca*	-	-	17,1	13,1	24,0
	Giebel	*Carassius gibelio*	-	-	2,3	1,1	3,4
	Karpfen	*Cyprinus carpio*	-	-	0,6	0,6	1,1
	Peledmaräne	*Coregonus peled*	-	-	0,0	0,6	0,6
	Wels	*Silurus glanis*	2	-	0,6	0,0	0,6
limnophil	Rotfeder	*Scardinius erythrophthalmus*	-	-	10,9	0,0	10,9
	Karausche	*Carassius carassius*	3	-	2,9	0,0	2,9
	Dreist. Stichling	*Gasterosteus aculeatus*	-	-	2,3	0,0	2,3
	Schleie	*Tinca tinca*	-	-	1,1	0,6	1,7
	Moderlieschen	*Leucaspius delineatus*	3	-	1,1	0,0	1,1

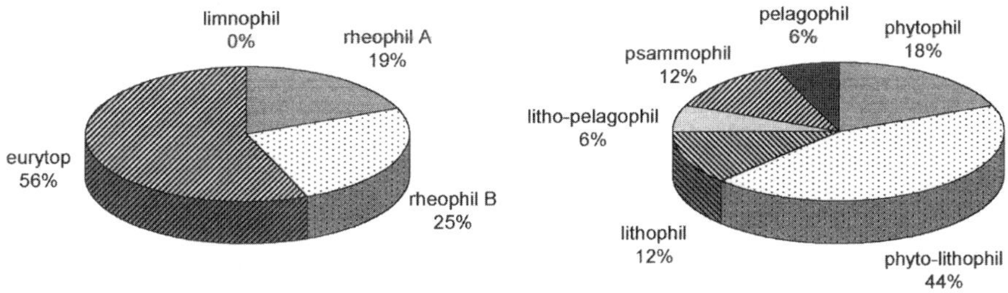

Abb. 2: Anteil der verbreitet bis sehr häufig vorkommenden Fischarten hinsichtlich der Habitatbindung[1] (links) und Laichsubstratpräferenz[2] (rechts) an der Artengemeinschaft (N = 16 Arten mit Nachweishäufigkeiten ≥ 25 %, s. Tab. 1); [1] nach SCHIEMER & WAIDBACHER (1992), [2] nach BALON (1975, 1981).

Fig. 2: Percentage of most common species regarding habitat and spawning ground preferences, respectively (N = 16 species with frequency of occurrence ≥ 25 %, s. Tab. 1); [1]SCHIEMER & WAIDBACHER (1992), [2]BALON (1975, 1981).

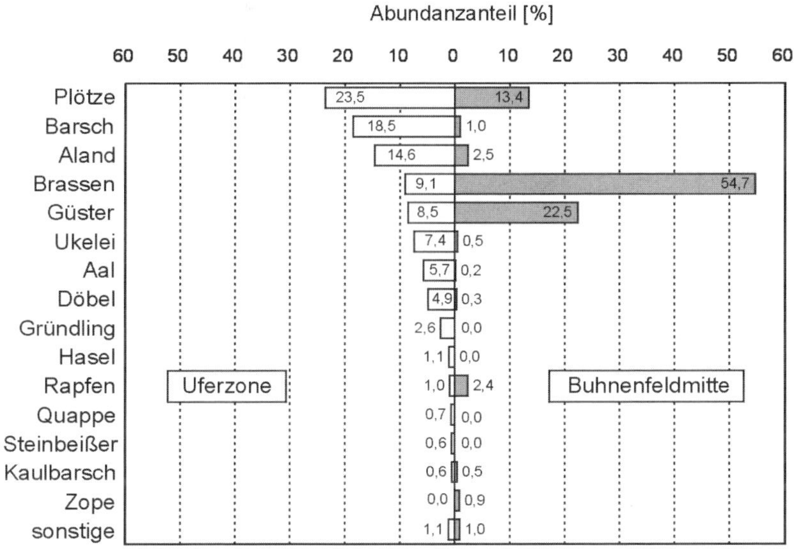

Abb. 3: Relative Abundanzen der häufigsten Fischarten in den Mesohabitaten der Buhnenfelder und Leitwerke (sonstige Arten < 0,5 %, Daten: prä/adu 1).

Fig. 3: Relative abundance of most common species in mesohabitats of groyne fields and dyke fields (other species < 0.5 %, database: prä/adu 1).

verdeutlicht den hohen Anteil von Ubiquisten. Etwa die Hälfte der Arten ist als strömungsindifferent (eurytop) zu bezeichnen bzw. stellt keine speziellen Ansprüche an das Laichsubstrat (phyto-lithophil, pelagophil).

Ein sehr ähnliches Bild ergibt sich bei Betrachtung der Abundanz- und Biomasseanteile in den Befischungen (Abb. 3, Abb. 4). In der Uferzone dominierten Generalisten wie Plötze, Barsch, Brassen, Güster, Ukelei und Aal mit 73,7 % bzw. 72,0 % Abundanz- bzw. Biomasseanteil im Gesamtfang. Der Anteil der rheophilen Fischarten wurde hauptsächlich von Aland und Döbel gebildet und betrug insgesamt ≈ 26 %. Die limnophilen Arten waren mit 0,3 bzw. 0,4 % verhältnismäßig selten. Eine noch deutlichere Dominanz eurytoper Arten zeigten die Zugnetzfänge in der Buhnenfeldmitte, die sich im wesentlichen aus nur 5 Fischarten zusammensetzten: den Hauptfang bildeten mit 91 % bzw. 79 % Abundanz-

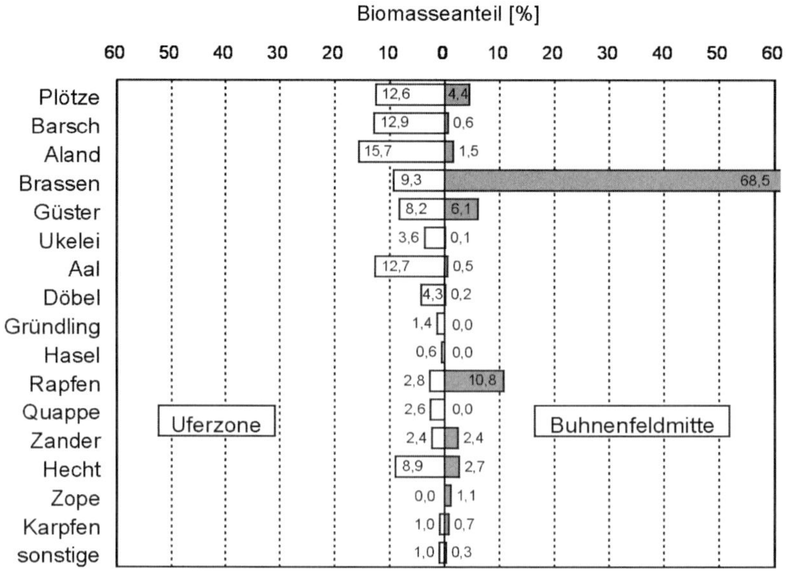

Abb. 4: Biomasseanteile der häufigsten Fischarten in den Mesohabitaten der Buhnenfelder und Leitwerke (sonstige Arten < 0,5 %, Daten: prä/adu 1).

Fig. 4: Relative biomass of most common species in mesohabitats of groyne fields and training walls (other species < 0.5 %, database: prä/adu 1).

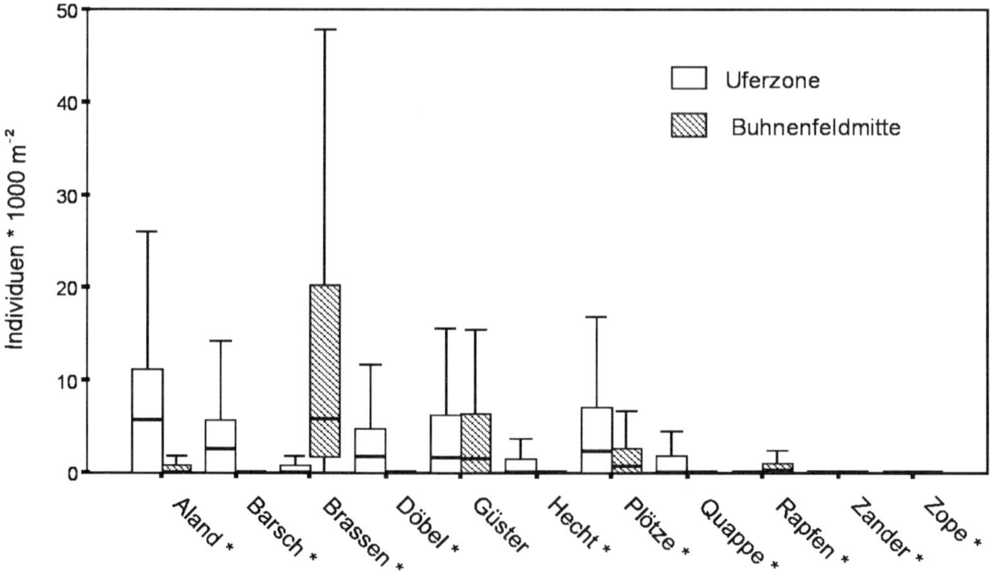

Abb. 5: Individuendichten ausgewählter Fischarten in den Mesohabitaten der Buhnenfelder und Leitwerke (MW ± Std.Fehler, N = 175 Befischungen, Daten: prä/adu 2); * statistisch signifikanter Unterschied ($p \leq 0{,}01$; U-Test).

Fig. 5: Abundances of selected species in mesohabitats of groyne fields and training walls (Means ± standard errors, N = 175 samples, database: prä/adu 2); * signifikant differences ($p \leq 0.01$, U-Test).

bzw. Biomasseanteilen die eurytopen Arten Brassen, Güster und Plötze; in weitem Abstand gefolgt von den rheophilen Fischarten Aland und Rapfen. Limnophile Fischarten waren mit 0,04 bzw. 0,1 % Anteil praktisch nicht vertreten.

Unterschiede zwischen den Mesohabitaten Uferbereich und Buhnenfeldmitte bestehen in Bezug auf die Fangmengen der präadulten/adulten Altersstadien (Abb. 5). So wurden im Uferbereich signifikant höhere Individuenzahlen von Aland, Barsch, Döbel, Hecht, Plötze, Quappe und geringere Abundanzen bei Brassen, Rapfen, Zander und Zope im Vergleich zur Buhnenfeldmitte gefunden ($p < 0,01$, U-Test). Bezüglich der Güster waren die Unterschiede statistisch nicht zu sichern.

Die Fischartengemeinschaften der untersuchten Mesohabitate unterlagen starken saisonalen Schwankungen (Abb. 6). Im Uferbereich wurden signifikant höhere Artenzahlen im Sommer und Herbst im Vergleich zum Frühjahr bzw. Winter festgestellt ($p < 0,05$; ANOVA). Hinsichtlich der Individuendichten traten die signifikant höchsten Abundanzen im Sommer auf und fielen danach bis zum Winter auf den Tiefststand ($p < 0,05$; Nemenyi-Test). Ein erwartungsgemäß recht ähnlicher Verlauf war in den Befischungen der zentralen Buhnenfeldbe-

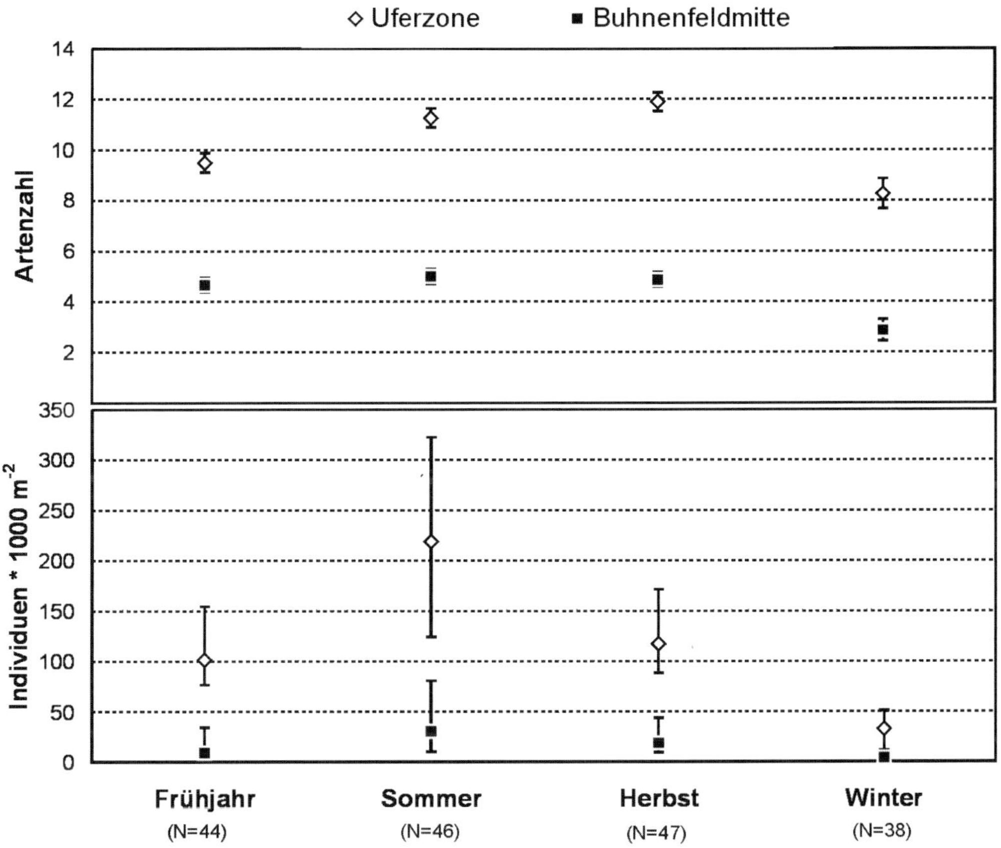

Abb. 6: Saisonale Veränderungen der Fischartengemeinschaften in den Mesohabitaten der Buhnenfelder und Leitwerke (N = Anzahl der Befischungen; Artenzahl: MW ± Std.Fehler, Daten gesamt; Individuendichten: Median ± 25./75.-Perzentil, Daten prä/adu 1).

Fig. 6: Seasonal changes of fish assemblage in mesohabitats of groyne fields and dyke fields. (N = number of samples; species number: Means ± standard errors, database: total; Abundance: Median ± 25./75.-Percentile, Database: prä/adu 1).

reiche gegeben. Signifikant höhere Artenzahlen im Vergleich zum Winter traten hier gleichbleibend im Frühjahr, Sommer und Herbst - mit den tendenziell höchsten Werten im Sommer - auf ($p < 0,05$; ANOVA). Die höchsten Individuendichten waren im Sommer bzw. Herbst, die niedrigsten im Winter festzustellen ($p < 0,05$; Nemenyi-Test).

3.2. Vergleich der untersuchten Buhnenfeldtypen

Im Vergleich der einzelnen Probestellen war eine große Heterogenität der Ergebnisse in Bezug auf Artenzusammensetzung und Fischbestandsgröße festzustellen. Innerhalb der Buhnenfeldtypen differierten die mittleren Artenzahlen um bis zu 25 %, die mittleren Individuendichten in der Uferzone um mehr als 85 %. Bedingt durch die ausgeprägte Individualität der einzelnen Buhnenfelder/Leitwerke und die erheblichen saisonalen Schwankungen war eine statistische Absicherung der Unterschiede zwischen den Fischartengemeinschaften der unterschiedlichen Buhnentypen (Abb. 7, Tab. 2) z.T. nicht möglich.

Leitwerke wiesen sowohl insgesamt höhere Artenzahlen ($p < 0,01$; ANOVA) als auch höhere Anzahlen der rheophilen ($p < 0,05$), eurytopen ($p < 0,01$) und limnophilen ($p < 0,01$) Fischarten auf. Im Vergleich der übrigen Buhnenfeldtypen wiesen Buhnenfelder mit intakten Buhnen signifikant niedrigere Artenzahlen bei den eurytopen Fischen ($p < 0,05$) und tendenziell niedrigere Gesamtartenzahlen auf. Buhnenfelder mit defekten Buhnen zeigten tendenziell höhere Artenzahlen bei den rheophilen Fischarten sowie bezüglich der Gesamtartenzahl.

Eine herausragende Stellung der Leitwerke wird auch bei Betrachtung der Individuenhäufigkeiten sowohl in den Elektrobefischungen der Uferzone als auch in den Zugnetzbeprobungen der Buhnenfeldmitte deutlich (Abb. 7, Tab. 2). Die Individuendichten der präadulten und adulten Fische in der Uferzone der Leitwerke waren mit 165 Fischen pro 1000 m^2 befischter Fläche durchschnittlich 60 % höher als in den übrigen Buhnenfeldtypen ($p < 0,05$; Nemenyi-Test). Insgesamt wurde in den Leitwerken eine deutliche Verschiebung in der quantitativen Ausprägung der Artengemeinschaft erkennbar, die sich in signifikant höheren Individuenzahlen eurytoper (Perciden, Brassen, Güster, Hecht, Plötze) und limnophiler Fischarten (Rotfeder) ($p < 0,05$; Nemenyi-Test bzw. Dunn-Test) bei vergleichbaren Abundanzen rheophiler Arten widerspiegelte. Die Gilde der rheophilen Fische zeigte dabei ein durchaus differenziertes Bild: Gründling und Döbel wurden in z.T. signifikant niedrigeren, Rapfen und Steinbeißer hingegen in signifikant höheren Individuendichten im Vergleich zu den übrigen Buhnenfeldtypen nachgewiesen (Tab. 2). Letztere Art trat fast ausschließlich in Leitwerken und hier auch in höheren Abundanzen auf.

Die Unterschiede zwischen den anderen Buhnenfeldtypen waren verhältnismäßig gering. Buhnenfelder mit defekten bzw. intakten Buhnen wiesen in der Uferzone tendenziell höhere Individuendichten rheophiler Arten im Vergleich zu Buhnenfeldern mit reparierten Buhnen auf (Abb. 7). Dabei waren die höchsten Individuendichten von Aland, Döbel und Hasel in Buhnenfeldern mit defekten Buhnen, bezüglich des Gründlings in solchen mit intakten Buhnen festzustellen. Hinsichtlich der eurytopen und limnophilen Fischarten waren keine Unterschiede zwischen Buhnenfeldern mit defekten, reparierten und intakten Buhnen erkennbar.

Die anhand der Besiedlungsdichte im Uferbereich dargestellten Unterschiede zwischen den untersuchten Buhnenfeldtypen finden sich auch in den Ergebnissen der Zugnetzbefischungen der zentralen Buhnenfeldbereiche wieder. Die Leitwerke wiesen signifikant höhere Individuendichten über alle Arten (gesamt) sowie bei den eurytopen Arten im Vergleich zu den übrigen Buhnenfeldern auf ($p < 0,001$; Dunn-Test). Im Unterschied zu den Elektrobefischungen der Uferzone war hier die Individuendichte der in geringer Zahl auftretenden rheophilen Fischarten (v.a. Rapfen, Zope) mit 4,0 Individuen/1000 m^2 im Vergleich zu den übrigen Buhnenfeldtypen (0,3-1,3 Individuen/1000 m^2) ebenfalls signifikant erhöht ($p < 0,05$; Dunn-Test). Limno-

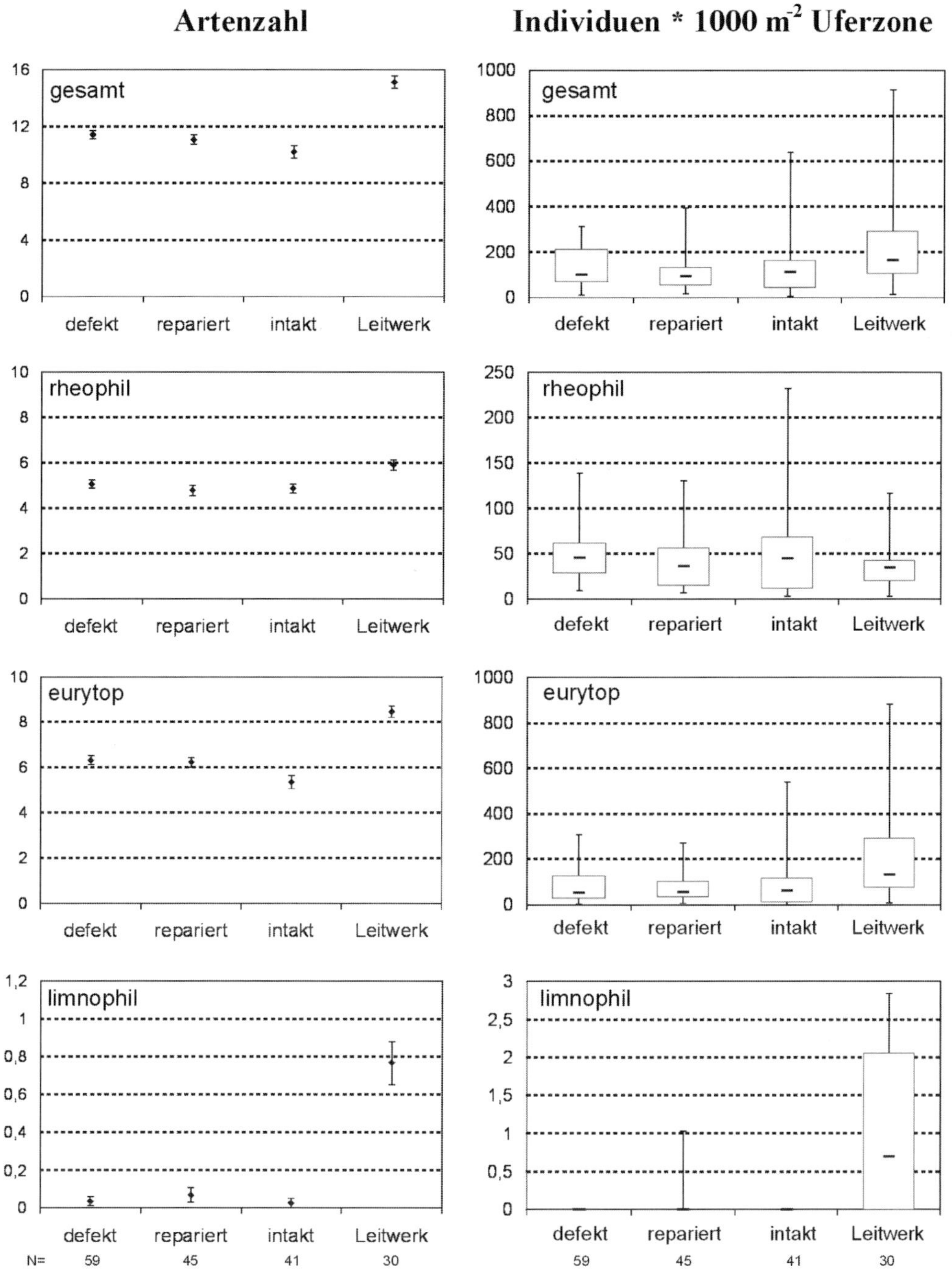

Abb. 7: Mittlere Artenzahlen (links) und Fischdichten (rechts) in unterschiedlichen Buhnenfeldtypen, gesamt sowie getrennt nach ökologischen Gilden; (N = Anzahl der Befischungen; Artenzahl: MW ± Std.Fehler, Daten gesamt; Fischdichten: Box-Whisker-Plot, Daten prä/adu 3).

Fig. 7: Average number of species (left) and abundances (right) in dyke fields and in different types of groyne fields, shown as total and devided into ecological guilds, respectively. (N = number of samples; species number: Means ± standard errors, database: total; Abundance: Box-and-Whiskers-Plots, Database: prä/adu 3)

Tab. 2: Mittlere Individuendichten (Median und [Spannweite]) der einzelnen Fischarten in den Mesohabitaten der Leitwerke und verschiedener Typen von Buhnenfeldern (BF); berücksichtigt wurden Arten mit Median >0 in mindestens einem Buhnenfeldtyp (N = Anzahl der Befischungen, Daten: prä/adu 1). a, b, c, d: gleiche Buchstaben innerhalb einer Fischart kennzeichnen Gruppen mit signifikanten Unterschieden ($p \leq 0{,}05$; Nemenyi-Test bzw. Dunn-Test).

Tab. 2: Average abundances (Median and [Range]) of fish species in mesohabitats of dyke fields and different typs of groyne fields (BF), only species with median >0 in at least one type of groyne field/dyke field were considered (N = number of samples, database: prä/adu 1). a, b, c, d: For each of the fish species, significant differences among the respective groups are marked with equal letters ($p \leq 0.05$; Nemenyi-Test and Dunn-Test, respectively)

Gilde	Fischart	Fischdichte (Individuen * 1000 m^{-2}) BF defekt (N=59)		BF repariert (N=45)		BF intakt (N=41)		Leitwerke (N=30)	
		Uferzone (Elektrobefischungen)							
rheophil	Aland	18,5	[101]	13,0	[113]	11,7	[389]	24,9	[103]
	Döbel	10,9	[55] ^{a,d}	8,1	[40] ^{b}	3,1	[54] ^{a}	1,0	[14] ^{b,d}
	Gründling	2,5	[66] ^{a}	1,6	[17]	4,2	[39] ^{c}	0,8	[7] ^{a,c}
	Hasel	0,5	[15]	0,0	[12]	0,0	[32]	1,0	[9]
	Rapfen	0,0	[23] ^{a}	0,0	[14]	0,0	[50]	0,9	[12] ^{a}
	Steinbeißer	0,0	[2] ^{a}	0,0	[2] ^{b}	0,0	[0] ^{c}	0,8	[31] ^{a,b,c}
eurytop	Aal	8,0	[56]	8,0	[71]	7,5	[52]	8,1	[27]
	Barsch	10,1	[65] ^{a}	12,6	[73] ^{b}	11,7	[80] ^{c}	42,0	[189] ^{a,b,c}
	Brassen	0,0	[378] ^{a}	0,0	[35] ^{b}	0,0	[42] ^{c}	3,3	[459] ^{a,b,c}
	Güster	2,7	[150] ^{a}	2,8	[39] ^{b}	0,0	[71] ^{c}	14,4	[114] ^{a,b,c}
	Hecht	0,0	[3] ^{a}	0,0	[2] ^{b}	0,0	[5] ^{c}	0,7	[3] ^{a,b,c}
	Kaulbarsch	0,0	[4] ^{a}	0,0	[7] ^{b}	0,0	[4] ^{c}	1,3	[12] ^{a,b,c}
	Plötze	15,9	[178]	12,3	[640]	19,7	[397]	22,1	[322]
	Ukelei	2,1	[117] ^{a}	4,1	[32]	2,1	[58]	9,7	[184] ^{a}
	Zander	0,0	[2] ^{a}	0,0	[1] ^{b}	0,0	[4] ^{c}	0,3	[5] ^{a,b,c}
limnophil	Rotfeder	0,0	[3] ^{a}	0,0	[1] ^{b}	0,0	[0] ^{c}	0,6	[3] ^{a,b,c}
		Buhnenfeldmitte (Zugnetzbefischungen)							
rheophil	Aland	0,0	[5]	0,0	[5]	0,4	[6]	0,0	[3]
	Rapfen	0,2	[3] ^{a}	0,0	[1] ^{b}	0,3	[5] ^{c}	1,8	[10] ^{a,b,c}
	Zope	0,0	[2]	0,0	[0] ^{b}	0,0	[4] ^{c}	0,3	[11] ^{b,c}
eurytop	Barsch	0,0	[2] ^{a}	0,0	[1] ^{b}	0,0	[1] ^{c}	0,8	[6] ^{a,b,c}
	Brassen	3,5	[58] ^{a}	2,0	[54] ^{b,c}	14,0	[74] ^{c,d}	43,7	[251] ^{a,b,d}
	Güster	1,3	[32] ^{a}	1,0	[38] ^{b}	1,1	[23] ^{c}	9,2	[193] ^{a,b,c}
	Plötze	0,5	[52] ^{a}	0,6	[13] ^{b}	0,4	[9] ^{c}	3,9	[42] ^{a,b,c}

phile Fischarten kamen in den Zugnetzfängen praktisch nicht vor.

4. Diskussion

4.1. Die Fischartengemeinschaft in den Uferstrukturen der Mittelelbe und ihre zeitliche Dynamik

Mit 33 vorgefundenen Fischarten weisen Buhnenfelder und Leitwerke der Mittelelbe eine hohe Artenvielfalt auf, die die nur wenige Jahre zuvor festgestellte Zahl von 22-23 Arten (Brümmer 1994, Spieß et al. 1994) deutlich übertrifft und dem ursprünglich vorhandenen Artenspektrum bereits sehr nahe kommt. Von den um 1900 im Strombereich der Mittelelbe vorkommenden 29-30 limnischen Fischarten (s. IKSE 1996, Kammerad 1995) konnten 1997-2000 praktisch alle Arten mit Ausnahme der Zährte (*Vimba vimba*) und des Schlammpeitzgers (*Misgurnus fossilis*) wieder nachgewiesen werden. Zusätzlich traten die allochthonen Arten Peledmaräne und Regenbogenforelle in den Fängen auf. Allerdings waren infolge des Gewässerverbaues und der übermäßigen Abwasserbelastung (mit Ausnahme vieler Langdistanzwanderer) nur wenige Fischarten vollständig aus dem Elbesystem verschwunden (PETERMEIER et al. 1996, KNÖSCHE 1998).

Wie schon bei den vorangegangenen Untersuchungen (BRÜMMER 1994, SPIEß et al. 1994, GAUMERT 1995) wird auch in den eigenen Befischungen der präadulten/adulten Artengemeinschaft im Hauptstrom der Mittelelbe eine starke Dominanz von Generalisten (v.a. Barsch, Plötze, Brassen, Aal, Ukelei, Güster) sowohl im Hinblick auf die Nachweishäufigkeiten in den Befischungen als auch bezüglich der Abundanz- und Biomasseanteile im Gesamtfang deutlich. Ein häufiges Auftreten sowie hohe Abundanzen eurytoper Arten sind einerseits für den als Metapotamal (Brassenregion) zu bezeichnenden Abschnitt der unteren Mittelelbe als typisch anzusehen, andererseits aber auch für anthropogen beeinflußte Fließgewässer wie Rhein (IKSR 1997), Oder (WOLTER & BISCHOFF 2001) und insbesondere Schiffahrtskanäle (WOLTER & VILCINSKAS 1997) kennzeichnend. Nach BAUCH (1958) kamen um 1900 (vor Beginn der starken Wasserverschmutzung) Aal, Barsch, Brassen, Güster, Kaulbarsch häufig bis massenhaft, Plötze und Ukelei zumindest regelmäßig in der Stromelbe vor. Eine Bewertung der Fischartengemeinschaft des Hauptstromes sollte deshalb sinnvollerweise anhand der Bestandsgröße bzw. Vorkommenshäufigkeiten ehemals typischer Flußfischarten erfolgen.

Die vergleichsweise große Zahl von insgesamt 15 rheophilen Fischarten sowie das häufige Auftreten von Arten mit wechselnden Lebensraumansprüchen (rheophil B) sind ein Hinweis auf das flächendeckende Vorhandensein sehr heterogener, flußtypischer Strukturen im untersuchten Abschnitt. Eine reduzierte Gewässerunterhaltung führte in Verbindung mit zahlreichen Buhnendurchbrüchen zur Herausbildung ausgedehnter Substratbänke sowie fluviatiler Rinnensysteme mit sandig/kiesigem Untergrund (JÄHRLING 1995, WIRTZ & ERGENZINGER 2002), wie sie vor Beginn der Ausbaumaßnahmen für die Elbe typisch waren (KISKER 1926) und die insbesondere strömungsliebenden Arten wie Gründlingen, Hasel, Barbe und Zährte Laich- und Aufwuchshabitate bieten (vgl. PAEPKE 1981, SCHIEMER et al. 1994, KURMAYER et al. 1996). Rapfen und Zope halten sich nach SCHIEMER & WAIDBACHER (1992), WINTERSBERGER (1996) sowie den eigenen Untersuchungsergebnissen hingegen bevorzugt in tieferen, strömungsberuhigten Bereichen auf, wie sie z.B. hinter Buhnenköpfen und Verlandungsbereichen (Kolke) sowie in Leitwerken zu finden sind. Rheophile Fische mit hohem Strukturbezug wie Döbel und Quappe (ZAUNER & EBERSTALLER 1999) wiederum präferieren in bestimmten Lebensabschnitten ersatzweise Bereiche mit Steinschüttungen (CARREL & RIVIER 1996, BISCHOFF & WOLTER 2001a, FLADUNG et al. 2003). Unterschiedliche Ansprüche stellen die nachgewiesenen rheophilen Arten auch an das Laichsubstrat. Neben den als Sand- bzw. Geröll- und Kieslaicher zu bezeichnenden Fischarten Gründling, Rapfen, Döbel und Zope (BALON 1975, 1981) kommen substratflexible (phyto-lithophile) Arten wie Aland und Hasel sowie der an Pflanzen ablaichende Steinbeißer vor.

Im Vergleich der eigenen Elektrobefischungen mit den wenige Jahre zuvor im Zeitraum 1992-94 nach ähnlicher Methodik durchgeführten Fischbestandsuntersuchungen durch SPIEß et al. (1994) ist eine Verschiebung des Anteils eurytoper zugunsten rheophiler Arten erkennbar, die auf eine zunehmende Bestandserholung typischer Flußfischarten hinweist. SPIEß et al. (1994) fanden in den Uferstrukturen des Hauptstromes Abundanzanteile eurytoper Arten von 86 % und rheophiler Fische von ≈ 13 %, während sie in den eigenen Befischungen 74 % bzw. 26 % betrugen. Noch deutlicher werden die Veränderungen bei Betrachtung einzelner Arten sichtbar. Die rheophilen Arten Quappe und Hasel wurden im Untersuchungszeitraum 1992-94 nicht oder nur in wenigen Exemplaren gefangen (BRÜMMER 1994, SPIEß et al. 1994, GAUMERT 1995). In den eigenen Befischungen (1997-2000) waren diese Arten bereits häufig bis sehr häufig nachweisbar und entsprechend der Dominanzklasseneinteilung von SCHWERDTFEGER (1975) als rezedent (Hasel) bzw. subrezedent (Quappe) einzustufen. Eine ähnliche Entwicklung ist beim Döbel zu beobachten, der noch

1992-94 aufgrund der geringen Fangzahlen als subrezedente Art zu bezeichnen war (s. Brümmer 1994, Spieß et al. 1994, Gaumert 1995) und mittlerweile sehr häufig und als subdominante/dominante Fischart in Erscheinung tritt. Die Barbe scheint sich im Bereich der Mittelelbe wieder zu etablieren. Sie konnte in keiner der früheren Untersuchungen o.g. Autoren nachgewiesen werden, während sie in den eigenen Befischungen noch sehr selten, aber mit insgesamt 12 (zumeist juvenilen) Exemplaren vertreten war. Der fehlende Nachweis des Steinbeißers in früheren Untersuchungen des Hauptstromes (Brümmer 1994, Spieß et al. 1994, Gaumert 1995) ist aufgrund seines lokalen Auftretens mit Zufälligkeiten in der Auswahl der Probestellen erklärbar, möglicherweise aber auch auf eine Bestandszunahme dieser Art zurückzuführen.

Limnophile Fischarten sind infolge des weitgehenden Fehlens größerer Stillwasserbereiche mit Makrophytenbeständen im unmittelbaren Strombereich (Fladung 1998, Wirtz & Ergenzinger 2002) mit einem Abundanzanteil von 0,3 % erwartungsgemäß schwach vertreten. Vergleichbare Ergebnisse wurden mit 0,4 bzw. 2,2 % auch von Spieß et al. (1994) und Gaumert (1995) gefunden.

Eine Beurteilung der Vorkommenshäufigkeiten der nur zeitweilig während ihrer Laich- und Nahrungswanderungen im Hauptstrom anzutreffenden Wanderfischarten ist nur durch gezielte Befischungen während der Hauptwanderzeiten möglich. Während sie in den eigenen Untersuchungen aus methodischen Gründen unterrepräsentiert waren, sind aus aktuellen Publikationen Einzelnachweise der Arten Flunder, Lachs, Maifisch, Meerforelle und Stint (Kammerad et al. 1997, Brämick et al. 1998, Scholten 2002) sowie regelmäßige Vorkommen von Lachs und Flußneunauge in der Mittelelbe bekannt (Beckedorf & Schubert 1995, Füllner et al. 2001, Knösche 2001).

Über die aufgezeigten Bestandsveränderungen hinaus unterliegt die präadulte/adulte Fischartengemeinschaft der Stromelbe regelmäßigen saisonalen Schwankungen, die typische Habitatwechsel im Lebenszyklus der Fischarten widerspiegeln. So waren zur Hauptlaichzeit im Frühjahr in den Uferstrukturen geringere Artenzahlen und Individuendichten als im Sommer festzustellen. Das Laichgeschäft der als phytophil bzw. phyto-lithophil (Balon 1975, 1981) bekannten, bestandsbildenden Arten Plötze, Barsch, Brassen und Güster findet überwiegend in Nebengewässern der Elbe statt (Scholten 2002). Sie sind zu dieser Zeit weniger häufig und in geringeren Abundanzen in den Uferstrukturen anzutreffen. Gleichzeitig führen die gewöhnlich höheren Wasserstände im Frühjahr zu einem größeren Angebot an nutzbaren Strukturen und somit zu einer stärkeren Verteilung der Fische im Hauptstrom. In den Sommer- und Herbstmonaten werden die Uferstrukturen von zahlreichen Fischarten als Nahrungs- und Aufwuchshabitat genutzt (Staas 1996, Wintersberger 1996, Scholten 2002). In diesem Zeitraum wurden folglich die höchsten Artenzahlen registriert. Der Rückgang der Abundanzen präadulter/adulter Altersstadien im Herbst ist auf die beginnende Abwanderung in die Überwinterungsquartiere in Nebengewässer und Häfen, z.T. sicherlich auch auf Verluste durch Prädation und natürliche Mortalität zurückzuführen. Zum Zeitpunkt der Winterbefischung (November) hatten die meisten Fische den Hauptstrom bereits verlassen (vgl. Beckedorf & Blohm 1994). Schlußfolgernd aus dem o.g. ist eine repräsentative Bestandsaufnahme der Fischartengemeinschaft in den Uferstrukturen der Mittelelbe nur durch wiederholte Befischungen im Jahresverlauf und über mehrere Jahre möglich.

Eine generelle Beurteilung der Situation und der Entwicklungsperspektiven der Artengemeinschaft der Stromelbe im Hinblick auf eine weitgehend natürliche Zusammensetzung gestattet ein Vergleich des gegenwärtigen Zustandes mit der Ausgangssituation um 1900. Während über den zu diesem Zeitpunkt vorhandenen Artenbestand (s. Kammerad 1995, IKSE 1996, Petermeier et al. 1996, Knösche 1998) weitestgehend Klarheit besteht, ist eine quantitative Beurteilung der Artenzusammensetzung im Hauptstrom anhand der historischen Literatur mit einigen Unsicherheiten behaftet. Zum einen erfolgte eine unterschiedliche und z.T. unscharfe Abgrenzung der Untersuchungsgebiete, zum anderen wurden vielfach nur die fischereilich bedeutsamen Fischarten erfaßt, während andere Arten weniger Beachtung fanden (KNÖSCHE 2001). Insbesondere bei selten vorkommenden Kleinfischarten sind deshalb Fehlinterpretationen möglich. Trotz dieser methodischen Schwierigkeiten sind im Vergleich der noch um 1900 vorhandenen Fischbestände (s. BAUCH 1958, KAMMERAD 1995, KNÖSCHE 1998) mit der gegenwärtigen Struktur der Fischartengemeinschaft im Hauptstrom der Mittelelbe erhebliche Abweichungen festzustellen. Defizite bestehen, ungeachtet der aufgezeigten positiven Entwicklungen, in den Gilden der rheophilen (Barbe, Zährte, Zope) und limnophilen (Schlammpeitzger, Rotfeder) Fischarten sowie insbesondere bei den Langdistanzwanderern (Flußneunauge, Flunder, Quappe, Stör, Maifisch, Finte, Lachs, Stint, Nordseeschnäpel). Es handelt sich hierbei fast ausnahmslos um Arten, deren Rückgang bzw. Verschwinden in unmittelbarem Zusammenhang mit den - durch die wasserbaulichen Maßnahmen verursachten - hydromorphologischen Veränderungen in der Elbe und ihren Nebengewässern stehen (s. Einleitung). Die im Zuge der Wassergüteverbesserung zu beobachtenden, positiven Bestandsentwicklungen typischer Flußfischarten müssen demnach durch strukturelle Verbesserungen ergänzt werden. Ausgehend von den eigenen Ergebnissen und in Übereinstimmung mit GAUMERT (1990), ARGE ELBE (1991), STAWA (1992), IKSE (1994) und JÄHRLING (1995) sind dabei folgende Schwerpunkte zu nennen:

- Gewährleistung des Zugangs zu den Laichplätzen für sand- und kieslaichende Wanderfischarten durch Verbesserung bzw. Wiederherstellung der longitudinalen Durchgängigkeit der Elbe und ihrer Nebenflüsse (Beseitigung von Querbauwerken, Einrichtung von Fischaufstiegshilfen);
- Erhaltung und Förderung typischer fluviatiler Strukturen mit ausgedehnten Sand- und Kiesbänken, flach auslaufenden Uferbereichen, aber auch dynamischen Steiluferbereichen (Prallhänge) als Laich- und Einstandshabitate für strömungsliebende sowie sand- und kieslaichende Fischarten (z.B. Barbe, Gründlinge, Nordseeschnäpel, Zährte);
- Verbesserung der Verfügbarkeit strömungsarmer Tiefenwasserbereiche durch Erhaltung entsprechender Strukturen im Hauptstrom (Kolke) und Gewährleistung einer möglichst flächendeckenden Vernetzung mit den unterschiedlichen Nebengewässertypen (Altwässer, Schlenken, Vorlandseen) zur Förderung limnophiler Fische (Schlammpeitzger, Rotfeder) sowie rheophiler Arten mit wechselnden Lebensraumansprüchen (rheophil B, z.B. Rapfen, Zope, Steinbeißer).

Die Ausprägung sowie Möglichkeiten zum Erhalt bzw. der Förderung fischökologisch wertvoller Habitatstrukturen in den Uferstrukturen der Stromelbe werden im weiteren diskutiert.

4.2. Die Bedeutung von Habitatstrukturen für die Fischgemeinschaft in Buhnenfeldern und Leitwerken

Innerhalb der untersuchten Uferstrukturen sind die Mesohabitate Uferzone und zentraler Buhnenfeldbereich zu differenzieren, die von den verschiedenen Fischarten in unterschiedlicher Weise besiedelt werden.

Insgesamt lassen die Ergebnisse – auch unter Berücksichtigung einer unterschiedlichen Effizienz der eingesetzten Fanggeräte – auf eine ausgeprägte Präferenz der präadulten/adulten Altersstadien von Aal, Aland, Barsch, Döbel, Hecht und Quappe für die Uferzone der Buhnenfelder und Leitwerke schließen. Diese Einschätzung deckt sich mit den Angaben von ZAUNER & EBERSTALLER (1999), die anhand eines Klassifizierungsschemas der österreichischen Flußfischfauna für die Arten Aal, Döbel, Hecht und Quappe einen hohen Strukturbezug postulieren. WOLTER & VILCINSKAS (1997) stellten bei Untersuchungen in anthropogen beeinflußten Flußsystemen (Mittelelbe, Spree) und in Schiffahrtskanälen einen hohen Strukturbezug für den Barsch fest, den sie als Indikatorart für die strukturelle Degradation der Uferzone eines Fließgewässers definierten. Eine bevorzugte Lebensweise präadulter/adulter Döbel in der deckungsreichen Uferzone wurde von FREDRICH (1996), CARREL & RIVIER (1996) und ALLOUCHE et al. (1999) gefunden.

Präadulte/adulte Brassen, Rapfen, Zander und Zopen präferieren dagegen die tieferen Buhnenfeldbereiche. Gestützt wird diese Aussage auch durch gleichlautende Untersuchungsergebnisse anderer Autoren (WINTERSBERGER 1996, FREDRICH 2000, WOLTER & BISCHOFF 2001).

Kleinwüchsige Fischarten wie Ukelei, Gründlinge, Kaulbarsch und Steinbeißer waren in den eigenen Zugnetzbefischungen der zentralen Buhnenfeldbereiche aufgrund der verwendeten Maschenweite (20 mm) unterrepräsentiert. Nach aktuellen Untersuchungsergebnissen zur Jungfischgemeinschaft von Buhnenfeldern sind präadulte/adulte Altersstadien von Ukelei und Gründlingen (*G. gobio, G. albipinnatus*) häufig in den zentralen Buhnenfeldbereichen zu finden (SCHOLTEN 2002, mdl. Mitt.).

Der Ukelei ist eine typische Fischart des Pelagials (PAEPKE 1981). Kaulbarsche bevorzugen strömungsärmere und tiefere Gewässerbereiche (DIERCKING & WEHRMANN 1991, HÖLKER & THIEL 1998). Für beide Arten ist daher eine Präferenz der tieferen Buhnenfeldmitte wahrscheinlich. Bezüglich des Steinbeißers sind aufgrund des seltenen Vorkommens keine Aussagen möglich.

Buhnenfelder und Leitwerke der Mittelelbe weisen erhebliche individuelle Unterschiede in der Ausprägung der Habitatstrukturen auf, die sich im Hinblick auf die Artenzahl, die Artendiversität (s. FLADUNG et al. 2003) und die ermittelten Individuendichten in den Fischbeständen widerspiegeln. So differierten die mittleren Artenzahlen der 12 Probestellen zwischen 9,3 - 15,7 um 70 %, die Individuendichten in der Uferzone sogar um bis zu 270 %. Begründet ist die starke Individualität der Buhnenfelder und Leitwerke durch eine Vielzahl relevanter Umweltfaktoren (GOZLAN et al. 1999, FLADUNG et al. 2003), die sich gegenseitig beeinflussen. Als wichtigste abiotische Einflußgrößen sind neben den bereits diskutierten saisonalen Effekten die hydromorphologischen Habitatparameter Uferneigung, Strömung und Substratangebot, physiko-chemische Wasserwerte (Sauerstoffgehalt, Temperatur, pH-Wert) sowie das vorhandene Unterstandsangebot zu nennen (RABENI & JACOBSON 1993, FLADUNG et al. 2003). Darüber hinaus sind für die Fischartengemeinschaft aber auch biologische Faktoren wie Nahrungsangebot, innerartliche Konkurrenz und Prädationsdruck von Bedeutung (BARTHELMES 1981). Insbesondere das verfügbare Nahrungsangebot (Makrozoobenthos) unterlag im Zusammenhang mit der zunehmenden Wasserverschmutzung seit 1950 gravierenden Veränderungen. So ging die mittlere Benthosbiomasse in den Buhnenfeldern der Mittelelbe im Zeitraum 1937-1955 um 90 % auf ≈ 50 kg FM*ha^{-1} zurück (BAUCH 1958). Das derzeitige Nährtierangebot der Stromelbe ist trotz verbesserter Wasserqualität noch immer außerordentlich gering und konzentriert sich überwiegend auf den vorhandenen Hartsubstraten (ZAHN 1994, DREYER 1995).

Leitwerke weisen eine Vielzahl unterschiedlichster Mikrohabitate und folgerichtig mit durchschnittlich 14-16 Arten die signifikant höchsten Artenzahlen auf. Hier lassen sich sowohl stark überströmte, steinige Abschnitte (Außenflanke) als auch kiesige Bereiche (Mündungsbereich) und feinkörnige, flache Stillwasserzonen finden (s. WIRTZ & ERGENZINGER 2002). Die beobachteten, signifikant höheren Individuendichten präadulter/adulter Altersstadien sind auf die größere Wassertiefe (s. LAMOUROUX et al. 1999), den Schutz vor Wellenschlag und ein erhöhtes Nahrungsangebot (u.a. aufgrund des hohen Steinschüttungsanteils) zurückzuführen. Mit ihren großflächigen, tiefen, strömungsberuhigten Bereichen stellen Leitwerke wichtige Refugialräume für eurytope (v.a. Perciden, Brassen, Güster, Ukelei) und limnophile (Rotfeder, Schleie) Fischarten dar. Darüber hinaus traten auch die rheophilen Arten Rapfen, Zope und Steinbeißer in hohen Individuendichten auf. Bezüglich des Rapfens und der Zope ist eine Präferenz für Nebengewässer und Häfen bekannt (BAUCH 1958, SCHIEMER et al. 1994). Das häufige Vorkommen des Rapfens dürfte zudem auf das erhöhte Angebot an Beutefischen zurückzuführen sein. Steinbeißer bevorzugen strömungsberuhigte Bereiche mit feinkörnigen Sedimenten (ROBOTHAM 1978, BOHL 1993), wie sie insbesondere in Leitwerken zu finden sind. Leitwerke bieten somit teilweisen Ersatz für verlorengegangene Nebengewässer und sollten im Sinne einer notwendigen Förderung v.a. limnophiler Fischarten (PEZENBURG et al. 2002) erhalten werden bzw. bereits bestehende Deckwerke ersetzen. Unbeschadet dieser Aussage ist vorrangig eine Erhaltung bzw. (dauerhafte) Wiederanbindung der vorhandenen Nebengewässer zu fordern. Eine Reduzierung/Verhinderung der in Leitwerken herkömmlicher Bauart unvermeidlich auftretenden Verlandungen (HEUSCHMANN 1954) könnte durch eine leicht mäandrierende, moderate Durchströmung erreicht werden, die auch möglichen Sauerstoffmangelsituationen entgegenwirkt. Die auf diese Weise entstehenden, sekundären Rinnensysteme bieten zusätzliche Aufwuchs- und möglicherweise auch Laichhabitate für rheophile Fischarten wie Aland, Barbe, Gründling und Rapfen (GRIFT 2001).

Buhnendurchbrüche führen zu einer Erhöhung der Strömungsvarianz und dadurch zur Ausbildung sehr heterogener Uferstrukturen im Buhnenfeld (WIRTZ & ERGENZINGER 2002). Gleichzeitig wirken sie Verlandungsprozessen entgegen. Die daraus resultierende Habitatvielfalt spiegelt sich in tendenziell höheren Artenzahlen im Vergleich zu den anderen Buhnenfeldern wider. Aufgrund der größeren Flächenanteile stärker überströmter Bereiche mit sandig/kiesigem Untergrund finden v.a. rheophile Fischarten wie Aland, Döbel, Gründlinge und Hasel bevorzugte Einstands- und Aufwuchshabitate (vgl. BISCHOFF & WOLTER 2001b, KURMAYER et al. 1996, GRIFT 2001). Die Möglichkeiten einer Erhaltung von Buhnendurchbrüchen sind daher bevorzugt gegenüber der zumeist üblichen Reparatur zu prüfen. Zur dauerhaften Gewährleistung ihrer hydraulischen Funktionalität sollte eine Durchlässigkeit der Durchbrüche auch bei Niedrigwasser gegeben sein (JÄHRLING 1995).

Buhnenfelder mit intakten Buhnen sind als arten- und individuenarm zu bezeichnen. Hauptursache sind die für diesen Buhnentyp charakteristischen Verlandungsprozesse, die zu einem erheblichen Flächenverlust und im weiteren Verlauf zu einer nachweislichen Verarmung des Habitatangebotes führen (STAWA 1992, WIRTZ & ERGENZINGER 2002). Daß es sich hierbei um ein flächendeckendes Problem handelt, zeigen Auswertungen von Luftbildaufnahmen an einem 83 km langen Referenzabschnitt der Mittelelbe, nach denen bereits mehr als die Hälfte aller Buhnen zu mindestens 50 % verlandet sind (PIEPHO & HANNAPPEL 1996). In den Befischungen wiesen Buhnenfelder mit intakten Buhnen die tendenziell geringsten Gesamtartenzahlen auf. Aufgrund der hohen Verlandungsanteile von durchschnittlich 50-70 % und der um bis zu 50 % kürzeren Uferlinie (WIRTZ & ERGENZINGER 2002) ergeben sich für intakte Buhnen im Vergleich zu den anderen Buhnenfeldtypen ebenfalls deutlich niedrigere, absolute Fischabundanzen.

Buhnenfelder mit reparierten Buhnen nehmen eine Zwischenstellung zu den Leitwerken ein. Im Resultat des vormals vorhandenen Buhnendurchbruchs verfügen sie über vergleichsweise heterogene morphologische Strukturen (WIRTZ & ERGENZINGER 2002), die sich in mittleren Gesamtartenzahlen widerspiegeln. Mit ihren großflächigen, verhältnismäßig strömungsarmen Zonen bieten sie v.a. den eurytopen Arten Aal, Barsch, Güster, Hecht und Plötze bevorzugte Nahrungs- und Einstandshabitate. In den über weite Strecken erneuerten, ausgedehnten Steinschüttungsbereichen sind darüber hinaus auch die strukturgebundenen, rheophilen Fischarten Döbel und Quappe häufig zu finden. Limnophile Fischarten sind dagegen - wie auch in den anderen Buhnenfeldern - verhältnismäßig selten anzutreffen.

Generell für alle Uferstrukturen des Hauptstromes ist die Bedeutung des Unterstandsangebotes (Deckung) hervorzuheben. Angesichts der allgemeinen Strukturarmut und des weitgehenden Fehlens von Wasserpflanzenbeständen in der Stromelbe (IKSE 1994, BRÜMMER 1994, FLADUNG 1998) belegen eigene Untersuchungen einen untergeordneten, aber signifikanten Einfluß von Unterständen (z.B. Totholz, überhängendes Buschwerk) auf die präadulte/adulte Fischartengemeinschaft (FLADUNG et al. 2003). Sie bieten den Fischen nicht nur Schutz vor Prädatoren, sondern auch wichtige Schutz- und Ruhezonen gegen Wellenschlag und bei Hochwasserereignissen (WIRTZ & ERGENZINGER 2002). Das bestehende Unterstandsangebot sollte durch weitgehenden Verzicht auf Holzungsarbeiten im unmittelbaren Uferbereich erhalten bzw. durch Maßnahmen des ingenieurbiologischen Wasserbaues (z.B. Einbringung und Fixierung von Totholz) gefördert werden (s. BEGEMANN & SCHIECHTL 1994, ZAUNER 1997). Dem gleichen Zweck würde der von SCHIEMER et al. (1994) vorgeschlagene Einsatz größerer Wasserbausteine dienen, die aufgrund eines erweiterten Lückensystems zusätzliche Unterstände v.a. für die juvenilen Altersstadien, aber auch für Adultfische (Aal, Quappe) bieten.

5. Danksagung

Der Autor dankt den Fischereibehörden der Länder Brandenburg und Sachsen-Anhalt für die bereitwillige Erteilung der Befischungsgenehmigungen und den vor Ort betroffenen Angelvereinen und Berufsfischern für ihr Verständnis und ihre Unterstützung. Das BMBF förderte das Forschungsvorhaben durch finanzielle Zuwendungen (FKZ 0339578).

6. Literatur

ALBRECHT, M.-L. 1960. Die Elbe als Fischgewässer. WWT 10, 461-465.

ALLOUCHE, S., A.THEVENET, & P. GAUDIN. 1999. Habitat use by chub (*Leuciscus cephalus* L. 1766) in a large river, the French Upper Rhône, as determined by radiotelemetry. Arch. Hydrobiol. 145, 219-236.

ARGE ELBE (ARBEITSGEMEINSCHAFT FÜR DIE REINHALTUNG DER ELBE) 1984. Gewässerökologische Studie der Elbe von Schnackenburg bis zur See. Lütcke & Wulff, Hamburg.

ARGE ELBE (ARBEITSGEMEINSCHAFT FÜR DIE REINHALTUNG DER ELBE) 1991. Wasserwirtschaftliche Maßnahmen zur Verbesserung des gewässerökologischen Zustands der Elbe. Hamburg.

BALON, E.K. 1975. Reproductive guilts of fishes: A proposal and definition. J. Fish. Res. Board Can. 32, 821-864.

BALON, E.K. 1981. Additions and amendments to the classification of reproductive styles in fishes. Env. Biol. Fish. 6, 377-389.

BARTHELMES, D. 1981. Hydrobiologische Grundlagen der Binnenfischerei. Gustav Fischer Verlag, Jena.

BAUCH, G. 1958. Untersuchungen über die Gründe für den Ertragsrückgang der Elbfischerei zwischen Elbsandsteingebirge und Boizenburg. Z. Fischerei N.F. 3-6, 361-437.

BECKEDORF, R., & H.P. BLOHM. 1994. Die Bedeutung von Altgewässern für den Fischbestand eines ausgebauten Flußlaufes. Binnenfischerei in Niedersachsen 2, 35-73.

BECKEDORF, R., & H.-J. SCHUBERT. 1995. Funktionsüberprüfung der Fischaufstiegsanlagen an der Staustufe Geesthacht. Niedersächsisches Landesamt für Ökologie, Hildesheim.

BEGEMANN, W., & H.M. SCHIECHTL. 1994. Ingenieurbiologie – Handbuch zum ökologischen Wasser- und Erdbau. Bauverlag GmbH, Wiesbaden und Berlin.

BICK, H. 1989. Ökologie: Grundlagen, terrestrische und aquatische Ökosysteme, angewandte Aspekte. Fischer Verlag, Stuttgart.

BISCHOFF, A., & C. WOLTER. 2001a. Groyne-heads as potential summer habitats for juvenile rheophilic fishes in the Lower Oder, Germany. Limnologica 31, 17-26.

BISCHOFF, A., & C. WOLTER. 2001b. The 0+ fish community structure in a large lowland river: first results of a study from the River Oder. Arch. Hydrobiol. Suppl. 135 (2-4), 137-151.

BLESS, R., A. LELEK, & A. WATERSTRAAT. 1994. Rote Liste und Artenverzeichnis der in Deutschland in Binnengewässern vorkommenden Rundmäuler und Fische (Cyclostomata & Pisces). In: NOWAK, E., BLAB, J., & R. BLESS (eds.): Rote Liste der gefährdeten Wirbeltiere in Deutschland. Kilda-Verlag, Schriftenreihe für Landschaftspflege und Naturschutz 42, 137-156.

BOHL, E. 1993. Rundmäuler und Fische im Sediment. Berichte d. Bayerischen Landesanstalt für Wasserforschung 22, Fotodruck Frank GmbH, München.

BRÄMICK, U., U. ROTHE, H. SCHUHR, M. TAUTENHAHN, U. THIEL, C. WOLTER, & S. ZAHN. 1998. Fische in Brandenburg – Verbreitung und Beschreibung der märkischen Fischfauna. Ministerium f. Ernährung, Landwirtschaft u. Forsten Brandenburg, Institut f. Binnenfischerei Potsdam-Sacrow (ed.), Potsdam.

BRÜMMER, I. 1994. Untersuchungen über Fischartengemeinschaften der Elbtal-Aue bei Wittenberge, Brandenburg/Sachsen-Anhalt. Diplomarbeit, TU Braunschweig.

CARREL, G., & B. RIVIER. 1996. Distribution of three euryoecious cyprinids in the main channel of the Lower River Rhône. Arch. Hydrobiol. Suppl. 113, 363-374.

DIERCKING, R., & L. WEHRMANN. 1991. Artenschutzprogramm Fische & Rundmäuler in Hamburg. Umweltbehörde Hamburg, Naturschutzamt (ed.).

DREYER, U. 1995. Potentiale und Strategien der Wiederbesiedlung am Beispiel des Makrozoobenthos in der mittleren Elbe. TU Darmstadt, Dissertation.

EWG (DER RAT DER EUROPÄISCHEN GEMEINSCHAFTEN) 1992. Richtlinie 92/43/EWG des Rates vom 21. Mai 1992 zur Erhaltung der natürlichen Lebensräume sowie der wildlebenden Tiere und Pflanzen. Abl. EG Nr. L 206, „FFH-Richtlinie", 7-50.

FLADUNG, E. 1998. Buhnenfelder – Ersatzlebensraum für Fische oder Beeinträchtigung der Fischerei? Tagungsband 12. SVK-Tagung, 20./21.01.1998, Potsdam, 1-13.

FLADUNG, E., M. SCHOLTEN, & R. THIEL. 2003. Modelling the habitat preferences of subadult and adult fishes in the shoreline of the large lowland River Elbe. J. Appl. Ichthyol. (eingereicht).

FREDRICH, F. 1996. Preliminary studies on daily migration of chub (*Leuciscus cephalus*) in the Spree river. In: BARAS, E., & J.C. PHILIPPART (Eds.): Underwater Biotelemetry. Proceedings of the first conference and workshop on fish telemetry in Europe, University of Liège, Belgium, 66.

FREDRICH, F. 2000. Wanderungen und Habitatwahl potamodromer Fische in der Elbe. Mitt. d. Bundesanstalt f. Gewässerkunde Koblenz 6, 50-53.

FÜLLNER, G., M. PFEIFER, S. SIEG, & A. ZARSKE. 1996. Die Fischfauna von Sachsen. Sächsische Landesanstalt für Landwirtschaft, Referat Fischerei, Sächsisches Druck- und Verlagshaus GmbH, Dresden.

FÜLLNER, G., M. PFEIFER, & J. GEISLER. 2001. Der Elblachs ist zurück – Stand der Wiedereinbürgerung Frühjahr 2001. Sächsische Landesanstalt für Landwirtschaft, Referat Fischerei, Königswartha.

GAUMERT, T. 1990. Gestaltung von Buhnenfeldern nach gewässerökologischen Gesichtspunkten. Wasserwirtschaft-Wassertechnik 7, 177-180.

GAUMERT, T. 1995. Spektrum und Verbreitung der Rundmäuler und Fische in der Elbe von der Quelle bis zur Mündung - aktuelle Befunde im Vergleich zu alten Daten. ARGE ELBE, Hamburg.

GOZLAN, R.E., S. MASTRORILLO, G.H. COPP, & S. LEK. 1999. Predicting the structure and diversity of young-of-the-year fish assemblages in large rivers. Freshw. Biol. 41, 809-820.

GRIFT, R. 2001. How fish benefit from floodplain restoration along the lower river Rhine. PhD Thesis, Wageningen University. ISBN 90-5808-488-4.

HEUSCHMANN, O. 1954. Die Fischerei-Biologie des gestauten Stromes. In: LIEBMANN, H. (Hrsg.): Biologie und Chemie des gestauten und ungestauten Stromes beschrieben am Beispiel der Donau und des Mains. Münchener Beiträge zur Abwasser-, Fischerei- und Flußbiologie Bd. II, Verlag R. Oldenbourg, München, 235-279.

HÖLKER, F., & R. THIEL. 1998. Biology of Ruffe (*Gymnocephalus cernuus* (L.)) - A review of selected aspects from European literature. J. Great Lakes Res. 2, 186-204.

IKSE (INTERNATIONALE KOMMISSION ZUM SCHUTZ DER ELBE) 1994. Ökologische Studie zum Schutz und zur Gestaltung der Gewässerstrukturen und der Uferrandregionen der Elbe. Magdeburg.

IKSE (INTERNATIONALE KOMMISSION ZUM SCHUTZ DER ELBE) 1996. Die Fischfauna der Elbe. Druckhaus Laun & Grzyb, Magdeburg.

IKSE (INTERNATIONALE KOMMISSION ZUM SCHUTZ DER ELBE) 2000. Die Elbe von 1990 bis 2000 – 10 Jahre erfolgreiche Zusammenarbeit in der IKSE. Druckhaus Laun & Grzyb, Magdeburg.

IKSR (INTERNATIONALE KOMMISSION ZUM SCHUTZE DES RHEINS) 1997. Bestandsaufnahme der Rheinfischfauna 1995. Koblenz.

JÄHRLING, K.-H. 1995. Die flussmorphologischen Veränderungen an der mittleren Elbe im Regierungsbezirk Magdeburg seit dem Jahr 1989 aus Sicht der Ökologie. Staatliches Amt für Umweltschutz Magdeburg, Meiling Druck, Magdeburg.

KAMMERAD, B. 1995. Die mittlere Elbe im Land Sachsen-Anhalt - Ein Vergleich: Fischarten und Fischerei heute und vor hundert Jahren. Fischer & Teichwirt 8, 300-301.

KAMMERAD, B., S. ELLERMANN, J. MENCKE, O. WÜSTEMANN, & U. ZUPPKE. 1997. Die Fischfauna von Sachsen-Anhalt – Verbreitungsatlas. Ministerium f. Raumordnung, Landwirtschaft und Umwelt d. Landes Sachsen-Anhalt, Magdeburg.

KISKER, G. 1926. Die Fischerei in der mittleren Elbe. Z. Fischerei, Sonderdrucke, 9-15.

KNÖSCHE, R. 1998. Zustand und Entwicklung der Fischfauna in der Mittelelbe unter Berücksichtigung von Artenschutzaspekten. Fischer & Teichwirt (Teil 1) 10, 396-399, (Teil 2) 11, 459-461, (Teil 3) 12, 491-494.

KNÖSCHE, R. 2001. Fische und Fischerei in der Mittelelbe. Schriften des Instituts für Binnenfischerei Potsdam-Sacrow 6, Groß Glienicke.

KURMAYER, R., H. KECKEIS, S. SCHRUTKA, & I. ZWEIMÜLLER. 1996. Macro- and microhabitats used by 0+ fish in a side-arm of the River Danube. Arch. Hydrobiol. Suppl. 113, Large Rivers 10, 425-432.

LAMOUROUX, N., J.-M. OLIVIER, H. PERSAT, M. POUILLY, Y. SOUCHON, & B. STATZNER. 1999. Predicting community charakteristics from habitat conditions: fluvial fish and hydraulics. Freshw. Biol. 42, 275-299.

LOHSE, H., R. LUDWIG, & M. RÖHR. 1982. Statistische Verfahren für Psychologen, Pädagogen und Soziologen. Verlag Volk und Wissen, Berlin.

PAEPKE, H.-J. 1981. Die gegenwärtige Situation der Süßwasserfischfauna in der DDR. Arch. Naturschutz u. Landschaftsforsch. 3, 113-130.

PAPE, A. 1952. Untersuchungen über die Erträge der Fischerei der Mittelelbe und die Auswirkungen ihres Ertragsniederganges. Z. Fischerei N.F. 7, 45-73.

PETERMEIER, A., F. SCHÖLL, & T. TITTIZER. 1996. Die ökologische und biologische Entwicklung der deutschen Elbe – Ein Literaturbericht. Lauterbornia 24, 1-95.

PEZENBURG, M., R. THIEL, & R. KNÖSCHE. 2002. Ein fischökologisches Leitbild für die mittlere Elbe. Z. Fischk. Suppl. Bd. 1, xxx-xxx

PIEPHO, B., & S. HANNAPPEL. 1996. Luftbildinterpretation zur Charakteristik von Buhnenfeldern an der mittleren Elbe. In: PRANGE, A., WILKEN, R.-D., TÜMPLING, U. SPOUSTOVÁ, J., PUNCOCHÁR, O., & E. LENCOVÁ. (Hrsg.): Ökosystem Elbe - Zustand, Entwicklung und Nutzung. Abstractband 7. Magdeburger Gewässerschutzseminar, Budweis, 22.-25.10.1996, 386-389.

RABENI, C.F., & R.B. JACOBSON. 1993. The importance of fluvial hydraulics to fish-habitat restoration in low gradient alluvial streams. Freshw. Biol. 29, 211-220.

ROBOTHAM, P.W.J. 1978. Some factors influencing the microdistribution of a population of spined loach, *Cobitis taenia* (L.). Hydrobiologia 2, 161-167.

RÜMMLER, F., U. GÖTHLING, S. ZAHN, & S. SCHIEWE. 2002. Untersuchungen zu den Auswirkungen des Elektrofischfanges auf wirbellose Tiere. Fischer & Teichwirt 7, 251-254.

SACHS, L. 1992. Angewandte Statistik. Springer Verlag, Berlin Heidelberg New York.

SCHIEMER, F., & H. WAIDBACHER. 1992. Strategies for Conservation of a Danubian Fish Fauna. In: BOON, P.J., CALOW, P., & G.E. PETTS: River Conservation and Management. John Wiley & Sons Ltd., 363-382.

SCHIEMER, F., M. JUNGWIRTH, & G. IMHOF. 1994. Die Fische der Donau – Gefährdung und Schutz. Grüne Reihe des Bundesministerium für Umwelt, Jugend und Familie 5, Verlag Ulrich Moser, Graz.

SCHOLTEN, M. 2002. Das Jungfischaufkommen in Uferstrukturen des Hauptstromes der mittleren Elbe. Z. Fischk. Suppl. Bd. 1, 59-77.

SCHWERDTFEGER, F. 1975. Ökologie der Tiere. Band 3: Synökologie. Verlag Paul Parey, Hamburg, Berlin.

SIMON, M. 1994. Hochwasserschutz im Einzugsgebiet der Elbe. WWT 7, 25-31.

SPIEß, H.-J., K.-H. JÄHRLING, & U. RASCHEWSKI. 1994. Rundmäuler und Fische der Elbe im Land Sachsen-Anhalt. Ministerium für Umwelt, Naturschutz und Raumordnung d. Landes Sachsen-Anhalt, Elbe-Druckerei GmbH, Wittenberg.

STAAS, S. 1996. Das Jungfischaufkommen im Niederrhein und in angrenzenden Nebengewässern unter Berücksichtigung der Uferstrukturen. Universität Köln, Dissertation.

STAWA (Staatliches Amt für Wasser und Abfall Lüneburg). 1992. Ökologische Aufwertung von Buhnenfeldern und Vorlandgewässern an der Elbe. WETA-Druck, Lauenburg.

WINTERSBERGER, H. 1996. Spatial resource utilization and species assemblages of larval and juvenile fishes. Arch. Hydrobiol. Suppl. 113, 29-44.

WIRTZ, C., & P. ERGENZINGER. 2002. Die untere Mittelelbe: hydromorphologische Charakterisierung von Uferbereichen und Nebengewässern. Z. Fischk. Suppl. Bd. 1, 13-40.

WOLTER, C., & A. BISCHOFF. 2001. Seasonal Changes of Fish Diversity in the Main Channel of the large Lowland River Oder. Reg. Riv. Res. & Managem. 17, 595-608.

WOLTER, C., & A. VILCINSKAS. 1997. Perch (*Perca fluviatilis*) as an indicator species for structural degradation in regulated rivers and canals in the lowlands of Germany. Ecol. Freshw. Fish 6, 174-181.

ZAHN, S. 1994. Die Entwicklung der Makrozoobenthon-Besiedlung in der Mittelelbe. Tagungsband der Dt. Limnol. Ges. 1994, 2, 632-636.

ZAUNER, G. 1997. Status der Donau-Fischfauna in Österreich, Fallbeispiele zu Schutz- und Revitalisierungsmaßnahmen. Tagungsband 11. SVK-Fischereitagung 21.-22.01.1997 in Bad Godesberg, 1-19.

ZAUNER, G., & J. EBERSTALLER. 1999. Klassifizierungsschema der österreichischen Flußfischfauna in bezug auf deren Lebensraumansprüche. Österreichs Fischerei 8/9, 198-205.

Zeitschrift für Fischkunde	Supplementband 1, 2002	Ökologie der Elbefische	S. 121-131

Untersuchungen zum adulten Fischbestand im Hauptstrom (Fahrrinne) der Mittelelbe

Investigations on the adult fish assemblage in the main channel of the Elbe River

Erik Fladung

Institut für Binnenfischerei e.V. Potsdam-Sacrow,
Jägerhof am Sacrower See, 14476 Groß Glienicke
eMail: erik.fladung@ifb-potsdam.de

Zusammenfassung: Von Juni 1999 bis November 2000 wurden Befischungen des Hauptstromes (Fahrrinne) der Mittelelbe an 2 Untersuchungsstellen (Havelberg, Wittenberge) mittels Treibnetz durchgeführt. Die Untersuchungen sollten Kenntnisse zur Zusammensetzung der adulten Fischartengemeinschaft sowie Aussagen zur Bestandsdichte im Hauptstrom erbringen. Insgesamt wurden 805 Fische gefangen, die 16 verschiedenen Arten zuzuordnen waren. Mit Fangergebnissen von durchschnittlich 2,2 Individuen/ha bzw. 0,3 kg/ha Fischbiomasse bestätigte sich die erwartete, überaus geringe Fischdichte in der Fahrrinne. In der Fischartengemeinschaft der Fahrrinne dominierte mit 69,2 % Abundanzanteil die Güster (*Abramis bjoerkna*), gefolgt von der Plötze (*Rutilus rutilus*) (14,8 %), während alle anderen Fischarten in deutlich geringeren Abundanzen (0,1-4,8 %) auftraten. Ein sehr ähnliches Bild ergab sich bei Betrachtung der Nachweishäufigkeiten in den Befischungen. Güster und Plötze sind demnach ständig im Hauptstrom präsent. Regelmäßig sind Brassen (*Abramis brama*), Rapfen (*Aspius aspius*), Kaulbarsch (*Gymnocephalus cernuus*), Aland (*Leuciscus idus*), Zope (*Abramis ballerus*), Zander (*Sander lucioperca*) und Aal (*Anguilla anguilla*) nachweisbar, während Barbe (*Barbus barbus*), Döbel (*Leuciscus cephalus*), Lachs (*Salmo salar*), Nase (*Chondrostoma nasus*) und Schleie (*Tinca tinca*) nur selten im Stromschlauch vorkommen. Zu den Vorkommen der kleinwüchsigen Fischarten Ukelei (*Alburnus alburnus*) und Gründling (*Gobio spp.*) sind aus methodischen Gründen keine Aussagen möglich. Bedingt durch den hohen Anteil von Güster und Plötze prägen Fische der Längenklassen 13-20 cm das Bild, die sich offensichtlich gut gegen die bodennah gemessenen Strömungsgeschwindigkeiten von 0,35-0,65 m/s behaupten können. Die Struktur der Fischartengemeinschaft im Hauptstrom der Elbe wird in erster Linie von saisonalen Einflüssen geprägt. Darüber hinaus waren von den untersuchten abiotischen Einflußfaktoren v.a. der Pegelstand und die Strömungsgeschwindigkeit bedeutsam.

Schlüsselwörter: Hauptstrom, Elbfische, Treibnetz, Güster, Pegel.

Summary: From June 1999 to November 2000 fish sampling was carried out in the Elbe river main channel in the vicinity of Havelberg and Wittenberge to improve the knowledge on diversity and fish density of the adult fish assemblage. Altogether 805 fishes belonging to 16 species were sampled by drift net fishing. With an average abundance of 2.2 specimen/ha and 0.3 kg/ha fish biomass, respectively, the fish density was as low as expected. The fish assemblage of the main channel was highly dominated by white bream (*Abramis bjoerkna*), which represented 69.2 % of the total catch, followed by roach (*Rutilus rutilus*) (14.8 %). All the other species showed remarkably lower abundances, ranging from 0.1 to 4.8 %. The frequency of occurrence revealed similar results. In conclusion, white bream and roach were permanently present in the main channel. Common bream (*Abramis brama*), asp (*Aspius aspius*), ruffe (*Gymnocephalus cernuus*), ide (*Leuciscus idus*), blue bream (*Abramis ballerus*), zander (*Sander lucioperca*) and eel (*Anguilla anguilla*) were found regularly, while barbel (*Barbus barbus*), chub (*Leuciscus cephalus*), salmon (*Salmo salar*), nose carp (*Chondrostoma nasus*) and tench (*Tinca tinca*) were rare in the open water column. Due to methodical reasons, no conclusions regarding abundance of small-sized species such as bleak (*Alburnus alburnus*) and gudgeons (*Gobio spp.*) can be made. As a result of the high relative abundance of silver bream and roach, specimen of 13-20 cm in total length dominated the fish assemblage suggesting that this size class is well adapted to the high current velocities of about 0.35 0.65 m/s at the river bottom. First of all, saisonal changes structure the fish community in the

Elbe river main channel. Furthermore, in particular water level and current velocity had a significant influence on the fish community as well.

Keywords: main channel, Elbe fishes, drift net, white bream, water level.

1. Einleitung

Fließgewässer nehmen unter den Oberflächengewässern eine besondere Stellung ein, da sie großräumig unterschiedlichste Ökosysteme verbinden und in ihrer Eigenschaft als offene Systeme den Austausch biotischer Komponenten gewährleisten. Intensive Austauschprozesse finden dabei sowohl in longitudinaler und vertikaler Richtung als auch transversal zwischen den unterschiedlichsten Makrohabitaten statt (VANNOTE et al. 1980, JUNK et al. 1989, SCHIEMER & ZALEWSKI 1992, DOLÉDEC & STATZNER 1994, WARD & STANFORD 1995, COWX & WELCOMME 1998). Eine durchgängige Anbindung der vorhandenen Habitattypen in Fließgewässern ist von essentieller Bedeutung für die Fischfauna, v.a. im Hinblick auf Artenreichtum (Wanderfischarten), Genmigration, Angebot an geeigneten Nahrungs- und Reproduktionshabitaten sowie die unterschiedlichen Habitatpräferenzen einzelner Arten und Altersstadien (COPP 1989, SCHIEMER & WAIDBACHER 1994, THIEL et al. 1995, MOLLS 1997, JUNGWIRTH 1998). Fischökologische Untersuchungen zur - über diese Austauschfunktionen hinausgehenden - Bedeutung des Hauptstromes größerer Fließgewässer z.B. als Einstandshabitat sind wegen der fangtechnischen Schwierigkeiten und des oftmals vorhandenen Schiffsverkehrs bislang in nur geringem Umfang durchgeführt worden (WEIBEL 1991, LELEK & BUHSE 1992). Zur deutschen Elbe liegen hauptsächlich Ergebnisse aus der Unterelbe (MÖLLER 1984, 1988, THIEL et al. 1995, THIEL & POTTER 2001) vor. Die untere Mittelelbe wurde bislang nur in vereinzelten Treibnetzbefischungen durch BRÜMMER (1994) untersucht. Ziel der vorliegenden Untersuchungen war es, Erkenntnisse zur Fischbestandsstruktur und zu Fischbestandsdichten im Stromschlauch der Mittelelbe zu gewinnen, um Aussagen zur Bedeutung dieses Habitats als Lebensraum für adulte Fische ableiten zu können.

2. Material und Methodik

Zur Abschätzung des Fischbestandes im Hauptstrom wurden 1999/2000 Treibnetzbefischungen im Bereich der unteren Mittelelbe, an 2 Probennahmestationen (Havelberg, Wittenberge) und jeweils sieben Befischungsterminen, durchgeführt. Bei dem verwendeten Fanggerät handelte es sich um ein quer zum Strom ausgelegtes, 80 m langes und 2,7 m hohes, dreiwandiges Grundstellnetz mit Maschenweiten von 20 mm (Innennetz) und 180 mm (Außennetze). Insgesamt wurden in 21 Tag- und 14 Nachtbefischungen rund 61 km Flußlänge befischt. Die Längen der einzelnen Befischungsstrecken differierten zwischen 500 und 2400 m und betrugen im Durchschnitt 1750 m. Die in den einzelnen Hols gefangenen Fische wurden bestimmt, gezählt sowie ihre Totallängen (auf 0,5 cm) und Stückmassen (± 1 g) ermittelt. Zusätzlich wurden die befischte Fläche und die mittlere Wassertiefe geschätzt sowie die hydromorphologischen Habitatparameter Wassertemperatur, Sauerstoffgehalt, Leitfähigkeit, Salzgehalt, pH-Wert, Trübung (Multiparametermeßgerät U-10, Fa. Horiba), Sichttiefe (Secchi-Scheibe) und Strömungsgeschwindigkeit (Flo-Mate 2000, Fa. Marsh-McBirney Inc.) erfaßt. Die zugehörigen Pegelstände wurden der Pegelmeßstation Wittenberge (Tagesmittelwerte) entnommen.

Die statistische Auswertung der Daten erfolgte mit Hilfe des Statistikprogramms SPSS 9.0. Der Prüfung von Unterschieden zwischen verschiedenen Gruppen wurde zunächst ein Test auf Normalverteilung (Kolmogorov-Smirnov-Test bzw. Chi-Quadrat-Test) vorangestellt. Für paarweise Vergleiche (Einfluß von Probestelle und Tageszeit) kam daraufhin der Mann-Whitney U-Test (MWU) zur Anwendung. Saisonale Unterschiede wurden bei vorliegender Normalverteilung mittels einer ANOVA (post hoc Tukey-Test), im anderen Falle mittels H-Test auf Signifikanz geprüft. Bei signifikantem H-Test wurde anschließend ein paarweiser Vergleich der einzelnen Gruppen mit Hilfe des Nemenyi-Tests durchgeführt. Die Zusammenhänge zwischen Fischvorkommen bzw. -abundanzen und abiotischen Einflußgrößen wurden mittels Kanonischer Diskriminanzanalyse analysiert. Die Prüfung direkter Abhängigkeiten zwischen einzelnen Größen erfolgte mit Hilfe der Spearman-Rangkorrelation (Rho). Die Nullhypothese wurde - wenn nicht anders angegeben - bei einer Irrtumswahrscheinlichkeit von $p \leq 0,05$ abgelehnt.

3. Ergebnisse

Insgesamt wurden in 35 Treibnetzbefischungen 805 Fische gefangen, die 16 Fischarten zuzuordnen waren. Die mittlere Artenzahl in den Befischungen (MW ± Std.Fehler) betrug 3,3 (± 0,4), der mittlere Fang 2,2 (± 0,6) Individuen/ha bzw. 0,3 (± 0,05) kg/ha.

Eine Übersicht der Abundanz- und Biomasseanteile der einzelnen Arten über alle Befischungen gibt Abb. 1. Hinsichtlich der Abundanz dominierte mit 69,2 % die Güster, gefolgt von Plötze (14,8 %), Brassen (4,8 %), Rapfen (2,9 %) und Aland (2,1 %). Der Anteil der Fischarten Kaulbarsch, Zope, Zander, Aal, Barbe und Döbel betrug im Mittel unter 2 %; die Arten Gründling, Lachs, Nase, Schleie und Ukelei konnten nur in Einzelexemplaren nachgewiesen werden. Auch bezüglich der Biomasseanteile nahm die Güster mit 30,2 % Anteil am Gesamtfang eine vorherrschende Stellung ein, gefolgt von Brassen (19,5 %), Aland (10,9 %), Rapfen (8,9 %), Plötze (8,7 %), Zander (7,3 %) und Lachs (5,8 %). Der Anteil der übrigen Fischarten betrug unter 5 %.

Ein sehr ähnliches Bild ergibt sich bei Betrachtung der Nachweishäufigkeiten der einzelnen Arten in den Befischungen (Abb. 2). Güster und Plötze waren mit 80,0 bzw. 54,3 % ständig im Hauptstrom präsent. Regelmäßig konnten Brassen, Rapfen, Kaulbarsch, Aland, Zander und Zope nachgewiesen werden, während alle anderen Fischarten selten (Döbel, Barbe, Schleie, Nase) bzw. zeitweilig während der Laichwanderungen (Aal, Lachs) im Stromschlauch vorkamen. Die kleinwüchsigen Arten Gründling, Ukelei und z.T. auch Kaulbarsch sind aus methodischen Gründen unterrepräsentiert.

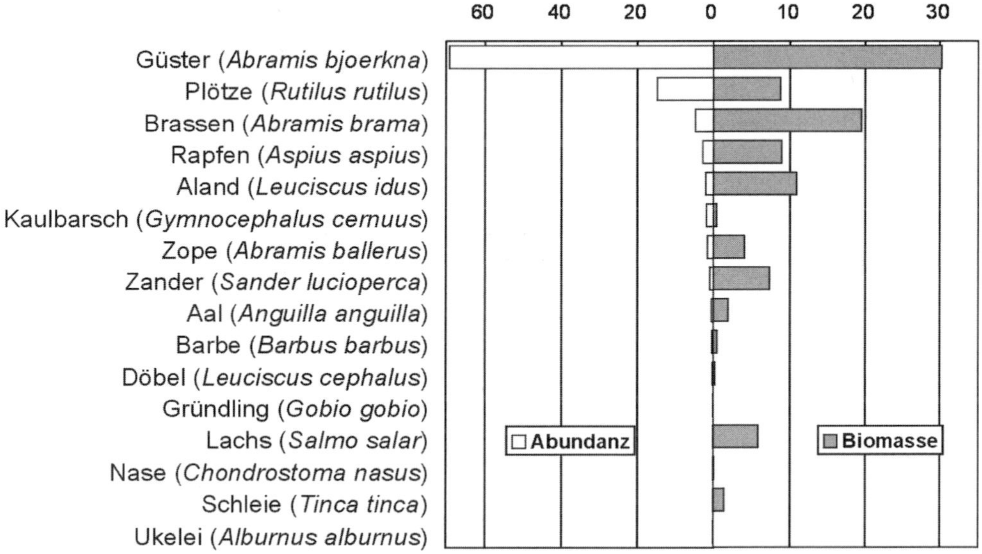

Abb. 1: Fischartenzusammensetzung nach Abundanz- und Biomasseanteilen im Hauptstrom der Mittelelbe (in %).

Fig. 1: Relative abundance and biomass of different fish species in the Elbe river main channel.

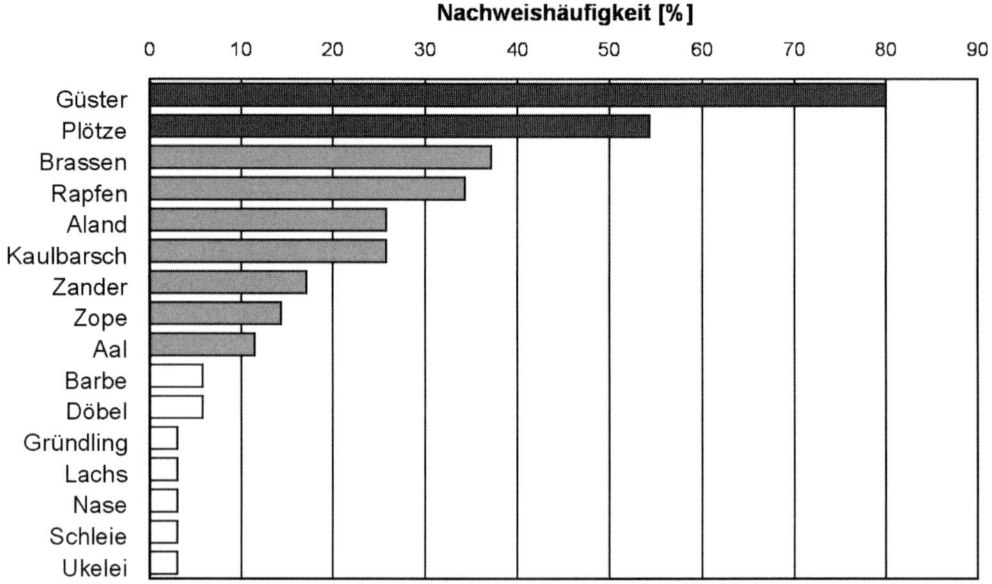

Abb. 2: Nachweishäufigkeiten der einzelnen Fischarten in den Treibnetzbefischungen des Hauptstromes (N=35).
Fig. 2: Frequency of occurrence of species in drift net catches in the main channel (N=35).

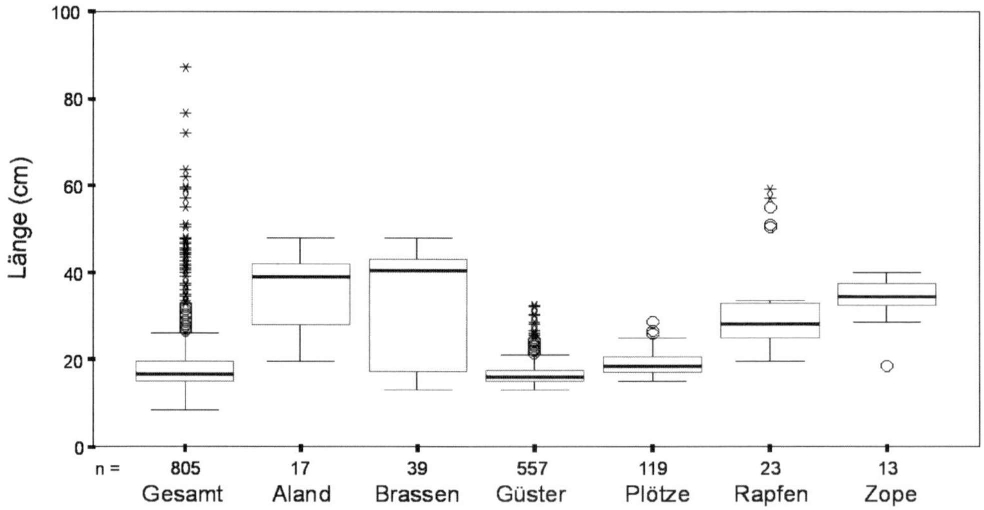

Abb. 3: Längenverteilung der häufigsten Fischarten im Vergleich zum Gesamtfang in den Treibnetzbefischungen des Hauptstromes als Box and Whiskers-Plot (Sterne und Kreise markieren die Ausreißer).
Fig. 3: Length distribution of dominant fishes compared to that of the total catch by drift net fishing in the main channel (Box and Whiskers plot; stars and circles represent outliers).

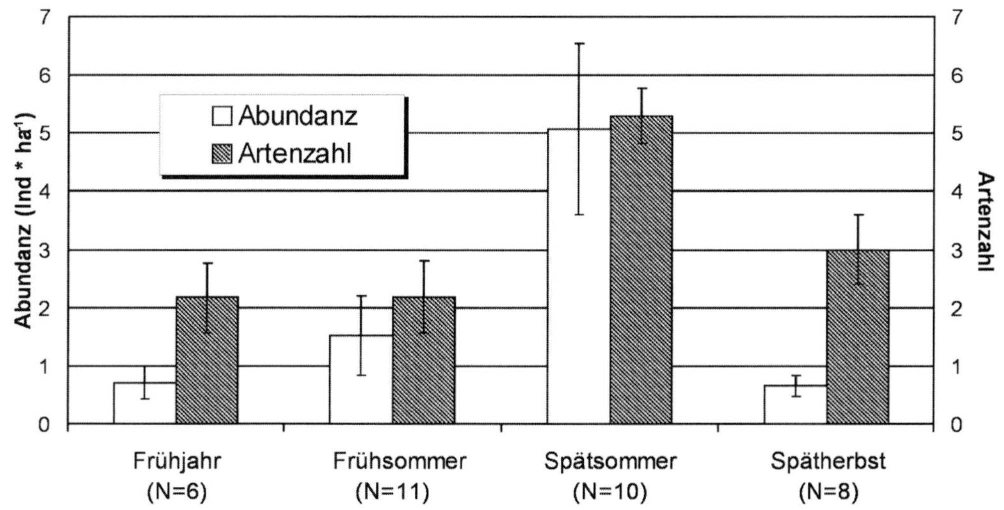

Abb. 4: Saisonale Änderungen in der Fischgemeinschaft des Hauptstromes (MW ± Standardfehler).
Fig. 4: Seasonal changes in the fish community of the main channel (Mean ± Standard error).

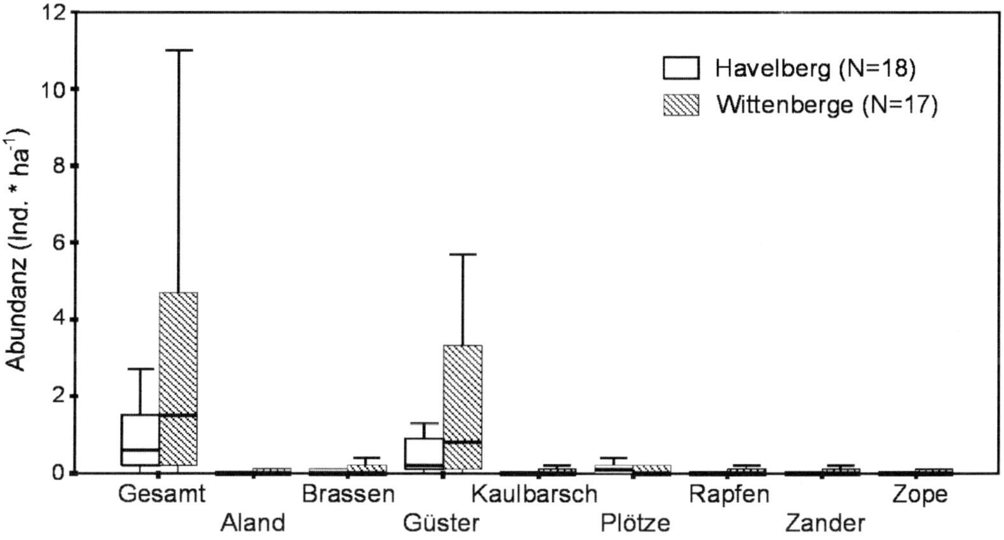

Abb. 5: Mittlere Abundanzen ausgewählter Fischarten (Abundanzanteil ≥ 1 %) im Vergleich der untersuchten Probestellen als Box and Whiskers-Plot.
Fig. 5: Mean abundance of selected species (relative abundance ≥ 1 %) at the respective sampling sites (Box and Whiskers plot).

Bedingt durch den hohen Anteil von Güster und Plötze dominieren im Hauptstrom kleinere Fischgrößen von 13-20 cm Totallänge (Abb. 3), die sich offensichtlich gut gegen die hohen, bodennah gemessenen Strömungsgeschwindigkeiten von 0,35 bis 0,65 m/s behaupten können. Aland, Brassen und Zope waren hingegen mit größeren Exemplaren von 30-40 cm Körperlänge vertreten. Rapfen kamen überwiegend in mittleren Körperlängen (25-30 cm) und nur selten in größeren Exemplaren (bis 60 cm) vor. Das mit dem verwendeten Treibnetz insgesamt erfaßte Längenspektrum reichte (mit Ausnahme von zwei 9 cm langen Kaulbarschen) von 13-87 cm.

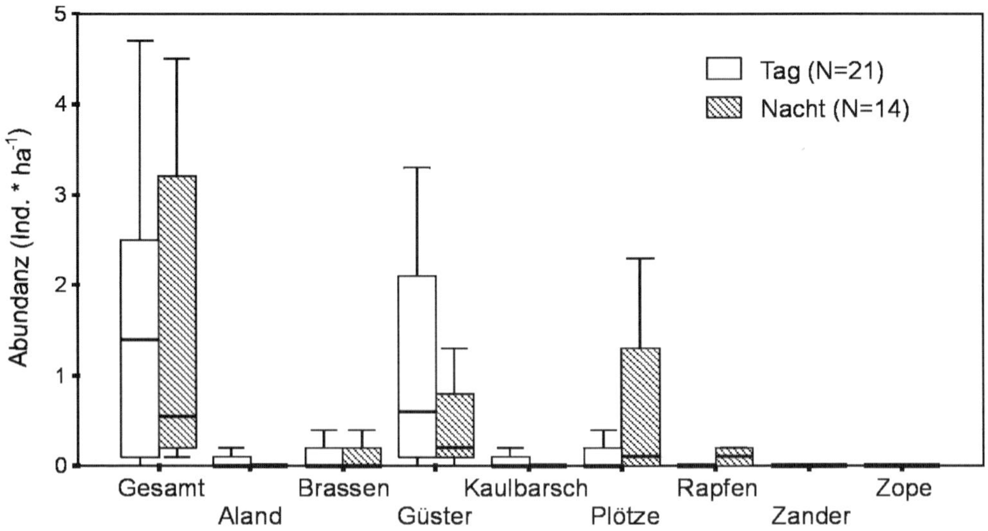

Abb. 6: Diurnale Unterschiede in den mittleren Abundanzen ausgewählter Fischarten (Abundanzanteil ≥ 1 %) als Box and Whiskers-Plot.

Fig. 6: Comparison of diurnal mean abundances of selected species (relative abundance ≥ 1 %, Box and Whiskers plot).

Tab. 1: Kanonische Diskriminanzanalyse zwischen Gesamtabundanzen bzw. mittlerer Artenzahl und abiotischen Umweltfaktoren (berücksichtigt wurden Diskriminanzfunktionen mit Eigenwerten > 1,0).

Tab. 1: Canonical discriminance analysis between total abundance and number of species, respectively, and abiotic environmental factors (discriminance functions with intrinsic value > 1.0 were selected exclusively).

	Individuen / ha			mittlere Artenzahl		
Diskriminanzfunktion	1	2	3	1	2	3
Eigenwert	17,411	1,998	1,115	2,489	2,033	1,001
Erklärte Varianz [%]	81,6	9,4	5,2	39,1	31,9	15,7
Kumulierte Varianz [%]	81,6	90,9	96,1	39,1	71,0	86,7
Diskriminanzkoeffizienten						
Saison	7,402	1,135	4,817	4,590	4,343	2,055
Jahr	0,725	-0,961	0,833	1,169	-0,282	0,922
Tageszeit	0,317	0,068	0,718	0,077	0,458	0,586
Probestelle	1,198	0,721	0,975	1,183	0,765	-0,252
Pegel	1,620	2,637	0,040	1,977	4,314	-1,068
Strömung [m/s]	3,115	0,158	2,009	0,298	-0,447	1,154
Temperatur [°C]	-2,539	-0,229	-0,147	0,410	-0,231	0,112
Leitfähigkeit [µS/cm]	-0,961	2,217	0,535	1,390	1,172	-1,153
O_2-Gehalt [mg/l]	-2,240	0,138	-0,279	-0,474	-1,054	-0,213
pH-Wert	4,755	0,486	3,180	1,903	1,071	1,300
Trübung [NTU]	4,891	0,204	1,627	2,531	4,346	0,963

Bei Betrachtung der Fangergebnisse werden sowohl saisonale Einflüsse (Abb. 4) als auch Unterschiede bezüglich der Probestellen (Abb. 5) und der Tageszeit (Abb. 6) deutlich. Die im Vergleich zu allen anderen Jahreszeiten signifikant höchsten mittleren Artenzahlen (MW ± Std.Fehler) traten mit 5,3 ± 0,5 im Spätsommer ($p < 0,05$, ANOVA) auf; die tendenziell niedrigsten mit je 2,2 (± 0,6) im Frühjahr und Frühsommer. Ähnliche Verhältnisse ließen sich auch im Vergleich der beobachteten Abundanzen finden: Die signifikant höchsten Individuendichten waren mit 5,1 (± 1,5) im Spätsommer ($p < 0,05$, Nemenyi-Test); die tendenziell niedrigsten mit 0,7 (± 0,3) und 0,7 (± 0,2) im Frühjahr bzw. Spätherbst festzustellen.

Im Bereich Wittenberge waren gegenüber der Probestelle Havelberg die Gesamtzahl der gefangenen Fische sowie insbesondere die Abundanzen der Güster erhöht (Abb. 5). Nachts wurden signifikant mehr Rapfen ($p < 0{,}01$, U-Test) und tendenziell mehr Plötzen bzw. weniger Güstern als am Tage gefangen (Abb. 6). Mit Ausnahme der diurnalen Unterschiede beim Rapfen ließen sich letztgenannte Trends statistisch nicht sichern.

Für die beobachteten Schwankungen des Fischbestands im Hauptstrom hinsichtlich der Individuenhäufigkeit (Individuen/ha) und Artenvielfalt (mittlere Artenzahl) sind in erster Linie saisonale Veränderungen und durchflußabhängige Parameter wie Pegelstand und Strömung ausschlaggebend (Tab. 1). Als weitere Einflußgrößen wurden in der Kanonischen Diskriminanzanalyse Trübung und pH-Wert ausgewiesen.

4. Diskussion

Qualitative und quantitative Aussagen zu Fischbeständen sind immer unter dem Blickwinkel einer möglichen Selektivität sowie eingeschränkten Effizienz des Fanggerätes zu betrachten, wie sie beim eingesetzten Treibnetz aufgrund der verwendeten Maschenweite (20 mm) und eines vermutlich unvollständigen Bodenschlusses gegeben war.

Fangergebnisse von durchschnittlich 2,2 Individuen/ha bzw. 0,3 kg/ha Fischbiomasse sind dennoch als Bestätigung für die erwartete, überaus geringe Individuendichte in der Fahrrinne zu werten. Bezogen auf ein Wasservolumen von 1000 m^3 betrug der mittlere Fang 0,11 Fische und lag damit deutlich unter dem von Wolter & Bischoff (2001) mittels Schleppnetzbefischungen für die Oder ermittelten Wert von 5,2 Fischen, was noch einmal die insgesamt geringe fischereiliche Produktivität der Stromelbe (Fladung 1998, Kubecka et al. 2000) unterstreicht.

Mit 16 Fischarten wurde in der Fahrrinne der Elbe eine geringere Artenzahl im Vergleich zu Schleppnetzbefischungen an Rhein und Oder (IKSR 1997, Wolter & Bischoff 2001) vorgefunden. Die Gründe dafür liegen v.a. in den deutlich geringeren Fangmengen und dem weit gehenden Fehlen typischer Wanderfischarten in den eigenen Befischungen. Mit Ausnahme der Nase entsprach das Artenspektrum den in eigenen Untersuchungen (Fladung 2000) in typischen Uferstrukturen nachgewiesenen und von anderen Autoren (Brümmer 1994, Spieß et al. 1994, Gaumert 1995, IKSE 1996) für die Mittelelbe angegebenen Fischarten. Letztere Untersuchungen beschränkten sich überwiegend auf den Einsatz verschiedenener Fanggeräte im Uferbereich und eignen sich daher nur bedingt für Aussagen zum Fischbestand des Freiwassers. Vergleichende Befischungen der Uferstrukturen und der Freiwasserzone von Rhein und Oder (IKSR 1997, Wolter & Bischoff 2001) lassen neben insgesamt hohen Abundanzanteilen eurytoper Fischarten (v.a. Cypriniden) deutlich höhere relative Abundanzen von Brassen und Güstern im Stromschlauch im Vergleich zum Uferbereich erkennen, wo Plötze, Ukelei, Barsch und Aal dominierten. Eine den eigenen Untersuchungsergebnissen vergleichbare, herausragende Dominanz der Güster fanden Wolter & Bischoff (2001) bei Schleppnetzbefischungen in der Fahrrinne der Oder. Der Abundanzanteil der Güster betrug hier 75,6 %, gefolgt von Brassen und Zope. Plötzen traten hingegen mit durchschnittlich 0,3 % in weit geringeren Häufigkeiten auf. In den Treibnetzbefischungen von Brümmer (1994) war die Güster mit 54,2 % Abundanzanteil ebenfalls häufigste Art.

Die Nachweishäufigkeiten in den eigenen Treibnetzbefischungen spiegeln in starkem Maße die Abundanzverhältnisse wider. Eine gute Übereinstimmung mit den Ergebnissen von Wolter & Bischoff (2001) ist bezüglich der Hauptfischart Güster festzustellen, die in 80 % bzw. 91,7 % der Befischungen anzutreffen war. Die hohen Abundanzen und das permanente Vorkommen der Güster in der Stromelbe stehen in deutlichem Kontrast zu Ergebnissen der Jungfischuntersuchungen von Gozlan et al. (1999), in denen die Güster als eine für Stillwasserbereiche typische Fischart charakterisiert wird. In größeren Fließgewässern ist für das adulte Altersstadium – in Übereinstimmung mit Wolter & Bischoff (2001) – vielmehr eine Orientierung zu tieferen und stärker durchströmten Bereichen im Hauptstrom festzustellen. Gleiches trifft nach MOLLS (1997) auch auf die adulte Plötze zu, die mit 54,3 % ebenfalls recht häufig in den eigenen Befischungen auftrat. Die im Vergleich zu den Oderbefischungen selteneren Vorkommen von Zope und Zander in der Elbe sind vermutlich auf Besonderheiten der Untersuchungsgebiete zurückzuführen.

Adulte Fische der Arten Aland, Rapfen (FREDRICH 2000a, b) und Brassen (eigene Befischungsergebnisse) halten sich bevorzugt in den tieferen Bereichen von Buhnenfeldern auf. Sie kamen in der Fahrrinne regelmäßig, aber mit geringen Stückzahlen vor. Adulte Döbel präferieren nach ALLOUCHE et al. (1999) deckungsreiche Nebengewässer als Nahrungs- und Einstandshabitate und waren deshalb selten im Hauptstrom nachzuweisen. Das völlige Fehlen des Flußbarsches in den eigenen Untersuchungen ist mit Zufälligkeiten bei der Probennahme zu erklären. Nach WOLTER & BISCHOFF (2001) präferiert diese Fischart geringe Wassertiefen in Ufernähe und war auch im Hauptstrom der Oder mit nur sehr geringen Abundanzen (0,6 %) präsent.

Die kleinwüchsigen Fischarten Gründling, Weißflossengründling (*Gobio albipinnatus*), Ukelei und z.T. auch Kaulbarsch sind in den eigenen Treibnetzbefischungen aufgrund der verwendeten Maschenweiten unterrepräsentiert. Im Analogieschluß zu den Ergebnissen von WOLTER & BISCHOFF (2001) ist davon auszugehen, daß Ukelei, Gründling sowie insbesondere Weißflossengründling und Kaulbarsch regelmäßig, letztere durchaus auch in höheren Abundanzen, im Stromschlauch der Elbe vorkommen.

Bemerkenswert ist das Auftreten von subadulten Individuen der Arten Barbe und Nase. Einzelfunde der Nase als Ergebnis von Besatzmaßnahmen in der tschechischen Elbe wurden aus verschiedenen Abschnitten der Mittelelbe gemeldet (GAUMERT 1995, BRÄMICK et al. 1998, PFEIFER, Sächsische Landesanstalt f. Landwirtschaft, mündl. Mitt.). Bezüglich der Barbe lassen die regelmäßigen Nachweise in der oberen Mittelelbe (FÜLLNER et al. 1996) und die steigende Zahl von Einzelfängen v.a. juveniler Exemplare in der unteren Mittel- und der Unterelbe (BRÄMICK et al. 1998, BECKEDORF & SCHUBERT 1995, GAUMERT, Wassergütestelle Elbe, mündl. Mitt.) auf eine zunehmende Etablierung dieser Art schließen. Der fast ausschließliche Fang subadulter und adulter Exemplare in Hamen (QUASCHNY, mündl. Mitt.) und den eigenen Treibnetzbefischungen kennzeichnet Barben dieser Alterstufen als typische Bewohner des Hauptstromes. Eine natürliche Reproduktion der Barbe im Bereich der unteren Mittelelbe scheint nicht ausgeschlossen.

Von den ehemals bedeutsamen Wanderfischarten Aal, Nordseeschnäpel (*Coregonus oxyrhynchus*), Flußneunauge (*Lampetra fluviatilis*), Lachs, Meerforelle (*Salmo trutta forma trutta*) und Wanderquappe (*Lota lota*) waren abwandernde Blankaale gelegentlich und der Lachs als Einzelexemplar in den Treibnetzfängen vertreten. Der Nordseeschnäpel gilt in der Mittelelbe seit mehreren Jahrzehnten als ausgestorben (FÜLLNER et al. 1996, IKSE 1996, BRÄMICK et al. 1998). Lachs und Meerforelle konnten im Rahmen wissenschaftlicher Untersuchungen bislang nur in geringen Stückzahlen nachgewiesen werden (IKSE 1996, BRÄMICK et al. 1998, FÜLLNER et al. 2001). Das Fehlen der Arten Flußneunauge und Quappe in den eigenen Befischungen ist hingegen auf die im Winter stattfindenden Laichwanderungen (BAUCH 1958, BECKEDORF & SCHUBERT 1995) bzw. eine eingeschränkte Fängigkeit des Treibnetzes aufgrund der Körperform (Flußneunauge) zurückzuführen und somit überwiegend methodisch begründet. Beide Arten kommen regelmäßig in der Elbe vor (BECKEDORF & SCHUBERT 1995, KAMMERAD et al. 1997, KNÖSCHE 2001).

Der ausschließliche Fang adulter Altersstadien mit einem Längenspektrum von 13-87 cm in den Treibnetzbefischungen ist ebenfalls fangmethodisch (Maschenweite) begründet und läßt keine Rückschlüsse zum Vorkommen juveniler Fische in der Fahrrinne zu. Die gute Übereinstimmung der Längenverteilung bei Aland, Brassen, Güster und Plötze (Abb. 3) mit den Ergebnissen der Schleppnetzbefischungen an der Oder ist als Bestätigung der These zu werten, nach der die kleineren Fische vorwiegend Uferstrukturen nutzen, während größere Adulttiere prinzipiell tiefere Gewässerbereiche präferieren sowie höhere Strömungsgeschwindigkeiten tolerieren und deshalb häufiger auch in der Strommitte zu finden sind (WOLTER & BISCHOFF 2001). Letzteres gilt - wie die Ergebnisse der Treibnetzbefischungen (Abb. 3) zeigen – durchaus auch für kleinere Adultfische der Arten Güster, Plötze und Rapfen.

Die Vorkommen der in der Fahrrinne nachgewiesenen Fischarten zeigten deutliche saisonale Schwankungen, diurnale Unterschiede und waren darüber hinaus auch von lokalen Besonderheiten geprägt. Die bezüglich der Artenzahlen und Gesamtabundanzen beobachteten, saisonalen Änderungen in der Fischgemeinschaft des Hauptstromes (Abb. 4) spiegeln typische Habitatwechsel im Rahmen der Lebenszyklen der einzelnen Fischarten wider. So sind die geringen Abundanzen im Frühjahr und z.T. auch noch im Frühsommer mit dem Reproduktionszyklus v.a. von Güster, Plötze und Blei zu erklären, deren Laichzeit sich von Mai bis Juli erstreckt (MÜLLER 1983) und die als phytophile bzw. phyto-lithophile Fischarten (BALON 1975, 1981) an Uferstrukturen und auf Überschwemmungsflächen ablaichen. Im Spätsommer führte das Auftreten der Wanderarten Aal und Lachs sowie seltener Fischarten wie Barbe und Schleie zu einer zusätzlichen Erhöhung der mittleren Artenzahl in den Befischungen. Ende Oktober (Spätherbst) hatten offensichtlich die meisten Fische auf der Suche nach geeigneten Winterquartieren in Nebengewässern und Häfen den Strom bereits verlassen.

Die im Vergleich zur Probestelle Havelberg insgesamt höheren Individuenzahlen sowie die erhöhten Abundanzen der Güster im Bereich Wittenberge lassen einen Einfluß des dort befindlichen Hafens vermuten, konnten statistisch aber nicht gesichert werden.

Die beobachteten diurnalen Unterschiede in den Abundanzen der einzelnen Fischarten waren – mit Ausnahme des Rapfens - ebenfalls statistisch nicht signifikant. Das häufigere Auftreten des Rapfens in den Nachtbefischungen steht im Widerspruch zu den Ergebnissen von FREDRICH (2000a), der den Rapfen anhand von telemetrischen Untersuchungen als tagaktiv bezeichnet und im Hauptstrom überwiegend am Tage beobachten konnte. Einen Erklärungsansatz bieten mögliche Unterschiede im Verhaltensmuster der - im Gegensatz zu den telemetrierten Fischen (L_T: > 45 cm) - zumeist deutlich kleineren Rapfen aus den Treibnetzfängen (L_T: 25-30 cm). Fanggeräteeffekte durch eine höhere Scheuchwirkung am Tage oder Zufälligkeiten in der Probenahme aufgrund der geringen Rapfenabundanzen in den Treibnetzbefischungen sind ebenfalls nicht auszuschließen.

Als für die Fischartengemeinschaft im Hauptstrom bedeutsame Einflußgrößen erwiesen sich in erster Linie die bereits diskutierten saisonalen Einflüsse, gefolgt von durchflußabhängigen Parametern wie Pegelstand und Strömung. Dies deckt sich mit den Ergebnissen anderer Autoren, nach denen die Fischartengemeinschaft der Tideelbe und des Nord-Ostseekanals von saisonalen Schwankungen und abiotischen Parametern wie Salzgehalt, Wassertiefe und Temperatur beeinflußt wird (THIEL et al. 1995, KAFEMANN et al. 1998). CARREL & RIVIER (1996) konnten den Einfluß von Wassertemperatur und -führung auf die Abundanzverhältnisse der im Hauptstrom der Rhône dominanten Fischarten Ukelei, Plötze und Döbel nachweisen.

Der Pegelstand wirkt sich in der Elbe insbesondere auf die Nutzbarkeit der vorhandenen Uferstrukturen und den Zugang zu Nebengewässern aus. So fallen bei Niedrigwasser große Bereiche der z.T. stark verlandeten Buhnenfelder trocken; viele Nebengewässer verlieren ihre Anbindung zum Hauptstrom und sind für Fische nicht mehr erreichbar. Steigende Wasserstände wiederum erhöhen das Angebot an verfügbaren Strukturen und führen zu einer stärkeren Verteilung der Fische, z.T. auch durch Verdriftung insbesondere kleinerer Fische aus strukturarmen Flußbereichen (BISCHOFF & WOLTER 2001). Die art- und längenspezifische Wirkung höherer Strömungsgeschwindigkeiten z.B. auf fließgewässertypische Cypriniden ist in der Literatur bereits vielfach beschrieben worden (ZERRATH 1996, GIESECKE & JORDE 1997, JENS et al. 1997).

Der in der Kanonischen Diskriminanzanalyse ausgewiesene Einfluß von pH-Wert und Trübung auf Individuenhäufigkeit und Artenzahl erklärt sich aus einer starken saisonalen Abhängigkeit (P < 0,01, Rho) beider Werte. Allerdings lagen die pH-Werte mit 7,9-9,2 z.T. im suboptimalen Bereich (SCHÄPERCLAUS 1990, SCHRECKENBACH 2002), so daß auch ein direkter Einfluß auf den Fischbestand nicht auszuschließen ist. Die mit zunehmender Trübung ansteigenden Fangmengen könnten möglicherweise auch auf Fanggeräteeffekte (Scheuchwirkung) zurückzuführen sein.

5. Danksagung

Der Autor dankt Herrn SIEDMANN vom Wasser- und Schifffahrtsamt Magdeburg für die bereitwillige Erteilung der Befischungsgenehmigung und den Wasserschutzpolizeistationen Havelberg und Wittenberge für die Unterstützung vor Ort bei der Probennahme. Das BMBF förderte das Forschungsvorhaben durch finanzielle Zuwendungen (FKZ 0339578).

6. Literatur

ALLOUCHE, S., A. THEVENET, & P. GAUDIN. 1999. Habitat use by chub (*Leuciscus cephalus* L. 1766) in a large river, the French Upper Rhône, as determined by radiotelemetry. Arch. Hydrobiol. 145, 219-236.

BALON, E.K. 1975. Reproductive guilts of fishes: A proposal and definition. J. Fish Res. Board Can. 32, 821-864.

BALON, E.K. 1981. Additions and amendments to the classification of reproductive styles in fishes. Env. Biol. Fish. 6, 377-389.

BAUCH, G. 1958. Untersuchungen über die Gründe für den Ertragsrückgang der Elbfischerei zwischen Elbsandsteingebirge und Boizenburg. Z. Fischerei N.F. 7, 361-437.

BECKEDORF, R., & H.-J. SCHUBERT. 1995. Funktionsüberprüfung der Fischaufstiegsanlagen an der Staustufe Geesthacht. Niedersächsisches Landesamt für Ökologie. Hildesheim.

BISCHOFF, A., & C. WOLTER. 2001. The flood of the century on the River Oder: effects on the 0+ fish community and implications for floodplain restoration. Reg. Riv.: Res. & Managem. 17, 171-190.

BRÄMICK, U., U. ROTHE, H. SCHUHR, M. TAUTENHAHN, U. THIEL, C. WOLTER, & S. ZAHN. 1998. Fische in Brandenburg – Verbreitung und Beschreibung der märkischen Fischfauna. Ministerium f. Ernährung, Landwirtschaft u. Forsten Brandenburg, Institut f. Binnenfischerei Potsdam-Sacrow (eds), Potsdam.

BRÜMMER, I. 1994. Untersuchungen über Fischartengemeinschaften der Elbtal-Aue bei Wittenberge, Brandenburg/Sachsen-Anhalt. Diplomarbeit, Zool. Inst., TU Braunschweig.

CARREL, G., & B. RIVIER. 1996. Distribution of three euryoecious cyprinids in the main channel of the Lower River Rhône. Arch. Hydrobiol. Suppl. 113, 363-374.

COPP, G.H. 1989. The habitat diversity and fish reproductive function of floodplain ecosystems. Env. Biol. Fish. 26, 1-27.

COWX, I.G., & R.L. WELCOMME. 1998. Rehabilitation of Rivers for Fish. Fishing News Books, Blackwell Science, Oxford.

DOLEDEC, S., & B. STATZNER. 1994. Theoretical habitat templets, species traits and species richness: 548 plant and animal species in the upper Rhône River and its floodplain. Freshw. Biol. 31, 523-528.

FLADUNG, E. 1998. Buhnenfelder – Ersatzlebensraum für Fische oder Beeinträchtigung der Fischerei? Tagungsband 12. SVK-Fischereitagung 20./21.01.98, Potsdam, 1-13.

FLADUNG, E. 2000. Untersuchungen zu Fischbestandsstrukturen und fischereilicher Produktivität von Buhnenfeldern der Mittelelbe. Tagungsband Statusseminar Elbeökologie 2.-5.11.1999, Bundesanstalt f. Gewässerkunde, Koblenz – Berlin, 202-203.

FREDRICH, F. 2000a. Wanderungen und Habitatwahl potamodromer Fische in der Elbe. Tagungsband Statusseminar Elbeökologie 2.-5.11.1999, Bundesanstalt f. Gewässerkunde, Koblenz – Berlin, 50-53.

FREDRICH, F. 2000b. Wanderverhalten und diurnale Bewegungsaktivitäten des Aland (*Leuciscus idus*) in der Elbe. Tagungsband Statusseminar Elbeökologie 2.-5.11.1999, Bundesanstalt f. Gewässerkunde, Koblenz – Berlin, 200-201.

FÜLLNER, G., M. PFEIFER, S. SIEG, & A. ZARSKE. 1996. Die Fischfauna von Sachsen. Sächsische Landesanstalt für Landwirtschaft, Referat Fischerei, Sächsisches Druck- und Verlagshaus GmbH, Dresden.

FÜLLNER, G., M. PFEIFER, & J. GEISLER. 2001. Der Elblachs ist zurück – Stand der Wiedereinbürgerung Frühjahr 2001. Sächsische Landesanstalt für Landwirtschaft, Referat Fischerei, Königswartha.

GAUMERT, T. 1995. Spektrum und Verbreitung der Rundmäuler und Fische in der Elbe von der Quelle bis zur Mündung – aktuelle Befunde im Vergleich zu alten Daten -. Arbeitsgemeinschaft f. d. Reinhaltung d. Elbe (ARGE Elbe), Hamburg.

GIESECKE, J., & K. JORDE. 1997. Ansätze zur ökologischen Optimierung von Mindestabflußregelungen in Ausleitungsstrecken. Wasserwirtschaft 87, 232-237.

GOZLAN, R.E., S. MASTRORILLO, G.H. COPP, & S. LEK. 1999. Predicting the structure and diversity of young-of-the year fish assemblages in large rivers. Freshw. Biol. 41, 809-820.

IKSE (INTERNATIONALE KOMMISSION ZUM SCHUTZE DER ELBE) 1996. Die Fischfauna der Elbe. Druckhaus Laun & Grzyb. Magdeburg.

IKSR (INTERNATIONALE KOMMISSION ZUM SCHUTZE DES RHEINS) 1997. Bestandsaufnahme der Rheinfischfauna 1995. Koblenz.

JENS, G., O. BORN, R. HOHLSTEIN, M. KÄMMEREIT, R. KLUPP, P. LABATZKI, G. MAU, K. SEIFERT, & P. WONDRAK. 1997. Fischwanderhilfen – Notwendigkeit, Gestaltung, Rechtsgrundlagen. Schriftenreihe d. Verbandes dt. Fischereiverwaltungsbeamter u. Fischereiwissenschaftler 11, Offenbach am Main.

JUNGWIRTH, M. 1998. River continuum and fish migration – going beyond the longitudinal river corridor in understanding ecological integrity. In: JUNGWIRTH, M., SCHMUTZ, S., WEISS, S. (eds). Fish Migration and Fish Bypasses. Fishing News Books, Blackwell Science, Oxford, 19-32.

JUNK, W.J., P.B. BAYLEY, & R.E. SPARKS. 1989. The flood pulse concept in river-floodplain systems. Canadian spec. Publ. of Fisheries and Aquatic Sciences, 106, 110-127.

KAFEMANN, R., R. THIEL, & J.E. FINN. 1998. Die Bedeutung abiotischer Schlüsselfaktoren für die Struktur der Fischgemeinschaft im Nord-Ostsee-Kanal. Fischökologie 11, 1-20.

KAMMERAD, B., S. ELLERMANN, J. MENCKE, O. WÜSTEMANN, & U. ZUPPKE. 1997. Die Fischfauna von Sachsen-Anhalt – Verbreitungsatlas. Ministerium f. Raumordnung, Landwirtschaft und Umwelt d. Landes Sachsen-Anhalt, Magdeburg.

KNÖSCHE, R. 2001. Fische und Fischerei in der Mittelelbe. Schriften des Instituts für Binnenfischerei Potsdam-Sacrow 6, Groß Glienicke.

KUBECKA, J., J. FROUZOVÁ, A. VILCINSKAS, C. WOLTER, & O. SLAVÍK. 2000. Longitudinal hydroacoustic survey of fish in the Elbe River supplemented by direct capture. In: Cowx, I.G. (ed). Management and Ecology of River Fisheries. Fishing News Books, Blackwell Science, Oxford, 14-25.

LELEK, A., & G. BUHSE. 1992. Fische des Rheins. Springer-Verlag, Berlin Heidelberg.

MÖLLER, H. 1984. Daten zur Biologie der Elbfische. Verlag Heino Möller, Kiel.

MÖLLER, H. 1988. Fischbestände und Fischkrankheiten in der Unterelbe 1984-1986. Verlag Heino Möller, Kiel.

MOLLS, F. 1997. Populationsbiologie der Fischarten einer niederrheinischen Auenlandschaft – Reproduktionserfolge, Lebenszyklen, Kurzdistanzwanderungen-. Dissertation. Mathem.-Naturwiss. Fakultät Universität Köln.

MÜLLER, H. 1983. Fische Europas. Neumann Verlag, Leipzig Radebeul.

SCHÄPERCLAUS, W. 1990. Fischkrankheiten. Akademie-Verlag, Berlin.

SCHIEMER, F., & H. WAIDBACHER. 1994. Naturschutzerfordernisse zur Erhaltung einer typischen Donau-Fischfauna. Limnologie aktuell 2, 248-265.

SCHIEMER, F., & M. ZALEWSKI. 1992. The importance of riparian ecotones for diversity and productivity of riverine fish communities. Neth. J. Zool. 42, 323-335.

SCHRECKENBACH, K. 2002. Einfluß von Umwelt und Ernährung bei der Aufzucht und beim Besatz von Fischen. Fischerei & Naturschutz, VDSF Schriftenreihe 4, 55-73.

SPIEß , H.-J., K.-H. JÄHRLING, & U. RASCHEWSKI. 1994. Rundmäuler und Fische der Elbe im Land Sachsen-Anhalt. Ministerium f. Umwelt, Naturschutz und Raumordnung d. Landes Sachsen-Anhalt, Elbe-Druckerei GmbH, Wittenberg.

THIEL, R., & I.C. POTTER. 2001. The ichthyofaunal composition of the Elbe Estuary: an analysis in space and time. Marine Biology 138, 603-616.

THIEL, R., A. SEPÚLVEDA, R. KAFEMANN, & W. NELLEN. 1995. Environmental factors as forces structuring the fish community of the Elbe Estuary. J. Fish Biol. 46, 47-69.

VANOTTE, R.L., G.W. MINSHALL, K.W. CUMMINS, L.R. SEDELL, & C. E. CUSHING. 1980. The River Continuum Concept. Can. J. Fish. Aquat Sciences 37, 130-137.

WARD, J.V., & J.A. STANFORD. 1995. The serial discontinuity concept: Extending the model to floodplain rivers. Reg. Riv.: Res. & Managem. 10, 159-168.

WEIBEL, U. 1991. Neue Ergebnisse zur Fischfauna des nördlichen Oberrheins – ermittelt im Rechengut von Kraftwerken. Fischökologie 5, 43-68.

WOLTER, C., & A. BISCHOFF. 2001. Seasonal Changes of Fish Diversity in the Main Channel of the large Lowland River Oder. Reg. Riv.: Res. & Managem. 17, 595-608.

ZERRATH, H. 1996. Sprintleistungen einheimischer Klein- und Jungfische in Sohlgleitenmodellen – Daten zur Bewertung von Fischaufstiegshilfen. Fischökologie 9, 27-48.

Zeitschrift für Fischkunde	Supplementband 1, 2002	Ökologie der Elbefische	S. 133-158

Die Fischgemeinschaften des Stepenitz-Karthane-Systems und ihre funktionelle Beziehung zum Gewässerzustand

Fish communities in the Stepenitz-Karthane river basin and their functional relationship to river habitat quality

Dietmar R. Lill* & Helmut M. Winkler**

* Am Dorfteich 7, 18184 Broderstorf/OT Ikendorf,
eMail: dilihro@t-online.de
** Universität Rostock, Fachbereich Biologie, Universitätsplatz 2, 18051 Rostock
eMail: helmut.winkler@biologie.uni-rostock.de

Zusammenfassung: In zwei mittelgroßen Nebenflüssen der Elbe, Stepenitz und Karthane, wurde die Zusammensetzung der Fischartengemeinschaften in Beziehung zur Strukturgüte nach den "Empfehlungen der Länderarbeitsgemeinschaft Wasser (LAWA) zur Strukturgütebewertung kleiner und mittelgroßer Fließgewässer" im Zeitraum von 1997-99 untersucht. Erstmalig wurde für dieses Gewässersystem die Ichthyofauna durchgehend erhoben. Die Stepenitz, die in größeren Bereichen über eine hohe Strukturgüte verfügt, beherbergt mit 30 autochthonen Fisch- und 2 Rundmaularten 70 % des für das Land Brandenburg angegebenen Artenspektums. Rote-Liste-Arten kommen für Brandenburg 12 (38,7 %) und für die BRD 18 (58,1 %) in der Stepenitz vor. Die Elritze wurde bisher im Land Brandenburg nur in der Stepenitz nachgewiesen. Nach der Flora-Fauna- und Habitatrichtlinie der EU geschützte Fische und Rundmäuler sind mit 7 Arten vertreten. Erstmals für das Land Brandenburg konnten Laichplätze des Flußneunauges lokalisiert werden. Im Gegensatz zur Stepenitz verfügt die Karthane entsprechend ihrer schlechteren Strukturgüte mit 20 Arten über ein geringeres Artenspektrum. Ihre höhere morphologische Beeinträchtigung spiegelt sich auch im Fehlen von stenöken Arten wie (Bachneunauge, Bachforelle, Elritze und Groppe) wider. Gemäß den Roten Listen Brandenburgs und der BRD werden 6 (28,6 %) bzw. 9 (42,8%) Arten der Karthane in einer Gefährdungskategorie geführt. Die Bewertung der morphologischen Gewässergüte nach den LAWA-Empfehlungen zeigt für den Verlauf der Karthane und den Ober- und Mittellauf der Stepenitz eine gute Übereinstimmung zum ermittelten Fischartenspektrum, jedoch gibt es auch Abweichungen. Der Unterlauf der Stepenitz bedarf differenzierterer Bewertung. Eine formale Konvergenz ergibt sich erst nach eingehender Analyse der spezifischen Bedingungen in diesem Bereich. Für eine exaktere Bewertung sollte ähnlich dem Standorttypindex und wie in der EU-Wasserrahmenrichtlinie vorgesehen, der aktuelle Zustand an einem jeweils zu ermittelnden potentiell natürlichen Artenspektrum gemessen werden. Der in der Ökologie weit verbreitete Shannon-Wiener-Index scheint für die Beschreibung von Strukturgüte und Fischgemeinschaftsstruktur wenig geeignet zu sein. Markierungsexperimente mit Fischen aus 14 Arten am Unterlauf der Stepenitz belegen Bewegungen sowohl flußaufwärts als auch in Richtung Hauptstrom (Elbe). Einzelne Wehre im Unterlauf der Stepenitz behindern zwar besonders den flußaufwärts gerichteten Austausch mit der Elbe, unterbinden ihn jedoch in Abhängigkeit vom Wasserstand des Hauptstroms (Überflutung der Wehre) nicht gänzlich. Erst ihre kumulative Wirkung verhindert die Verbindung mit dem naturnahen Mittellauf und bringt aufwärts gerichtete Austauschbewegungen zum Erliegen. Querbauwerke anderen Typs (Schöpfwerk an der Karthanemündung) verhindern schon durch ihre Funktionsweise eine flußaufwärts gerichtete Verbindung völlig. Die einzigartige Fischfauna der Stepenitz sollte durch geeignete Maßnahmen nachhaltig bewahrt und gefördert werden. Mit ihren naturnahen Lebensräumen ist sie ein ausgezeichnetes Beispiel für die mögliche Existenz von intakten Fließgewässerstrecken in unserer Kulturlandschaft und kann für einzelne Abschnitte als Leitbild bei der Renaturierung der Karthane gelten.

Schlüsselwörter: Artenspektrum, Strukturgüte, Austauschprozesse, Querverbauung, lineare Durchgängigkeit.

Summary: The current study is the first overall attempt to investigate the composition of fish communities in relation to habitat quality of the entire Stepenitz-Karthane river basin of Brandenburg State. Both rivers are part of a medium sized tributary system of the Elbe river.The study period was between 1997 and 1999. As a basis we used the recommendations on habitat quality for small and medium sized rivers of the German "Länderarbeitsgemeinschaft Wasser (LAWA)" for our evaluation. The Stepenitz river is characterized by a good overall habitat quality. 30 native fish and 2 lamprey species could be observed representing 70 % of the total number of fish and lamprey species which occur in Brandenburg State. 12 of them (i.e. 38,7 % of the total) are listed in the state's "red-list for fish species" and 18 of them (i.e. 58,1 % of the total) in the federal one for entire Germany. Furthermore, seven of the species are protected by EU council directives which are based on the 1992 regulations for the "Conservation of natural habitats and of wild fauna and flora". The Stepenitz river is the only river in Brandenburg State where the minnow (*Phoxinus phoxinus*) occurs. It was also the first time that spawning grounds of river lamprey have been detected in Brandenburg State. In case of the smaller Karthane river system only 20 fish species could be recorded in total, except those species which are relatively specialized such as brook lamprey, brown trout, minnow and bullhead. The Karthane river system contains 6 species (i.e. 28,6 % of the total) which are in the state's "red-list for fish species" and 9 species (i.e. 42,8 % of the total) which are in the federal one for entire Germany. Our evaluation of the habitat quality in the Karthane river and the upper and middle parts of the Stepenitz river (based on observing the fish species composition) is in agreement with the rules given in the recommendations of LAWA. Nevertheless, there are some disagreements. The lower part of the Stepenitz river needs to be evaluated in greater detail as a too high degree of correspondence was observed. For a more precise evaluation, the recent species composition must be compared with the potential genuine fish composition, being a method used in the European Water Framework Directive (WFD). Using the Shannon Wiener Index seems not be appropriate for a description of the relation between fish community structure and habitat quality. Tagging experiments with 14 species being marked in the lower Stepenitz showed upstream and downstream migrations. Single weirs may prevent the upstream migrations from the Elbe river to the Stepenitz river. High water levels in the Elbe river induced by flooding events might give some small possibilities for upstream migrations which are then only limited by the frequency of weirs. Unfortunately, particular types of weirs such as bucket weirs in the mouth of the Karthane river may prevent upstream migrations at all. The unique fish fauna of the Stepenitz river should be protected and promoted by suitable management regulations. This river is an excellent example for the coexistence of genuine habitats and cultered landscapes. Furthermore, some sections of the Stepenitz can be used as example patterns for the restoration of the Karthane river.

Keywords: Fish species diversity, habitat quality, exchanging processes, weirs, longitudinal passage.

1. Einleitung

Fischgemeinschaften werden neben hydrodynamischen und chemischen Parametern besonders durch die morphologische Struktur ihrer Habitate und deren Mannigfaltigkeit determiniert (JUNGWIRTH & WINKLER 1983, SCHIEMER 1985, WAIDBACHER 1989). Strukturelle Beeinträchtigungen führen zu Veränderungen in der Zusammensetzung der standorttypischen Fischgemeinschaft (BAIN et al. 1988, BÖTTGER 1990, GAUMERT & KÄMMEREIT 1994a). Querverbauungen beispielsweise beeinflussen nachhaltig die Fischgemeinschaftsstruktur, sie beeinträchtigen den Austausch zwischen den Populationen, behindern bzw. unterbinden die Reproduktion potamodromer und diadromer Wanderarten (TRÄBING et al. 1997).

In der jüngeren Vergangenheit wurden eine Vielzahl von Bewertungsverfahren zur Erfassung der Gewässerstruktur sowie zur Typologie von Flachlandbächen vorgeschlagen (u.a. PATZNER et al. 1985, DEUTSCHER RAT FÜR LANDESPFLEGE 1989, BRAUKMANN 1987, BRAASCH et al. 1993). MEHL (1998) entwickelte und diskutierte umfassend eine räumlich-funktionale Typologie der Fließgewässer in Mecklenburg-Vorpommern.

Die verschiedenen Verfahren zur Bewertung der Gewässermorphologie beziehen zum Teil diverse Tiergruppen (meist Evertebraten) ein. Zunehmend werden auch Fische als Indikatoren für den gewässermorphologischen Zustand genutzt

(NESS & GEBHARDT 1988 und 1992; WINKLER et al. 1995). Insbesondere mit der bevorstehenden Einführung der Europäischen Wasserrahmenrichtlinie werden Fische ein biotischer Indikator für die Bewertung der Gewässergüte sein. Deshalb haben Fragestellungen nach dem Zusammenhang zwischen der Gewässerbeschaffenheit und der Struktur der zugehörigen Fischartengemeinschaft einen hohen Grad an Aktualität.

Ziel der vorliegenden Untersuchungen war es, in einem Nebenflußsystem der Elbe, welches über intakte und deutlich beeinträchtigte Gewässerbereiche verfügt, eine Analyse der ökomorphologischen Situation in Verbindung zu den Fischgemeinschaften im Längsverlauf durchzuführen. Vergleichend sollte ermittelt werden, inwieweit die ökomorphologische Bewertung des Gewässers den Befunden über die spezifische Zusammensetzung der Fischgemeinschaften entspricht. Eingehender sollten die Wirkungen der zahlreichen Querverbauungen am Unterlauf der Stepenitz auf die Artenzusammensetzung im Nebenfluß und die Austauschprozesse mit dem Hauptstrom untersucht werden.

Im vorliegenden Beitrag wurden für die Erfassung der Strukturgüte die Empfehlungen der Länderarbeitsgemeinschaft Wasser (LAWA 1997) zugrunde gelegt.

Parallel dazu wurde der Fischbestand im Gesamtsystem einmalig und detaillierter über den Untersuchungszeitraum von zweieinhalb Jahren am Unterlauf der Stepenitz erhoben.

2. Untersuchungsgebiet

Stepenitz und Karthane sind rechtsseitige direkte Nebenflüsse der Elbe im Land Brandenburg mit einer gemeinsamen Mündung in Wittenberge bei Stromkilometer 455.

Die Stepenitz entspringt südöstlich von Meyenburg und besitzt eine Lauflänge von 84,6 km (QUAST et al. 1996). Ihr fließen mehrere größere Bäche zu (u.a. Freudenbach, Dömitz, Kümmernitz, Slaatbach, Jeetzbach, siehe Abb. 1), und es wird ein Einzugsgebiet von 1293,2 km² entwässert (ATLAS DER BEZIRKE SCHWERIN UND ROSTOCK 1962).

Die Stepenitz ist ein Sandfluß, der am Mittellauf und teilweise am Oberlauf über eine naturnahe Gewässermorphologie verfügt. Das Umland wird vorwiegend landwirtschaftlich genutzt.

Vom Quellgebiet bis zur Mündung unterbrechen 10 Wehranlagen, ein Sohlabsturz, eine Sohlenschwelle und eine Sohlrampe den Gewässerverlauf. Das Wehr an der Station 90 (Wolfshagener Mühlenwehr) wurde in eine Sohlrampe

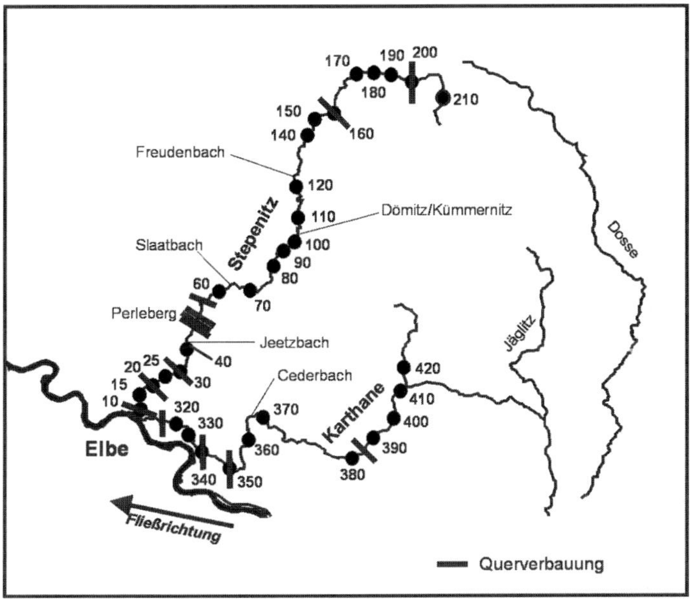

Abb. 1: Untersuchungsgebiet und Stationsnetz.
Fig. 1: The map of the area of investigation and the sampling sites.

umgebaut (1996/97). Besonders stark ist der Unterlauf durch Querverbauungen fragmentiert. Hier befinden sich von der Elbe bis einschließlich der Stadt Perleberg 5 Wehranlagen (Abb. 1) und eine Sohlenschwelle. Die einzige Fischaufstiegsanlage (Schlitzpass) existiert seit 1997 am Rieseleiwehr in Perleberg.

Die Lauflänge der Karthane beträgt 48 km (Landesumweltamt Brandenburg 2002). Sie verfügt über ein Einzugsgebiet von 420 km² (Hansen 1996). Der Cederbach ist ihr einziger größerer Zufluß.

Im Gegensatz zur Stepenitz ist die Gewässermorphologie der Karthane durchgehend erheblich gestört. Im Unterlauf an der Mündung in den Karthaner See wurde zum Schutz vor Elbehochwasser ein Schöpfwerk errichtet. Flußaufwärts im Gewässerlauf befinden sich am Unterlauf bis Bad Wilsnack 5 Wehre, im Mittel- und Oberlauf folgen noch weitere 8 Wehre (Hansen 1996, Quast et al. 1997).

3. Material und Methoden

Von April 1997 bis November 1999 wurden an der Stepenitz 27 und an der Karthane 12 Stationen untersucht (Abb. 1). Die Stationen 60 bis 210 an der Stepenitz wurden nur einmalig und ausgewählte Stationen 1999 wiederholt beprobt. Zusätzlich wurden 1998/99 in der Stepenitz an 14 weiteren Probenorten Befischungen durchgeführt. An der Karthane erfolgte 1998/99 eine einmalige Aufnahme.

Die Stationen an den Wehren bzw. an einem Sohlabsturz unterteilen sich in die Teilstrecken unterhalb und oberhalb der Querverbauung.

In der Stepenitz wurde das Umfeld von 5 Querverbauungen (Stationen 10u/o, 20u/o, 30u/o - Wehre am Unterlauf, Station 200u/o - Wehr am Oberlauf, Station – 160u/o Sohlabsturz am Mittellauf); in der Karthane zwei Wehre am Unterlauf (Stationen 340u/o, 350u) beprobt.

An den Stationen wurden die morphologischen (u.a. Länge, Breite, Tiefe, Strömung, Sohlsubstrat, Makrophytenbedeckung) und ausgewählte Parameter der Wasserbeschaffenheit (Wassertemperatur, Sauerstoffgehalt, Leitfähigkeit und pH-Wert) erfaßt. Bei letzteren handelt es sich um Punktmessungen an den Probennahmeorten, die über den monatlichen Bearbeitungszeitraum (5-6 Tage) zusammengefaßt wurden. Die Bewertung der Gewässerstruktur erfolgte nach einer siebenstufigen ordinalen Skala (Tab. 1) entsprechend den Empfehlungen der Länderarbeitsgemeinschaft Wasser (LAWA) zur Strukturgüteerfassung kleiner Fließgewässer von 1997. Hierbei repräsentiert die Güteklasse 1 den unbeeinflußten und die Güteklasse 7 den völlig anthropogen überformten Gewässerzustand.

Vor Ort wurden die in die Bewertung eingehenden Einzelparameter erhoben sowie eine Einschätzung der funktionalen Einheiten vorgenommen. Anschließend wurden die Einzelparameter mit Hilfe eines Index berechnet. Die Ergebnisse der beiden Bewertungen (Index und funktionale Einheiten) wurden miteinander verglichen und die Hauptparameter-Klassifikation festgelegt. Die Strukturgütebewertung erfolgte nur an den ausgewählten Stationen über eine Länge von ca. 300 m.

Der genaue Algorithmus ist der LAWA-Empfehlung zur Strukturgütebewertung kleiner und mittelgroßer Fließgewässer (1997) zu entnehmen.

Die Darstellung erfolgt gemäß den in der Praxis bewährten Kategorien Sohle mit den Hauptparametern Laufentwicklung, Längsprofil, Sohlenstruktur; Ufer mit den Hauptparametern Querprofil und Uferstruktur sowie Land mit dem Hauptparameter Gewässerumfeld (vgl. Tab. 2 und 3).

Von den 306 Elektro-Befischungen wurden 75 % mit einem Standgerät (Typ FEG 5000, motorgetrieben, Gleichstrom: 250-590 V, 5,9 kW) durchgeführt, für die restlichen Befischungen kam ein Rückentragegerät (Typ IG/2000/2, batteriegetrieben) zum Einsatz. In der Regel

Tab. 1: Strukturgüteklassifizierung.
Tab. 1: Classification of the habitat quality.

Strukturgüteklasse	Grad der Beeinträchtigung
1	Naturnah
2	Bedingt naturnah
3	Mäßig beeinträchtigt
4	Deutlich beeinträchtigt
5	Merklich geschädigt
6	Stark geschädigt
7	Übermäßig geschädigt

wurden die Stationen durch Watfischerei bearbeitet. In den Stauhaltungen 20o, 30o, teilweise Station 10o, 340o sowie Station 350u wurde entsprechend der Wassertiefe mit Hilfe eines Schlauchbootes gefischt. Jede Station wurde zum Beprobungstermin einmalig befischt. Je nach Fischmenge erfolgte eine sukzessive bzw. Gesamtbefischung der Station. Bei sukzessiver Bearbeitung wurden die in den Abschnitten gefangenen Fische untersucht und ca. 100 m unterhalb der Station wieder zurückgesetzt.

Auf den Einsatz von Absperrnetzen wurde nach anfänglichen Versuchen wegen der aufwendigen Handhabung im Fließgewässer verzichtet.

Zusätzlich wurden kleine Bügelreusen getestet. Der hohe Betreuungsaufwand (Diebstahlschutz) und die geringen Fänge führten zur Einstellung dieser Versuche.

Die gefangenen Fische wurden artlich bestimmt, ihre Totallänge und Individualmasse erfaßt und anschließend wieder an den Stationen zurückgesetzt. Von einzelnen Cyprinidenarten wurden Jungfischstichproben zur genauen Determination im Labor entnommen.

Zur Ermittlung der Austauschprozesse zwischen Hauptstrom und Nebenfluß sowie zur Erfassung der Wirkungen der Querverbauungen am Unterlauf wurden 1998 insgesamt 3239 Fische aus 14 Arten ca. 500 m unterhalb der Station 10u markiert. Die Markierung erfolgte subcutan an der Basis der paarigen Flossen mit Alcianblau. Den Hauptteil der markierten Tiere stellten mit 70 % Plötze und Flußbarsch im Verhältnis von etwa 2:1. Aland und Brassen waren mit ca. 20 % beteiligt. Der Rest (ca. 10 %) wurde von den verbleibenden 11 Arten gebildet. Über die Markierungen wurden die ortsansässigen Angelvereine informiert und um Rückmeldungen geangelter markierter Fische gebeten.

Die Zuordnung der Arten zu den ökologischen Gilden (Strömungspräferenzen) wurde in Anlehnung an SCHIEMER & WAIDBACHER (1992) modifiziert vorgenommen. In der Auswertung werden Präsenz, Abundanz und Biomasse dargestellt und bei ausgewählten Arten die Längenhäufigkeit als Nachweis für die Reproduktion im Gebiet. Für die Einstufung der Abundanz wurde die Einteilung nach SCHIEMENZ (aus MÜLLER 1988) angewendet (eudominant > 56 %, dominant 16-35,9 %, subdominant 4-15,9 %, rezendent 1-3,9 % und subrezendent < 1,0 %). Hauptarten (> 5,0 %), Begleitarten (5-1,0 %) und Nebenarten (< 1,0 %) wurden nach BICK (1989) klassifiziert.

Für einige Arten (Plötze, Gründling, Flußbarsch, Döbel, Bachschmerle) wurden aus dem Unterlaufbereich die Längenverteilungen analysiert, um Hinweise auf die räumliche Verteilung ihrer Reproduktionsbereiche zu erhalten. Dafür wurden sie anhand ihrer Länge in drei Altersstadien eingeordnet. Die Einteilung der Fische in juvenile, subadulte und adulte Tiere erfolgte nach Angaben über Wachstum und Geschlechtsreife in BAUCH (1963):

	Plötze	Flußbarsch	Gründling
juvenil	40-50 mm	bis 80 mm	bis 30 mm
subadult	60-110 mm	80-110 mm	bis 70 mm
adult	>120 mm	>110 mm	>80 mm

Die statistische Auswertung der erhobenen Daten erfolgte mit dem Statistikprogramm STATeasy von LOZAN (2000) sowie SPSS.

4. Ergebnisse

4.1. Morphologische Struktur

Die Bewertung der morphologischen Struktur von Stepenitz und Karthane sind in den Tabellen 2 und 3 dargestellt. Die in der Zeile "Strukturgüte" enthaltenen Angaben sind keine Mittelwerte der Kategorien Sohle, Ufer oder Land, sondern ergeben sich aus der Gesamtbewertung aller relevanten Einzelparameter.

4.1.1. Stepenitz

Der Oberlauf weist in einem hohen Grad Beeinträchtigungen der morphologischen Struktur auf (Tab. 2). Hier erreicht die Strukturgüte nur Werte der Klasse 4 (deutlich beeinträchtigt) und stärker geschädigt. In den ökologisch entwerteten Bereichen des Oberlaufes (Stationen 180 bis 210) ist der Bachlauf begradigt, mit einem steil ausgebildeten Trapezprofil versehen und nicht von Gehölzen bestanden. Hier entspricht der Gewässerlauf mehr einem Meliorationsgraben. Die Uferböschungen werden regelmäßig gemäht, die Sohle beräumt und die landwirtschaftliche Nutzung reicht häufig bis in unmittelbare Gewässernähe.

Die geringsten strukturellen Veränderungen finden sich am naturnahen Mittellauf, der an den untersuchten Stationen bis auf zwei Ausnahmen (Stationen 90o, 160u) in den Klassen 1 bis 3 rangiert (Tab. 2). In diesem Bereich hat die Stepenitz in Abschnitten noch fast unberührten Charakter mit natürlicher Strukturvielfalt (mäandrierender Gewässerlauf, Gleit- und Prallhänge, Kolke, Sturzbäume, ausgeprägte Beschattung). Nur im Bereich der durchflossenen Ortschaften bzw. bei Straßen- und Wegkreuzungen sind punktuelle Verbauungen vorhanden. Durch den größtenteils noch vorhandenen Auwald und Riedbereiche erfolgt eine Nutzung nur gelegentlich bis in Gewässernähe.

Die Stationen am Unterlauf zeigen in der Gesamtbewertung die Güteklassen (GK) von bedingt naturnah (GK 3) bis übermäßig geschädigt (GK 7). Die hohen Beeinträchtigungen zeigen besonders die Stauhaltungen der Wehre (Stationen 10o, 20o, 30o). Die Stationen des Unterwassers (10u, 20u, 30u) haben eine geringer beeinflußte Gesamtstruktur, ebenso die Zwischenstationen (15, 25). Der Grad der Beeinträchtigung der Sohlenstruktur reicht von mäßig beeinträchtigt (Stat. 10u, 15, 40) bis übermäßig geschädigt (10o, 20o, 30o). Durch die Verlegung und die Begradigung des Unterlaufes sowie die damit verbundene Festlegung des Flußbettes durch Faschinen wurde die Uferstruktur erheblich monoton gestaltet (GK 3-5).

Das Profil ist als Trapezprofil ausgebildet, mit einer trogartigen Einbettung des eigentlichen Flußlaufes. Durch den zunehmenden Verfall der Faschinen und die folgende Breitenerosion bilden sich sekundär wieder naturnahe Strukturen wie Auskolkungen und Uferüberhänge aus.

Im Bereich der Station 40 befindet sich eine von 36 in den Unterlauf eingebrachten Sohlgleiten, die eine Tiefenerosion des Gewässers verhindern bzw. verzögern sollen. Die befestigten und mit einer Schichtung aus Feldsteinen versehenen Sohlgleiten verbessern als sekundäres Hartsubstrat die Strukturvielfalt. Durch die Strömung und den sandigen Gewässerboden kommt es vor und hinter den Querbändern zu starken Erosionen, die zu Auskolkungen und Bankbildungen sowie einer hohen Strömungsdiversität führen.

Tab. 2: Strukturgütebewertung der Stepenitzstationen nach LAWA-Empfehlung 1997.
Tab. 2: Evaluation of the habitat quality on the sampling sites in the Stepenitz according to the LAWA recommendations of 1997.

Bereich	Stationen											
	Unterlauf											
	10u	10o	15	20u	20o	25	30u	30o	40			
Sohle	4	6	3	4	7	4	4	7	3			
Ufer	4	4	5	5	5	4	3	4	3			
Land	6	6	3	3	3	4	3	3	3			
Strukturgüte	4	6	4	4	7	4	4	6	3			
	Mittellauf											
	60	70	80	90u	90o	100	110	120	140	150	160u	160o
Sohle	2	2	2	1	5	1	1	2	2	2	3	3
Ufer	3	3	2	3	4	2	2	2	3	2	4	2
Land	2	3	3	6	6	1	1	2	1	1	6	1
Strukturgüte	2	2	2	3	4	1	1	2	2	2	4	3
	Oberlauf											
	170	180	190	200u	200o	210						
Sohle	4	5	5	5	7	6						
Ufer	4	5	6	6	6	6						
Land	3	5	5	5	5	5						
Strukturgüte	4	5	5	6	7	6						

Das Fehlen eines den Flußlauf begleitenden Baumbestandes führt vor allem im Bereich zwischen den Stationen 20o und 30u zu starkem Makrophytenaufwuchs. Nur vereinzelt sind Ufergehölze vorhanden, wobei Baum- und Gebüschgalerien unterhalb von Perleberg bis zur Station 40 stärker ausgebildet sind.

Die Nutzung der Aue ist landwirtschaftlich geprägt, extensive Weideviehhaltung überwiegt. Nur sporadisch erfolgt Ackerbau. Die landwirtschaftliche Nutzung reicht häufig bis unmittelbar an das Gewässerufer.

Die Laufentwicklung folgt der typischen Genese der Fließgewässer. Breite und Tiefe nehmen mit zunehmender Entfernung von der Quellregion zu. Von der obersten Station bis zur Mündung nimmt die mittlere Breite in der Stepenitz von 1,3 m bis auf 15,7 m zu. An den Stationen variiert die Breite im allgemeinen in engen Grenzen. Am naturnahen Mittellauf treten mitunter durch die ungehinderte Bettbildung an den Prallhängen Auskolkungen auf, die zu einer lokal begrenzten Aufweitung (z.B. Station 100, bis 10 m) des Bachlaufes führen.

Die mittlere Tiefe der Stationen bei Mittelwasser nimmt flußab beginnend bei 0,2 m zu und erreicht im Oberwasser der Stauhaltungen am Unterlauf mit 1,2 m die höchsten Werte. Die maximalen Tiefen von 1,3 m bis 0,6 m an den Stationen im Mittellauf weisen auf Auskolkungen an den Prallhängen hin. Im Unterlauf markieren die tieferen Bereiche die Stromrinne.

Relativ einheitlich stellt sich die Strömungsgeschwindigkeit dar, die im Mittelwert zwischen 0,2 und 0,5 $m \times s^{-1}$ schwankt. Auffällig ist dabei, daß am Unterlauf ebenfalls eine verhältnismäßig starke Strömung (0,2 - 04 $m*s^{-1}$) festzustellen ist.

Die Makrophytenbedeckung der Stationen im Gesamtverlauf folgt der Strukturgüte. An den in ihrer natürlichen Ausprägung beeinflußten Bereichen am Ober- und Unterlauf (Stationen 180-210; Station 25) tritt verstärktes Makrophytenwachstum auf. Der naturnahe Mittellauf weist nur eine schwache Bedeckung mit Makrophyten auf, wobei an den Stationen 90u, 70 und 80 durch geringe Beschattung erhöhte Dekkungsgrade festgestellt wurden.

Hauptsächlich angetroffen wurden die Arten *Sparganium* spec. *Elodea canadensis* und *Potamogeton crispus*.

4.1.2. Karthane

Die Strukturgüte der Karthane weist am Unter- und Oberlauf ebenso wie bei der Stepenitz eine hohe Beeinflussung der Gewässermorphologie aus (Tab. 3). Es werden Güteklassen von 4 bis 6 erreicht. Die Einmündung in den Karthane-See erfolgt über ein Schöpfwerk.

Der Unterlauf der Karthane ist über weite Strekken begradigt und fast ohne Baumbestand, nur sporadisch sind Erlen und Weiden am Gewässerlauf zu finden. Die geringe Fließgeschwindigkeit (0,1-0,2 $m \times s^{-1}$) hat eine schwache Breitenerosion zur Folge. Am Unterlauf variieren die Mittelwerte der Gewässerbreite an den Stationen zwischen 17,8 m und 19,5 m. Die Wassertiefe schwankt bei Mittelwasser zwischen 0,7 m und 1,5 m, wobei Tiefen bis 4,3 m (Station 330) ermittelt werden konnten.

Nur an zwei Stationen im Mittellauf (370, 380) werden Güteklassen von bedingt naturnah bis mäßig beeinträchtigt erreicht.

Im Gegensatz zum Mittellauf der Stepenitz treten bedingt naturnahe Bereiche räumlich eng begrenzt auf (Stationen 370, 380).

Tab. 3: Strukturgütebewertung der Karthanestationen nach LAWA-Empfehlung 1997.
Tab. 3: Evaluation of the habitat quality on the sampling sites in the Karthane according to the LAWA recommendations of 1997.

Bereich	Stationen											
	Unterlauf					Mittellauf				Oberlauf		
	320	330	340u	340o	350u	360	370	380	390	400	410	420
Sohle	5	4	6	5	6	5	3	2	4	4	5	6
Ufer	5	4	4	5	5	3	3	2	4	4	5	5
Land	4	3	2	2	3	4	3	1	5	3	5	3
Strukturgüte	5	4	5	5	6	5	3	2	5	4	5	5

Die Strömung ist im Vergleich zur Stepenitz geringer und schwankt zwischen 0,1 und 0,2 m×s^{-1}.

4.2. Wasserbeschaffenheit

Die erfaßten Meßwerte zeigen keine besonderen Auffälligkeiten, schwanken entsprechend dem Jahresgang sowie zwischen den einzelnen Jahren und liegen im für Fische normalen Bereich.

Die Wassertemperatur im April 1998 lag im Vergleich zum April 1999 um 4,5 Grad höher. Diese Differenz erklärt sich aus dem bis Juni 1998 wärmeren Frühjahr gegenüber dem Folgejahr.

Die Sauerstoffsättigung erreichte regelmäßig Werte über 80 %. Nur im Juni und Juli 1999 wurde eine Sättigung zwischen 60 und 70 % festgestellt. Im Untersuchungszeitraum zeigte die Leitfähigkeit keine auffälligen Werte und variierte im Bereich von 420 bis 720 µS; die geringsten Werte wurden im Frühjahr 1998 ermittelt. Der pH-Wert tendierte in den leicht basischen Bereich und schwankte zwischen 7,7 und 8,2.

4.3. Fischgemeinschaften von Stepenitz und Karthane

4.3.1. Stepenitz

Insgesamt wurden 30 Fischarten, die sich in der systematischen Zuordnung auf zehn Familien verteilen, und zwei Rundmaularten nachgewiesen (Tab. 4).

Bis auf die eingebürgerte Äsche (*Thymallus thymallus*) und den Karpfen (*Cyprinus carpio*) sind die vorkommenden Arten für die Stepenitz als autochthon einzustufen. Karpfen wurden nur bei zwei Befischungen als Einzelexemplare gefangen. Sie stammen aus Besatzmaßnahmen ortsansässiger Angelverbände im Karthane-See.

Oberlauf

Der strukturell stark veränderte Oberlauf weist fünf Arten auf (Abb. 2), wobei die beiden Stichlingsarten (*Gasterosteus aculeatus, Pungitius pungitius*) die Hauptarten sind, die hinsichtlich Abundanz und Biomasse dominieren. Drei weitere Arten wurden nur in geringen Abundanzen an einer Station (170) festgestellt, die sich im Übergangsbereich zwischen dem strukturarmen Oberlauf und dem strukturell unbeeinflußteren Mittellauf befindet. Diese rheophilen Arten (Bachforelle [*Salmo trutta fario*], Bachschmerle [*Barbartula barbartula*], Westgroppe [*Cottus gobio*]) wandern sporadisch aus ihren angrenzenden Habitaten in die degradierten Oberlaufbereiche ein, ohne diese dauerhaft zu besiedeln.

Mittellauf

Am naturnahen Mittellauf konnten 16 Fisch- und 2 Rundmaularten nachgewiesen werden

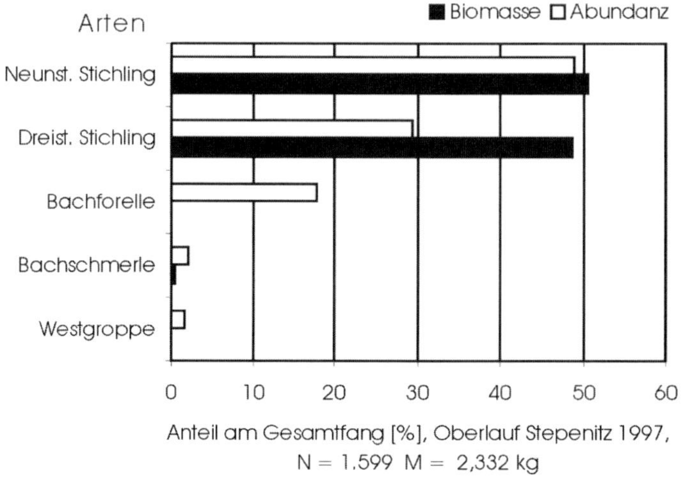

Abb. 2: Stepenitz Oberlauf 1997, Abundanz (N)- und Biomasseanteile (M) der Arten am Gesamtfang, neun Befischungen.
Fig. 2: The upper part of the Stepenitz in 1997, abundance and biomass of species in the total catch, nine samples.

Tab. 4: Präsenz der Arten in Stepenitz und Karthane. UL = Unterlauf, ML = Mittellauf, OL = Oberlauf, D = Deutschland, Bbg = Brandenburg, 2 = stark gefährdet, 3 = gefährdet, G = Gefährdung anzunehmen, V = zurückgehend, Vorwarnliste, * = derzeit nicht als gefährdet eingestuft, ** = mit Sicherheit ungefährdet, n = nicht in Roter Liste geführt.

Tab. 4: The occurrence of species in the Stepenitz and Karthane. UL-lower part, ML- middle part, OL-upper part; D- FRG, Bbg- Brandenburg, 2-endangered, 3-vulnerable, G-endangering supposed, V- near-threatened, *-actually not classified as threatened, **-not threatened, n- not included in the Red list.

Deutscher Name	Wissenschaftlicher Name	Stepenitz			Karthane			Rote Liste	
		UL	ML	OL	UL	ML	OL	D	Bbg
	Rheophile Arten								
Neunaugen	***Petromyzontidae***								
Flußneunauge	*Lampetra fluviatilis* (Linnaeus 1758)	X	X					2	1
Bachneunauge	*Lampetra planeri* (Bloch, 1784)		X					2	2
Lachsfische	***Salmonidae***								
Bachforelle	*Salmo trutta f. fario* Linnaeus 1758	X	X	X				3	3
Äschen	***Thymallidae***								
Äsche	*Thymallus thymallus* (Linnaeus 1758)		X					2	3
Karpfenfische	***Cyprinidae***								
Hasel	*Leuciscus leuciscus* (Linnaeus 1758)	X	X			X		3	3
Döbel	*Leuciscus cephalus* (Linnaeus 1758)	X	X					n	*
Aland	*Leuciscus idus* (Linnaeus 1758)	X			X			3	3
Elritze	*Phoxinus phoxinus* (Linnaeus 1758)	X	X					3	2
Rapfen	*Aspius aspius* (Linnaeus 1758)	X			X			3	*
Gründling	*Gobio gobio* (Linnaeus 1758)	X	X		X	X		n	**
Dorngrundeln	***Balitoridae***								
Bachschmerle	*Barbatula barbatula* (Linnaeus 1758)	X	X	X	X	X	X	3	2
Schmerlen	***Cobitidae***								
Steinbeißer	*Cobitis taenia* Linnaeus 1758	X			X			2	2
Groppen	***Cottidae***								
Westgroppe	*Cottus gobio* Linnaeus 1758		X	X				2	2
Summe		**10**	**10**	**3**	**5**	**3**	**1**		
	Eurytope Arten								
Karpfenfische	***Cyprinidae***								
Plötze	*Rutilus rutilus* (Linnaeus 1758)	X	X		X	X		n	**
Ukelei	*Alburnus alburnus* (Linnaeus 1758)	X			X			n	*
Brassen	*Abramis brama* (Linnaeus 1758)	X			X			n	**
Giebel	*Carassius gibelio* Bloch, 1783		X					n	*
Aale	***Anguillidae***								
Aal	*Anguilla anguilla* (Linnaeus 1758)	X	X		X			3	V
Hechte	***Esocidae***								
Hecht	*Esox lucius* Linnaeus 1758	X	X		X	X		3	**
Barsche	***Percidae***								
Flußbarsch	*Perca fluviatilis* Linnaeus 1758	X	X		X	X		n	**
Kaulbarsch	*Gymnocephalus cernuus* (Linnaeus 1758)	X			X			n	**
Stichlinge	***Gasterosteidae***								
Dreistachliger Stichling	*Gasterosteus aculeatus* Linnaeus 1758	X	X	X	X	X	X	n	G
Dorschfische	***Gadidae***								
Quappe	*Lota lota* Linnaeus 1758	X			X			2	2
Summe		**9**	**6**	**1**	**9**	**4**	**1**		
	Limnophile Arten								
Karpfenfische	***Cyprinidae***								
Moderlieschen	*Leucaspius delineatus* (Heckel, 1843)	X			X			3	3
Rotfeder	*Scardinius erythrophtalmus* (Linnaeus 1758)	X			X			n	**
Schleie	*Tinca tinca* (Linnaeus 1758)	X	X		X			n	**
Güster	*Blicca björkna* (Linnaeus 1758)	X			X			n	**
Bitterling	*Rhodeus amarus* Bloch, 1782	X						2	2
Karausche	*Carassius carassius* (Linnaeus 1758)	X						3	*
Karpfen	*Cyprinus carpio* Linnaeus 1758	X							
Schmerlen	***Cobitidae***								
Schlammpeitzger	*Misgurnus fossilis* (Linnaeus 1758)	X						2	3
Stichlinge	***Gasterosteidae***								
Neunstachliger Stichling	*Pungitius pungitius* Linnaeus 1758	X	X	X	X	X	X	n	G
Summe		**9**	**2**	**1**	**5**	**1**	**1**		
Gesamt		**28**	**18**	**5**	**19**	**8**	**3**		

(Tab. 4). Hauptarten sind Gründling (*Gobio gobio*), Elritze (*Phoxinus phoxinus*), Westgroppe, Bachschmerle, Bachneunauge (*Lampetra planeri*) und Dreistachliger Stichling (Abb. 3).

Das Vorkommen der Nebenarten Giebel (*Carassius gibelio*), Döbel (*Leuciscus cephalus*), Schleie (*Tinca tinca*), Flußbarsch (*Perca fluviatilis*) und Hecht (*Esox lucius*) ist meist auf Einzelfänge beschränkt.

Im unteren Bereich des Mittellaufes (Stationen 60 bis 90) sind einzelne eurytope Arten mit rezendenten Abundanzen (Plötze [*Rutilus rutilus*] und Aal [*Anguilla anguilla*]) vertreten. Dies belegen auch die Untersuchungen von 1999 (Abb. 4), wobei die größere Anzahl der Stationen aus dem unteren Mittellauf zu einem höheren Anteil von eurytopen Arten (Plötze, Flußbarsch, Hecht) führt.

An den naturnahen Stationen (100-150) dominieren die rheophilen Hauptarten. An allen Stationen ist die Elritze vertreten, gefolgt von Westgroppe, Gründling, Bachneunauge, Bachforelle und Hasel (*Leuciscus leuciscus*). Die Bachforelle ist in den Fängen unterrepräsentiert. Der Fang eines Flußneunauges (*Lampetra fluviatilis*) stellt eine besondere Ausnahme dar, da die rigiden Querverbauungen in der Stadt Perleberg den Aufstieg in den Mittellauf verhindern. Dadurch wird aber belegt, daß es einzelnen Tieren gelingt, diese Sperrwerke zu überwinden.

Unterlauf

Dieser Gewässerbereich (Stationen 10 bis 40) wurde im Bearbeitungszeitraum sehr intensiv beprobt.

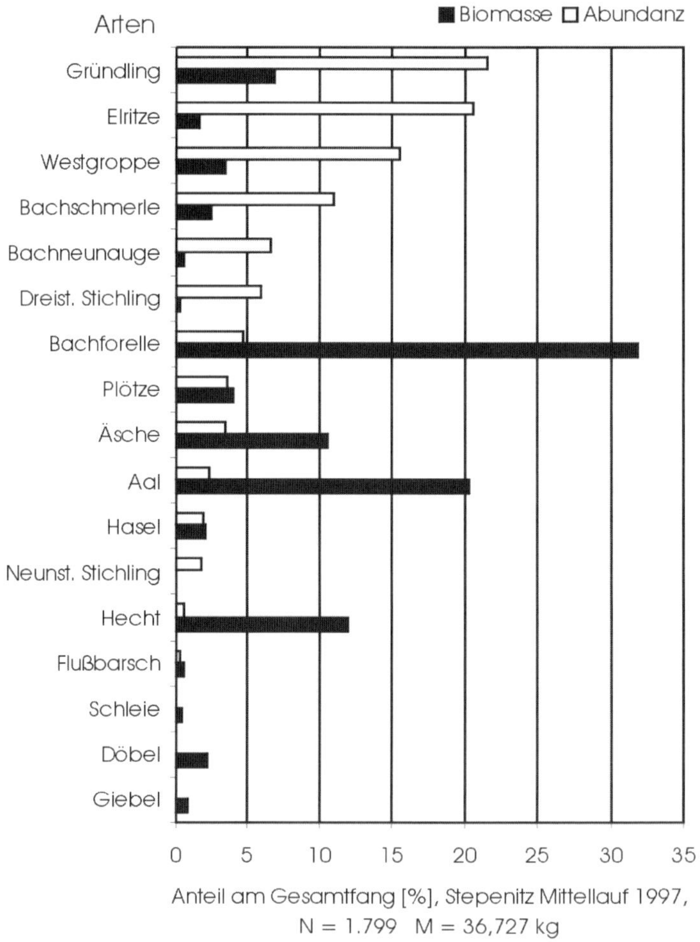

Abb. 3: Stepenitz Mittellauf 1997, Abundanz- und Biomasseanteile der Arten am Gesamtfang, 21 Befischungen.
Fig. 3: The middle part of the Stepenitz in 1997, abundance and biomass of species in the total catch, 21 samples.

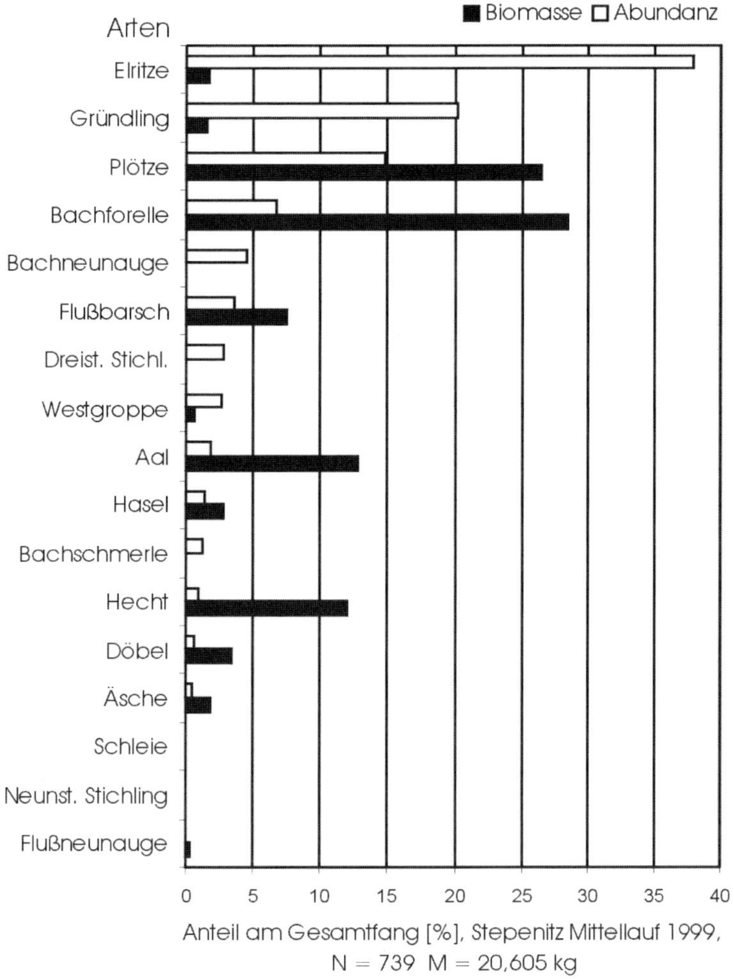

Abb. 4: Stepenitz Mittellauf 1999, Abundanz- und Biomasseanteile der Arten am Gesamtfang, neun Befischungen.
Fig. 4: The middle part of the Stepenitz in 1999, abundance and biomass of species in the total catch, nine samples.

Obwohl in die Gewässerstruktur durch Laufverlegung und Begradigungen stark eingegriffen wurde, ist die Artendiversität sehr hoch. Insgesamt wurden 27 Fischarten und das Flußneunauge ermittelt (Tab. 4; Abb. 5). Hauptarten sind Plötze, Gründling und Flußbarsch. Aland (*Leuciscus idus*), Aal, Hecht, Ukelei (*Alburnus alburnus*), Döbel, Hasel, Quappe (*Lota lota*), Steinbeißer (*Cobitis taenia*), Brassen (*Abramis brama*), Güster (*Blicca björkna*), Kaulbarsch (*Gymnocephalus cernuus*) und Dreistachliger Stichling treten als Nebenarten auf. Begleitarten sind Karausche (*Carassius carassius*), Moderlieschen (*Leucaspius delineatus*), Rotfeder (*Scardinius erythrophthalmus*), Schleie, Rapfen (*Aspius aspius*), Elritze, Bitterling (*Rhodeus amarus*), Schlammpeitzger (*Misgurnus fossilis*) und Bachforelle, die meist nur als Einzelnachweise ermittelt wurden.

Dabei sind die Übergänge zwischen der Zuordnung Haupt-, Begleit- oder Nebenart in den einzelnen Jahren fließend. Entsprechend den annuellen Schwankungen im Aufkommen erreichten Hecht (1997) und Aland (1998) zum Teil Abundanzen, die eine Zuordnung zur Gruppe der Hauptarten erlauben würden. Die im Untersuchungszeitraum dominante Art war die Plötze mit Abundanzen zwischen 34 und 38 %. Subdominat kamen Flußbarsch, Gründling, Hecht und Aland vor. Die Biomasse wird ebenfalls von der Plötze sowie von den Arten Hecht (1997, 1998) und Aland (1999) dominiert, hierbei schwanken die Rangfolgen im Bearbeitungszeitraum.

Das anadrome Flußneunauge ist als adultes Tier nur temporär während der Laichwanderung anzutreffen.

Artenpräsenz im Längsverlauf

Im Gesamtverlauf der Stepenitz ist der Dreistachlige Stichling durchgängig vertreten, gefolgt von der Bachschmerle (Tab. 5). Rheophile Arten wie Bachneunauge, Bachforelle, Äsche, Elritze und Groppe besiedeln vorrangig den naturnahen Mittellauf. Der rheophile Hasel und der eurytope Flußbarsch kommen bis auf wenige Ausnahmen vom Unterlauf bis zum unteren Mittellauf vor. Hierauf folgen in der longitudinalen Verbreitung Plötze und Gründling. Nur bis unterhalb des 2. Wehres im Unterlauf konnten Aland, Rapfen, Brassen, Güster und Ukelei nachgewiesen werden.

4.3.2. Karthane

Es wurden 20 Arten aus sieben Familien nachgewiesen (Tab. 4). Den Hauptanteil bilden zu etwa 50 % Arten der eurytopen Gilde. Die übrigen Arten verteilen sich zu annähernd gleichen Tei-

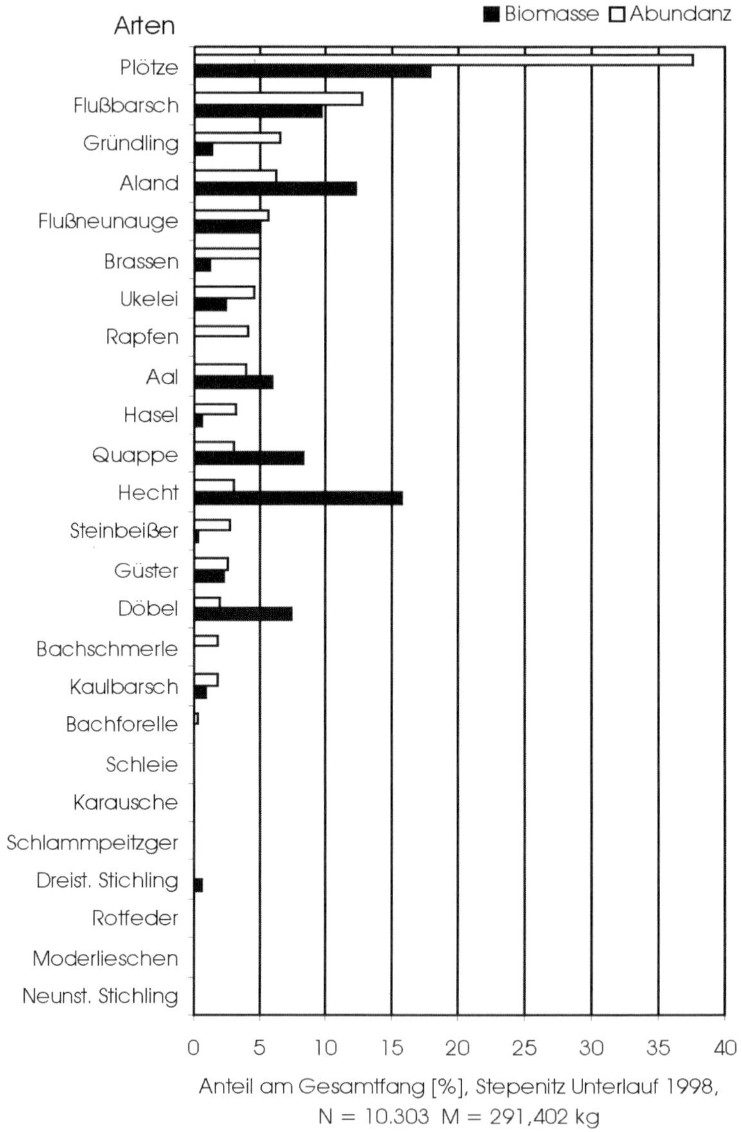

Abb. 5: Stepenitz Unterlauf 1998, Abundanz- und Biomasseanteile der Arten am Gesamtfang, 107 Befischungen.
Fig.5: The lower part of the Stepenitz in 1998, abundance and biomass of species in the total catch, 107 samples.

Tab. 5: Vorkommen ausgewählter Fischarten im Längsverlauf der Stepenitz.
Tab. 5: The occurrence of selected fish species along the Stepenitz.

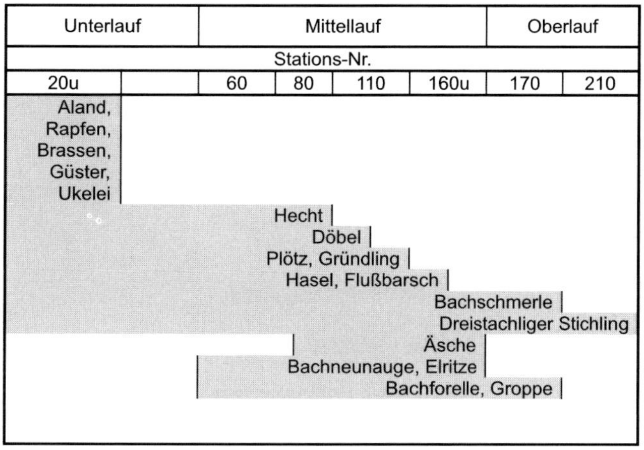

len auf die rheophilen und limnophilen Gruppen. Rundmaularten wurden nicht nachgewiesen.

Ober- und Mittellauf

Der Oberlauf wird von drei Arten besiedelt, wobei die Bachschmerle mit 60 % der Abundanz und 85 % der Biomasse dominiert (Tab. 4, Abb. 6).

Am Mittellauf dominieren Gründling, Dreistachliger Stichling, Plötze, Bachschmerle und Flußbarsch mit 86 % der Abundanz (Tab. 4, Abb. 7). Den Hauptteil der Biomasse mit 82 % bilden Plötze, Hecht und Flußbarsch. Der Hasel erreicht mit 11 % den größten Biomasseanteil von den rheophilen Arten.

Unterlauf

Im Längsverlauf des Fließgewässers zeigt der Unterlauf mit 19 Arten die höchste Diversität (Tab. 4). Die Fischartengemeinschaft wird von den Arten Plötze (49 %) und Flußbarsch (26 %) dominiert, die 75 % der Gesamtabundanz bilden (Abb. 8). Güster, Steinbeißer, Aland, Aal, Hecht, Schleie und Brassen stellen ca. 21 % der Abundanz.

Die überwiegende Biomasse wird mit einem Summenanteil von 75 % von den Arten Plötze (25 %), Aland (20 %), Flußbarsch (15 %) und Hecht (15 %) gestellt.

4.4. Wirkung der Querverbauungen am Unterlauf der Stepenitz

Der Unterlauf der Stepenitz wird bis zur Station 40 durch drei Wehranlagen unterbrochen, die auf den ersten Blick bei Normalwasserstand der Elbe unüberwindbare Hindernisse für die Mehrzahl der vorkommenden Arten darstellen. In Abhängigkeit vom Wasserstand der Elbe kann die Trennwirkung der ersten beiden Wehre aufgehoben

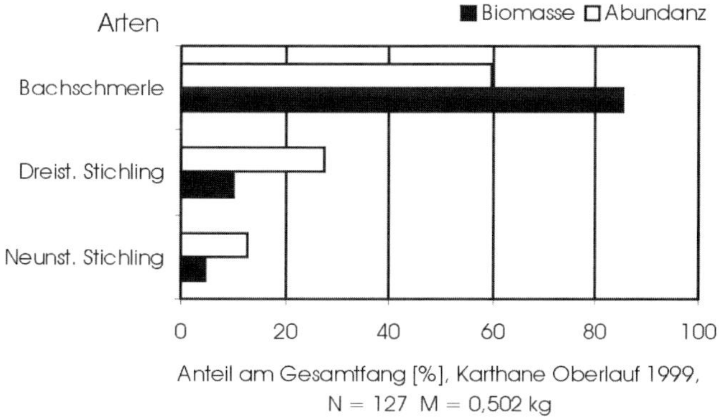

Abb. 6: Karthane Oberlauf 1999, Abundanz- und Biomasseanteile der Arten am Gesamtfang, fünf Befischungen.
Fig. 6: The upper part of the Karthane in 1999, abundance and biomass of species in the total catch, five samples.

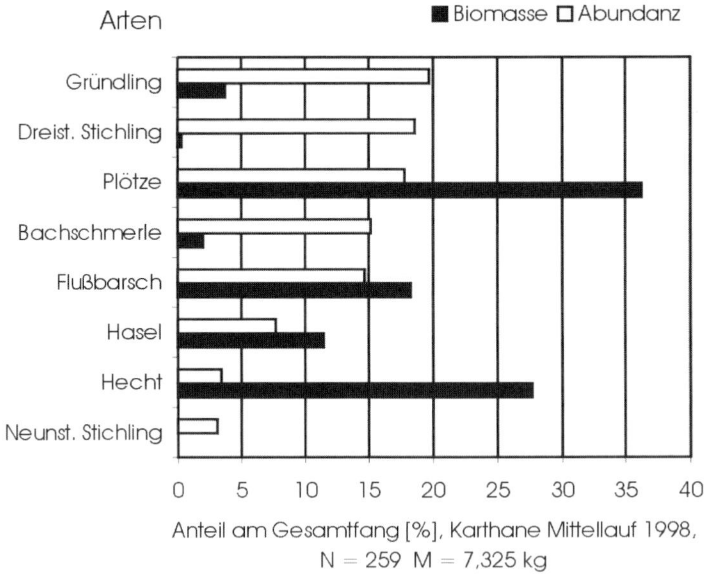

Abb. 7: Karthane Mittellauf 1998, Abundanz- und Biomasseanteile der Arten am Gesamtfang, fünf Befischungen.
Fig. 7: The middle part of the Karthane in 1998, abundance and biomass of species in the total catch, five samples.

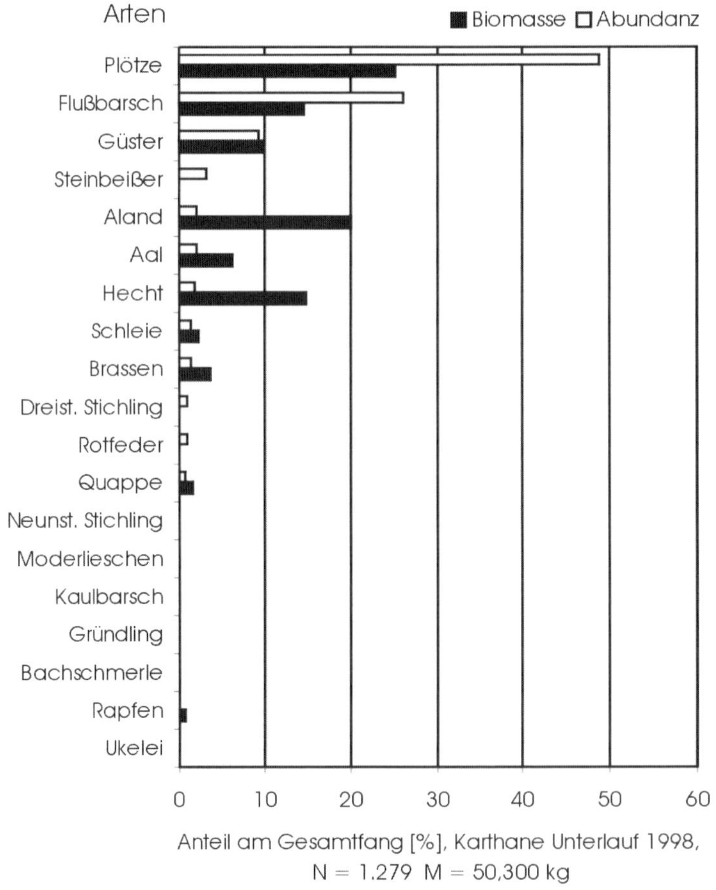

Abb. 8: Karthane Unterlauf 1998, Abundanz- und Biomassenanteile der Arten am Gesamtfang, 16 Befischungen.
Fig. 8: The lower part of the Karthane in 1998, abundance and biomass of species in the total catch, 16 samples.

werden. Die Pegelststände > 4,0 m von 1986 bis 1999 am Pegel Wittenberge (Tab. 6) weisen die Zeitfenster der ungehinderten (möglichen) Einwanderung der Fische aus der Elbe in die Stepenitz aus. Während der Untersuchungen war diese Möglichkeit acht Mal gegeben. Nur einmal in diesem Zeitraum konnte auch das 2. Wehr ungehindert passiert werden (März 1999).

Die Gesamtartenzahl an den Stationen variiert von 5-16 Arten (Tab. 7), wobei nach dem

Tab. 6: Pegelstände am Pegel Wittenberge > 4,0 m (Werte vom Wasser- und Schiffahrtsamt Magdeburg).
Pegel > 4,0 m erstes Wehr funktionslos.
Pegel > 6, 0 m erstes und zweites Wehr funktionslos.
Tab. 6: The water levels (> 4 m) of the Elbe in Wittenberge.
Pegel > 4,0 m first weir, not in function.
Pegel > 6, 0 m first and second weir, not in function.

Monat/ Jahr	1986	1987	1988	1989	1990	1991	1992	1993	1994	1995	1996	**1997**	**1998**	**1999**
Januar	475	620	456	500					556	478	418			
Februar	475	543	414						494	562	428	4,37		492
März	420	530	632		440		470	430	548	454		5,09	426	616
April	450	615	675				488		570	515	410	4,18		
Mai	418	460	420						470	468	491			
Juni	520	421						400		503	404			
Juli		406									442	4,58		
August												4,19		
September										414				
Oktober														
November		400	400										577	
Dezember			490	490	405	405			548		424		442	

Tab. 7: Artenpräsenz an den Stationen am Unterlauf der Stepenitz 1998 (Schattierung zeigt die Präsenz an).
Tab. 7: Species occurrence on sampling sites in the lower part of the Stepenitz in 1998 (shaded parts show presence).

Art/Station	10u	10o	15	20u	20o	25	30u	30o	40
Rheophile Arten									
Gründling									
Döbel									
Hasel									
Steinbeißer									
Bachschmerle									
Aland									
Bachforelle									
Summe	5	5	6	6	4	3	4	4	3
Eurytope Arten									
Plötze									
Flußbarsch									
Hecht									
Aal									
Dreist. Stichling									
Quappe									
Ukelei									
Brassen									
Kaulbarsch									
Summe	9	8	7	9	6	5	5	3	1
Limnophile Arten									
Güster									
Neunst. Stichling									
Summe	1	2	1	1	1				1
Gesamtsumme	15	14	14	16	11	8	9	7	5

zweiten Wehr (ab Station 20o) eine deutliche Abnahme zu verzeichnen ist. Hinsichtlich der Stationshäufigkeit kommen die eurytopen Arten Plötze, Barsch, Aal und Hecht sowie der fakultativ rheophile Gründling durchgängig vor. Es folgen Hasel, Döbel und Steinbeißer. Bis unterhalb des zweiten Wehres (20u) kommen nur Aland, Ukelei, Brassen, Kaulbarsch und Güster vor.

Von den markierten Fischen konnten insgesamt 99 Tiere (3,1 %) in der Stepenitz wiedergefangen werden. An der Station 10u wurden etwa zwei Drittel (65 Tiere) der gefangenen markierten Fische erfaßt. Stromauf zwischen dem 1. und 2. Wehr wurden 34 markierte Fische registriert. Weiter oberhalb wurden keine markierten Tiere mehr nachgewiesen. Entsprechend der hohen Markierungszahlen bei Plötze und Flußbarsch wurden diese beiden Arten auch anteilig am häufigsten zurückgefangen. Die höchsten Wiederfangraten, bezogen auf die Markierungszahl je Art, erzielten Döbel (29,7 %), Gründling (20 %) und Hecht (16 %).

Meldungen aus der Elbe (1 Aland, 1 Döbel) und dem Hafen Wittenberge (1 Aland, 1 Plötze, 1 Flußbarsch) belegen die Abwanderung in Richtung Hauptstrom (Fladung 1998).

Populationsstruktur ausgewählter Arten

Plötze

Obwohl die Plötzen an den meisten Stationen mit hohen Abundanzen vertreten sind, schwankt das Vorkommen der adulten Tiere beträchtlich. Der Großteil der Tiere wurde im 1. Bereich an den Stationen unterhalb des 2. Wehres gefangen (10o, 15, 20u). Das Längenspektrum der adulten Plötzen variiert zwischen 10 und 18 cm Totallänge (Abb. 9). Dabei liegt die Hauptmenge im Größenbereich von 12 bis 14 cm.

Oberhalb der Station 20u, im Bereich 2, wurden regelmäßig geringere Abundanzen mit im Mittel größeren Individuen gefunden (Abb. 10). Die größten Tiere (über 20 cm) wurden an der Station 25 im Juli gefangen.

Bei den juvenilen Plötzen sind die Verhältnisse in etwa entgegengesetzt. An den Stationen oberhalb 20u wurden mehr Jungtiere nachgewiesen (Abb. 11). Im Juli traten an den Stationen 25 und 30u die ersten Fische der Altersgruppe 0+ mit mittleren Längen von 3 cm auf und belegten damit Laichaktivitäten in diesem Abschnitt. Junge Plötzen der gleichen Längenklasse wurden im August an der Station 15 (Bereich 1) nachgewiesen (Abb. 12).

Flußbarsch

Ähnlich wie bei den Plötzen sind die Flußbarsche bis zum 2. Wehr in höheren Abundanzen festgestellt worden. Die Längenverteilung der adulten Fische schwankt im Bereich von 10 cm bis 25 cm Totallänge. Die mittlere Länge liegt an allen Stationen zwischen 12 cm und 14 cm. Größere Tiere mit Längen über 20 cm wurden nur selten gefangen (Station 10u, 15). Oberhalb

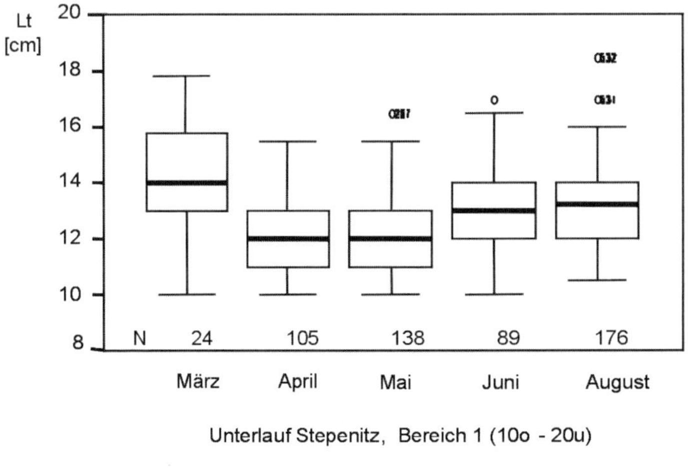

Abb. 9: Längenverteilung adulter Plötzen 1998, Bereich 1.
Fig. 9: Length distribution of adult roach in 1998, part 1.

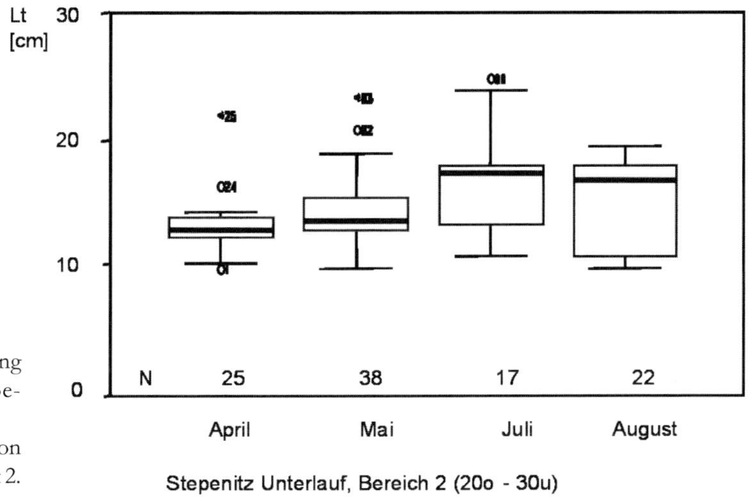

Abb. 10: Längenverteilung adulter Plötzen 1998, Bereich 2.
Fig. 10: Length distribution of adult roach in 1998, part 2.

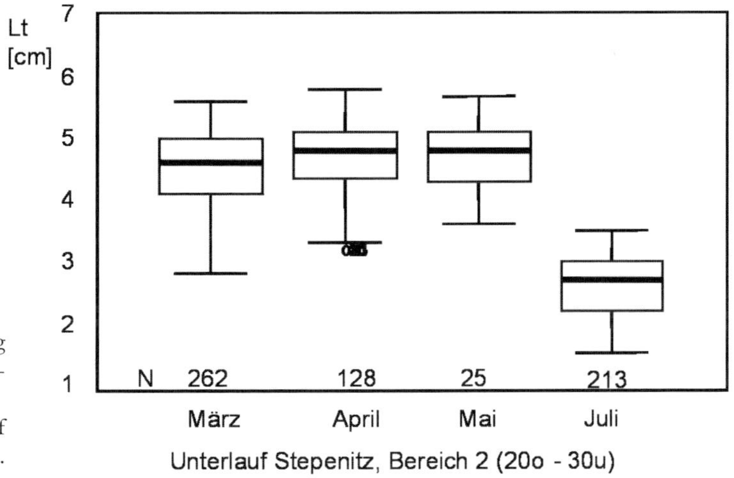

Abb. 11: Längenverteilung juveniler Plötzen 1998, Bereich 2.
Fig. 11: Length distribution of juvenile roach in 1998, part 2.

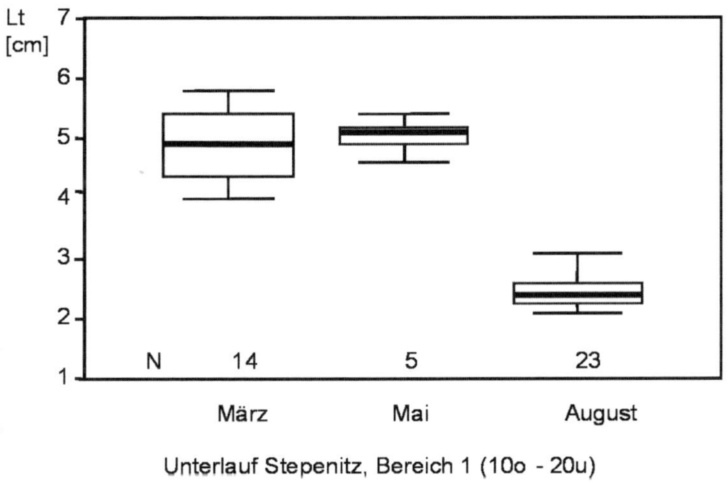

Abb. 12: Längenverteilung juveniler Plötzen 1998, Bereich 1.
Fig. 12: Length distribution of juvenile roach in 1998, part 1.

der Station 20u wurden Flußbarsche nur in geringen Stückzahlen gefangen.

Die subadulten Barsche, die mehrheitlich mit mittleren Längen von 7,5 cm bis 8,5 cm gefangen wurden, sind ebenso wie die adulten Fische bis zur Station 20u häufiger vertreten. Einsömmrige Barsche konnten im gesamten Bereich nicht nachgewiesen werden.

Gründling

Diese Fischart wurde an allen Stationen im untersuchten Abschnitt nachgewiesen. In höheren Abundanzen treten sie besonders an den Stationen 30u, 30o und 40 auf.

Die juvenilen Tiere der Altersgruppe 0+ aus dem Vorjahr (1997) mit mittleren Längen von 3,3 cm bis 4,3 cm sind bis in den Mai nachweisbar (Tab. 8). Tiere der im Jahr 1998 aufgekommenen Altersgruppe 0+ wurden im August an der Station 30o nachgewiesen.

Subadulte Gründlinge waren mit mittleren Längen von 5,5 cm (Stat. 30u) und 8,6 cm (Stat. 40) im März, mit 6,3 cm (Stat. 30o) im April, 6,8 cm (Stat. 30u) im Mai und 8,0 cm (Stat. 30o) im August vertreten.

Die adulten Tiere wiesen Totallängen zwischen 10 cm und 14,5 cm auf.

Döbel

Juvenile Döbel mit Totallängen ab 2,0 cm wurden in geringen Abundanzen an den Stationen 20o, 30u, 30o und 40 nachgewiesen. Subadulte und adulte Fische waren an allen Stationen des Unterlaufes in niedrigen Stückzahlen vertreten.

Bachschmerle

An den Stationen 30u und 40 bildete die Bachschmerle kleinere Bestände, die ein Längenspektrum von 2,1 cm bis 10,5 cm umfaßten. Juveni-

Datum	Station	MW	STABW	VAR	MIN	MAX	N
März 1998	Juvenil						
	30u	3,3	0,7	0,5	1,8	3,0	17
	30o	4,4	0,6	0,3	3,1	5,1	15
	40	3,4	0,4	1,0	2,1	4,6	9
	Subadult						
	30u	5,5	0,4	0,1	5,1	6,0	4
	40	8,6	0,9	0,9	7,4	9,8	6
	Adult						
	20o	13,1	0,5	0,3	12,5	14,0	9
April 1998	Juvenil						
	30u	3,3	0,3	0,1	2,7	3,9	19
	30o	4,3	0,4	0,2	3,5	4,9	28
	Subadult						
	30o	6,3	1,3	1,6	5,0	9,7	37
	Adult						
	30o	11,8	1,3	1,8	10,0	14,0	15
Mai 1998	Juvenil						
	30u	4,3	0,5	0,2	3,4	4,9	18
	Subadult						
	30u	6,8	1,6	2,5	5,0	9,9	26
	Adult						
	30u	12,8	1,4	2,0	10,0	14,5	8
August 1998	Subadult						
	30u	8,0	1,2	1,5	4,4	9,8	41
	Juvenil						
	30o	3,3	0,8	0,7	2,2	5,2	21

Tab. 8: Längenverteilung der Gründlinge an ausgewählten Stationen, Unterlauf 1998.
Tab. 8: Length distribution of the gudgeon on selected sampling sites in the lower Stepenitz in 1998.

le Tiere wurden auch an Station 15 gefunden. An den übrigen Stationen (Tab. 7) bildeten in der Regel subadulte und adulte Tiere den Fang dieser Art.

5. Diskussion

Fischartenspektrum

Für das Land Brandenburg werden 3 Rundmaul- und 47 Fischarten als autochthon angegeben (KNUTH et al.1998). Von diesen 50 Arten gelten 6 als ausgestorben oder verschollen.

In der Stepenitz wurden 29 autochthone Fisch- und 2 Rundmaularten nachgewiesen. Im Verhältnis zu den 44 rezent vorkommenden Arten beherbergt die Stepenitz 70,4 % des für das Land angegebenen Artenspektrums (Tab. 9).

Tab. 9: Vergleich von Stepenitz und Karthane über ausgewählte Kenndaten.
Tab. 9: The comparison of the Stepenitz and Karthane by selected parameters.

Parameter	Stepenitz	Karthane
Lauflänge (km)	85	56
Einzugsgebiet (qkm)	1293	420
Querbauten auf 10 km	1,4	2,1
Rundmäuler	2	0
Fische	29	20
FFH Arten	7	3
Anteil (%) Arten Rote Liste BRD	58	39
Anteil (%) Arten Rote Liste Brandenburg	39	29
Artenanteil (%) rheophil	42	26
Artenanteil (%) limnophil	30	25

Von den Arten der Stepenitz werden 12 (38,7 %) in der Roten Liste des Landes Brandenburg (KNUTH et al. 1998) und 18 (58,1 %) in der Roten Liste für Deutschland (BLESS et al. 1998) geführt (vgl. Tab. 4). Darunter befinden sich stenöke Arten (Bachneunauge, Bachforelle, Äsche, Elritze und Groppe), die nur für eine geringe Anzahl brandenburgischer Fließgewässer nachgewiesen wurden. Nach Angaben aus dem „Fischatlas" für Brandenburg (1998) kommt die Elritze nur noch in der Stepenitz vor.

Im Verlauf der Untersuchungen konnte das Flußneunauge nachgewiesen und erstmalig aktuelle Laichplätze dieser Art in Brandenburg im Unterlauf der Stepenitz lokalisiert werden. Bisher waren Flußneunaugen für die Elbe, die Unterhavel (Laichplätze vermutet) und die Oder (keine Laichplätze bekannt) in jüngster Zeit gemeldet worden (KNUTH et al. 1998). Damit ist die Stepenitz aus fischfaunistischer Sicht das wertvollste Fließgewässer des Landes Brandenburg.

Mit den rheophilen Arten Fluß- und Bachneunauge, Rapfen, Steinbeißer, Westgroppe und den limnophilen Arten Bitterling und Schlammpeitzger sind insgesamt 7 Arten aus der Anhangsliste 2 der FFH-Richtlinie der EU vertreten.

Die einmalige Aufnahme der Karthane ergab mit 20 Arten im Vergleich zur Stepenitz ein geringeres Gesamtartenspektrum (Tab. 4). Den Ober- und Mittellauf der Karthane besiedeln in den noch kleinräumig vorhandenen, bedingt naturnahen Bereichen drei rheophile Arten (Hasel, Gründling, Bachschmerle). Für diese Fließgewässerregionen typische Arten wie Bachneunauge, Bachforelle, Elritze, Döbel, Groppe fehlen völlig.

Am Unterlauf dominieren die eurytopen Arten (Tab. 4). HANSEN (1996) und HILBRICH & SAGHIR (1997) geben mit dem Bitterling eine weitere Art für die Karthane an, die während unserer einmaligen Befischungen nicht nachgewiesen wurde.

Nach der Roten Liste Brandenburgs werden 6 Arten (28,6 %) und nach der Roten Liste der BRD 9 Arten (42,8 %) der Karthane in einer Schutzkategorie geführt (Tab. 4 u. 9). In der Karthane sind gegenüber der Stepenitz nur 3 sogenannte FFH-Arten nachgewiesen, nämlich Rapfen, Steinbeißer und Bitterling.

QUAST et al. 1997 geben für ähnlich große Fließe wie Stepenitz und Karthane folgende Werte zum autochthonen Artvorkommen an: Löcknitz, 22 Arten (TROJAN 1994, zitiert nach QUAST et al. 1997); Dosse 21 Arten (GÖRLACH, zitiert nach QUAST et al. 1997); Rhine 23 (THIEL 1994, zitiert nach QUAST et al. 1997).

Der elbebeeinflußte Unterlauf der Stepenitz weist 27 Arten (einschließlich Flußneunauge) auf. Untersuchungen der ARGE Elbe (GAUMERT et al. 2001) erbrachten den Nachweis von 22 autochthonen Arten am Unterlauf des Aland und von 15 Arten für den Havelunterlauf (unter Verwendung von Befischungsergebnissen aus dem Institut für Binnenfischerei Potsdam Sacrow ergeben sich 28 Arten).

Die Angaben zeigen, daß die Fischartendiversität der Stepenitz mit Hinsicht auf ihre Größe sehr hoch ist. Die Ursachen hierfür liegen zum einen in dem für Flachlandfließgewässer relativ hohen Gefälle (1 Promille bezogen auf die Gesamtlänge, in Abschnitten bis 3 Promille, QUAST et al. 1997) und zum anderen in der über größere Bereiche naturnahen Ausprägung der Gewässermorphologie am Mittellauf sowie dem direkten Elbeeinfluß.

Wie zu erwarten, steigt die Fischartenzahl von der Rhitralregion bis zur Mündung entsprechend der Zunahme von Lebensraumgröße und Habitatvielfalt (Abb. 13) an. In beiden Gewässern ist das etwa eine Versechsfachung der Ausgangsartenzahl der obersten Station. Die reine Artenzahl erlaubt nur in groben Niveaus Rückschlüsse auf die Gewässerqualität.

Zur Bewertung der Arten-Individuen-Relationen an den Stationen im Längsverlauf der Stepenitz wurden der Shannon-Wiener-Diversitätsindex und die Evenness berechnet (Abb. 14) Der Verlauf der Kurve für den Diversitätsindex am Unterlauf läßt den Einfluß der ersten beiden Wehre erkennen. Im Unterwasser der Wehre ist eine hohe Artendiversität zu verzeichnen. Das Absinken der Werte in den Staubereichen in die Nähe bzw. unter die Grenze von 1,5 zeigt eine starke Beeinflussung der Ichthyozönose an.

Der Kurvengang für den Mittel- und Oberlauf dagegen weist in den naturnahen Abschnitten (Stationen 100 - 150) auf eine gestörte Fischgemeinschaft hin. Hier werden die Verhältnisse zahlenmäßig schlechter bewertet als sie vom Gewässerzustand her zu erwarten waren. Die Indexwerte für die Unterlaufstationen liegen trotz der schlechteren Gewässergüteklassen (7-3) über denen des naturnäheren Mittellaufes. Dagegen nimmt der Shannon-Wiener-Indexwert im Oberlauf deutlich ab (Abb. 14) und kommt den Erwartungen aus der Realität (Gewässergüteklasse 4-7) wieder näher. Der Index zeigt nur generelle Veränderungen im Verhältnis Artenzahl/Individuenmenge pro Art an, er drückt keine Unterschiede in der ökologischen Wertigkeit einzelner Arten bezogen auf bestimmte Lebensraumtypen aus. Insofern scheint dieser in der Ökologie zur Beschreibung der Artendiversität weit verbreitete Index hinsichtlich Aussagen über die Beziehung zwischen morphologischer Gewässergüte und Fischartengemeinschaftsstruktur wenig geeignet zu sein. BICK (1989) erwähnt, daß der praktische Wert dieses Index nach wie vor umstritten ist.

Die berechnete Evenness schwankt von 0,5-0,8. Sie gibt den Artenanteil an, der hauptsächlich an der maximal möglichen Diversität beteiligt ist. Auch dieser Index läßt keine Rückschlüsse auf die Beziehung zwischen ökologischer Gewässergüte und Fischartengemeinschaft zu.

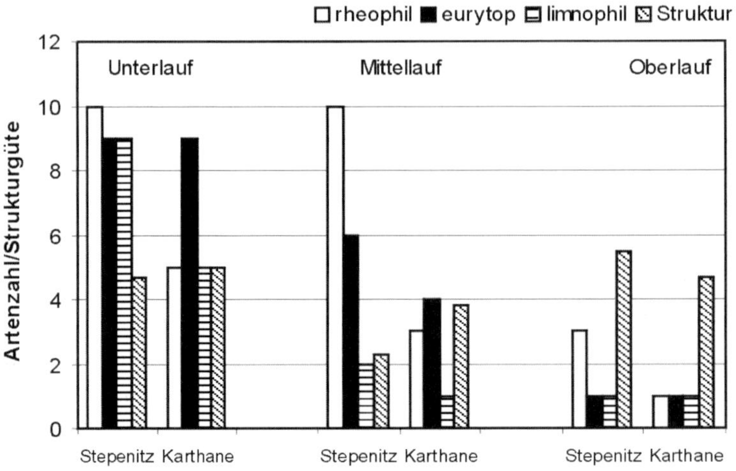

Abb. 13: Anteil der Arten gruppiert nach ihrer Strömungspräferenz im Längsverlauf beider Gewässer.
Fig. 13: The share of species classified according their preferences for flow velocity along both streams.

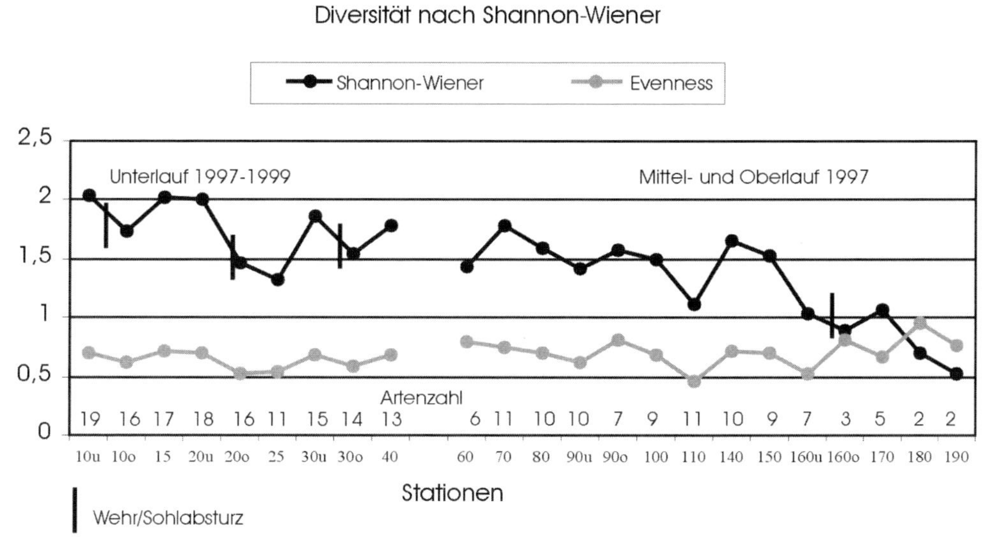

Abb. 14: Fischartendiversität an den Stationen im Verlauf der Stepenitz.
Fig. 14: Fish species diversity on the sampling sites along the Stepenitz.

Anders als der Shannon-Wiener-Index liefert die lebensraumbezogene Artenzahl und der Anteil stenöker Arten konkretere Aussagen über den Zustand des Gewässerabschnittes. Die Nutzung der Fische als Indikator für die ökologische Funktionsfähigkeit und Beschaffenheit von Fließgewässern beruht gerade auf deren spezifischer Angepaßtheit an bestimmte Habitate oder Einzelstrukturen. Durch die Gruppierung der Fischarten hinsichtlich spezifischer Lebensraumansprüche (Strömung, Temperatur, Laichsubstrat, Nahrungstyp etc.) in verschiedene ökologische Gilden kann aus dem Anteil solcher Spezialisten in bestimmten Gewässerbereichen auf die ökologische Beschaffenheit des Gewässers geschlossen werden.

Bewährt hat sich in dieser Hinsicht bisher in Fließgewässern die Gruppierung der mitteleuropäischen Fischarten hinsichtlich ihres Verhaltens gegenüber der Strömung, wie von Schiemer & Waidbacher (1992) vorgeschlagen. Im Vergleich der Anteile der rheophilen, eurytopen und limnophilen Fischarten in den einzelnen Flußabschnitten (Abb. 13) zeigen sich die Unterschiede zwischen den beiden Fließen am Mittel- und Unterlauf besonders stark. Das größere Artenspektrum und die Dominanz der rheophilen Arten am Mittellauf der Stepenitz ist deutlich zu erkennen. Während die Artenanteile der drei Gilden am Unterlauf der Stepenitz ausgeglichen sind, dominieren an der Karthane die eurytopen Arten.

Im Längsverlauf der Stepenitz kommen am ökologisch entwerteten Oberlauf (GK 4-7, Tab. 3) fast ausschließlich die beiden Stichlingsarten vor (Abb. 2). Der naturnahe Mittellauf weist bis auf Ausnahmen an den untersuchten Stationen die Strukturgüteklassen 1-3 auf. Gründling, Elritze, Westgroppe, Bachschmerle, Bachneunauge und Dreistachliger Stichling bilden die Hauptarten für den gesamten Mittellauf (Abb. 3).

In den naturnahen Abschnitten (Stationen 100, 110, 120, 140, 150) hat sich die typisch rheophile Bachichthyozönose mit den Hauptarten Elritze, Groppe, Gründling, Äsche und Bachforelle erhalten (Tab. 10).

Zahn (1996; Bootsbefischung, Datenaustausch) untersuchte mit einer anderen Beprobungsstrategie längere zusammenhängende Abschnitte der Stepenitz und ermittelte das gleiche Artenspektrum. Allerdings unterscheiden sich im Vergleich die Verhältnisse bei der Gruppierung in Haupt-, Begleit- und Nebenarten bezüglich der Rangfolgen (Tab. 10). Die Gründe für die Unterschiede sind vermutlich in der punktförmigen Bearbeitung (Stationen) der ei-

Zahn, IfB (1996)		Eigene Werte (1997)	
Art	Abundanz [%]	Art	Abundanz [%]
Bachforelle	33,02	Elritze	43,58
Gründling	27,01	Groppe	21,93
Hasel	16,75	Gründling	11,53
Äsche	10,74	Äsche	6,00
Groppe	5,69	Bachforelle	5,81
Elritze	4,74	Dreistachliger Stichling	5,15
Bachschmerle	1,58	Bachschmerle	4,69
Dreistachliger Stichling	0,47	Hasel	1,31

Tab. 10: Artenspektrum in naturnahen Bereichen am Mittellauf der Stepenitz.
Tab. 10: Species composition in genuine like parts in the middle part of the Stepenitz.

genen Erhebung zu sehen. Befischungen von 1999 bestätigen ebenfalls die Konstanz des erhobenen Artenspektrums, zeigen aber durch den überwiegenden Anteil der Stationen vom unteren Mittellauf andere Dominanzverhältnisse. In naturnahen Abschnitten ist die charakteristische Artenzusammensetzung sowohl in der Stepenitz selbst erhalten geblieben, konnte sich aber auch aus den gut strukturierten Nebenbächen rekrutieren. Untersuchungen der kleinen Zuflüsse der Stepenitz am Mittellauf (ZAHN 1998) weisen bezüglich der rheophilen Fischfauna mit geringen Schwankungen das Artenspektrum des naturnahen Mittellaufes auf.

Zum Unterlauf hin ändert sich die Zusammensetzung der Fischgemeinschaft. Eurytope und limnophile Arten nehmen zu (Abb. 13). Bei den rheophilen Arten kommen neben Bachschmerle, Gründling und Hasel durch den Einfluß der Elbe Aland, Döbel und Rapfen hinzu, wobei nachgewiesen werden konnte, daß sich der Döbel bis Station 40 auch in der Stepenitz fortpflanzt. Als Hauptarten für den Unterlauf können Plötze, Flußbarsch, Gründling und Aland eingestuft werden, die im Untersuchungszeitraum mehr als 60 % der Gesamtabundanz bildeten. Die Arten Güster, Ukelei, Brassen, Hecht, Aal, Quappe sowie Rapfen, Bachschmerle, Steinbeißer, Döbel und Hasel sind Begleitarten, die mit wechselnden Rangfolgen vertreten sind. Nur sporadisch kommen die Nebenarten Rotfeder, Schleie, Moderlieschen, Karausche und Neunstachliger Stichling vor. Die Nebenarten wurden fast ausschließlich unterhalb des 1. Wehres nachgewiesen, wo eine ungehinderte Einwanderung aus dem Karthaner See und der Elbe gewährleistet ist.

Stationsabhängig treten also 50 % – 20 % der vorkommenden Arten nur in sehr geringen Abundanzen (zum Teil als Einzelfänge) auf.

Wie die Ergebnisse der Untersuchungen unterstreichen, wird die Zusammensetzung der Fischartengemeinschaften bei Vorliegen einer für die Fische ausreichenden Wassergüte (Stepenitz I - II) entscheidend von der morphologischen Ausstattung der Fließgewässer bestimmt.

Daß die Strukturgütebewertung in norddeutschen Flüssen große Übereinstimmungen mit dem Anteil stenöker Arten in der jeweils erhobenen Fischartengemeinschaft zeigt, ist in vielen Untersuchungen der letzten 10 Jahre dokumentiert. Die Ergebnisse der Strukturgüte-Kartierung beschreiben beispielhaft das gegenwärtige Erscheinungsbild von kleinen Fließgewässern in der Kulturlandschaft der norddeutschen Tiefebene. Große Bereiche der Fließe sind in ihrer Struktur geschädigt. GAUMERT & KÄMMEREIT 1994b weisen auf den hohen Anteil ausgebauter Gewässerabschnitte im Einzugsgebiet der Hunte hin. Untersuchungen von WINKLER et al. (1995) zum Zustand der Warnow und ihrer Nebenflüsse ergaben 78 % beeinträchtigte (64 % naturfern verbaute) Gewässerbereiche. MEHL & THIELE (2002) geben in Mecklenburg-Vorpommern für 24 % der Fließgewässer einen sehr guten und für 16 % einen guten Zustand an; 100 km Fließgewässer sind naturfern verbaut.

Charakteristisch für diese Strukturveränderungen ist der aktuelle morphologische Zustand der Karthane. Dies wird durch die Untersuchungen von HANSEN (1996) und QUAST et al. (1997) an diesem Fluß gestützt. Durch die anthropogene Überformung sind naturnahe Abschnitte nur fragmentarisch im Gewässerlauf vorhanden. Die Zusammensetzung der Fischartengemeinschaft (Tab. 4; Abb. 6-8) bestätigt die Ergebnisse der Strukturgüteerfassung an der Karthane. Durch die einmalige Aufnahme der Fischfauna während des Bearbeitungszeitraumes kann die Bewertung jedoch nur orientierenden Charakter haben.

Die Stepenitz verfügt noch in größeren Abschnitten über naturnahe Gewässerbereiche. Zu einer annähernd gleichen Einschätzung der Struktur der Stepenitz kommen Quast et al. 1996. Die Ergebnisse der Strukturgüteklassifizierung und die ermittelte Fischgemeinschaftsstruktur am Ober- und Mittellauf zeigen eine gute Übereinstimmung. Die ökologisch entwerteten Bereiche des Oberlaufes weisen eine verarmte Fischfauna auf, während der naturnahe Mittellauf von entsprechend typischen Arten besiedelt wird.

Die ermittelten Strukturgüteklassen (Klasse 3-7) am Unterlauf der Stepenitz stehen in scheinbarem Widerspruch zum festgestellten breiten Artenspektrum (Tab. 4). Neben den erwarteten eurytopen und limnophilen Arten kommen eine Reihe von Vertretern der rheophilen Gilde vor. Somit stellen sich die Verhältnisse am Unterlauf im Vergleich von Strukturgüte und Fischgemeinschaft komplizierter dar. Hierfür sind folgende Gründe maßgebend:

- Der Einfluß der Elbe und die potentiell möglichen Austauschprozesse mit dem Hauptstrom, auch wenn die Verbindung zum Hauptstrom durch Querverbauungen temporär verhindert ist.
- Die im Zuge der strukturellen Veränderungen künstlich eingebrachten Baumaterialien (Wasserbausteine, Faschinen, Schotterauflagen, Sohlgleiten) stellen Ersatzhabitate dar, die von rheophilen Kleinfischarten erfolgreich besiedelt werden.
- Durch die teilweise zugelassene Eigendynamik und die vergleichsweise hohe Fließgeschwindigkeit entstehen sekundär natürliche Strukturen (Auskolkungen, Uferüberhänge, Bankansätze) mit geringer räumlicher Ausdehnung und erhöhen die Lebensraumdiversität.

Bei genauem Hinsehen ist der Widerspruch zwischen Gewässergütebewertung und erhobenem Fischartenbestand nicht so erheblich, wie dies aus der Darstellung der reinen Artenpräsenz zunächst erscheint.

Die eudominanten und dominanten Arten zwischen den ersten beiden Wehren gehören ausschließlich zur Gilde der eurytopen Arten (Plötze, Flußbarsch, Ukelei, Aal). Rheophile Flußfischarten wie Döbel und Rapfen sind nur in geringen Abundanzen vertreten. Nur der Aland erreichte im Untersuchungszeitraum einmal Abundanzen im subdominanten Bereich.

Die rheophilen Kleinfischarten (Bachschmerle) besiedeln zwischen dem 2. und 3. Wehr, räumlich eng begrenzt, vorhandene Ersatzhabitate bzw. der Gründling und Steinbeißer die überwiegend sandige Sohle. Sie treten im Jahresverlauf in diesem Bereich subdominant auf.

Die Ableitung einer Indikatorfunktion der Fischgemeinschaft für die ökologische Gewässergüte kann wesentlich durch mögliche Sperrwirkungen von Querbauwerken gestört werden. Bezogen auf die Untersuchungsgewässer sind gegenwärtig auf 10 Laufkilometer 1,4 bzw. 2,1 solcher Sperren in Stepenitz und Karthane (vgl. Tab. 9) vorhanden.

Aland, Ukelei, Rapfen, Brassen und Güster kommen nur unterhalb des 2. Wehres vor. Folglich übt diese Querverbauung eine starke Sperrwirkung aus. Dieser Fakt wird durch die Ergebnisse der Markierungsversuche weiter erhärtet, da auch oberhalb des 2. Wehres keine markierten Fische nachgewiesen wurden. Eine ungehinderte Verbindung von der Elbe in den unteren Bereich der Stepenitz über das 1. Wehr ist möglich, wenn der Pegel der Elbe (im Mündungsbereich der Stepenitz) Werte über 4 m erreicht. Damit ist die Möglichkeit von Fischbewegungen in die Stepenitz hinein gegeben (vgl. 4.4). Leistungsfähige adulte Tiere der Arten Rapfen, Döbel, Aland, Plötze, Aal und Quappe können das Wehr wahrscheinlich auch bei Höhendifferenzen von weniger als einem halben Meter am 1. Wehr überwinden.

Eine mögliche Passage des 2. Wehres ist nach eigenen Beobachtungen gegeben, wenn der Elbepegel etwa 6 m erreicht. Diese Hochwasserlagen der Elbe traten seit 1987 nur 6 mal auf (Tab. 6). Bewegungen aus Richtung Elbe, die

Stepenitz flußaufwärts über das 2. Wehr hinaus, sind somit nur selten möglich. Die weitere Verbindung über das 3. Wehr in der Stepenitz ist zumindest im Winterhalbjahr gegeben, da es für diesen Zeitraum ohne Staufunktion betrieben wird.

Die Ergebnisse weisen aus, daß die optisch unüberwindbaren Querbauten unter bestimmten Bedingungen räumlich-zeitlich begrenzte Fischbewegungen zulassen, jedoch zeigt sich eindeutig, daß kumulativ nach mehreren Sperrwerken (bis Station 20) die Aufwärtsbewegung in den Mittellauf völlig unterbunden ist.

Der Fang von juvenilen Fischen im Unterlauf zeigt, daß sich Plötze, Döbel, Gründling, Bachschmerle und Steinbeißer in diesem Bereich reproduzieren. Der Flußbarsch und der Hasel kommen durchgehend bis in den Mittellauf vor, auch wenn keine einsömmrigen Individuen gefangen werden konnten, läßt das Verteilungsmuster eine Reproduktion in der Stepenitz vermuten. Aland, Brassen, Ukelei, Güster, Rapfen und Quappe wandern bei gegebener Möglichkeit in den Unterlauf ein, aber reproduzieren sich vermutlich nicht. Das wird aus der Verteilung dieser Arten und fehlenden Nachweisen von einsömmrigen Tieren in diesem Stepenitzbereich geschlossen.

Im Gegensatz dazu sind die 36 Sohlgleiten, die zur Verhinderung der Tiefenerosion in den mittleren und oberen Unterlauf eingebracht wurden, zwar für diesen Bereich Fremdelemente, haben sich aber zu Lebensräumen von Bachschmerle und Gründling entwickelt, denen die Funktion von Trittsteinbiotopen zugeschrieben werden kann. Nach eigenen Erhebungen aus dem Frühjahr 1999 werden jene Abschnitte von den Flußneunaugen als Laichplätze genutzt.

Somit zeigt sich, daß ein direkter Schluß von der Strukturgüte am Unterlauf auf das Vorkommen von Fischartengemeinschaften nur sehr vorsichtig vorgenommen werden kann und weitere Randbedingungen zu berücksichtigen sind, um den aktuellen Zustand adäquat zu charakterisieren. Eine Übereinstimmung des Verhältnisses von Strukturgüte und Fischgemeinschaftsstruktur ist für diesen Bereich (Unterlauf) erst nach detaillierter Analyse möglich.

Die nachhaltigen Veränderungen der Struktur der Fließgewässer spiegeln sich in der Formation der Fischartengemeinschaften und dem Vorkommen von Zeigerarten wider. Die Monotonisierung und Vernichtung natürlich gewachsener Lebensräume führt unmittelbar zum Verschwinden von stenöken Arten und damit zur Verarmung der Fischfauna (Karthane). Direkt verknüpft mit solchen Prozessen ist die Zerschneidung der Lebensräume durch Querverbauungen. Die Störung der linearen Durchgängigkeit führt zur Behinderung von Austauschprozessen innerhalb des Gewässers und mit dem Hauptstrom. Einzelne Querbauwerke müssen diese aber, wie am Beispiel der Stepenitz gezeigt werden konnte, nicht gänzlich verhindern. Kumulativ tritt dieser Effekt jedoch letztendlich ein. Die Verbindung Elbe-Karthane-Elbe wird dagegen durch das 1981 errichtete Schöpfwerk an der Mündung der Karthane in den Karthaner See für Fische unmöglich gemacht. Hier reicht ein einziges Bauwerk aus, um den Fischaufstieg gänzlich zu verhindern.

Der Bedarf dieser Stauanlagen bzw. das Stauregime sollte aus wasserwirtschaftlicher Sicht geprüft und die Wehre besonders im Frühjahr zur Laichzeit vieler Fischarten funktionslos betrieben werden. Ein Rückbau wäre die effizienteste Lösung für die Fließgewässer. Der Einbau von Fischaufstiegshilfen für die Wehre am oberen Unterlauf und Mittellauf der Stepenitz sowie die Wehre der Karthane ist unbedingt zu fordern. Die einzige Fischaufstiegsanlage existiert zur Zeit am Rieseleiwehr Perleberg.

Durch die Wehre in Perleberg ist die Verbindung zum Mittellauf strikt unterbrochen, und kieslaichende Wanderarten wie Flußneunauge und Großsalmoniden können die Laichgründe am Mittellauf nicht erreichen.

Die einzigartige Fischfauna der Stepenitz ist durch geeignete Maßnahmen nachhaltig zu bewahren und zu fördern. Sie ist mit ihren naturnahen Lebensräumen ein ausgezeichnetes Beispiel für die mögliche Existenz von intakten Fließgewässerstrecken in unserer Kulturlandschaft. Dabei kann die Stepenitz über bestimmte Strecken als Leitbild für die Renaturierung der Karthane gelten.

6. Danksagung

Für die Unterstützung bei den ganzjährigen Feldarbeiten bedanken wir uns herzlich bei den Studentinnen D. PREUẞ , K. MEISSNER, S. VOGLER, M. BLANK sowie den Studenten S. SCHIER, E. HOFMANN, S. IHNKEN und M. VAINER.

Unser besonderer Dank für die Hilfe im Felde gilt auch den Herren A. PETROV und C. KÜHN. Für die Unterstützung bei den Markierungsexperimenten und der Erfassung der Flußneunaugen bedanken wir uns bei Herrn Dr. R. LEMCKE.

Ein ganz besonderer Dank gilt unserem leider so unerwartet verstorbenen Freund C. PFEIL, der uns in seiner humorvollen und zupackenden Art als Gewässerwart des KFA Wittenberge mit stetem Interesse und uneigennütziger Tat zur Seite gestanden hat. Nicht weniger herzlich bedanken wir uns bei seiner Frau für die erfahrene Hilfe.

Bedanken möchten wir uns auch bei der Projektleitung Herrn Dr. R. THIEL und Frau R. GINTER für das hohe Maß an Unterstützung bei fachlichen und organisatorischen Problemen sowie die große Geduld bei der Abgabe der Zuarbeiten.

Weiterhin möchten wir uns bei all denjenigen bedanken, die unser Vorhaben gefördert und unbürokratisch unterstützt haben.

7. Literatur

ANONYMUS 1998. Fische in Brandenburg. Verbreitung und Beschreibung der märkischen Fischfauna. Ministerium für Ernährung, Landwirtschaft und Forsten des Landes Brandenburg, Institut für Binnenfischerei e. V. Potsdam – Sacrow, 152.

ATLAS DER BEZIRKE SCHWERIN UND NEUBRANDENBURG. 1962. Textheft zum Band I: Natur des Landes. Zusammengestellt und herausgegeben vom Topographischen Dienst Schwerin.

BAUCH, G. 1963. Die einheimischen Süßwasserfische. Neumann Verlag. Radebeul u. Berlin.

BAIN, M. B., J.T. FINN, & H.E. BOOKE. 1988. Streamflow regulation and fish community structure. Ecology 69 (2), 382-392.

BICK, H. 1989. Ökologie. Gustav Fischer Verlag, Stuttgart, New York.

BLESS,R., A. LELEK, & A. WATERSTRAAT. 1998. Rote Liste der in den Binnengewässern lebenden Rundmäuler und Fische (Cyclostomat & Pisces), 53-59. In: BINOT, M., BLESS, R., BOYE, P., GRUTTKE, H., PRETSCHER, P. (Bearb.): Rote Liste gefährdeter Tiere Deutschlands. Schrift-R. für Landschaftpflege und Naturschutz 55.

BÖTTGER, K. 1990. Ufergehölze – Funktionen für den Bach und Konsequenzen ihrer Beseitigung – Ziele eines Fließgewässer-Schutzes. Natur und Landschaft 65 (2), 57-62.

BRAASCH, D., R. SCHARF, & D. KNUTH. 1993. Zur Erfassung und Bewertung sensibler Fließgewässer im Land Brandenburg. Naturschutz und Lanschaftspflege in Brandenburg 2, 31-36.

BRAUKMANN, U. 1987. Zoozönologische und saprobiologische Beiträge zu einer allgemeinen regionalen Bachtypologie. Arch. Hydrobiol. Beitr. 26, 1-355.

GAUMERT, D., & M. KÄMMEREIT. 1994a. Fischaufstiegskontrollen an Sohlgleiten. Wasser & Boden 2, 55-59.

GAUMERT, D., & M. KÄMMEREIT. 1994b. Die Fischfauna im Einzugsgebiet der Hunte. Wasser & Boden, 10, 58-62.

GAUMERT, T., J. LÖFFLER, & M. BERGEMANN. 2001. Sude, Aland und Havel. Fischbestandskundliche Untersuchungen sowie Schadstoffbelastung von Brassen, Aal und Zander in den Unterläufen der Elbenebenflüsse. Wassergütestelle Elbe der ARGE Elbe Hamburg.

HANSEN, S. 1996. Naturschutzfachliche Bewertung eines Fließgewässers im Einzugsgebiet der Mittleren Elbe. Diplomarbeit. Zoologisches Institut und Museum der Universität Hamburg.

HILBRICH, T., & N. SAGHIR. 1997. Ichthyofaunistische Bestandserfassung in Dosse, Schwetze, Karthane und Königsfließ. Untersuchung im Rahmen der UVS zur Trassenführung der Magnetschnellbahn Hamburg – Berlin (Transrapid) im Auftrag von Ökoplan - Institut für ökologische Planungshilfen, Maczey, Pritzkow und Tillmann GbR, Berlin.

JUNGWIRTH, M., & H. WINKLER. 1983. Die Bedeutung der Flußbettstruktur für dieFischgemeinschaften. Österr. Wasserwirtschaft, Wien 35, 230-234.

KNUTH, D., U. ROTHE, & M. ZERNING. 1998. Rote Liste und Artenliste der Rundmäuler und Fische des Landes Brandenburg (Cyclostomata u. Pisces). Naturschutz und Landschaftspflege in Brandenburg, Beilage zum Heft 4, 1-19.

LAWA 1997. Strukturgütebewertung kleiner und mittelgroßer Fließgewässer. Verfahrensbeschreibung und Kartieranleitung. Länderarbeitsgemeinschaft Wasser.

LOZÁN, J. L. 2000. STATeasy für Windows. Das statistische Programm für wissenschaftliche Arbeiten. Paul Parey Verlag, Berlin, Hamburg.

MEHL, D. 1998. Die Fließgewässertypen der jungglazialen Naturräume Mecklenburg-Vorpommerns. Ein landschafts- und gewässerökologischer Beitrag. Dissertation. Universität Rostock.

MEHL, D., & V. THIELE. 2002. Fließgewässerschutz in Mecklenburg-Vorpommern. Eine Status-quo-Analyse. Biota-Institut für ökologische Forschung und Planung GmbH im Auftrage des Landesamtes für Umwelt, Naturschutz und Geologie Mecklenburg-Vorpommern.

MÜLLER,H.J. 1988. Ökologie. VEB Gustav Fischer Verlag, Jena.

NESS, A., & H. GEBHARDT. 1988. Fische als Bioindikatoren zur Bewertung von Renaturierungsmaßnahmen an Fließgewässern, 318-326. In: HAMM, A. (Hrsg.) Bd. 2, Erweiterte Fassung der Jahrestagung 1998 der Dtsch. Gesellsch. f. Limnologie in Goslar.

NESS, A, & H. GEBHARDT. 1992. Fische als Indikatoren zur Bewertung des Natürlichkeitsgrades von Makrostrukturen in Fließgewässern, 139-158. In: FRIEDRICH, G., LACOMBE, J. (Hrsg.): Ökologische Bewertung in Fließgewässern. Limnologie aktuell, Stuttgart, New York (Fischer).

QUAST, J., F. KRÜGER, J. GÖRLACH, P. LABATZKI, P. MITTELSTÄDT, A. RITZMANN, R. SCHULZ, J. STEIDEL, & G. WOLF. 1996. Grundlagenermittlungen zur Überprüfung, Umgestaltung, und zum Neubau von Fischaufstiegsanlagen in Fließgewässern 1. Ordnung im Land Brandenburg. Im Auftrage des Landesumweltamtes Brandenburg, Zentrum für Agrarlandschafts- und Landnutzung (ZALF) e.V., Müncheberg, 1-91.

QUAST, J., F. KRÜGER, J. GÖRLACH, A. RITZMAN, & J. STEIDEL. 1997. Fischaufstiegsanlagen und ökomorphologischer Zustand der Hauptfließgewässer in Brandenburg.

PATZNER, A-M., W. HERBST, & E. STÜBER. 1985. Methode einer ökologischen und landschaftlichen Bewertung von Fließgewässern. Natur und Landschaft 60 (11), 445-448.

SCHIEMER, F. 1985. Die Bedeutung von Augewässern als Schutzzonen für die Fischfauna. Österr. Wasserwirtschaft 37 (9/10), 239-245.

SCHIEMER, F., & H. WAIDBACHER. 1992. Strategies for conservation of a Danubian fish fauna, 363-382. In: P. J. BOON, P. CALOW, G. E. PETTS (eds.): River conservation an management. John Wiley & Sons, New York.

TRÄBING, K., D. HERING, T. KILIAN, & E. KORTE. 1997. Nachhaltige Durchwanderbarkeit von Fließgewässern als wasserwirtschaftliche Aufgabe. Wasser & Boden 49 (11), 46-59.

WAIDBACHER, H. 1989. Zum Einfluß der Uferstruktur auf Fischbestände – Stauraumgestaltung Altenwörth. Österreichische Wasserwirtschaft 41 (7/8), 172-178.

WASSER- UND SCHIFFAHRTSVERWALTUNG DES BUNDES, WASSER- UND SCHIFFAHRTSAMT MAGDEBURG. Wasserstände am Pegel Wittenberge für den Zeitraum 1983-1999.

WINKLER, H. M., D. LILL, & R. LEMCKE. 1995. Die Fischfauna der Nebel – ein Indikator zur Bewertung des ökologischen Gewässerzustandes? 215-230. In: Zusammengestellt von MEHL, D., THIELE, V.: Ein Verfahren zur Bewertung nordostdeutscher Fließgewässer und deren Niederungen unter besonderer Berücksichtigung der Entomofauna. Nachrichten des Entomologischen Vereins Apollo e.V., Frankfurt am Main.

ZAHN, S. 1998. Datenausstausch - Befischung der Zuflüsse der Stepenitz. Institut für Binnenfischerei e.V. Potsdam-Sacrow. (unveröffentlichte Unterlagen).

ZAHN, S. 1996. Datenaustausch – Befischungsergebnisse des Ober- und Mittellaufes der Stepenitz. Institut für Binnenfischerei e.V. Potsdam-Sacrow. (unveröffentlichte Unterlagen).

Zeitschrift für Fischkunde	Supplementband 1, 2002	Ökologie der Elbefische	S. 159-178

Wanderungen und Uferstrukturnutzung der Quappe, *Lota lota*, in der Elbe, Deutschland

Migrations and bank structure use of burbot, *Lota lota* in the River Elbe, Germany

FRANK FREDRICH* & HANS-HERMANN ARZBACH**

* Leibniz-Institut für Gewässerökologie und Binnenfischerei im Forschungsverbund Berlin e.V., Müggelseedamm 310, 12587 Berlin
eMail: frank.fredrich@exmail.de
**Niedersächsisches Landesamt für Ökologie, An der Scharlake 39, 31135 Hildesheim
eMail: hans-hermann.arzbach@nloe.niedersachsen.de

Zusammenfassung: In der Elbe existieren zwei ökologische Formen der Quappe (*Lota lota*): eine großwüchsige Wanderform, die im Ästuar aufwächst und in der Mittelelbe laicht sowie eine kleinwüchsige standorttreue Form, die ganzjährig in der Mittelelbe lebt. Die individuellen Wanderungen, besonders die Laichwanderungen sowie die Uferstrukturnutzung beider Formen wurden von 1997-2000 untersucht. Dazu wurden 53 Quappen Radiosender in die Leibeshöhle implantiert und die Aufenthaltsorte der Fische zumeist wöchentlich telemetrisch bestimmt. Die Staustufe Geesthacht behindert die Laichwanderung der Quappen aus der Tideelbe erheblich. Während der Laichwanderung wurden im Dezember 33 Quappen unterhalb der Staustufe Geesthacht gefangen und markiert. Von den 20 unterhalb der Staustufe ausgesetzten Quappen wanderten 17 Fische stromauf bis zum Wehr, 5 Fische fanden den Einstieg in die Fischwanderhilfe, konnten diese aber nicht bis ins Oberwasser passieren. Von den oberhalb der Staustufe ausgesetzten 13 Quappen wanderten 8 stromauf. Die weiteste beobachtete Wanderung betrug 100 Stromkilometer (Skm), bevor die Ortungen abgebrochen werden mußten. Die Quappen (n = 20), die vor der Laichzeit in der Mittelelbe gefangen, markiert und wieder ausgesetzt wurden, wanderten alle stromauf. Eine Gruppe wanderte in der Elbe bis zu 35 Skm stromauf. Eine andere Gruppe wanderte durch Wehre in die Havel ein und stieg dort mehr als 20 Skm stromauf. Die kalkulierten Endpunkte der jeweiligen Wanderungen der Quappen aus der Tideelbe und aus der Mittelelbe waren vor 50 Jahren bekannte Laichplätze. Während der Laichwanderung betrugen die Wassertemperaturen < 6 °C. Die Rückwanderung der Quappen begann zwischen Mitte Januar und März, oft begleitet durch einen Temperatur- und Pegelanstieg. Das Wanderverhalten der beiden ökologischen Formen unterschied sich nur in der Länge der Laichwanderung und im sommerlichen Aufenthaltsort. Einige Quappen wurden auch außerhalb der Zeit der Laichwanderung im Untersuchungsgebiet regelmäßig geortet. Sie waren sehr standorttreu und besiedelten Flußabschnitte < 700 m, meist jedoch nur zwei Buhnenfelder. In den Buhnenfeldern wurden während des Tages tiefere Kolke (tiefer 2 m) bevorzugt.

Schlüsselwörter: Laichwanderung, Wanderdistanz, Wehre, Fischwanderhilfe, Buhnen.

Summary: There are two ecological types of burbot, *Lota lota,* in the River Elbe: The tall migratory type, living in the estuary and spawning in the middle reaches and the smaller stationary type, living year-round in middle reaches of the river. Individual movement pattern of both types of adult burbot, especially the spawning migration as well as the bank structure use of both types of adult burbot were studied by radiotelemetry during 1997-2000. 53 burbot were implanted with internal radio transmitters. Fish were hand tracked year-round in the main study area mostly once a week. The weir Geesthacht obstructs the upstream spawning migration of burbot from the tidal River Elbe seriously. During spawning migration 33 burbot were caught downstream of the weir. 17 out of 20 burbot released downstream of the weir migrated in upstream direction up to the weir. 5 of them found the entrance to the fishway, but did not ascent into the headwater. 8 out of 13 burbot released upstream of the weir continued their upstream directed spawning migration immediately. The longest observed distance was 100 stream kilometres. The tracking had to be stopped due to weather conditions. Therefore, the final destination of the spawning migration is still unknown. All burbot caught, tagged and released before the spawning period in the Middle Elbe migrated upstream. One group of burbot migrated upstream within the main stream up to 35 skm, whereas the other group went through weirs into the tributary Havel. Here, they migrated upstream up to 20 stream kilometre. The estimated ends of migrations of burbot from tidal River Elbe as well as from Middle Elbe were the same spawning sites, well known 50 years ago. During the upstream directed spawning migration the water temperature varied between 0 and 6 °C. The downstream directed migration started between the second half of January and March, while water temperature and water level increased. The migration patterns of both ecological forms differ in distance of spawning migrations and in living area during summer only. Some burbot stayed in the study area year-round. They lived sedentary within river stretches < 700 m, often using a home range of only two groyne fields. They preferred deeper holes (> 2 m) in groyne fields during daylight.

Keywords: Spawning migration, migration distance, weirs, fish way, groynes.

1. Einleitung

Quappen, *Lota lota*, sind zirkumpolar verbreitet. Sie besiedeln den gesamten europäischen Kontinent. Ausnahmen bilden die südlichen Länder mit mediterranem Klima sowie die Atlantikküste Skandinaviens und weite Teile der britischen Inseln und Island (KOOPS 1959; MÜLLER 1983). Quappen leben in Seen, Flüssen und Brackgewässern. Die in Seen lebenden Quappen laichen entweder in den Seen selbst (CLEMENS 1951; MCCRIMMON & DEVITT 1954; ROBINS & DEUBLER 1955; MESHKOW 1967; BOAG 1989; GHAN & SPRULES 1991), oder sie steigen zum Laichen in deren Nebenflüsse auf (SOROKIN 1971; MCPHAIL 1997). Die in Flüssen lebenden Quappen sind potamodrome Wanderer. Sie wandern im Spätherbst aus den z.T. brackigen Ästuaren und Unterläufen der Flüsse in deren Oberläufe und Nebenflüsse, um zu laichen. Dabei legen sie Strecken von mehr als hundert Kilometern zurück (KOOPS 1959, 1960; CHEN 1969; BREESER et al. 1988; EVENSON 1993). Quappen wandern über viele Jahre zu denselben Laichplätzen, können aber bei deren Zerstörung zu anderen wechseln (MCPHAIL 1997). Die Quappen laichen im Winter oder zeitigen Frühjahr oft unter Eis (BJORN 1940; CLEMENS 1951; MCCRIMMON & DEVITT 1954; LAWLER 1963; MESHKOW 1967; CHEN 1969; JOHNSON 1981; KOURIL et al. 1985; SANDLUND et al. 1985; BREESER et al. 1988; BOAG 1989). Dabei wurden Wassertemperaturen von 1-4 °C gemessen (FABRICIUS 1954; MCCRIMMON & DEVITT 1954; HEWSON 1955; LAWLER 1963; MESHKOW 1967). Nach dem Ablaichen kehren die Quappen zumeist zwischen März und Mai zu den Sommerquartieren zurück.

Die größten Quappenbestände in Deutschland befanden sich in Elbe, Oder (einschließlich Oderhaff) und Bodensee (MÜLLER 1958; KOOPS 1959). Für Elbe und Oder werden eine großwüchsige Wanderform, die im Ästuar der Flüsse heranwächst und nur zum Laichen in die Flüsse aufsteigt und eine kleinwüchsige standorttreue Form, die ganzjährig im Mittellauf der Flüsse oder in deren Nebenflüssen lebt, beschrieben (STEINVORTH 1861, MÜLLER 1958, KOOPS 1959). Wie in vielen Flüssen (FORBES & WHEELER 1997; REPECKA 1998; PARAGAMIAN 1999) wurden die Quappenbestände durch Zerstörung der natürlichen Habitatstrukturen, durch Gewässerausbau und –unterhaltung sowie die Unterbrechung der Durchgängigkeit der Fließgewässer stark dezimiert. Während die Quappenbestände in der Oder bis heute relativ stabil geblieben sind (BISCHOFF, mündl. Mitt.), berichteten TESCH (1967) und MANN (1968) bereits wenige Jahre nach Inbetriebnahme der Staustufe Geesthacht über den Rückgang der Quappenfischerei in der Elbe oberhalb von Geesthacht. KOOPS (1959, 1960) wies mittels Markierungsexperimenten nach, daß die Laichplätze der Quappen aus der "Unterelbe" ausnahmslos oberhalb der Staustufe lagen. Die Schiffsschleuse (KOOPS 1960) wurde von den Quappen zum Aufstieg nicht genutzt. Die 1962 errichtete Wulstfischtreppe und der 1985 erbaute Aalpaß (Rauhgerinne) wurden auf Grund baulicher und konstruktiver Mängel nicht in ausreichendem Maße angenommen (BECKEDORF & SCHUBERT 1995). Im Ergebnis wurden nach Aussagen der Fischer nach 1960 nur noch sehr selten große "Wanderquappen" (>1 kg) oberhalb von Geesthacht gefangen. Nach KNÖSCHE (2001) ist diese Form hier sogar gänzlich verschwunden. Statt dessen hat der Bestand der stationären, kleinwüchsigen Form in der Mittelelbe in den letzten Jahren stark zugenommen.

Etwa 40 Jahre nach Errichtung des nur bei Überstauung überwindbaren Wehres Geesthacht, wurde im Jahre 1998 eine neue Fischwanderhilfe in Form eines Umgehungsgerinnes in Betrieb genommen. Mit den von 1997 bis 2000 durchgeführten Markierungsexperimenten sollte das Wanderverhalten von Quappen aus der Tideelbe nach dem Bau dieser modernen Fischwanderhilfe untersucht werden. Es waren folgende Fragen zu klären:

- Ist die Staustufe Geesthacht jetzt für Quappen passierbar?
- Wie ist die Effizienz der Fischwanderhilfe einzustufen?
- Werden weitere Möglichkeiten (Schleuse, Hochwasserumflut) zum Aufstieg genutzt?
- Zeigen die untersuchten Quappen trotz jahrzehntelanger Verhinderung das früher beschriebene Laichwanderverhalten?
- Findet eine Reproduktion auf Ausweichlaichplätzen unterhalb des Wehres statt?
- Unterscheidet sich das Wanderverhalten von Quappen aus der Tide- und Mittelelbe?
- Welche Uferstrukturen werden genutzt?

2. Material und Methoden

2.1. Untersuchungsgebiet

Die Elbe ist 1091 Stromkilometer (Skm) lang (SIMON 1994). Der etwa 728 Skm lange polytrophe Flußabschnitt (BEHRENDT et al. 1999) auf deutschem Territorium ist geprägt durch wasserbauliche Maßnahmen zur Sicherung der Schiffbarkeit und des Hochwasserschutzes. Neben den die Uferstrukturen dominierenden Buhnen existieren besonders in Kurven ver-

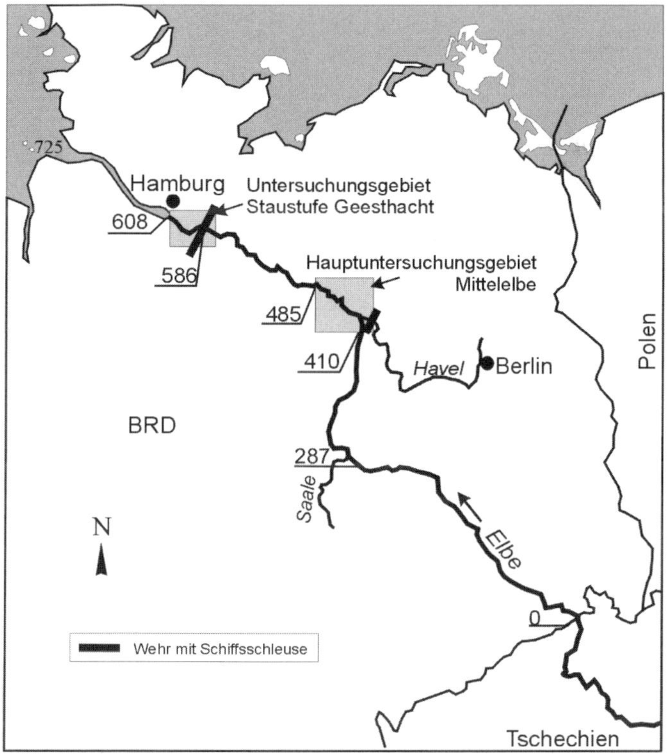

Abb. 1: Hauptuntersuchungsgebiete in Mittelelbe und Tideelbe. Die Kilometrierung beginnt an der deutsch-tschechischen Grenze.
Fig. 1: Map of main study area in the middle Elbe and in the tidal Elbe. Stream kilometres with reference to the border between Germany and Czech Republic.

schiedene Längsbauwerke. Bei Mittel- und Niedrigwasser sind natürliche Ufer in der Elbe sehr selten, in den meisten Nebenflüssen dagegen häufiger. In der Elbaue (Überflutungsbereich) gibt es eine Vielzahl permanent oder temporär angeschlossener Nebengewässer. Die meisten Nebenflüsse sind staureguliert. Auf tschechischem Territorium wird die kanalisierte Elbe (Labe) durch eine Vielzahl von Querbauwerken gestaut (IKSE 1999). Auf deutschem Gebiet unterbricht nur die Staustufe in Geesthacht (Skm 585,75), etwa 142 Skm oberhalb der Mündung in die Nordsee (Abb. 1), den Fluß der Elbe. Das Wehr teilt den tidebeeinflußten Elbabschnitt von dem bedingt naturnahen, zumeist frei fließenden 626 Skm langen Abschnitt oberhalb. Am Wehr befindet sich am linken Flußufer eine Fischwanderhilfe.

Der langjährige mittlere Abfluß der Elbe beträgt am Pegel Torgau 344 m^3s^{-1} und am Pegel Wittenberge 688 m^3s^{-1} (Simon 1994). Bei Hochwassersituationen kann der Abfluß bis auf 1900 m^3s^{-1} ansteigen. Die mittlere Abflußgeschwindigkeit beträgt 0,8 bis 1,0 ms^{-1}, kann aber bei Hochwasser bis 2,0 ms^{-1} erreichen. Stromauf von Geesthacht können großflächige Vordeichländer bei Hochwasser große Wassermengen aufnehmen. Dennoch betrugen die Schwankungen am Pegel Havelberg im Untersuchungszeitraum maximal 4,54 m. Die mittlere Breite der Mittelelbe variiert zwischen 150 und 300 m. Bei Hochwasser werden die zwischen 500 und 3000 m breiten Flächen zwischen den Deichen überflutet (IKSE 1999). Die tiefsten Kolke im Flußbett der Mittelelbe sind bis 8 m tief. Im Tosbecken unterhalb des Wehres Geesthacht beträgt die größte Tiefe 21 m.

Die im April 1998 fertiggestellte Fischwanderhilfe am Wehr Geesthacht ist als 216 m langes Umgehungsgerinne ausgeführt. Sie liegt südlich des Wehres. Bei einer Sohlbreite von 8 m beträgt das Gefälle in den Gefällestrecken 1:30. Die mittlere Wassertiefe in den Gefällestrecken beträgt 0,8 m und in den Ruhebecken 1,2 m. Die durchschnittliche Abflußmenge wird mit 6,3 m^3s^{-1} angegeben (Schubert & Hagge 2000).
Die Schiffsschleuse Geesthacht liegt in einem Seitenkanal nördlich des Stromes. Die Doppelschleuse besteht aus zwei unabhängigen Kammern, jeweils 230 m lang und 25 m breit. Die Wassertiefen in der Schleuse betragen in Abhängigkeit von der Tide 4,6-8 m. Die Senkhöhen liegen zwischen 3,4 und 1,3 m. Beim Schleusen gelangen 75.000 - 200.000 m^3 Wasser ins Unterwasser, die in Schleusentornähe kurzzeitig eine geringe Strömung verursachen. Im unterstromigen Mündungsbereich des Schleusenkanals wirkt dagegen nur die tideabhängige Strömung. Bei Bedarf wird von 05:00-22:00 Uhr geschleust.

2.2. Radiotelemetrisches Equipment und Implantation

Die Lokalisation der Fische erfolgte mittels Radiotelemetrie. Zur Ortung wurde ein Receiver SRX-400 (Lotek Engineering Inc.), verbunden mit mobilen und auf dem Boot befestigten Drei-, Vier- oder Fünf-Element-Yagi-Antennen, verwendet. Die Schleusenkammern wurden dagegen mit einem stationären Receiver und vier Antennen kontinuierlich überwacht.

Den Versuchsfischen wurden Radiosender mit externer Antenne in die Leibeshöhle implantiert. Entsprechend den für die Reichweite maßgeblichen abiotischen Gewässerparametern in Tide- und Mittelelbe (Leitfähigkeit, Tiefe), kamen drei Sendertypen zum Einsatz, die sich hinsichtlich Signalstärke und Lebensdauer unterschieden (Tab. 1).

Zur Implantation der Sender wurde die Leibeshöhle ventro-lateral hinter der linken Brustflosse mit einem ca. 2,5 cm langen Schnitt geöffnet. Durch eine Kanüle wurde die 45 cm lange Senderantenne oberhalb des Afters lateral aus der Leibeshöhle nach außen geführt und der Sender durch den Schnitt in die Leibeshöhle geschoben (Baras & Philippart 1989; McKinley et al. 1994). Der Schnitt wurde anschließend mit zwei oder drei Stichen vernäht. Die Operation erfolgte unter Vollnarkose (0,1 gl^{-1} MS 222). Die Fische wurden entweder nach einer 30minütigen Erholungsphase (Sendertyp FRT-4, MCFT-3A) oder am Tag nach der Implantation (Sendertyp MCFT-7B) nahe dem Fangort (Tab. 2) ausgesetzt.

Tab. 1: Charakteristik der verwendeten Sender.
Tab. 1: Characteristic of transmitters used.

Sendertyp		FRT-4	MCFT-3A	MCFT-7B
		beeper	codiert	codiert
Masse an der Luft (g)		16,3	16,1	17,8
Länge (mm)		48	51	71
Durchmesser (mm)		16	16	14,5
Mindestlebensdauer (d)		360	360	47
Sendefrequenz (MHz)		149,3-150,4	150,5	149,8
Signalstärke (V)		3	3	7
erwarteter Aufenthaltsort der Fische		Mittelelbe und deren Nebenflüsse		Tideelbe
Bedingungen am Einsatzort	Wassertiefe (m)	bis max. 8		bis 21
	Leitfähigkeit (μScm^{-1})	bis max. 1200		1200 - 1600

Auf Grund der Vielzahl insgesamt markierter Fische und des großen Untersuchungsgebietes, wurde von FRT-4-Beepern (jeder Sender mit eigener Frequenz) zu codierten MCFT-3A Sendern (alle Sender mit gleicher Frequenz, jedoch durch individuellen Code erkennbar) gewechselt. Die letzten drei Ziffern der Frequenz bzw. die Codes der Sender wurden zur Bezeichnung der Fische verwendet.

2.3. Versuchsfische

Insgesamt wurden 53 Quappen markiert (Tab. 2). Die Markierungen erfolgten generell im November oder Dezember während der Laichwanderung. Quappen markierungswürdiger Größe wurden nur zu dieser Zeit durch die kommerzielle Fischerei gefangen. Unterhalb von Geesthacht wurden innerhalb einer Woche ausreichend Versuchsfische gefangen. Oberhalb wurden große Quappen auch während der Laichwanderung nur vereinzelt gefangen und markiert. Körpermasse (g below) und Totallänge (0,5 cm below) der Versuchsfische wurden bestimmt. Da die Implantation der Sender ohnehin einen erheblichen Eingriff darstellte, wurden keine zusätzlich belastenden Untersuchungen zur Determination des Geschlechts angestellt. Geschlecht und Reifegrad der Gonaden wurden deshalb anhand austretender Geschlechtsprodukte oder von Beobachtungen während der Operation bestimmt.

Alle Fische wurden nahe des Fangortes ausgesetzt. Ausnahmen bildeten 13 Quappen, die Ende November 1999 unterhalb von Geesthacht gefangen und nach der Markierung oberhalb der Staustufe bei Skm 583 ausgesetzt wurden sowie drei Quappen, die im Gnevsdorfer Vorfluter gefangen wurden und in der Havel oberhalb der Wehrgruppe Quitzöbel ausgesetzt wurden.

Tab. 2: Versuchsfische. Tl - Körperlänge total (cm), w - Körpermasse (g), RG – Reifegrad der Gonaden nach Sakun & Buzkaja (1968). Skm – Stromkilometer, n = Anzahl der Fische, Gnev. Vorf. – Gnevsdorfer Vorfluter, Havel – Havel oberhalb Wehr Neu Werben
Tab. 2: Tagged fish. Tl – body length total (cm), w – body weight (g), RG – stage of gonad's maturity (Sakun & Buzkaja 1968), skm – stream kilometre, n – number of fishes, Gnev. Vorf. – Gnevsdorfer Vorfluter, Havel – River Havel upstream of the weir Neu Werben.

Fang		Markierung	Aussetzen			Fisch		
Zeit	Skm	Sendertyp	Datum	n	Ort	Tl	w	RG
23.-29.11.98	586,0-600,0	MCFT-7B	01.12.98	20	586,0-589,4	45,0-60,0	740-1300	IV
20.-30.11.99	588,0-605,0	MCFT-3A	02.12.99	13	583,0	43,0-61,0	550-1700	IV-V
19.11.97	423,4	FRT-4	19.11.97	1	423,4	45,0	610	IV
02.12.97	432,0-435,0	FRT-4	02.12.97	8	427,5	38,5-53,0	475-1125	IV
23.11.99	423,0	FRT-4	23.11.99	4	423,1	40,5-53,0	500-1150	IV
17.-22.11.99	Gnev. Vorf.	FRT-4	30.11.99	3	Havel	43,0-49,0	560-1000	IV
10.-19.12.99	378,5	MCFT-3A	20.12.99	4	378,5	39,5-48,0	550-1000	IV

2.4. Ortungsintervall und -genauigkeit

Im Bereich der Staustufe Geesthacht (Skm 584-595) (Abb. 1) wurden die Quappen in der Zeit vom 01.12.1998 bis 14.01.1999 zweitäglich geortet. Darüber hinaus wurden mehrfach Ortungsfahrten stromauf bis Boizenburg (Skm 560) und stromab bis ins Hamburger Stromteilungsgebiet (Skm 608) durchgeführt.

Im Hauptuntersuchungsgebiet in der Mittelelbe (Skm 410-485) wurde von November 1997 bis Dezember 2000 jeweils wöchentlich geortet. In den sich anschließenden Gewässerabschnitten (Skm 365-410 und 485-608) sowie in den Unterläufen der Nebenflüsse wurde in größeren Abständen (vier- bis sechswöchentlich) geortet. Ortungsfahrten über das Stromteilungsgebiet hinaus waren mit der angewendeten Technik nicht erfolgversprechend. Bei Eisgang wurden die Ortungen per Boot eingestellt bzw. wurde im Bereich der Staustufe Geesthacht von Land aus geortet.

Die Reichweite der Signale verringerte sich mit steigender Leitfähigkeit und zunehmender Tiefe, in der sich der Fisch aufhielt, und betrug maximal 200 m.

Die Ortungsgenauigkeit hing jeweils vom Standort der Quappen ab. Innerhalb von Unterständen (Steinschüttung, Buhnen) war eine Genauigkeit von ± 0,5 m möglich. Hielten sich die Quappen jedoch in strukturarmen Buhnenfeldern auf, flohen sie bei Annäherung des Bootes, und es waren lediglich Genauigkeiten von ± 10 m möglich. Lebensraumgröße bzw. Wanderstrecken im Hauptstrom wurden jeweils eindimensional (linear) in Skm angegeben.

3. Ergebnisse

3.1. Wanderungen

3.1.1. Wanderungen der Quappen aus der Tideelbe unterhalb der Staustufe Geesthacht

Die Ortung der Quappen unterhalb des Wehres erwies sich trotz der leistungsstärkeren Sendersignale als schwierig. Mehrfach konnten nicht alle Quappen bei einem Ortungsdurchgang lokalisiert werden. Auf Grund der Ergebnisse späterer Ortungen ist anzunehmen, daß sie zum Zeitpunkt der erfolglosen Ortung den Bereich nicht verlassen hatten, sondern lediglich zu tief standen. Dies war besonders im Tosbecken unterhalb des Wehres wahrscheinlich.

Während der Untersuchungen lagen die Wassertemperaturen zwischen 0 und 5 °C. In der ersten Dezemberdekade waren die Temperaturen < 2 °C, über mehrere Tage sogar nahe 0 °C (Abb. 2a). Die Abflüsse waren mit 750 bis 1250 m^3s^{-1} relativ gering. Wassertemperatur und Abfluß hatten keinen erkennbaren Einfluß auf die Laichwanderungen.

17 von 20 markierten Quappen wanderten nach dem Aussetzen stromauf. Die größte Entfernung legte eine Quappe zurück, die sich nach dem Aussetzen zunächst 4,1 Skm stromab bewegte, dann jedoch 7 Skm stromauf bis in den Tosbereich des Wehres wanderte.

Zwölf Quappen wurden z.T. mehrmals und über einen Zeitraum von bis zu 40 Tagen im Bereich bis zu 500 m unterhalb des Wehres geortet. Der größte beobachtete Aktionsraum hatte eine Länge von 0,8 Skm und erstreckte sich über die ganze Flußbreite.

Fünf Quappen wurden in der Fischwanderhilfe geortet, zwei Quappen sogar zweimal. Sie stiegen 50 bis 190 m in der Fischwanderhilfe stromauf und verblieben dort bis zu vier Tagen. Vier Quappen verließen die Fischwanderhilfe nachweislich in Richtung Unterwasser, eine Quappe wurde in der Fischwanderhilfe 30 m unterhalb des Oberwassers geortet. Danach ging der Kontakt zu ihr verloren. Trotz mehrfacher Suchfahrten (Skm 460-608) wurde die Quappe nicht mehr geortet.

Sechs Quappen wanderten in den Schleusenkanal, die Quappe 51 sogar zweimal (Abb. 2b). Sie blieben dort maximal 16 Tage. Obwohl sich die Quappen auch in der Nähe der Schleusentore aufhielten und drei Fische letztmalig im Schleusenkanal geortet wurden, zeichnete die stationäre Kontrolle keine Signale auf, die die Passage der Schleusenkammern belegen.

Obgleich die Quappen an drei verschiedenen Orten nach der Markierung freigelassen wurden,

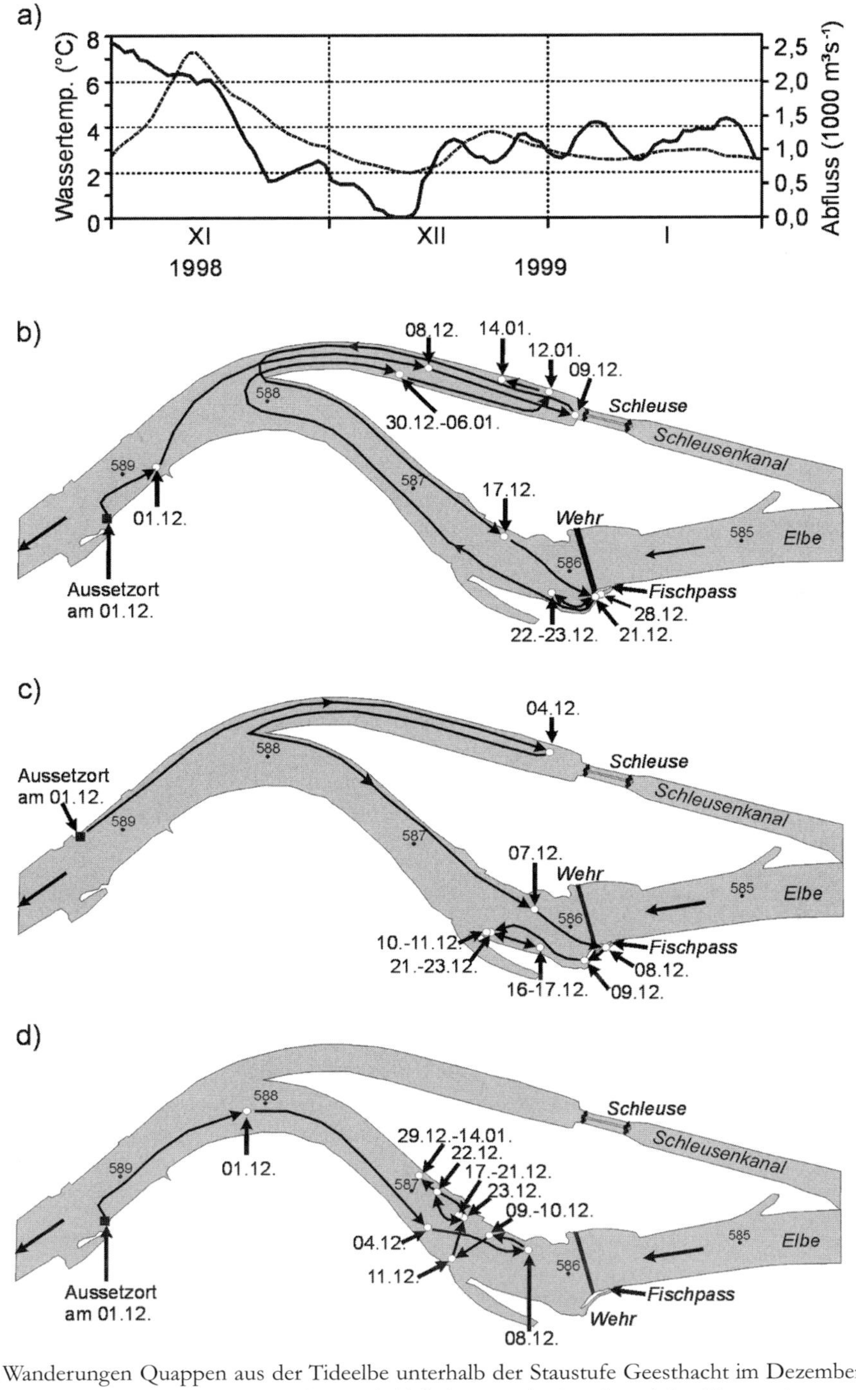

Abb. 2: Wanderungen Quappen aus der Tideelbe unterhalb der Staustufe Geesthacht im Dezember 1998 und Januar 1999. a) Wassertemperatur (fett) und Abfluß (gepunktet) während der Untersuchungsperiode. Individuelle Beispiele: b) Quappe 51; c) Quappe 40; d) Quappe 48.

Fig. 2: Movements of burbot from the tidal River Elbe downstream of the weir Geesthacht during December 1998 and January 1999. a) Water temperature (bold line) and discharge (dotted line) during study period. Individual examples: b) burbot 51; c) burbot 40; d) burbot 48.

hatten die Aussetzorte keinen Einfluß auf die Wanderungen. Von den Quappen (n = 7), die nur 250 m unterhalb der Fischwanderhilfe am linken Ufer ausgesetzt worden waren, wanderte kein Fisch in diese hinein. Dagegen wurden drei Fische im Schleusenkanal geortet, der stromab und am gegenüberliegenden Ufer des Aussetzortes liegt. Von den auf der linken Stromseite bei Skm 589,2 ausgesetzten Fischen (n = 6), waren 3 in die Fischwanderhilfe und 1 in den Schleusenkanal eingewandert. Von den am rechten Ufer bei Skm 589,2 ausgesetzten Quappen (n = 7), wurden zwei in der Fischwanderhilfe geortet und zwei Fische im Schleusenkanal, wobei diese Fische auch am Wehr geortet wurden (Abb. 2c).

18 von 20 Quappen wechselten zumindest einmal im Untersuchungszeitraum die Flußseite (Abb. 2d).

Die zwischen zwei Ortungen zurückgelegten Nettodistanzen waren zumeist sehr kurz. Die größte an einem Tag zurückgelegte stromauf gerichtete Nettodistanz betrug 1.800 m.

Lediglich bei drei von 20 Quappen wurde ausschließlich eine stromab gerichtete Bewegung beobachtet.

Vier Quappen (w = 740-960 g) wurden im Verlaufe des Untersuchungszeitraumes von Kormoranen gefressen. Die vier Sender wurden unter Schlafbäumen der Vögel in Speiballen gefunden.

3.1.2. Wanderungen von Quappen aus der Tideelbe oberhalb der Staustufe Geesthacht

Erste Ortungen nach dem Aussetzen zeigten, daß die Fische (n = 13) sehr aktiv waren und z.T. sehr schnell stromauf wanderten, so daß nicht alle Fische bei jedem Ortungsdurchgang lokalisiert werden konnten. Bei Wassertemperaturen < 2 °C setzten die Quappen ihre stromauf gerichtete Laichwanderung im Dezember 1999 ohne Unterbrechung fort (Abb. 3a). Auf Grund niedriger Temperaturen und Treibeis auf der Elbe konnte im Januar 2000 nur eingeschränkt geortet werden. Die Fische dieser Gruppe wurden in dieser Zeit nicht lokalisiert. Folglich wurde auch das Ziel der Wanderung nicht aufgeklärt.

Nach dem Aussetzen am 02.12.1999 bei Skm 583 bewegten sich 8 von 13 Quappen stromauf. Am 07.12. waren die Fische bereits 3,8 bis 16 Skm stromauf gewandert. 2 Quappen wurden bei der ersten Ortung stromab vom Aussetzort lokalisiert. 3 konnten trotz gezielter Suche weder in der Stromelbe noch in Seitenkanälen (bis zum ersten Querbauwerk) geortet werden. Am 14.12. wurden 6 Quappen zwischen Skm 565,8 und 536,1 geortet. Der Sender 62, der am 07.12. bei Skm 579,2 geortet worden war, wurde unter einem Baum im Speiballen eines Kormorans bei Skm 573 gefunden. Am 21./22.12. wurden 6 Quappen zwischen Skm 560 und 494,7 geortet. Sie hatten damit innerhalb von 20 Tagen nachweislich 23 - 88,3 Skm stromauf zurückgelegt. Insgesamt wanderten 8 Quappen weiter als 20 Skm stromauf (Abb. 3b). Die größte nachgewiesene mittlere Wandergeschwindigkeit betrug 4.415 md^{-1}.

Am 03.02.2000 konnten die Ortungen wieder aufgenommen werden. Quappe 75 wurde zu diesem Zeitpunkt bei Skm 483,3 geortet. Das ist mit 99,7 Skm Entfernung vom Aussetzort zugleich der am weitesten stromauf gelegene Nachweis einer Quappe aus der Tideelbe.

Die stromab gerichtete Rückwanderung der Quappen erfolgte nicht einheitlich. 5 Quappen (34, 37, 46, 52, 72) passierten bereits im Dezember 1999 das Wehr. Quappe 72 hatte sich nach dem Aussetzen langsam stromab bewegt. Am 14.12.1999 wurde ihre Wanderung an der linken Uferseite, vorbei an der Fischwanderhilfe bis ca. 30 m oberhalb des Wehres beobachtet. Am folgenden Tag wurde sie bei Skm 586,25 lokalisiert. In diesem Bereich (ca. 200 Flußmeter) wurde sie bis zum Mai 2000 mehrfach geortet. Am 31.05.2000 wurde ihr Sender unter einem Kormoran-Schlafbaum (Skm 586,3) gefunden. Die Rückwanderung der weiter stromauf gewanderten Quappen fällt mit einem allmählichen Temperaturanstieg und zunehmendem Abfluß zusammen. Die Quappen 44 und 81 wurden erstmals am 21.03.2000 wieder in der Tideelbe bei Skm 589,6 bzw. 597,8 geortet. Beide Fische waren in Bewegung und wurden später nicht mehr geortet. Die Quappen 49 und 66 wurden erstmalig am 20.04.2000 in der Tideelbe zwischen Skm

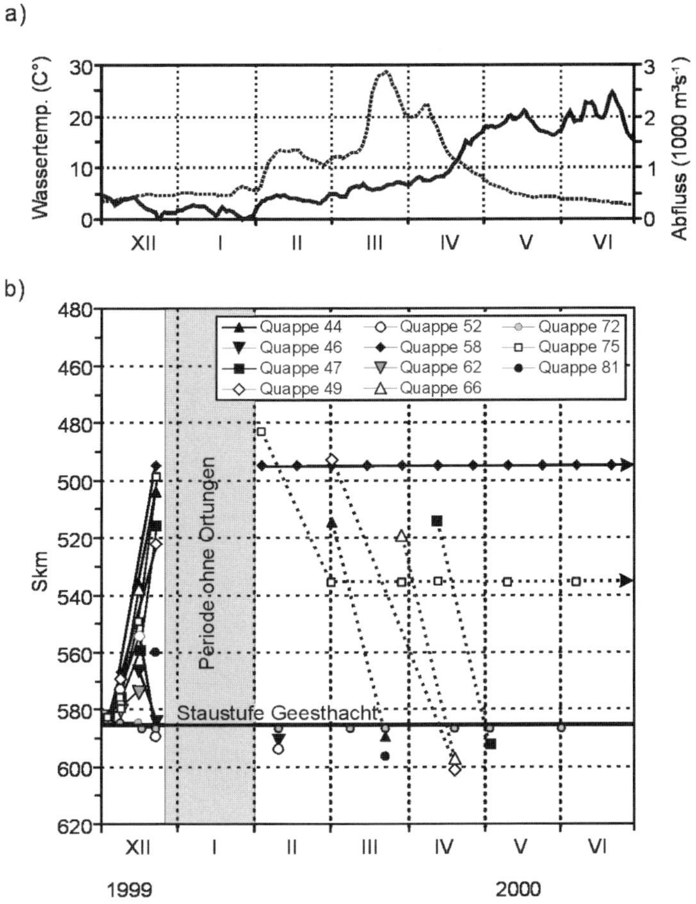

Abb. 3: Wanderungen von Quappen aus der Tideelbe oberhalb der Staustufe Geesthacht von Dezember 1999 bis Juli 2000. a) Wassertemperatur (fett) und Abfluß (gepunktet) während der Untersuchungsperiode. b) Individuelle Bewegungsmuster. Zwei Quappen, die sofort nach der Markierung stromab wanderten, sind nicht dargestellt. grau = Laichzeit.
Fig. 3: Migrations of burbot from the tidal River Elbe upstream of the weir Geesthacht from December 1999 to July 2000. a) Water temperature (bold line) and discharge (dotted line) during study period. b) Individual movement patterns. Two burbot migrating immediately downstream are not shown. grey = spawning period.

590,6 und 601,3 geortet. Zwei Quappen wurden bis zum 23.08. bzw. 13.09.2000 in der Mittelelbe bei Skm 536 (Quappe 75) bzw. 494,7 (Quappe 58) regelmäßig geortet.

3.1.3. Wanderungen der Quappen aus der Mittelelbe

Alle 16 Quappen, die im November/Dezember 1997 und 1999 unterhalb von Skm 423 gefangen und ausgesetzt wurden, wanderten nach dem Aussetzen stromauf. 10 Quappen verblieben dabei in der Stromelbe. Bei Temperaturen < 6 °C und mittleren Pegelständen (Abb. 4a) wanderten 1997/98 drei Quappen (620, 430, 520) maximal 35 Skm stromauf bis in den Bereich von Skm 399 (Abb. 4b).

Im Winter 1999/2000 wanderte bei Wassertemperaturen < 2°C (Abb. 5a) eine (389) der markierten Quappen (n = 3) ebenfalls in diesen Bereich (Abb. 5b). Bis in den Elbabschnitt bei Skm 409-411 wurden in beiden Beobachtungsperioden 1997/98 und 1999/00 jeweils zwei Quappen (490, 47, 405, 464) verfolgt (Abb. 4b, 5b). Zwei Quappen wanderten weniger als 10 Skm stromauf.

Im Gegensatz zu den in der Stromelbe verbliebenen Quappen (n = 10) wanderten 6 Fische in die Havel ein. Von diesen passierten 1997 drei Quappen das Wehr bei Neu Werben (Abb. 6b). Zu diesem Zeitpunkt (Mitte Dezember) sowie während der fortgesetzten Laichwanderung betrugen die Wassertemperaturen zeitweilig wenig mehr als 0 °C (Abb. 6a).

Im Dezember 1999 wurden drei Quappen, die unterhalb der z.Z. unüberwindbaren Wehrgruppe Quitzöbel im Gnevsdorfer Vorfluter gefangen wurden, im Oberwasser in der Havel ausgesetzt. Zwei Quappen (315, 345) setzten ihren

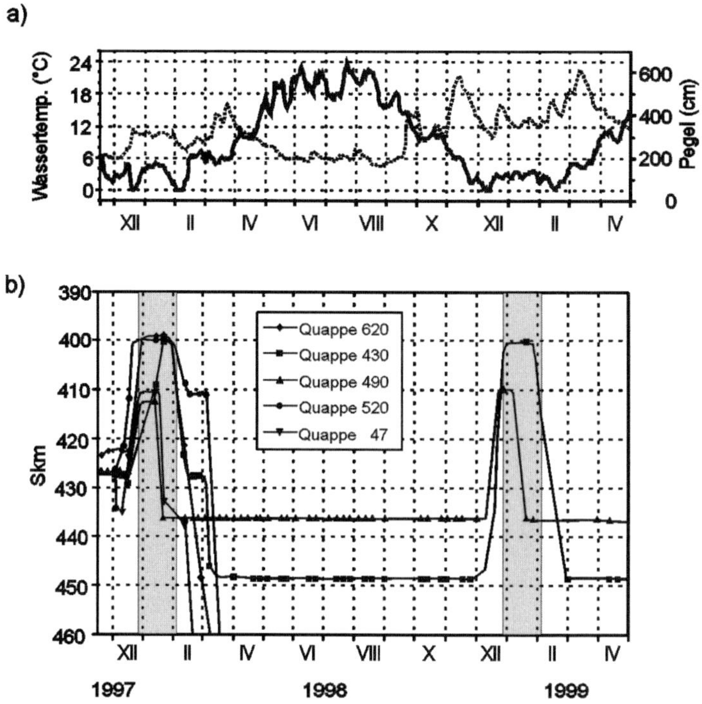

Abb. 4: Wanderungen von Quappen aus der Mittelelbe von November 1997 bis April 1999. a) Wassertemperatur (fett) und Wasserstand (Pegel Havelberg) (gepunktet) während der Untersuchungsperiode. b) Individuelle Bewegungsmuster. grau = Laichzeit.

Fig. 4: Migrations of burbot from the Middle Elbe from November 1997 to April 1999. a) Water temperature (bold line) and water level (water-gauge Havelberg) (dotted line) during study period. b) Individual movement patterns. grey = spawning period.

Laichaufstieg danach in der Havel fort. Quappe 330 dagegen passierte das Wehr Quitzöbel stromab Richtung Elbe, wanderte auch in der Elbe ca. 10 Skm stromab, um dann in den Gnevsdorfer Vorfluter einzuwandern (Abb. 7b). Hier wurde sie 14 Tage nach dem Aussetzen wieder am Fangplatz geortet.

In der Havel wanderten die Quappen etwa 20 Skm stromauf. Die längste Wanderung ist für Quappe 461 belegt, die bei Havel-km 135,5 geortet wurde (Abb. 6b). Weiter stromauf, direkt auf dem früheren Laichplatz bei Strodehne (Havel-km 131) (Koops 1960), wurden keine Quappen geortet.

Die stromab gerichtete Wanderung begann Mitte bis Ende Januar. Einige Quappen unterbrachen die Wanderung bei Temperaturen um den Gefrierpunkt im Februar 1998 bzw. im Januar 2000 (Abb. 4, 5). Mit dem Anstieg der Temperatur und des Wasserstandes wurde die Wanderung dann sehr schnell fortgesetzt, so daß der Kontakt zu den Quappen verlorenging. Die Quappen 490 und 430 blieben ganzjährig im Hauptuntersuchungsgebiet "Mittelelbe". Sie verbrachten den Sommer etwa im Bereich des Fangortes oder 15 Skm stromab von diesem. Im Folgejahr wurden sie wieder bei der Laichwanderung beobachtet (Abb. 4b). Zwei Quappen (560, 461), die im Dezember 1997 aus der Elbe in die Havel eingewandert waren, blieben im Folgejahr ganzjährig in der Havel. Quappe 560 wurde im Dezember 1998 erneut bei einer stromauf gerichteten Wanderung beobachtet. Während des Sommers waren alle beobachteten Quappen sehr standorttreu und bewegten sich maximal in home ranges von 250 m.

Die Quappen, die im Dezember 1999 bei Skm 378,5 gefangen und markiert worden waren, konnten trotz intensiver Suche bis Skm 355 während der Laichzeit nicht geortet werden. Ob sie noch weiter stromauf gewandert sind oder in die bei Skm 388,5 einmündende Tanger zum Laichen gezogen sind, bleibt deshalb ungeklärt. Von Februar bis März 2000 wurden drei der vier Quappen im Elbabschnitt zwischen Skm 420 und Skm 450 kurzzeitig bei ihrer stromab gerichteten Wanderung geortet. Von November bis Dezember 2000 wurde die vierte Quappe dieser Gruppe im Gnevsdorfer Vorfluter geortet. Sie hatte also einen anderen Wanderweg als im Vorjahr gewählt.

3.2. Habitatwahl

3.2.1. Tagstandorte während der Laichwanderung

Die während der Laichwanderungen lokalisierten Aufenthaltsorte waren lediglich Ruheplätze für die am Tage unterbrochene Bewegung. Unterhalb der Staustufe Geesthacht wurden die Quappen sowohl auf den Sandflächen der Buhnenfelder (23 % aller Ortungen), an den Buhnen (12 %) als auch direkt an den Steinschüttungen der Längsbauwerke (35 %) geortet. Bei 30 % aller Ortungen hielten sich die Quappen in Bereichen ohne erkennbare Strukturen auf. Nach dem Aussetzen auf dem strukturarmen sandigen Gleithang suchten die Fische jedoch sofort tieferes Wasser auf (Abb. 2d). Nur eine Quappe wurde an zwei aufeinanderfolgenden Tagen in einem Nebengewässer am linken Ufer bei Skm 586,6 geortet. Unterhalb des Wehres betrug die längste Aufenthaltsdauer an einem Ort zwei Wochen.

Während der stromauf gerichteten Laichwanderungen oberhalb der Staustufe Geesthacht wurde bei Tageslicht keine Bewegung beobachtet. Die Fische verharrten im Strömungsschatten der Buhnen, nahe den Buhnenköpfen. In der Dämmerung wurden sich bewegende Quappen am Rand der Schiffahrtsrinne geortet

Die stromab gerichtete Rückkehr in die Tideelbe erfolgte ebenfalls vornehmlich nachts. Tags wurden die Fische in strömungsberuhigten Bereichen wie Buhnen oder in Steinschüttungen geortet.

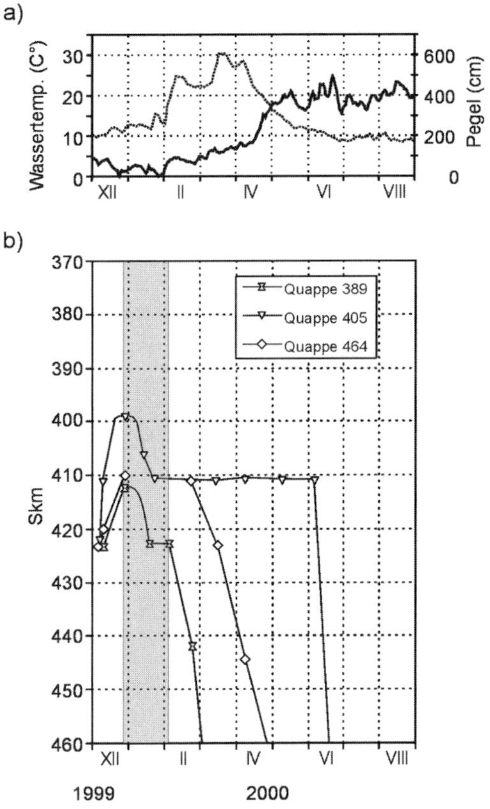

Abb. 5: Wanderungen von Quappen aus der Mittelelbe von Dezember 1999 bis Juni 2000. a) Wassertemperatur (fett) und Wasserstand (Pegel Havelberg) (gepunktet) während der Untersuchungsperiode. b) Individuelle Bewegungsmuster. grau = Laichzeit.
Fig. 5: Migrations of burbot from the Middle Elbe from December 1999 to June 2000. a) Water temperature (bold line) and water level (water-gauge Havelberg) (dotted line) during study period. b) Individual migration patterns. grey = spawning period.

3.2.2. Habitatwahl im Sommer

Die Quappen, die während des Sommers in der Mittelelbe blieben, waren sehr standorttreu und besiedelten nur kleine Flußabschnitte, wobei sie die Flußseite nicht wechselten. Quappe 430 lebte von April bis Dezember 1998 im Bereich zweier tiefer Buhnenfelder bei Hinzdorf (Skm 447,8). Nach der Laichwanderung 1998/99, stromauf bis Arneburg (Skm 403), kehrte sie an den Sommereinstand des Vorjahres zurück. In diesen Buhnenfeldern wurde sie in 43 % aller Ortungen an der Prallseite der Buhnenköpfe in Tiefen von 1,5-2,5 m geortet (Abb. 8a). In den bis 3 m tiefen Kolken hinter den Buhnenköpfen (20 %) bzw. direkt hinter den Buhnenköpfen im Lückensystem der Steine (17 %) wurde die Quappe ebenso häufig geortet wie im tiefen mittleren Bereich der Buhnenfelder (17 %). Dagegen wurden die flachen Bereiche der Buhnenfelder gemieden (3 %).

Quappe 490 lebte von Ende Februar bis Anfang Dezember 1998 in einem ca. 100 m langen Abschnitt zweier flacher, stark versandeter Buh-

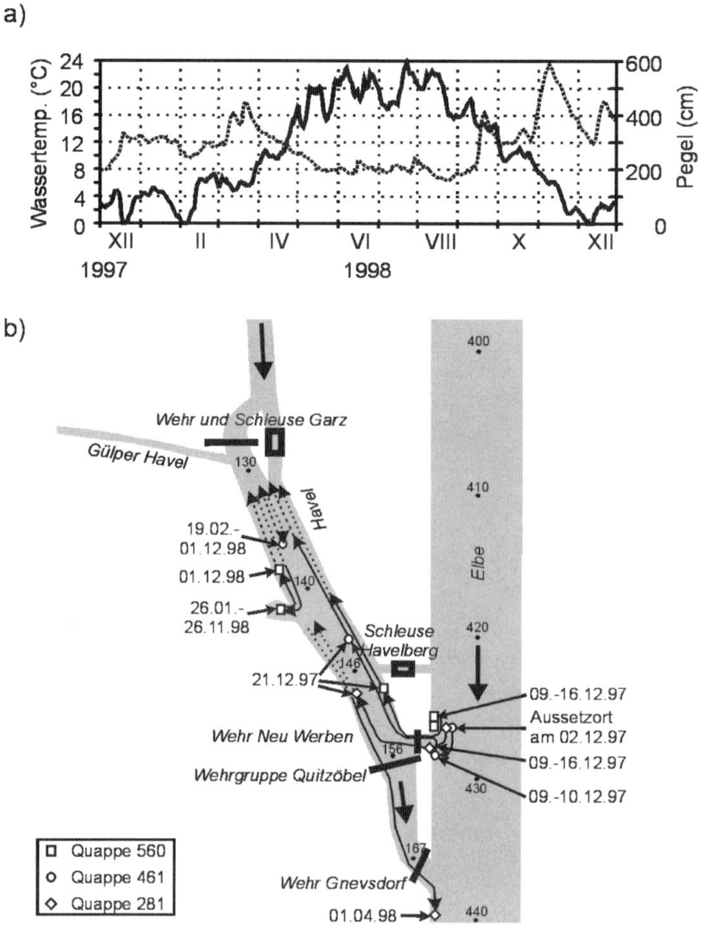

Abb. 6: Wanderungen von Quappen aus der Mittelelbe in der Havel von Dezember 1997 bis Dezember 1998. a) Wassertemperatur (fett) und Wasserstand (Pegel Havelberg) (gepunktet) während der Untersuchungsperiode. b) Individuelle Bewegungsmuster.
Fig. 6: Migrations of burbot from the Middle Elbe in the River Havel from December 1997 to December 1998. a) Water temperature (bold line) and water level (water-gauge Havelberg) (dotted line) during study period. b) Individual migration patterns.

nenfelder bei Skm 436,1. Nach der Laichwanderung 1998/99 kehrte die Quappe in diesen Bereich zurück. Im Frühjahr 1999 besiedelte sie einen Flußabschnitt von 700 m und war weniger standorttreu. Im Jahre 1998 wurde die Quappe hauptsächlich in einem 2,5 m tiefen Kolk hinter der Buhne (33 %) und im zentralen nur 1-1,5 m tiefen Teil des Buhnenfeldes (27 %) geortet. Vor dem stromab gelegenen Buhnenkopf wurde die Quappe relativ selten (11 %) geortet.

Die Quappen 58 und 75 aus der Tideelbe, die nach der Laichwanderung in der Mittelelbe blieben (Abb. 3), besiedelten in der Mittelelbe ähnliche Strukturen wie die Quappen 430 bzw. 490.

In der Havel lebte Quappe 461 von Mitte Februar bis Mitte Dezember 1998 im Strom hinter einer alten defekten Buhne (Havel-km 138,6). In dem etwa 2 m tiefen Kolk wurde sie bei allen Ortungsdurchgängen lokalisiert. Quappe 560 war in den Mündungsbereich eines kleinen Fließes (Flachwassergebiet "Grippel", Havel-km 142,3) eingewandert. Der 200 m² große Aufenthaltort war < 1 m tief und wurde von hohen Weiden beschattet. Das sandige Sediment war mit Ästen und Laub bedeckt, so daß die Quappe Deckung fand. Das Wasser des kleines Fließes führte permanent Frischwasser zu.

4. Diskussion

Die Ergebnisse der aktuellen Untersuchungen zum Wanderverhalten stimmen mit dem beschriebenen Verhalten von Quappen während der Laichwanderung – der stromauf gerichteten Wanderung zu den Laichplätzen im Mittellauf der Hauptströme oder in deren Nebenflüssen

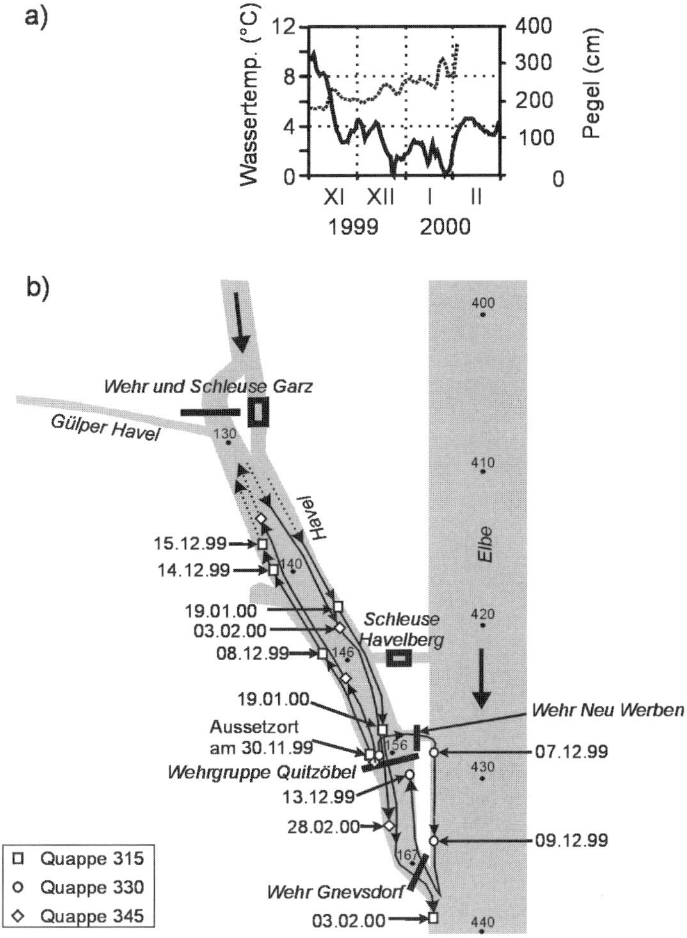

Abb. 7: Wanderungen von Quappen aus der Mittelelbe in der Havel von Dezember 1999 bis Februar 2000. a) Wassertemperatur (fett) und Wasserstand (Pegel Havelberg) (gepunktet) während der Untersuchungsperiode. b) Individuelle Bewegungsmuster.
Fig. 7: Migrations of burbot from the Middle Elbe in the River Havel from December 1999 to February 2000. a) Water temperature (bold line) and water level (water-gauge Havelberg) (dotted line) during study period. b) Individual migration patterns.

sowie der stromab gerichteten Wanderung nach der Laichzeit bis in die Unterläufe und Ästuare der Flüsse (Koops 1959, 1960; Sorokin 1971; Paragamian 1999) – weitgehend überein.

Infolge der zunehmenden Zerstörung der Uferstrukturen sowie der Unterbrechung der Durchgängigkeit der Elbe durch den Bau der Staustufe Geesthacht 1960 verschlechterten sich die Lebensbedingungen der Quappen. Der Laichaufstieg wurde erschwert oder gänzlich verhindert (Koops 1959, 1960; Mann 1968; Wilkens & Köhler 1977; Diercking & Wehrmann 1991; Möller 1991). Nach Tesch (1967) passierten nur bei extrem hohen Tidewasserständen viele Quappen die Staustufe Geesthacht, da unter diesen Bedingungen das Wehr überstaut oder ein Aufstieg über überflutetes Deichvorland möglich ist. Um also Laichplätze in Mittelelbe oder Havel zu erreichen, mußten extreme Hochwässer und die Laichwanderung der Quappen zeitlich zusammenfallen. Folglich gingen die Quappenfänge in der Tideelbe von 20 t pro Jahr zur Jahrhundertwende (Sterner 1918) auf 1-4 t pro Jahr zu Beginn der 50er Jahre zurück (Koops 1959). Heute werden unterhalb der Staustufe Geesthacht zur Zeit der Laichwanderung an ertragreichen Tagen etwa 50 Quappen gefangen (Schubert, mündl. Mitt.).

Die Quappenfänge der kommerziellen Fischerei in der Tide- und Mittelelbe beginnen Mitte November und zeigen den Beginn der Laichwanderung bei Temperaturen um 6 °C an (Abb. 2, 4). Nach Tesch (1967) finden die Wanderungen bei Temperaturen von 2-7 °C statt, bei Tem-

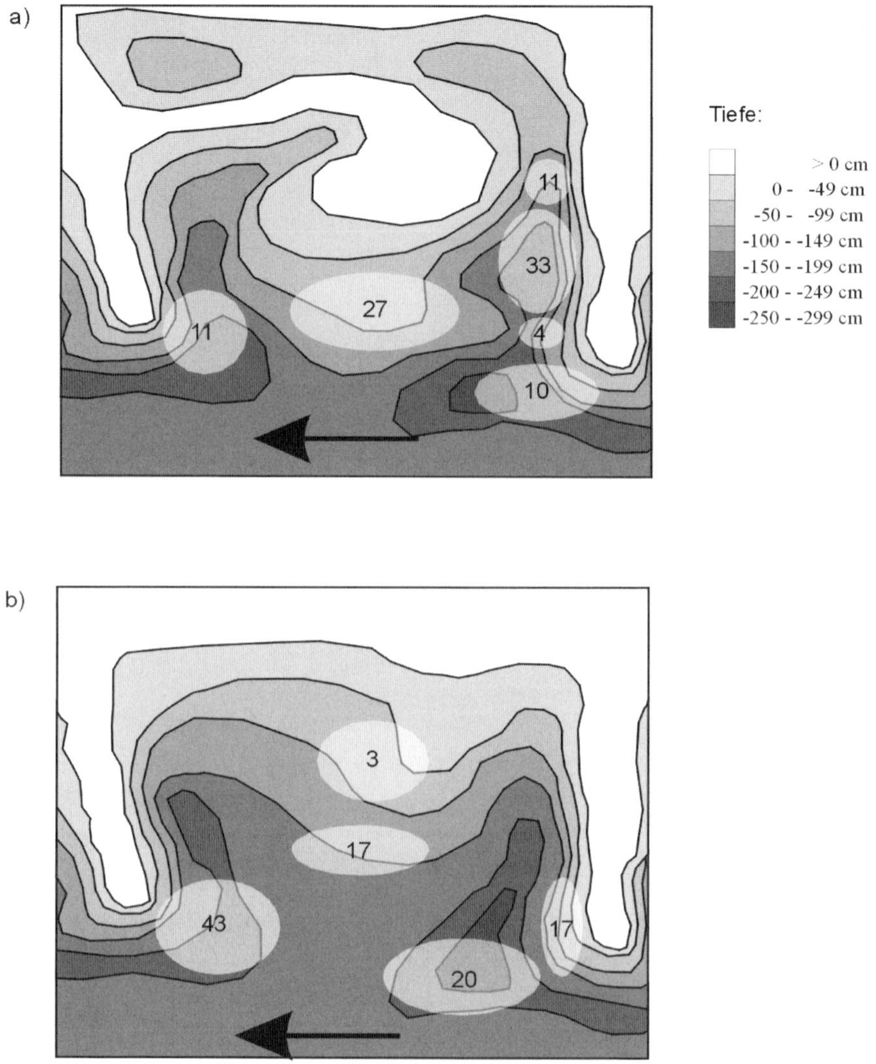

Abb. 8: Relative Aufenthaltshäufigkeit von Quappen bei Tageslicht in verschiedenen Buhnenfeldstrukturen in der Mittelelbe außerhalb der Laichwanderung. Der Pfeil gibt die Richtung des Hauptstromes an. a) Quappe 490 in einem flachen, sandigen Buhnenfeld bei Skm 436,1 (n = 34). b) Quappe 430 in einem tiefen Buhnenfeld bei Skm 448,7 (n = 42).

Fig. 8: Relative frequencies of observation of burbot during daylight in different groyne field structures in the River Elbe out of spawning migration. The arrow shows the direction of main stream. a) Burbot 490 in a shallow sandy bank area at skm 436.1 (n = 34). b) Burbot 430 in a deep bank area at skm 448.7 (n = 42).

peraturen < 2 °C blieb der Quappenaufstieg jedoch aus. Die vorliegenden Ergebnisse zeigen jedoch, daß die Fische auch bei Temperaturen < 2 °C ihre Laichwanderung fortsetzen. Dies deckt sich mit Untersuchungen von Kouril et al. (1985), die eine Verzögerung des Ablaichens um 14 Tage beobachteten, wenn Rogener aus 0-1 °C warmem Wasser in 2,5 °C warmes Wasser überführt wurden. McPhail (1997) schließt daraus, daß die Quappeneier an Temperaturen von 0-2 °C adaptiert sind und hier die größten Überlebensraten aufweisen.

Trotz der neuen Fischwanderhilfe wird die Staustufe Geesthacht vermutlich nur von relativ wenigen Quappen während der Laichwanderung überwunden. Nur 5 von 17 markierten, stromauf gewanderten Quappen fanden den Weg in die Fischwanderhilfe. Obwohl zwei Quappen sogar zweimal in die Fischwanderhilfe einwanderten, hat sie kein Fisch nachweislich Richtung Oberwasser verlassen. Eine Quappe, die letztmalig in der Fischwanderhilfe geortet wurde, könnte diese durchwandert haben, was sich aber nicht nachweisen ließ. SCHUBERT & HAGGE (2000) fingen an insgesamt 46 Fangtagen während der Laichwanderung (November bis Januar) 1998 und 1999 insgesamt neun Quappen in der Fischwanderhilfe, maximal drei Quappen pro Tag. Im Vergleich zum Fang der Berufsfischer erscheint dies sehr wenig, zumal mit den Reusen in der Fischwanderhilfe alle aufsteigenden Fische gefangen werden, während die Berufsfischer nur einen geringen Teil des Elbequerschnittes befischen können. Ein Grund für die geringe Effizienz der Fischwanderhilfe für Quappen könnte in zu hohen Strömungsgeschwindigkeiten (bis 2,3 ms^{-1} bei mittlerem Abfluß von nur 685 m^3s^{-1}) liegen (SCHUBERT & HAGGE 2000). Laut DVWK (1996) sind 2 ms^{-1} die maximal zulässige Strömungsgeschwindigkeit in Durchlässen und Schlitzen von Fischaufstiegsanlagen. Die Vermutungen von SCHUBERT & HAGGE (2000) werden durch die Ergebnisse der telemetrischen Untersuchungen bestätigt. Zur Erhöhung der Effizienz der Fischwanderhilfe wurden von SCHUBERT & HAGGE (2000) Maßnahmen zur Reduzierung der höchsten Strömungsgeschwindigkeiten gefordert. Eine generelle Verlängerung der Fischwanderhilfe in Richtung Oberwasser würde ihren Gebirgsbachcharakter abschwächen und zudem einen günstigeren Ausstieg im Oberwasser ermöglichen.

Die Schiffsschleuse ist für den Quappenaufstieg bedeutungslos. Obwohl die Quappen in den Schleusenkanal einwanderten und dicht unterhalb der Schleusentore geortet wurden, gibt es keine Hinweise darauf, daß die Schleuse von den Quappen durchwandert wurde. Bei Stellnetzbefischungen in den Schleusenkammern (Herbst 1997 bis Frühjahr 1999) wurden insgesamt zwei Quappen gefangen (SCHUBERT et al. 1999). Die turbulenten Wasserströmungen und Beunruhigungen durch den Schiffsverkehr, die kurzen Öffnungszeiten der Schleusentore sowie die glatte Betonsohle unter den Schleusentoren verhindern das Einwandern in die Schleuse. Die nächtliche Unterbrechung der Schleusungen von 22:00-05:00 Uhr verkürzt die Zeit der möglichen Passage, die aber im November/Dezember etwa von 16:00-08:00 Uhr dauern könnte. Die Beleuchtung des Geländes sollte auf Grund der starken Wassertrübung und der Wassertiefe in den Schleusenkammern die Wanderaktivität der Quappen nicht negativ beeinflussen.

Hochwassersituationen mit Überstauung des Wehres und der Innendeichbereiche sind dagegen für den Aufstieg sehr vieler Fischarten von großer Bedeutung. PANZ (mündl. Mitt.) berichtet von insgesamt erhöhten Fischfängen in der Elbe bei Lauenburg nach solchen Ereignissen. Diese Aussage bestätigt die Vermutung, daß sehr viele aufstiegswillige Fische unterhalb des Wehres stehen, von denen nur ein geringer Teil die Fischwanderhilfe passiert. Telemetrische Untersuchungen am Rapfen (FREDRICH 2002) kommen zum gleichen Ergebnis.

Mehr als 50 % der Quappen aus der Tideelbe, die oberhalb der Staustufe in der Elbe ausgesetzt wurden, setzten ihre stromauf gerichtete Wanderung unverzüglich fort. Trotz einer mehr als 40-jährigen Behinderung der Laichwanderung (KOOPS 1960), hat sich das ursprüngliche Laichwanderverhalten der Quappen offensichtlich nicht grundsätzlich geändert. Auch wenn die untersuchten Quappen nicht nachweislich bis zu den früher genutzten Laichplätzen in der Havel bei Strodehne oder der Elbe bei Arneburg aufstiegen, so erreichten sie doch andere, von KOOPS (1959, 1960) beschriebene Laichplätze bei Gorleben oder im Bereich der Löcknitzmündung. Unter Zugrundelegung einer Wandergeschwindigkeit von 4.400 md^{-1} und der zwischen der letzten Ortung und der Laichzeit verbliebenen Zeit von 20 bis 25 Tagen, könnten Quappen durchaus bis in den Bereich von Arneburg (Skm 404) gelangen, sofern sie nicht in Nebenflüsse einwandern, was aber anhand der Quappen aus der Tideelbe nicht nachgewiesen wurde. Bemerkenswert ist, daß die kleinwüchsigen "stationären" Quappen der Mittelelbe sehr wohl zu den historischen Laichplätzen in der Havel und der Elbe bei Arneburg wanderten. Dabei legten sie Strecken bis zu 40 Skm zurück, was sie als potamodrome Wanderfische ausweist. Das Einwandern in die Havel wird durch mehrere Wehre ohne funktionstüchtige Fischwanderhilfen erschwert und erfolgte durch die zeitweilig nicht vollständig geschlossenen Wehre.

Daß keine Quappen direkt an den alten Laichplätzen geortet wurden, kann an strukturellen Veränderungen in den Flüssen oder dem kurzen Aufenthalt am Laichplatz liegen. Nach Boag (1989) dauert die Laichzeit von Quappen in Seen Alaskas nur zwei bis drei Wochen.

Die längste dokumentierte stromauf gerichtete Laichwanderung erstreckte sich über 99,7 Skm. Dabei muß berücksichtigt werden, daß die Quappe vor dem Fang und der Markierung bereits eine unbekannte Strecke zurückgelegt hatte und daß sie vermutlich auch im Januar (keine Ortungen) weitergewandert ist. Koops (1960) wies nach, daß Quappen bei ihrer Wanderung in die Havel bei Strodehne 242 Skm stromauf schwammen. Nach Kluge (1900) wurden Ende des 19. Jahrhunderts in der Elbe bei Magdeburg 2-6 kg schwere Quappen im Spätherbst gefangen. Da diese Fische vermutlich aus der Tideelbe stammen, sind sie mehr als 300 Skm stromauf gewandert. Dies entspricht den größten Entfernungen, die Quappen im Tanana River (Alaska) zurücklegen (Evenson 1993). Breeser et al. (1988) geben als längste stromauf gerichtete Wanderung 84 Skm an. Als Wandergeschwindigkeit wurden für eine Quappe 4.415 md^{-1} errechnet. Koops (1960) ermittelte eine mittlere Wandergeschwindigkeit von 2.400 md^{-1}. Breeser et al. (1988) beobachteten eine Quappe, die innerhalb von 13 Tagen 101 Skm (7.769 md^{-1}) stromauf wanderte. Andere Quappen wanderten 2-5 $Skmd^{-1}$. Für kürzere Wanderungen gibt Carl (1995) mittlere Wandergeschwindigkeiten von 1,4-2,3 $m \cdot min^{-1}$ am Tage und 5,4 $m \cdot min^{-1}$ in der Nacht an. Die beobachtete Maximalgeschwindigkeit betrug 20 $m \cdot min^{-1}$. Damit dürfte sich die Ansicht von Tesch (1967, 1972), die Quappe sei ein relativ schlechter Schwimmer, relativieren.

Generell ähneln sich die Laichwanderungen der großwüchsigen Wanderform (> 1 kg) und der kleineren stationären Form. Richtung, Beginn und Ende der Laichwanderung sowie die Bedingungen während der Wanderung sind gleich. Beide ökologischen Formen nutzen offenbar auch gleiche Laichplätze. Sie unterscheiden sich allein bezüglich ihres Aufenthaltsortes im Sommer und damit auch bezüglich der Länge der Laichwanderung, sofern gleiche Laichplätze genutzt werden. Da beide ökologischen Formen sowohl im Lüneburger Elbegebiet einschließlich Ilmenau (Steinvorth 1861) und in der Mittelelbe (Müller 1958; Koops 1959; Knösche 2001) vorkommen, spielt die Länge der Laichwanderung bzw. die Nähe zum Ästuar keine entscheidende Rolle für die Ausprägung der ökologischen Form. Müller (1958, 1960) stellte einen Zusammenhang zwischen sommerlichem Aufenthaltsort und dem Wachstum der Quappen her. Aufenthalt im Brackwasser bedeutete besseres Wachstum und Ausprägung der „großwüchsigen Wanderform", während ganzjähriger Aufenthalt im Süßwasser mit Kleinwüchsigkeit verbunden war. Das bessere Wachstum führte er allein auf das bessere Nahrungsangebot (Kaulbarsch, Stint) im Brackwasser zurück. Vieles deutet darauf hin, daß es sich bei den zwei Quappenformen um Teile einer Population handeln könnte, die in Abhängigkeit von diversen Umweltbedingungen (Nahrungsangebot) in verschiedenen Flußabschnitten unterschiedlich wachsen. Die stromab gerichtete Wanderung einiger „stationärer" Quappen aus dem Untersuchungsgebiet „Mittelelbe" heraus (Abb. 4, 5) sowie der Verbleib von zwei „Wanderquappen" in der Mittelelbe (Abb. 3) nach dem Laichen legt die Vermutung nahe, daß es keine dauerhafte Zugehörigkeit zu einer Lebensform gibt. Das wäre auch ein Grund dafür, daß die Informationen über die Laichplätze in Havel und Mittelelbe innerhalb der Population nicht verlorengingen. Außerdem würde es erklären, daß nach dem Anwachsen der Abundanz der Quappen in der Mittelelbe („stationäre Form") im letzten Jahrzehnt (Knösche 2001) auch der Quappenbestand in der Tideelbe ("Wanderform") mit zeitlicher Verzögerung seit

1998/99 anwächst (ARZBACH et al. 1999). Da der Laichquappenaufstieg über die Staustufe Geesthacht nur in Hochwassersituationen größere Ausmaße erreicht (TESCH 1967), muß man davon ausgehen, daß sich der Quappenbestand der Tideelbe aus abwandernden Quappen aus der Mittelelbe rekrutiert. Es gibt keine Beweise dafür, daß sich die Quappen aus der Tideelbe, deren Laichwanderung am Wehr Geesthacht gestoppt wird, direkt unterhalb der Staustufe reproduzieren. Nur eine Quappe hielt sich zwei Tage in einem Nebengewässer am linken Flußufer 600 m unterhalb des Wehres auf, wo ein Laichplatz vermutet wurde aber nicht bestätigt werden konnte. Nach MEYER et al. (2000) läßt aber der regelmäßige Nachweis von aufsteigenden Quappen bzw. 0^+-Jungfischen Laichplätze in der Luhe und Roddau vermuten. Ebenso wird im Neetzekanal und in der Neetze jährlich der Aufstieg einiger großer Wanderquappen beobachtet. Da die markierten Quappen z.T. unterhalb der Mündungen dieser Nebenflüsse in der Elbe gefangen wurden, können sie verschiedenen Laichgemeinschaften angehören. Dies würde auch die stromab gerichtete Wanderung einiger Quappen aus der Tideelbe nach dem Freilassen nahe dem Wehr erklären. Die Untersuchungen über den Aufenthalt der Quappen im Brackwasser des Bottnischen Meerbusens (JOHNSON 1981; PULLIAINEN & KORHONEN 1990) oder des MacKenzie Deltas in Nordkanada (PERCY 1975) belegen die große Variabilität dieser Art. Im Bottnischen Meerbusen laichen die Quappen sowohl in flachen, steinigen Küstengewässern bei Salzgehalten < 2 ‰ als auch im Süßwasser der einmündenden Flüsse (HEDIN 1983, MÜLLER 1987).

Der Rückgang der Quappenpopulation in der Elbe in den 60er Jahren fiel sowohl mit dem Bau der Staustufe Geesthacht als auch mit einer dramatischen Verschlechterung der Wasserqualität durch zunehmende Einleitung von Industrieabwässern zusammen. In den 70er Jahren wiesen die Quappen einen starken Befall mit Endoparasiten auf und wurden nicht vermarktet (MEYER, pers. Mitt.). Im Bottnischen Meerbusen registrierten PULLIAINEN et al. (1992) und PULLIAINEN & KORHONEN (1993) eine zunehmende Unfruchtbarkeit oder Sterilität bei Quappen, die regional unterschiedlich zwischen 30 und 100 % lag. Sie führten dies auf eine starke Belastung der Quappen mit toxisch wirkenden Chemikalien zurück. Diese These könnte auch für die Elbequappen gelten und würde durch die Zunahme der Quappenpopulation besonders in der Mittelelbe mit der Verbesserung der Wasserqualität in den 90er Jahren gestützt.

Nach CARL (1995) suchten Quappen während ihrer Ruhephase am Tage Habitate in mittleren Tiefen von ca. 20 m und mit dem kältesten verfügbaren Wasser (< 10 °C) auf, wahrscheinlich, um ihre Stoffwechselaktivität zu reduzieren. Nachts lagen die Aufenthaltsorte bei mittleren Wassertiefen von 8 m (Frühjahr) bzw. von 13 m (Sommer) und mittleren Wassertemperaturen um 10 °C. Dies liegt deutlich unter der Optimaltemperatur für Quappen von 15-18 °C (SCOTT & CROSSMAN 1973). Nur kurzzeitig bewegten sich die Quappen nachts auch in ca. 20 °C warmes Wasser. Generell wurde ein Habitatshift beobachtet. So lebten juvenile Quappen im flacheren und im Sommer wärmeren Wasser, während die älteren Tiere tiefere Gebiete mit kälterem Wasser aufsuchten (CARL 1995).

Die Quappen, die ganzjährig in der Mittelelbe leben, können aufgrund der monotonen Tiefe und der vollständigen Durchmischung des Wasserkörpers nicht in Bereiche mit kaltem Wasser ausweichen, wie dies im Ästuar der Fall ist, wo TESCH (1972) eine Quappe mit Ultraschallsender in 12-17 m Tiefe beobachtete. In der Untersuchungsperiode mußten die Quappen im Sommer mehrere Tage bei Wassertemperaturen zwischen 20 und 25 °C leben. Dies liegt z.T. schon über dem von SCOTT & CROSSMAN (1973) angegebenen oberen Grenzwert von 23,3 °C. Wahrscheinlich sind die starken Abweichungen von den bevorzugten Sommertemperaturen ein Grund für die Kleinwüchsigkeit der überwiegend stationär lebenden Quappenform der Binnengewässer. Ein Vergleich des Wachstums in verschiedenen Gewässern Deutschlands zeigte, daß Quappen in den Ästuaren der großen Flüsse am besten wachsen, daß aber Quappen der Voralpenseen (WAGLER 1951) besser wachsen als jene der Binnengewässer Norddeutschlands (MÜLLER 1960). Da das

Nahrungsangebot in den nährstoffarmen Voralpenseen geringer ist als in den Binnengewässern Norddeutschlands, könnte das günstigere Temperaturregime in den Voralpenseen eine wesentliche Ursache für das bessere Quappenwachstum sein. Im Rahmen der globalen Erwärmung könnte die Existenz der Quappen in den Randbereichen ihres Verbreitungsgebietes gefährdet sein. Unter diesem Aspekt ist auch die Forderung nach uneingeschränkter Durchgängigkeit der Fließgewässer zu verstehen. Nur dann können die Quappen zu jeder Zeit die günstigsten Lebensräume aufsuchen.

Generell unterstreicht die Habitatwahl der Quappen auch die Forderung nach mehr Tiefenvarianz in der Elbe. In der Elbe waren die Lebensräume außerhalb der Laichwanderung mit etwa 100 Flußmetern (maximal 700 Flußmeter) relativ klein. Aus Gründen der Energieersparnis und der guten Nahrungsverfügbarkeit ist die Präferenz der Quappen für tiefe Kolke erklärlich. Wahrscheinlich besteht auch ein erhöhtes Sicherheitsbedürfnis bei im Sommer reduzierter Stoffwechselaktivität. Wechsel der Flußseite wurden außerhalb der Laichwanderung nicht beobachtet. Es ist allerdings zu berücksichtigen, daß die Ortungen überwiegend bei Tageslicht während der Ruhephase der nacht- und dämmerungsaktiven Quappen (Begersen et al. 1993; Carl 1995) stattfanden. Carl (1995) beschreibt kleine Lebensräume für Quappen, die auch zur Nahrungsaufnahme selten verlassen werden und zu denen sie auch nach längerer Abwesenheit zurückkehrten. Von Jahr zu Jahr kann sich die Lage dieser Lebensräume etwas verändern. Begersen et al. (1993) beschreiben die Quappen als seßhaft, die nur während 2 % der Zeit aktiv waren und z.T. für mehr als 24 h ihren Aufenthaltsort nicht verließen.

5. Danksagung

Wir möchten uns bei unseren Kollegen Steffen Ohmann und Ingo Lübker für die Unterstützung bei den Ortungen bedanken. Zwei unbekannten Kollegen danken wir für die akribische Durchsicht des Manuskriptes und viele konstruktive Hinweise.

Die Untersuchungen wurden gefördert durch das Bundesministerium für Bildung und Forschung.

6. Literatur

Arzbach, H.-H., I. Lübker, & H.-J. Schubert. 1999. Radiotelemetrische Untersuchung der Bewegungen von Quappen (*Lota lota* (L.)) an der Staustufe Geesthacht im Winter 1998/99. Bericht im Auftrag des Niedersächsischen Landesamtes für Ökologie.

Baras, E., & J.C. Philippart. 1989. Application du radiopistage à l'étude éco-éthologique du barbeau fluviatile (*Barbus barbus*): problèmes, stratégies et premiers résultats. Cahier Ethologie appl. 9, 467-494.

Begersen, E.P., M.F. Cook, & R.J. Baldes. 1993. Winter movements of burbot (*Lota lota*) during an extreme drawdown in Bull Lake, Wyoming, USA. Ecol. Freshw. Fish 2, 141-145.

Behrendt, H., P. Huber, M. Ley, D. Opitz, O. Schmoll, G. Scholz, & R. Uebe. 1999. Nährstoffbilanzierung der Flußgebiete Deutschlands. Forschungsbericht Umweltbundesamt, Berlin.

Beckedorf, R., & H.J. Schubert. 1995. Funktionsüberprüfung der Fischaufstiegsanlagen an der Staustufe Geesthacht. Binnenfischerei in Niedersachsen 4.

Bjorn, E.E. 1940. Preliminary observations and experimental study of the ling, *Lota maculosa* (LeSueur), in Wyoming. Trans. Am. Fish. Soc. 69, 192-196.

Boag, T.D. 1989. Growth and fecundity of burbot, *Lota lota* L., in two Alberta lakes. MSc Thesis, Dept. of Zoology Univ. of Alberta, Edmonton zit. in McPhail, J.D., 1997. A review of burbot (*Lota lota*) life history and habitat use in relation to compensation and improvement opportunities. Can. Man. Rep. Fish. Aquat. Sci. 2397, viii+37 S.

Breeser, S.W., F.D. Stearns, M.W. Smith, R.L. West, & J.B. Reynolds. 1988. Observation of movements and habitat preferences of burbot in an Alaskan glacial river system. Trans. Am. Fish. Soc. 117, 506-509.

Carl, L.M. 1995. Sonic tracking of burbot in Lake Oppongo, Ontario. Trans. Am. Fish. Soc. 124, 77-83.

Chen, L.-C. 1969. The biology and taxonomy of the burbot, *Lota lota leptura*, in interior Alaska. Biological Papers, Univ. Alaska 11.

Clemens, H.P. 1951. The growth of the burbot, *Lota lota maculosa,* (LeSueur) in Lake Erie. Trans. Am. Fish. Soc. 80, 163-173.

DIERCKING. R., & L. WEHRMANN, L. 1991. Artenschutzprogramm Fische und Rundmäuler in Hamburg (Hrsg.). Umweltbehörde Hamburg, Naturschutzamt.

DVWK (DEUTSCHER VERBAND FÜR WASSERWIRTSCHAFT UND KULTURBAU E.V.). 1996. Merkblätter zur Wasserwirtschaft 232.

EVENSON, M.J. 1993. Seasonal movements of radio tagged burbot in the Tanana River, Alaska. Alaska Dept. Fish and Game, Fishery Data Series No. 93-47.

FABRICIUS, E. 1954. Aquarium observation on the spawning behaviour of the burbot, *Lota vulgaris* L.. Rept. Inst. Freshwat. Res. Drottningholm 35, 51-57.

FORBES, I., & A. WHEELER. 1997. A comparison of late eighteenth century and present-day fishery surveys on the River Witham, Lincolnshire, UK. Fisher. Managem. Ecol. 4, 325-335.

FREDRICH, F. 2002. Long-term investigations of migratory behaviour of asp (*Aspius aspius* L.) in the middle part of River Elbe, Germany. J. Appl. Ichthyol. (eingereicht)

GHAN, D., & W.G. SPRULES. 1991. Distribution and abundance of larval and juvenile burbot (*Lota lota*) in Oneida Lake, New York. Verh. Internat. Verein Limnol. 24, 2377-2381.

HEWSON, L.C. 1955. Age, maturity spawning and food of burbot, *Lota lota*, in Lake Winnipeg. J. Fish. Res. Board Canada 12, 930-940.

HEDIN, J. 1983. Seasonal spawning migration of the burbot (*Lota lota* L.) in a coastal stream of the northern Bothnian sea. Fauna Norrlandica 6, 1-22.

IKSE (INTERNATIONALE KOMMISSION ZUM SCHUTZ DER ELBE). 1999. Die Elbe - Erhaltenswertes Kleinod in Europa. Eppler und Buntdruck Berlin, 64 S.

JOHNSON, T. 1981. Biotopwechsel und Lebensweise der Quappe (*Lota lota* L.) in der Bottnischen See und in einem Küstenfluß. Österreichs Fischerei 34, 6-9.

KLUGE, M. 1900. Unsere Elbfische. Montagsblatt Nr. 10/14 der Magdeburg. Zeitung, 76-111.

KNÖSCHE, R. 2001. Fische und Fischerei in der Mittelelbe. Schriften des Instituts für Binnenfischerei e.V. Potsdam-Sacrow. 6.

KOOPS, H. 1959. Der Quappenbestand der Elbe. Untersuchungen über die Biologie und die fischereiliche Bedeutung der Aalquappe (*Lota lota* (L.)) im Hinblick auf die Auswirkungen des im Bau befindlichen Elbstaues bei Geesthacht. Kurze Mitteilungen aus dem Institut für Fischereibiologie der Universität Hamburg 9.

KOOPS, H. 1960. Die Bedeutung der Staustufe Geesthacht für die Quappenfischerei in der Elbe. Kurze Mitteilungen aus dem Institut für Fischereibiologie der Universität Hamburg 10, 43-56.

KOURIL, J., O. LINHART, K. DUBSKY, & P. KAVASNICKA. 1985. The fertility of female and male burbot (*Lota lota* L.) reproduced by stripping. Pr. Vurh. Vodnany Pap. Rifh Vodnany 14, 75-79.

LAWLER, G.H. 1963. The biology and taxonomy of the burbot, *Lota lota*, in Heming Lake, Manitoba. J. Fish. Res. Board Can. 29, 417-433.

MANN, H. 1968. Die Beeinflussung der Fischerei in der Unterelbe durch zivilisatorische Maßnahmen. Helgoländer wiss. Meeresunters. 17, 168-181.

MCCRIMMON, H.R., & D.E. DEVITT. 1954. Winter studies on the burbot, *Lota lota lacustris*, of Lake Simcoe, Ontario. Can. Fish-Cult. 16, 34-41.

MCKINLEY, R.S., G. POWER, & H.E. KOWALYK. 1994. Transmitter attachment/implant. Laboratory manual. Toronto. Waterloo.

MCPHAIL, J.D., 1997. A review of burbot (*Lota lota*) life history and habitat use in relation to compensation and improvement opportunities. Can. Man. Rep. Fish. Aquat. Sci. 2397, viii+37 S.

MESHKOW, M.M. 1967. Developmental stages of the burbot (*Lota lota* (L.)). Vopr. Ikhtiol. i Gidrobiol. Vodoemow 62, 181-194.

MEYER, L., I. BRÜMMER, H. BRUNKEN, H. KOLSTER, & E.C. MOSCH. 2000. Zur Fischfauna von Ilmenauniederung und Winsener Elbmarschen (Niedersachsen) unter besonderer Berücksichtigung von Fischen und Rundmäulern des Anhangs II der FFH-Richtlinie. Braunschweiger Naturkundliche Schriften 6 (1), 1-38.

MÖLLER, H. 1991. Der Zustand der Fischfauna in der Tideelbe. Fischökologie 4, 23-44.

MÜLLER, H. 1983. Fische Europas. Neumann Verlag, Leipzig - Radebeul.

MÜLLER, K. 1987. The migration behaviour and orientation of the coastal population of the burbot (*Lota lota* L.) in the Gulf of Bothnia. Fauna Norrlandica 1, 1-15.

MÜLLER, W. 1958. Das Wachstum der Quappe (*Lota lota*) im Oderhaff und in deutschen Gewässern. Verh. internat. Ver. Limnol. 13, 743-747.

MÜLLER, W. 1960. Beiträge zur Biologie der Quappe (*Lota lota* L.) nach Untersuchungen in den Gewässern zwischen Elbe und Oder. Z.Fischerei. IX N.F. 1/2, 1-72.

PARAGAMIAN, V.L. 1999. The effects of variable flows and temperature on burbot spawning migrations in the Kootenai River, Idaho, USA, and Kootenay Lake, British Columbia, Canada, post Libby Dam. 121-139. In: PARAGAMIAN, V.L., & D.D. MACKINLAY, (eds.). Symposium Proceedings of Biology and management of burbot. Baltimore 1998.

PARAGAMIAN, V.L., J. HAMMOND, & H. ANDRUSAK. 1999. Collapse of burbot fisheries in Kootenay Lake, British Columbia and the Kootenai River, Idaho. 103-120. In: PARAGAMIAN, V.L., & D.D. MACKINLAY (eds.). Symposium Proceedings of Biology and management of burbot. Baltimore 1998.

PERCY, R. 1975. Fishes of the outer MacKenzie Delta. Dept. of Environment, Beaufort Sea Projct, Tech. Rept. No. 8, 114 S. zitiert in: MCPHAIL, J.D. (ed.). 1997. A review of burbot (*Lota lota*) life history and habitat use in relation to compensation and improvement opportunities. Can. Man. Rep. Fish. Aquat. Sci. 2397, viii+37 S.

PULLIAINEN, E., & K. KORHONEN. 1990. Seasonal changes in condition indices in adult mature and non-mature burbot, *Lota lota* (L.), in the north-eastern Bothnian Bay, northern Finland. J. Fish Biol. 36, 251-259.

PULLIAINEN, E., & K. KORHONEN. 1993. Does the burbot, *Lota lota*, have rest years between normal spawning seasons? J. Fish Biol. 43, 355-362.

PULLIAINEN, E., K. KORHONEN, L. KANKAANRANTA, & K. MÄKI. 1992. Non-spawning burbot on the northern coast of the Bothnian Bay. Ambio 21, 170-175.

REPECKA, R. 1998. Biology and resources of the main commercial fish species in the Lithuanian part of the Curonian Lagoon. Proceedings of Symposium on Freshwater Fish and the Herring *Clupea harengus* Populations in the Coastal Lagoons. Env. Fish. 185-195.

ROBINS, C.R., & E.E. DEUBLER. 1955. The life history and systematic status of the burbot, *Lota lota lacustris* (Walbaum), in the Susquehanna River system. New York State Museum and Science Service, Circular 39.

SAKUN, O.F., & N.A. BUZKAJA. 1968. Opredelenie stadii srelosti i isztschenie polowych ziklow ryb. Ministerstwo rybnogo choz. SSSR Murmansk.

SANDLUND, O.T., G. KJELLBERG, & T.F. NAESJE. 1985. Growth, habitat and food of burbot, *Lota lota*, in Lake Mjoesa. Fauna Blindern 38, 37-43.

SCHUBERT, H.-J., & A. HAGGE. 2000. Funktionsüberprüfung der neuen Fischaufstiegsanlage am Elbewehr bei Geesthacht. Abschlußbericht für ARGE Elbe (Arbeitsgemeinschaft für die Reinhaltung der Elbe), HEW Umweltstiftung, Wasser- und Schiffahrtsamt Lauenburg.

SCHUBERT, H.-J., H.H. ARZBACH, I. LÜBKER, & M. KÄMMEREIT. 1999. Untersuchungen zum Wanderverhalten von Fischen im Bereich von Staustufen großer Ströme am Beispiel des Elbewehres bei Geesthacht unter besonderer Berücksichtigung der Schiffsschleuse. BMBF, Forschungsverbund Elbe-Ökologie, Abschlußbericht.

SCOTT, W.B., & E.J. CROSSMAN. 1973. Freshwater fishes of Canada. Fish. Res. Bd. Can. Bull. 184.

SOROKIN, V.N. 1971. The spawning and spawning grounds of the burbot, *Lota lota* (L.). J. Ichthyol. 11, 907-916.

SIMON, M. 1994. Die Elbe und ihr Einzugsgebiet. Mat. der IKSE.

STEINVORTH, H. 1861. IV. Pisces, Fische. Beiträge zur Naturkunde des Fürstentums Lüneburg, 17-23.

STERNER, E. 1918. Die niederelbische Küstenfischerei, II. Die Fischereiarten, 7. Die Quappenfischerei. Fischerbote 10, 72-75.

TESCH, F.-W. 1967. Aktivitäten wandernder *Lampetra fluviatilis, Lota lota* und *Anguilla anguilla* im Tidegebiet der Elbe. Helgoländer wiss. Meeresunters. 16, 92-111.

TESCH, F.-W. 1972. Aktivitäten wandernder *Lampetra fluviatilis, Lota lota* und *Anguilla anguilla* im Tidegebiet der Elbe. Helgoländer wiss. Meeresunters. 23, 165-183.

WAGLER, E. 1951. Fische und Fischerei in den Bayrischen Voralpenseen. V. Gadiden, dorschartige Fische. AFZ 76, 222-223.

WILKENS, H., & A. KÖHLER. 1977. Die Fischfauna der unteren und mittleren Elbe: die genutzten Arten 1950-1975. Verh. naturwiss. Ver. Hamb. N.F. 20, 185-222.

Zeitschrift für Fischkunde	Supplementband 1, 2002	Ökologie der Elbefische	S. 179-187

Parasitologische Untersuchungen an rheophilen Fischarten der Elbe

Parasitological investigations on rheophilic fishes from the Elbe River

MICHAEL PIETROCK* & ERIK FLADUNG

Institut für Binnenfischerei e.V. Potsdam-Sacrow, Jägerhof am Sacrower See, 14476 Groß Glienicke, Germany
*Address for correspondence: M. Pietrock, Institut für Binnenfischerei e.V. Potsdam-Sacrow, Jägerhof am Sacrower See, 14476 Groß Glienicke
eMail: michael.pietrock@ifb-potsdam.de

Zusammenfassung: Von November 1997 bis Oktober 2000 wurden parasitologische Untersuchungen an sieben rheophilen Fischarten (Döbel [*Leuciscus cephalus*], Hasel [*L. leuciscus*], Aland [*L. idus*], Zope [*Abramis ballerus*], Rapfen [*Aspius aspius*], Gründling [*Gobio gobio*], Quappe [*Lota lota*]) der Elbe im Raum Havelberg und Lenzen durchgeführt. Die Forschungen sollten Kenntnisse zur Verbreitung parasitischer Organismen und Intensität des Parasitenbefalls strömungsliebender Fischarten erbringen und auf mögliche gesundheitliche Gefährdungen der Fischbestände hinweisen. Des weiteren sollte der Einsatz parasitologischer Daten im Rahmen der fischökologischen Bewertung von Gewässern nach dem "Index of biotic integrity" (IBI) getestet werden. In den 349 untersuchten Tieren wurden 25 Parasitenarten der systematischen Taxa Myxozoa, Cestoda, Trematoda, Nematoda, Acanthocephala, Monogenea, Hirudinea, Mollusca und Crustacea nachgewiesen. Die Prävalenz und Intensität des Befalls waren i.d.R. gering. In wenigen Fällen wurden unspezifische pathologische Veränderungen an verschiedenen Organen festgestellt. Aufgrund der vorliegenden Befunde muß eingeschätzt werden, daß die untersuchten Fischpopulationen gegenwärtig keinen nennenswerten parasitenbedingten Beeinträchtigungen unterliegen.

Schlüsselwörter: Parasiten, Fischgesundheit, Elbfische, rheophil.

Summary: Parasitological investigations on chub (*Leuciscus cephalus*), common dace (*L. leuciscus*), ide (*L. idus*), blue bream (*Abramis ballerus*), asp (*Aspius aspius*), gudgeon (*Gobio gobio*), and burbot (*Lota lota*) sampled in the Elbe River in the vicinity of Havelberg and Lenzen, respectively, were carried out from November 1997 to October 2000. The study was aimed to broaden the knowledge on regional distribution of parasites and to obtain information on fish health in general, and potential negative impacts of parasites on the fish host populations in particular. Moreover, the investigations should provide basic information on the practicability of parasite data for fishecological rating of waters according to the Index of Biotic Integrity (IBI). In the 349 fish examined, 25 parasite species belonging to the taxa Myxozoa, Cestoda, Trematoda, Nematoda, Acanthocephala, Monogenea, Hirudinea, Mollusca and Crustacea were found. In general, prevalences and intensities of infection were low. Unspecific pathological changes on different organs were found in rare cases. Based on the present findings it can be stated that the fish populations examined are not affected by significant impairments caused by parasites.

Keywords: Parasites, fish health, Elbe fishes, rheophilic.

1. Einleitung

Fischparasiten sind integraler Bestandteil aquatischer Ökosysteme und haben sich im Verlaufe der Evolution in vielfältiger Weise an das Überleben in der äußeren Umwelt als auch in ihren Wirten angepaßt. Zahlreiche abiotische und biotische Variablen beeinflussen Vorkommen und Verbreitung parasitischer Organismen (CHUBB 1979, 1980, 1982).

Für die Etablierung von Fischparasiten in neuen Lebensräumen sind v.a. die chemisch-physikalischen Wasserparameter sowie das Vorhandensein einer ausreichenden Zahl aller für den Entwicklungszyklus der Parasiten notwendigen Wirte von Bedeutung.

Zu pathogenen Wirkungen von Fischschmarotzern wurde im internationalen Schrifttum zahlreich publiziert (s. SCHÄPERCLAUS 1990, AMLACHER 1992, KÖRTING 1992, HOFFMAN 1999). Obwohl in der Aquakultur und in natürlichen Gewässern Fischverluste größeren Ausmaßes häufig in Zusammenhang mit Viren, Bakterien oder parasitischen Protozoen auftreten, findet sich jedoch gleichsam eine große Anzahl von Veröffentlichungen über parasitische Metazoen als Agens bedeutsamer Fischkrankheiten (s. KABATA 1985, PIKE & LEWIS 1994).

In Deutschland liegt nur vereinzelt umfangreicheres Datenmaterial zum Vorkommen von Parasiten verschiedener Wirtsfische eines Gewässersystems vor (SCHÜTTERLE 1968, SCHMALZBAUER 1972, PALM et al. 1999). Im Rahmen des Forschungsprojektes "Ökologische Zusammenhänge zwischen Fischgemeinschafts- und Lebensraumstrukturen der Elbe" (FKZ BMBF 0339578) wurden parasitologische Untersuchungen an sieben rheophilen Fischarten (Döbel [*Leuciscus cephalus*], Hasel [*L. leuciscus*], Aland [*L. idus*], Zope [*Abramis ballerus*], Rapfen [*Aspius aspius*], Gründling [*Gobio gobio*], Quappe [*Lota lota*]) durchgeführt. Das Ziel dieser Forschungen bestand darin, einen Überblick über die Verbreitung von Parasiten und Intensität des Befalls strömungsliebender Arten der Elbe zu erhalten und anhand der Sektionsbefunde und parasitologischen Daten Aussagen zum Gesundheitsstatus der Wirte und potentieller gesundheitlicher Gefährdungen der Populationen abzuleiten. Darüber hinaus sollten die parasitologischen Ergebnisse nach Möglichkeit als Grundlage für die Durchführung einer fischökologischen Bewertung der Elbe nach dem "Index of Biotic Integrity" (KARR 1981, zit. bei HUGHES & OBERDORFF 1999) und Leitbildentwicklung dienen.

2. Material und Methodik

In der Elbe wurden in monatlichen Intervallen von November 1997 bis Oktober 2000 an den Probennahmestellen Havelberg (Skm 418,2-423,4) und Lenzen (Skm 474,7-489,7) insgesamt 349 Fische der Familien Cyprinidae und Gadidae mittels Zug- und Stellnetzen sowie Elektrofischerei gefangen (Tab. 1). Die Elbe ist in den genannten Bereichen je nach Wasserstand etwa 200-300 m breit und 1,8-3,0 m tief. Eine detaillierte Übersicht zu den an den Fangtagen mit Hilfe der Meßsonde U-10 (Horiba Ltd., Japan) aufgenommenen Wasserparameter findet sich in der Tab. 2. Die Fische wurden gewogen und gemessen und ihr Korpulenzfaktor nach der Formel k = Masse (g) · 100/Länge (cm) ^ 3 berechnet (Tab. 3). Anschließend erfolgte der Transport der Tiere in das Institut für Binnenfischerei nach Potsdam-Sacrow, wo sie nach ihrer Tötung bei einer Temperatur von -18 °C gelagert wurden.

Zur parasitologischen Untersuchung wurden die Fische aufgetaut und Körperoberfläche, Kiemen und Flossen auf möglichen Ektoparasiten- bzw. Metacercarienbefall begutachtet (SCHÄPERCLAUS 1990). Im Anschluß wurde die Leibeshöhle geöffnet und folgende Organe auf pathologische Veränderungen und Vorhandensein von Schmarotzern untersucht: Magen-Darm-Trakt, Leber, Gallenblase, Niere, Harnleiter und -blase, Schwimmblase, Gonaden, Milz, Herz und Augen. Sämtliche makroskopisch sichtbaren Parasiten sowie Zysten wurden entnommen, gesäubert und in 70%igen Ethanol bzw. 4%iges Formol überführt. Für die Artdetermination wurden die Schmarotzer bei Bedarf mit Alaun-Karmin gefärbt oder Glycerin aufgehellt (s. PIETROCK 1998). Die Bestimmung der Parasitenspezies erfolgte unter Verwendung eines Stereo- oder Forschungsmikroskopes und der Bestimmungsschlüssel von LOM & DYKOVÁ (1992), MORAVEC (1994) und BAUER (1987).

Zur Charakterisierung des Parasitenbefalls wurden die Prävalenz (prozentualer Anteil der befallenen Individuen an der Anzahl aller untersuchten Fische) und mittlere Befallsintensität (mittlere Anzahl der Parasiten einer Art je infiziertem Fisch) entsprechend den Empfehlungen von

Tab. 1: Anzahl der untersuchten Fische.
Tab. 1: Number of fish examined.

Fischspezies	Anzahl der untersuchten Tiere		
	Havelberg	Lenzen	total
Döbel (*Leuciscus cephalus*)	33	33	66
Hasel (*L. leuciscus*)	19	20	39
Aland (*L. idus*)	34	41	75
Rapfen (*Aspius aspius*)	25	33	58
Zope (*Abramis ballerus*)	8	18	26
Gründling (*Gobio gobio*)	24	22	46
Quappe (*Lota lota*)	21	18	39
Gesamt	164	185	349

Tab. 2: Ausgewählte Wasserparameter an den Probennahmestellen Havelberg (H) und Lenzen (L).
Tab. 2: Selected water parameters at the sampling sites Havelberg (H) and Lenzen (L).

Datum	Temperatur (°C)		Salzgehalt (‰)		Leitfähigkeit (µS/cm)		Sauerstoffgehalt (mg/L)		Sauerstoff-sättigung (%)		pH		Sichttiefe (cm)	
	H	L	H	L	H	L	H	L	H	L	H	L	H	L
11/97	6,4	6,9	0,05	6,4	1208	718	12,3	10,6	100	87	8,0	7,7	83	75
3/98		6,5				801		14,9		121		8,1		100
4/98	9,6	15,3	0,03	9,6	771	905	12,0	11,4	107	114	7,8	8,0	60	60
5/98	14,2		0,05	14,2	1156		12,2		115		8,4		48	
6/98		18,6				965		10,1		108		8,1		45
7/98	20,3		0,04	20,3	1165		13,2		140		9,1		27	
8/98		14,3				998		8,2		80		8,6		42
9/98	17,1		0,06	17,1	1360		13,7		142		8,9		40	
10/98		9,0				661		9,5		82		7,9		90
4/99		14,5				848		10,7		104		8,0		97
5/99	16,2		0,04	16,2	1037		13,0		131		8,9		39	
6/99		19,6				964		8,8		96		8,0		46
7/99	23,3		0,05	23,3	1145		11,3		133		8,8		43	
8/99		19,0				1250		10,0		108		7,6		70
9/99	20,7	20,0	0,05	20,7	1155	631	13,3	9,3	148	102	8,6	8,8	39	20
10/99	10,5	7,7	0,05	10,5	1192	802	12,5	11,0	112	91	8,4	8,3	75	80
5/00	20,4		0,03	20,4	900		13,5		149		9,1		41	
6/00	16,7		0,05	16,7	1282		14,7		150		8,7		39	
9/00	16,8		0,05	16,8	1261		11,9		122		8,8		46	
10/00	12,8		0,05	12,8	1162		10,5		101		8,1		92	

Tab. 3: Mittlere Körperlängen, Körpermassen und Korpulenzfaktoren der untersuchten Fische.
Tab. 3: Mean body length, weight and condition factor of fish examined.

Fischspezies	∅ Körperlänge (cm, ± S.D.)		∅ Körpermasse (g, ± S.D.)		∅ Korpulenzfaktor (± S.D.)	
	Havelberg	Lenzen	Havelberg	Lenzen	Havelberg	Lenzen
Döbel (*Leuciscus cephalus*)	18,9 (5,0)	21,9 (8,2)	86,5 (95,6)	175,5 (223,3)	1,0 (0,1)	1,0 (0,1)
Hasel (*L. leuciscus*)	13,9 (2,0)	12,2 (3,0)	23,1 (13,3)	17,3 (16,4)	0,8 (0,08)	0,7 (0,09)
Aland (*L. idus*)	22,9 (8,2)	25,9 (10,0)	210,2 (296,3)	307,6 (405,2)	1,1 (0,2)	1,1 (0,2)
Rapfen (*Aspius aspius*)	35,6 (14,5)	34,4 (13,2)	566,4 (720,5)	451,8 (481,2)	0,8 (0,07)	0,7 (0,07)
Zope (*Abramis ballerus*)	31,2 (6,9)	30,3 (7,5)	282,6 (286,3)	262,3 (195,1)	0,8 (0,07)	0,8 (0,08)
Ukelei (*Alburnus alburnus*)	18,8 (0,7)	18,5 (0)	44,4 (2,0)	36 (0)	0,7 (0,1)	0,56 (0)
Gründling (*Gobio gobio*)	14,4 (1,4)	12,3 (1,4)	26,3 (8,5)	16,5 (6,6)	0,9 (0,06)	0,8 (0,07)
Zander (*Sander lucioperca*)	19,8 (5,8)	42,0 (4,9)	72,5 (67,3)	601,3 (178,7)	0,7 (0,1)	0,8 (0,06)
Quappe (*Lota lota*)	25,1 (6,9)	24,6 (5,9)	133,6 (102,6)	112,0 (62,0)	0,7 (0,15)	0,7 (0,08)

Bush et al. (1997) berechnet. Der quantitative Vergleich der Prävalenzen und mittleren Befallsintensitäten an den Probennahmestellen Lenzen und Havelberg erfolgte mit Hilfe des Chi-Quadrat-Tests bzw. U-Tests nach Mann und Whitney. Die Nullhypothese wurde bei einer Irrtumswahrscheinlichkeit von $P < 0{,}05$ abgelehnt.

3. Ergebnisse

In den untersuchten Fischen wurden insgesamt 25 Parasitenarten nachgewiesen (Tab. 4). Letztere gehören zu den systematischen Taxa Myxozoa, Cestoda, Trematoda, Nematoda, Acanthocephala, Monogenea, Hirudinea, Mollusca und Crustacea. Die Fische beider Probennahmeorte wiesen mit 22 (Lenzen) bzw. 21 (Havelberg) Parasitenspezies einen in etwa gleichen Artenreichtum auf.

Das breiteste Wirtsspektrum besaß der Trematode *Ichthyocotylurus platycephalus*, der in allen sieben Fischarten registriert wurde. Der Aland wies mit 16 Schmarotzerspezies die größte Artenzahl an Parasiten auf.

Tab. 4: Überblick über die nachgewiesenen Parasiten von Fischen der Probennahmeorte Havelberg und Lenzen.
Tab. 4: Survey of the parasites found in fishes from the sampling sites Havelberg and Lenzen.

Fisch-spezies	Parasitenspezies	Taxon	Lokalisation	Havelberg		Lenzen	
				Präva-lenz (%)	Mittlere Befalls-intensität (± S.D.)	Präva-lenz (%)	Mittlere Befalls-intensität (± S.D.)
Döbel	*Myxobolus* sp.	Myxozoa	Gonaden, Kiemen	3	1 (0)	6	1 (0)
	Proteocephalus torulosus	Cestoda	Darmtrakt	-	-	9	1 (0)
	Triaenophorus nodulosus (l.)	Cestoda	Leber	-	-	3	1 (0)
	Posthodiplostomum cuticola (l.)	Trematoda	Haut, Flossen	3	2 (0)	-	-
	Tylodelphys clavata (l.)	Trematoda	Auge	-	-	3	4 (0)
	Ichthyocotylurus platycephalus (l.)	Trematoda	Leibeshöhle	9	40 (67,5)	15	1,2 (0,4)
	Raphidascaris acus (l.)	Nematoda	Leibeshöhle	3	2 (0)	3	1 (0)
	Acanthocephalus anguillae	Acanthocephala	Darmtrakt	3	1 (0)	3	1 (0)
	Ergasilus sieboldi	Crustacea	Kiemen	3	3 (0)	-	-
	Lernaea sp.	Crustacea	Flossen	-	-	3	1 (0)
Hasel	*Myxobolus* sp.	Myxozoa	Kiemen	5	1 (0)	-	-
	I. platycephalus (l.)	Trematoda	Leibeshöhle	26	4,8 (4,2)	10	1,5 (0,7)
	Apophallus muehlingi (l.)	Trematoda	Haut	5	1 (0)	-	-
	Acanthocephalus anguillae	Acanthocephala	Darmtrakt	-	-	10	1 (0)
Aland	*Myxobolus* sp.	Myxozoa	Kiemen	3	1 (0)	4	1 (0)
	Proteocephalus torulosus	Cestoda	Darmtrakt	3	3 (0)	-	-
	Posthodiplostomum cuticola (l.)	Trematoda	Haut	3	1 (0)	2	1 (0)
	Diplostomum sp. (l.)	Trematoda	Augenlinse	3	3 (0)	-	-
	Tylodelphys clavata (l.)	Trematoda	Auge	9	10 (7,5)	2	3 (0)
	I. platycephalus (l.)	Trematoda	Leibeshöhle	29	5,6 (3,7)	27	47,6 (108,2)
	Paracoenogonimus ovatus (l.)	Trematoda	Flossen	3	4 (0)	-	-
	R. acus (l.)	Nematoda	Leibeshöhle	6	1 (0)	-	-
	Cucullanus dogieli	Nematoda	Darmtrakt	3	1 (0)	-	-
	Acanthocephalus anguillae	Acanthocephala	Darmtrakt	9	4 (5,1)	12	6,2 (7,8)
	A. lucii	Acanthocephala	Darmtrakt	6	1 (0)	10	7 (11,3)
	Diplozooidae gen. spec.	Monogenea	Kiemen	-	-	2	1 (0)
	Piscicola geometra	Hirudinea	Haut, Flossen	3	1 (0)	2	3 (0)
	Glochidium sp. (l.)	Mollusca	Kiemen	6	1 (0)	2	1 (0)
	Ergasilus sieboldi	Crustacea	Kiemen	6	2 (1,4)	2	1 (0)
	Tracheliastes polycolpus	Crustacea	Flossen	17	1 (0)	24	1,7 (0,6)
Rapfen	*Myxobolus* sp.	Myxozoa	Kiemen	-	-	9	2 (1)
	Proteocephalus torulosus	Cestoda	Darmtrakt	16	2 (1,1)	24	4 (6,7)
	I. platycephalus (l.)	Trematoda	Leibeshöhle	8	2 (1,4)	12	1,7 (0,5)
	Apophallus muehlingi (l.)	Trematoda	Flossen	-	-	3	1 (0)
	R. acus (l.)	Nematoda	Leibeshöhle	4	2 (0)	15	1,4 (0,5)
	Philometra kotlani	Nematoda	Leber	12	1,3 (0,5)	24	(3,1 (4,4)
	P. rischta	Nematoda	Flossen	4	1 (0)	-	-
	Rhabdochona denudata	Nematoda	Darmtrakt	-	-	3	1 (0)
	Acanthocephalus anguillae	Acanthocephala	Darmtrakt	4	1 (0)	12	1,7 (0,9)
	Pomphorhynchus laevis	Acanthocephala	Darmtrakt	-	-	3	7 (0)
	Ergasilus sieboldi	Crustacea	Kiemen	4	1 (0)	-	-
Zope	*I. platycephalus (l.)*	Trematoda	Leibeshöhle	50	7,7 (7,9)	-	-
	Philometra rischta	Nematoda	Flossen	12	1 (0)	11	1 (0)
Gründling	*I. platycephalus (l.)*	Trematoda	Leibeshöhle	29	4,8 (4,2)	-	-
	Lernaea sp.	Crustacea	Kiemen	4	1 (0)	-	-
Quappe	*Triaenophorus nodulosus (l.)*	Cestoda	Leber	19	1,2 (0,5)	16	1,6 (0,5)
	Posthodiplostomum cuticola (l.)	Trematoda	Haut	-	-	5	1 (0)
	Tylodelphys clavata (l.)	Trematoda	Auge	-	-	5	1 (0)
	I. platycephalus (l.)	Trematoda	Leibeshöhle	47	5,9 (8)	27	4,8 (3,9)
	Camallanus lacustris	Nematoda	Darmtrakt	-	-	5	1 (0)
	Acanthocephalus clavula	Acanthcephala	Darmtrakt	19	5 (4,5)	33	16,6(13,9)
	A. anguillae	Acanthcephala	Darmtrakt	4	1 (0)	-	-
	A. lucii	Acanthcephala	Darmtrakt	47	6,3 (7,5)	11 (*)	2 (0)

* = statistisch signifikante Differenz im Vergleich der Probenahmenstellen; (l.) = als Larvenform nachgewiesen.

Die Befallsraten und -intensitäten waren i.d.R. sehr gering. Die größte Prävalenz (50 %) wurde im Befall der Zope mit *I. platycephalus* vermerkt; die größte Befallsintensität wurde beim Aland beobachtet und betrug 368 *I.-platycephalus*-Metacercarien. Statistisch signifikante Differenzen bestanden lediglich in der Prävalenz des *Acanthocephalus-lucii*-Befalls der Quappen. Detaillierte Angaben zu den beobachteten Prävalenzen und mittleren Befallsintensitäten (± S.D.) sind in Tab. 4 zusammengefaßt.

Geschlechtsspezifische Unterschiede im Parasitenbefall der verschiedenen Wirtsspezies traten nicht auf; eine Korrelation zwischen der Körperlänge der Wirte oder ihrem Alter und der Prävalenz bzw. der Befallsintensität war in keiner Wirt-Parasit-Kombination feststellbar.

Parasitär bedingte pathologische Veränderungen wurden im Befall der Quappen des Probennahmepunktes Lenzen mit *A. clavula* registriert. Der Proboscis der Acanthocephalen war z.T. tief in der Muscularis des Darmes verankert und ragte gelegentlich durch die Darmwand hindurch. Der allgemeine Sektionsbefund offenbarte keine nennenswerten, makroskopisch sichtbaren pathologischen Veränderungen an den Organen der untersuchten Fische. Mitunter wurden geschwollene Nieren, vergrößerte Lebern oder partiell gerötete Schwimmblasen beobachtet; die Häufigkeit dieser Befunde lag jedoch stets < 5 %.

4. Diskussion

In den untersuchten Elbfischen wurden im Vergleich zu anderen Fließgewässern (Ergens et al. 1975, Moravec et al. 1997, Pietrock 1998, Pietrock et al. 1999) nur relativ wenige Parasitenarten gefunden. Die Ursachen hierfür können vielfältiger Natur sein. So sind für die Zusammensetzung der Parasitozönose von Fischen Faktoren wie die Gewässertrophie (Wisniewski 1958, Esch 1971), -größe (Kennedy 1978) und -tiefe (Marcogliese & Cone 1991), Habitatstrukturierung (Dubois et al. 1996, Bergeron et al. 1997), Wasserchemismus (Marcogliese & Cone 1996, Halmetoja et al. 2000) inklusive Schadstoffbelastung (Moravec et al. 1997, Dušek et al. 1998) von Bedeutung. Sie beeinflussen die Komplexizität des Nahrungsnetzes und verhindern bzw. schaffen damit Voraussetzungen für die Existenz von Parasiten und die Übertragung ihrer verschiedenen Entwicklungsstadien (Marcogliese 2001). Darüber hinaus sind wirtsspezifische Variablen, wie Alter, Geschlecht, Physiologie und Ökologie der Wirte, intra- und interspezifische Konkurrenz zwischen Parasiten sowie evolutionäre Faktoren gleichsam für die Ausbildung von Parasitengemeinschaften bedeutsam (Dogiel 1961, Esch & Fernandez 1993). Da die gemessenen Wasserparameter im Untersuchungszeitraum im 'normalen' Bereich lagen (Tab. 2), ist zu vermuten, daß andere der o.g. Variablen für die vergleichsweise geringe Anzahl der in dieser Studie nachgewiesenen Schmarotzerspezies verantwortlich sind. Von wesentlicher Bedeutung scheint hier die generelle Strukturarmut der Stromelbe zu sein, welche durch einen einseitigen und hohen Ausbaugrad an Buhnen gekennzeichnet ist. Buhnenfelder weisen eine nur geringe Produktivität auf (Fladung 1998). Diese ist nicht zuletzt in dem für die Elbe charakteristischen, weitgehenden Fehlen einer Litoralzone im unmittelbaren Strombereich bedingt, deren Ursachen vor allem in der hohen Strömungsgeschwindigkeit sowie in ständigen Sedimentbewegungen (Schiffahrt!) und schwankenden Wasserständen zu sehen sind (Bauch 1958, IKSE 1994). Die insgesamt geringen Makrophytenbestände bieten daher nur wenig Lebensraum für als Zwischenwirt von Parasiten fungierende Evertebraten und sind für eine erfolgreiche Etablierung von Schmarotzern im Gewässer nicht ausreichend.

Die Parasitenfauna der untersuchten Fische umfaßt mit Ausnahme der Protozoa alle 'klassischen' systematischen Taxa; die nachgewiesenen Schmarotzer sind mit wenigen Ausnahmen (*Philometra kotlani*) überwiegend Generalisten. Der Blick auf die nachgewiesenen Parasiten (Tab. 4) zeigt jedoch, daß einige systematische Gruppen, wie z.B. die Monogenea, hinsichtlich der zu erwartenden Artenzahl deutlich unterrepräsentiert sind. Die Infektion von Fischen mit Monogenea erfolgt i.d.R. entweder über direkten Körperkontakt oder über frei im Wasser schwimmende Oncomiracidien (Schäperclaus 1990). Es ist denkbar, daß die Strömung der Fließgewässer die aktive Wirtsfindung durch die Larven beeinträchtigt und somit zu einem verminderten Befall rheophiler Fische beiträgt. Untersuchungen von Dušek et al. (1998) und Moravec et al. (1997) belegen andererseits, daß strömungsliebende Fische anthropogen geschädigter lentischer Habitate durchaus artenreiche Monogenea-Gemeinschaften besitzen können. Koskivaara (1992) sowie Bagge & Valtonen (1996) zeigten, daß verunreinigte Gewässer höhere Arten- und Individuenzahlen an Monogenea je Fisch aufweisen können und führten dies auf eine verminderte Resistenz der Tiere unter negativen Umweltbedingungen zurück. Möglicherweise bieten somit sowohl regionale Unterschiede in der Gewässermorphometrie und damit verbundener Strömungsverhältnisse als auch anthropogene Gewässerbelastungen einen Erklärungsansatz für die beobachteten qualitativen und quantitativen Differenzen im Befall der Fische verschiedener Probennahmeorte.

Bei der Analyse der Parasitenfauna fällt darüber hinaus das Fehlen adulter Trematoden sowie der seltene Nachweis einiger ubiquitär vorkommender, wirtsunspezifischer Arten wie *Diplostomum* sp. auf. Als Ursache für diese Befunde ist vermutlich die bereits diskutierte Strukturarmut der Stromelbe zu sehen, die den als Zwischenwirt von Trematoden obligaten Mollusken nur wenig ausdifferenzierten Lebensraum bietet und die Existenz einer artenreichen Muschel- bzw. Schneckenfauna behindert.

Die Supracommunity der Parasiten (Bush et al. 1997) zeigt in Havelberg und Lenzen hinsichtlich der vorkommenden Arten nur geringfügige Unterschiede (Tab. 4). Es wurde mehrfach beschrieben, daß Parasitengemeinschaften aufgrund der existentiellen Abhängigkeit zahlreicher Schmarotzer von komplexen Nahrungsnetzen und trophischen Interaktionen als Indikatoren für die Qualität des Lebensraumes dienen können (u.a. Zander & Kesting 1996, Marcogliese & Cone 1997, Dušek et al. 1998, MacKenzie 1999, Halmetoja et al. 2000). Die vorliegenden Befunde zum Parasitenbefall rheophiler Elbfische deuten darauf hin, daß in den Lebensräumen der untersuchten Wirte annähernd analoge Bedingungen herrschen, die zu strukturell gleichartigen Nahrungsnetzen führen und somit Voraussetzungen für nahezu identische Supracommunities schaffen. Die ähnlichen Strukturen des Makrohabitates der Fische scheinen für die Ausbildung ihrer Parasitozönose von wesentlicherer Bedeutung und überwiegen offensichtlich die beträchtlichen lokalen Unterschiede der Mikrohabitatstruktur der Probennahmeorte (Buhnenfelder in Havelberg vs. natürliche und ausgebaute Flußmündungen in Lenzen). Der intraspezifische Vergleich der Komponentengemeinschaften der Parasiten (Bush et al. 1997) offenbart ebenfalls nur geringe qualitative und quantitative Differenzen im Befall der Wirte beider Probennahmestellen. Die Prävalenzen und mittleren Befallsintensitäten der in Havelberg und Lenzen vorkommenden Schmarotzer weisen i.d.R. in den jeweiligen Wirten keine Unterschiede auf. Lediglich in einem einzigen Fall (Infektion der Quappe mit *A. lucii*) wurden statistisch signifikante Differenzen der Prävalenz beobachtet. Diese Resultate stützen somit o.g. Aussagen zur Gleichartigkeit der Makrohabitate der in Havelberg und Lenzen gefangenen Fische.

Die in den Elbfischen gefundenen Parasiten wurden in anderen Gewässern Europas ebenfalls schon mehrfach nachgewiesen. Zahlreiche dieser Schmarotzer wurden dabei in direktem Zusammenhang mit auftretenden Fischkrankheiten diskutiert (Deufel 1972, Mattheis & Odening 1980, Mirle et al. 1985, Shariff et al. 1980, Szidat 1927, Wanstall et al. 1986) und stellen somit auch potentielle Gefährdungen als pathogenes Agens für die Fische der Elbe dar. Für die pathogene Wirkung parasitischer Metazoen sind jedoch u.a. die Befallsintensität und Lokalisation der Schmarotzer in ihrem Wirt sowie prädisponierende Faktoren, wie z.B. Alter und Kondition der Wirtsfische sowie die umgebenden biotischen und abiotischen Umweltvariablen von Bedeutung (Williams & Jones 1994, Schäperclaus 1990). In der vorliegenden Untersuchung waren die beobachteten Prävalenzen und Befallsintensitäten mit den jeweiligen Parasiten jedoch meist gering. Der in Ausnahmefällen beobachtete starke Befall der Fische mit z.B. 368 *I. platycephalus*-Metacercarien im Aland oder 32 *A. clavula* im Darm der Quappe ist nicht ungewöhnlich. Parasitäre Infektionen sind typischerweise dadurch gekennzeichnet, daß wenige Wirte stark befallen und die Mehrheit der Individuen einer Population nur mittel bis geringfügig infiziert sind (CROFTON 1971, ESCH & FERNANDEZ 1993). Die mittleren Korpulenzfaktoren der Elbfische (Tab. 3) sind zwar mitunter etwas geringer als diejenigen von Fischen anderer Gewässer; sie liegen aber dennoch im Normalbereich (BAUCH 1970, SCHRECKENBACH 1996). Ein statistisch signifikanter Zusammenhang zwischen der Gesamtzahl der Parasiten oder der Anzahl der Darmparasiten und dem Korpulenzfaktor konnte in der vorliegenden Studie nicht festgestellt werden. Es kann daher geschlußfolgert werden, daß die nachgewiesenen Schmarotzer keinen nennenswerten Einfluß auf die allgemeine Kondition der befallenen Fische ausüben.

In der Literatur liegen mehrere Belege vor, die eine erhöhte Anfälligkeit infizierter Fische gegen natürliche oder anthropogene Stressoren beschreiben (BOYCE & YAMADA 1977, PASCOE & CRAM 1977). Es ist daher möglich, daß stark parasitierte Fische potentiellen Stressoren erliegen, somit durch Befischungen nicht erfaßt werden und letztlich ein ungenaues Bild über die aktuelle Befallssituation vermitteln. Die Quantifizierung parasitär bedingter Mortalitäten in Fischpopulationen ist unter natürlichen Bedingungen meist schwierig, da geschwächte oder verendete Tiere bevorzugt Prädatoren zum Opfer fallen bzw. von Aasfressern konsumiert werden und somit nicht mehr offensichtlich sind. LESTER (1984) rezensierte mehrere Methoden, um Sterblichkeitsraten in Wildfischbeständen zu schätzen. Sie weisen allesamt verschiedene Vor- und Nachteile auf, welche aber an dieser Stelle nicht diskutiert werden sollen. Die Anwendung der vom genannten Autor beschriebenen, methodisch möglichen Verfahren (Bestimmung der Häufigkeit lethaler Infektionen, Verminderung der Prävalenz langlebiger Parasiten in älteren Wirten, Verminderung des Verhältnisses Varianz/mittlere Intensität bei zunehmendem Wirtsalter) auf die vorliegenden Daten geben keine Hinweise auf erhöhte Mortalitäten. Die durchgeführten parasitologischen Untersuchungen an den Elbfischen offenbarten vielmehr eine jeweils arttypische Parasitenfauna und nur geringe Befallsintensitäten. Darüber hinaus wurde in dieser Studie in keiner Wirt-Parasit-Kombination ein Zusammenhang zwischen der Befallsrate und dem Alter der Wirte oder ein abnehmendes Verhältnis Varianz/Mittelwert in den höheren Altersklassen festgestellt.

Die bei der Sektion der Fische beobachteten pathologischen Veränderungen an inneren Organen sind z. T. unspezifische Abwehrreaktionen bzw. wurden nur bei einzelnen Tieren registriert. Aufgrund der vorliegenden Befunde kann somit eingeschätzt werden, daß die untersuchten Fischpopulationen gegenwärtig keinen nennenswerten parasitenbedingten Beeinträchtigungen unterliegen.

In der gewässerökologischen Forschung wurde mehrfach der Versuch unternommen, die Qualität eines aquatischen Lebensraumes mittels eines Index quantitativ zu beurteilen. Nach WASHINGTON (1984) sind die im internationalen Schrifttum häufig verwendeten Indizes aus verschiedenen Gründen jedoch nur bedingt geeignet, die Güte von Habitaten zu bewerten. Der von KARR (1981, zit. bei HUGHES & OBERDORFF 1999) beschriebene und in neuerer Zeit häufig verwendete IBI (s. HUGHES & OBERDORFF 1999) berücksichtigt neben verschiedenen Faktoren zur Biologie und Ökologie von Individuen, Populationen und Artengemeinschaften auch die Gesundheit von Fischen zur Einschätzung der Gewässerqualität. Anhand des Parasitenbefalls von Organismen lassen sich zahlreiche ökosystemare Aussagen ableiten (s.o.). Als Grundlage zur Bewertung der Fischgesundheit sind parasitologische Daten allein jedoch nicht ausreichend, sondern müßten wünschenswerterweise durch zusätzliche bakteriologische, hämatologische, gesamtkörperanalytische etc. Untersuchungen ergänzt werden.

5. Danksagung

Die Autoren danken Dipl.-Biol. Ingo Borkmann für die stete Hilfe bei der Probennahme sowie der Untersuchung der Fische. Das BMBF förderte das Forschungsvorhaben durch finanzielle Zuwendungen (FKZ BMBF 0339578).

6. Literatur

Amlacher, E. 1992. Taschenbuch der Fischkrankheiten. Gustav Fischer Verlag, Jena.

Bagge, A.M., & E.T. Valtonen. 1996. Experimental study on the influence of paper and pulp mill effluent on the gill parasite communities of roach (*Rutilus rutilus*). Parasitology 112, 499-508.

Bauch, G. 1958. Untersuchungen über die Gründe für den Ertragsrückgang der Elbfischerei zwischen Elbsandsteingebirge und Boizenburg. Z. Fischerei 7, 361-437.

Bauch, G. 1970. Die einheimischen Süßwasserfische. Neumann Verlag, Radebeul, Berlin.

Bauer, O.N. 1987. Opredelitel' parazitov presnovodnych ryb fauny SSSR. Nauka, Leningrad.

Bergeron, M., D.J. Marcogliese, & P. Magnan. 1997. The parasite fauna of brook trout, *Salvelinus fontinalis* (Mitchill), in relation to lake morphometrics and the introduction of creek chub, *Semotilus atromaculatus* (Mitchill). Ecoscience 4, 427-436.

Boyce, N.P., & S.B. Yamada. 1977. Effects of a parasite, *Eubothrium salvelini* (Cestoda: Pseudophyllidea), on the resistance of juvenile Sockeye salmon, *Oncorhynchus nerka*, to zinc. J. Fish. Res. Board Can. 34, 706-709.

Bush, A.O., K.D. Lafferty, J M. Lotz, & A.W. Shostak. 1997. Parasitology meets ecology on its own terms: Margolis et al. revisited. J. Parasitol. 83, 575-583.

Chubb, J.C. 1979. Seasonal occurrence of helminths in freshwater fishes. Part II. Trematoda. Adv. Parasit. 17, 141-313.

Chubb, J.C. 1980. Seasonal occurrence of helminths in freshwater fishes. Part III. Larval Cestoda and Nematoda. Adv. Parasit. 18, 1-120.

Chubb, J.C. 1982. Seasonal occurrence of helminths in freshwater fishes. Part IV. Adult Cestoda , Nematoda and Acanthocephala. Adv. Parasit. 20, 1-292.

Crofton, H.D. 1971. A quantitative approach to parasitism. Parasitology 62, 179-193.

Deufel, J. 1972. Weitere Untersuchungen und Beobachtungen über Fischsterben im Bodensee-Obersee. Fischwirt 1, 2-3.

Dogiel, V.A. 1961. Ecology of the parasites of freshwater fishes, pp1-47. In: V.A. Dogiel, G.K. Petrushevski, & Y.I. Polyanski (eds.): Parasitology of fishes. Oliver and Boyd, Edinburgh.

Dubois, N., D. J. Marcogliese, & P. Magnan. 1996. Effects of the introduction of white sucker, *Catostomus commersoni*, on the parasite fauna of brook trout, *Salvelinus fontinalis*. Can. J. Zool. 74,1304-1312.

Dušek, L., M. Gelnar, & S. Šebelova. 1998. Biodiversity of parasites in a freshwater environment with respect to pollution: metazoan parasites of chub (*Leuciscus cephalus* L.) as a model for statistical evaluation. Int. J. Parasitol. 28, 1555-1571.

Ergens, R., V.A. Gussev, N.A. Izjumova, & K. Molnar. 1975. Parasite Fauna of Fishes of the Tisa River Basin. Academia, Praha.

Esch, G.W. 1971. Impact of ecological succession on the parasite fauna in centrarchids from oligotrophic and eutrophic ecosystems. Am. Midl. Nat. 86, 160-168.

Esch, G.W., & J.C. Fernandez. 1993. A functional biology of parasitism. Chapman & Hall, London.

Fladung, E. 1998. Buhnenfelder – Ersatzlebensraum für Fische oder Beeinträchtigung der Fischerei? Tagungsband 12. SVK-Tagung, Potsdam, 1-13.

Halmetoja, A., E.T. Valtonen, & E. Koskenniemi. 2000. Perch (*Perca fluviatilis* L.) parasites reflect ecosystem conditions: a comparison of a natural lake and two acidic reservoirs in Finland. Int. J. Parasitol. 30, 1437-1444.

Hoffman, G.L. 1999. Parasites of North American freshwater fishes. Comstock Publishing Associates, Ithaka, London.

Hughes, R.M., & T. Oberdorff. 1999. Applications of IBI concepts and metrics to waters outside the United States and Canada. In: T.P. Simon (ed.): Assessing the sustainability and biological integrity of water ressources using fish communities. CRC Press, Boca Raton.

IKSE (Internationale Kommission zum Schutz der Elbe). 1994. Ökologische Studie zum Schutz und zur Gestaltung der Gewässerstrukturen und der Uferrandregionen der Elbe. Magdeburg, 21-26.

Kabata, Z. 1985. Parasites and diseases of fish cultured in the tropics. Taylor & Francis, London, Philadelphia.

Karr, J.R. 1981. Assessment of biotic integrity using fish communities. Fisheries 6, 21-27.

Kennedy, C.R. 1978. An analysis of the metazoan parasitocoenoses of brown trout *Salmo trutta* from British lakes. J. Fish Biol. 13, 255-263.

Körting, W. 1992. Parasitosen der Fische (Süßwassernutzfische). In: Eckert, J., E. Kutzer, M. Rommel, H.-J. Bürger, & W. Körting (eds.): Veterinärmedizinische Parasitologie. Paul Parey Verlag, Berlin, Hamburg, 777-834.

Koskivaara, M. 1992. Environmental factors affecting monogeneans parasitic on freshwater fishes. Parasitol. Today 8, 339-342.

Lester, R.J.G. 1984. A review of methods for estimating mortality due to parasites in wild fish populations. Helgoländer Meeresunters. 37, 53-64.

Lom, J., & I. Dyková. 1992. Protozoan parasites of fishes. Elsevier, Amsterdam, London, New York, Tokyo.

MacKenzie, K. 1999. Parasites as pollution indicators in marine ecosystems: a proposed early warning system. Mar. Pollut. Bull. 38, 955-959.

Marcogliese, D.J. 2001. Pursuing parasites up the food chain: Implications of food web structure and function on parasite communities in aquatic systems. Acta Parasitol. 46, 82-93.

Marcogliese, D.J., & D. K. Cone. 1991. Importance of lake characteristics in structuring parasite communities of salmonids from insular Newfoundland. Can. J. Zool. 69, 2962-2967.

Marcogliese, D.J., & D. K. Cone. 1996. On the distribution and abundance of eel parasites in Nova Scotia: influence of pH. J. Parasitol. 82, 289-399.

Marcogliese, D.J., & D.K. Cone. 1997. Parasite communities as indicators of ecosystem stress. Parassitologia 39, 227-232.

Mattheis, T., & K. Odening. 1980. Zur Rolle der Fische im Lebenszyklus der *Ichthyocotylurus*-Arten (Trematoda: Strigeidae) im Einzugsgebiet von Spree und Havel. Milu 5, 261-278.

Mirle, C., S. Nickel, H. Schlutka, & R. Hiltner. 1985. Untersuchungen zum Vorkommen, Epizootiologie, Schadwirkung und Bekämpfung der Larven-Triaenophorose der Regenbogenforelle. Monatsschr. Vetmed. 40, 138-142.

Moravec, F. 1994. Parasites of European freshwater fishes. Academia, Prag.

Moravec, F., M. Gelnar, R. Ergens, & T. Scholz. 1997. Metazoan parasites of fishes from the section of the Vltava River supposed to be affected by the operation of the Temelin nuclear electric power-station, Czech Republic. Acta Soc. Zool. Bohem. 61, 65-76.

Palm, H., S. Klimpel, & C. Bucher. 1999. Checklist of metazoan fish parasites of German coastal waters. Berichte aus dem Institut für Meereskunde, Kiel.

Pascoe, D., & P. Cram. 1977. The effect of parasitism on the toxicity of cadmium to the three-spined stickleback, *Gasterosteus aculeatus* L. J. Fish Biol. 10, 467-472.

Pietrock, M. 1998. Faunistisch-ökologische Untersuchungen zum Endohelminthenbefall von Zope (*Abramis ballerus*) und Kaulbarsch (*Gymnocephalus cernuus*) aus der Unteren Oder. Wissenschaft & Technik Verlag, Berlin.

Pietrock, M., T. Meinelt, & R. Krüger. 1999. Schadstoffbelastung und Fischgesundheit im Nationalpark „Unteres Odertal". In: M. Dohle, R. Bornkamm, & G. Weigmann (eds.): Das Untere Odertal. E. Schweizerbart'sche Verlagsbuchhandlung, Stuttgart, 417-430.

Pike, A.W., & J.W. Lewis. 1994. Parasitic diseases of fish. Samara Publishing Limited, Tresaith, Dyfed.

Schäperclaus, W. 1990. Fischkrankheiten. Akademie Verlag, Berlin.

Schütterle, M. 1968. Der Parasitenbefall der Rheinfische auf der Höhe von Kehl. Diss. Tierärztliche Fakultät der Universität München.

Schmalzbauer, J. 1972. Die Parasiten der Altmühlfische. Diss. Tierärztliche Fakultät der Universität München.

Schreckenbach K. 1996. Die Beurteilung und Förderung von Raubfischbeständen. AFZ-Fischwaid 5, 14-17.

Shariff, M., R.H. Richards, & C. Sommerville. 1980. The histopathology of acute and chronic infections of rainbow trout *Salmo gairdneri* Richardson with eye flukes, *Diplostomum* spp. J. Fish Dis. 3, 455-465.

Szidat, L. 1927. Über ein Fischsterben im Kurischen Haff und seine Ursachen. Z. Fischerei 25, 83-90.

Wanstall, S.T., P.W.J. Robotham, & J.S. Thomas. 1986. Pathological changes induced by *Pomphorhynchus laevis* Müller (*Acanthocephala*) in the gut of rainbow trout, *Salmo gairdneri* Richardson. Z. Parasitenkd. 72, 105-114.

Washington, H.G. 1984. Diversity, biotic and similarity indices. Water Res. 18, 653-694.

Williams, H., & A. Jones. 1994. Parasitic worms of fish. Taylor & Francis, London.

Wisniewski, W.L. 1958. Characterization of the parasitofauna of an eutrophic lake (parasitofauna of the biocoenosis of Druzno Lake). Part I. Acta Parasitol. Pol. 6, 1-64.

Zander, C.D., & V. Kesting, V. 1996. The indicator properties of parasite communities of gobies (*Teleostei, Gobiidae*) from Kiel and Lübeck Bight. Appl. Parasitol. 37, 186-204.

Zeitschrift für Fischkunde	Supplementband 1, 2002	Ökologie der Elbefische	S. 189-215

Ein fischökologisches Leitbild für die mittlere Elbe

A fish-ecological guiding view for the middle Elbe River

MARA PEZENBURG *, RALF THIEL ** & REINER KNÖSCHE ***

* Universität Hamburg, Institut für Hydrobiologie und Fischereiwissenschaft, Elbelabor, Große Elbstraße 268, 22767 Hamburg
eMail: marapezenburg@yahoo.de
** Deutsches Meeresmuseum, Museum für Meereskunde und Fischerei - Aquarium Katharinenberg 14-20, 18439 Stralsund
eMail: Ralf.Thiel@meeresmuseum.de
*** Institut für Binnenfischerei e.V., Potsdam-Sacrow, Jägerhof am Sacrower See, 14476 Groß-Glienicke.
eMail: reiner.knoesche@ifb-potsdam.de

Zusammenfassung: Die Mittelelbe wurde im Rahmen des BMBF-Projektes „Ökologie der Elbefische" fischökologisch untersucht. Im Ergebnis wurde unter Berücksichtigung von Anforderungen nach der EU-Wasserrahmenrichtlinie (EU-WRRL) ein fischökologisches Leitbild für die Mittelelbe erarbeitet. Basierend auf einer Analyse der ursprünglichen Fischgemeinschaft und unter Einbeziehung irreversibler anthropogener Einflüsse wurde zuerst ein potentiell natürliches Leitbild für die Mittelelbe formuliert. Dieses ist durch hohe Präsenzen und Abundanzen diadromer und rheophiler Fischarten charakterisiert. Der aktuelle fischökologische Zustand der Mittelelbe wurde mit mäßig bewertet. Dabei ergaben sich vor allem Defizite bei den Präsenzen und Abundanzen diadromer (z.B. Lachs *Salmo salar,* Atlantischer Stör *Acipenser sturio*, Nordseeschnäpel *Coregonus oxyrhynchus*), rheophiler (z.B. Quappe *Lota lota,* Zährte *Vimba vimba*, Barbe *Barbus barbus*) und limnophiler Fischarten (Karausche *Carassius carassius*, Schleie *Tinca tinca*, Rotfeder *Scardinius erythrophtalmus*). Aufgrund der Defizitanalyse, der Habitatansprüche ausgewählter intoleranter Fischarten und unter Einbeziehung anthropogen geschaffener Rahmenbedingungen wurde anschließend ein Entwicklungsziel (integriertes Leitbild) für die Mittelelbe formuliert. Als mittelfristiges Entwicklungsziel sind der Aufbau und die Stabilisierung der Populationen diadromer, rheophiler und limnophiler Fischarten anzustreben. Längerfristig ist ein sehr guter fischökologischer Zustand der Mittelelbe mit einer flußtypischen Dynamik in ausgesuchten Abschnitten des Flußsystems denkbar. Abschließend werden kurz-, mittel- und langfristige Maßnahmen vorgestellt, die generell einer Steigerung der Habitatdiversität, einer besseren longitudinalen und transversalen Durchgängigkeit des Flusses und einer Verbesserung der Gewässergüte der Mittelelbe dienen sollen.

Schlüsselwörter: Elbe, Fische, Leitbild, EU-Wasserrahmenrichtlinie, fischökologische Bewertung.

Summary: Fish-habitat relationships were investigated in the middle Elbe River from 1997 until 2000 and were supported by the ministry of education and research (BMBF). Based on this data set a fish-ecological guiding view (German: "Leitbild") was defined under consideration of the requirements according to the EU-Water Framework Directive. A potentially natural guiding view (German: „potentiell natürliches Leitbild") was developed including historical information of fish communities and irreversible human impacts on the morpho-dynamics of the middle Elbe River. This is characterized by high abundance of diadromous and rheophilic fish species. The present state of the fish community in the middle Elbe River was evaluated as fair. Above all deficits of abundance of diadromous (for example salmon *Salmo salar,* atlantic sturgeon *Acipenser sturio*, houting *Coregonus oxyrhynchus*), rheophilic (for example burbot *Lota lota,* zaehrte *Vimba vimba*, barbel *Barbus barbus*) and limnophilic (crucian carp *Carassius carassius*, tench *Tinca tinca*, rudd *Scardinius erythrophtalmus*) species were established. An integrated guiding view (German: "Entwicklungsziel") was developed based on fish-ecological deficits, habitat demands of intolerant fish species and with respect to reversible human impacts on the morpho-dynamics of the middle Elbe River. An excellent fish-ecological situation is postulated as a long-term integrated guiding view. Additionally natural morpho- and hydrodynamics have to be encouraged in selected areas of the middle Elbe River. On medium time scale, the integrated guiding view focused on the sustainable development of fish populations of diadromous, rheophilic and limnophilic species. Finally, short-, middle- and long-term measures were proposed to increase the habitat diversity as well as the longitudinal and transversal connectivity, and to improve the water quality.

Keywords: Elbe, fishes, guiding view, EU-Water Framework Directive, fish-ecological assessment.

1. Leitbilder als konzeptionelle Werkzeuge zur Umsetzung der EU- Wasserrahmenrichtlinie (EU-WRRL)

Die Qualität unserer Oberflächengewässer wird durch komplexe Faktorengefüge bestimmt. Gegenwärtig beeinflussen insbesondere die morphologische Beschaffenheit und die anthropogene Nutzung des Naturraumes und des Einzugsgebietes in erheblichem Maße den Zustand der Fließgewässer.

Mit dem Inkrafttreten der Europäischen Wasserrahmenrichtlinie (EU-WRRL) wird die konzeptionelle Entwicklung des Flußgebietsmanagements eine dringende Aufgabe der kommenden Jahre in Europa sein. Bindendes Ziel der EU-WRRL ist es, einen „guten Zustand" aller Gewässer zu erreichen bzw. zu erhalten (Europäisches Parlament 2000). Die Wasserrahmenrichtlinie geht dabei in einigen Punkten über die bisher in Deutschland übliche Praxis hinaus (Blöch 2001). Sie verpflichtet die Mitgliedsstaaten, das Erreichen des „guten Zustandes" in einem festgelegtem Zeitraum zu garantieren und die Entwicklungspläne auf Flußgebietseinheiten zu beziehen, also das gesamte Einzugsgebiet eines Flusses unabhängig von Länder- oder Behördengrenzen zu koordinieren. Die Gewässergütebewertung soll ausgehend von den Referenzbedingungen eines „sehr guten Zustandes" nach Gewässertypen und einem breiteren ökologischen Ansatz als bisher erfolgen.

Leitbilder stellen dabei ein konzeptionelles Werkzeug dar, um allgemeine Ziele formulieren zu können (Fürst et al. 1989). So tragen Leitbilder für Fließgewässer dazu bei, die Entwicklung von Flußgebietsplänen als Orientierungshilfe für die Zielsetzung zu unterstützen, Grundlagen für die Bewertung von Umweltauswirkungen zu erstellen und Umsetzungshilfen für naturschutzrechtliche Zielsetzungen zu leisten (Esser 1998).

Sehr wichtig bei der Erstellung von Leitbildern erscheint die korrekte Definition verwendeter Begriffe (Kohmann 1997). Der Begriff „Leitbild" wird in verschiedensten Planungsbereichen mit jeweils unterschiedlichen Inhalten belegt (DVWK 1999).

Oft wird der Begriff Leitbild für den potentiellen natürlichen Zustand eines Gewässers, der sich nach Ausbleiben der anthropogenen Einflüsse einstellen würde, verwendet (z.B. Murl 1995). Letzteres wird in vielen Konzepten auch ökologisches oder potentielles Leitbild genannt und als Ausgangszustand zur Festsetzung des Entwicklungsziels benutzt (z.B. DVWK 1996). Nach einer Defizitanalyse durch Vergleich des ökologischen oder potentiellen Leitbildes mit dem aktuellen Ist-Zustand des Gewässers und der Einbeziehung anthropogener Nutzungen und anderer eingrenzender Rahmenbedingungen wird ein Entwicklungsziel formuliert (z.B. Murl 1995, DVWK 1996, Kohmann 1997).

Muhar et al. (1995) beschäftigten sich mit der Umsetzung des Leitbildkonzeptes, wobei sie dem Konzept nach Kern (1992) folgten. Auch die DVWK (1996) und Kohmann (1997) folgten diesem Konzept, bei dem das Entwicklungsziel einem integrierten Leitbild gleichzusetzen ist. Das Entwicklungsziel wird oft auch in kurz-, mittel- und langfristige Entwicklungsziele unterteilt.

Das Konzept nach Esser (1996) sieht die Entwicklung eines ökologischen und eines nutzungsorientierten Leitbildes vor, welche anschließend von interdisziplinär zusammengesetzten Projektgruppen gegeneinander abgewogen werden. Schließlich wird ein integriertes Leitbild erarbeitet. Das integrierte Leitbild ist somit dem Entwicklungsziel oben genannter Konzepte vergleichbar. Darüber hinaus wird nach ESSER (1996) die Entwicklung von integrierten Qualitätszielen (qualitative Zielstellungen), integrierten Qualitätsstandards (quantitative Zielstellungen) und einem Handlungskonzept gefordert.

Im letzten Jahrzehnt sind viele morphologische Leitbilder für Fließgewässer entstanden (z.B. MURL 1995, GERKEN et al. 1995, DVWK 1996, LUA 2001). Wenige bisher erstellte Konzepte enthalten ein fischökologisches Leitbild. FEHR & NIEMANN-HOLLATZ UMWELTCONSULT (1997) erstellten im Rahmen eines ökologischen Leitbildes für die Ems auch ein fischökologisches Leitbild. Die daraus resultierenden kurz- und mittelfristigen Teilziele und Maßnahmen sind weitgehend deckungsgleich mit den vorgeschlagenen Maßnahmen, die aus dem Leitbild für die Gewässermorphologie, Biotoptypen und Vegetation folgten. Dies verdeutlicht, daß Fische aufgrund ihrer Reaktion auf Wasserqualität und Gewässerstruktur (Habitatverfügbarkeit) sowie wegen ihrer hohen Mobilität geeignete Indikatoren für die Erstellung von Leitbildern für Fließgewässer darstellen (SCHIEMER 2000, SCHIEMER et al. 2001).

Im Rahmen des BMBF-Projektes „Ökologische Zusammenhänge zwischen Fischgemeinschafts- und Lebensraumstrukturen der Elbe (ELFI)" sind von 1997 bis 2000 für den Elbabschnitt zwischen Magdeburg (Stromkilometer [Skm] 325) und Mödlich/Meetschow (Skm 489) Daten erhoben worden, die grundlegende Zusammenhänge zwischen Habitatparametern und Fischgemeinschaftsstrukturen aufklären sollen.

Basierend auf der Datenbasis dieses Projektes wurde in der vorliegenden Arbeit ein fischökologisches Leitbild für die mittlere Elbe entwickelt, das als Vorschlag die aktuelle Diskussion zur Umsetzung der EU-WRRL unterstützen soll. Abbildung 1 stellt die benutzte konzeptionelle

Abb. 1: Leitbildkonzept und Begriffsdefinitionen nach KOHMANN (1997).
Fig. 1: The „Leitbild"- concept and definitions according to KOHMANN (1997).

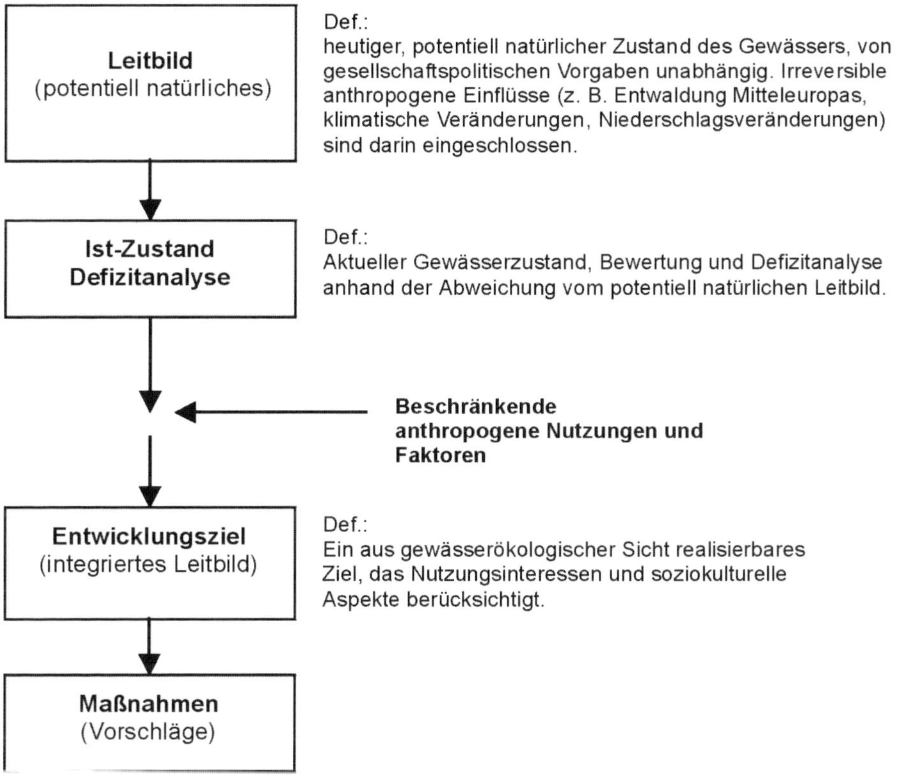

Struktur und die Begriffsdefinitionen dar, die im wesentlichen den Arbeiten von DVWK (1996), FEHR & NIEMANN-HOLLATZ UMWELTCONSULT (1997) und KOHMANN (1997) folgen.

Anhand der Beschreibung der als urspüng-lich angesehenen Fischfauna der Elbe wird ein potentiell natürliches Leitbild entwickelt. Nach einer Bewertung der aktuellen Fischfauna der Mittelelbe, einer Defizitanalyse, einer Darstellung der Habitatansprüche ausgewählter Fischarten und der Einbeziehung von anthropogenen Nutzungen wird ein Entwicklungsziel formuliert und Maßnahmen zur Verbesserung des fischökologischen Zustands der Mittelelbe vorgeschlagen. In die Bewertung wurden Daten aus dem Hauptstrom der Mittelelbe, den Mündungsbereichen der Zuflüsse und den Nebengewässern des Auensystems miteinbezogen.

2. Leitbild

2.1. Die historische Entwicklung der Elbe

Die Elbe ist mit einer Länge von ca. 1.090 km und einem Einzugsgebiet von 148.268 km² eines der größten Flußsysteme Europas. Der überwiegende Teil des Elbeverlaufs folgt eiszeitlichen Urstromtälern, welche durch die Schmelzwässer der letzten Eiszeit eingetieft wurden (HANDKE 1993).

Die 487 km lange Flußstrecke von Hirschstein (Skm 96,0) bis zur Staustufe Geesthacht (Skm 585,9) wird als Mittelelbe bezeichnet (IKSE 1994). Ursprünglich veränderte die Mittelelbe in Abhängigkeit von der Abflußmenge ihren Lauf in kurzen Zeiträumen. Sie mäanderte in ihrem Gebiet und transportierte glaziales Lockermaterial talabwärts. Es bildeten sich weitläufige Auengebiete, welche durch häufige Umlagerung der Flußbetten, Aufspaltung von Flußarmen, Mäanderbildungen, Abtrennung von Flußschlingen, Entstehung einer großen Zahl von Nebengewässern und Bildung mooriger Bereiche mit großen Röhrichtbeständen gekennzeichnet waren (JÄHRLING 1992).

Der Mensch hat in diese äußerst dynamische Flußgebietsstruktur gravierend eingegriffen.

Durch die Besiedlung des Einzugsgebietes der Elbe und die nötigen Hochwasserschutzmaßnahmen (Eindeichungen) sind der Elbe ca. 86 % ihrer Retentionsflächen entzogen worden (SIMON 1994). Der Ausbau der Elbe zum Verkehrsweg hat eine Begradigung und Eintiefung des Flusses mit anschließender Grundwasserabsenkung und dem teilweisen Verschwinden von Nebengewässern zur Folge. Die historische Entwicklung der Elbemorphologie wird ausführlich in der Arbeit von WIRTZ & ERGENZINGER (2002) diskutiert. Generell führten alle wasserbaulichen Maßnahmen zu einer extrem verringerten Dynamik des Flusses und damit zu einer Strukturverarmung der Mittelelbe.

2.2. Die ursprüngliche Fischfauna der Mittelelbe

Auf der Grundlage der ursprünglichen Fischfauna der Mittelelbe wird ein potentiell natürliches Leitbild formuliert. Das potentiell natürliche Leitbild stellt den Zustand der Fischfauna der Mittelelbe dar, der sich einstellen würde, wenn der Einfluß des Menschen von heute ab unterbleiben würde.

Die Entwicklung eines potentiell natürlichen Leitbildes bildet die Grundlage für die Erarbeitung der Defizite, die die Elbe in der aktuellen Fischfauna aufweist sowie zur Formulierung von Entwicklungszielen.

Die ursprüngliche Fischfauna der Elbe läßt sich heute nur noch lückenhaft rekonstruieren. Die wichtigsten Informationen sind in den Darstellungen von DIEHLHEIM (1741), HERTEL (1978) für Sachsen, von EBELING (1871) und KLUGE (1899, 1900) für den Magdeburger Raum, von SIEMSSEN (1794) und BLANCK (1880) für die untere Mittelelbe, von VON DEM BORNE (1882) für die gesamte Elbe sowie in der letzten großen Elbmonographie von BAUCH (1958) enthalten. BAUCH (1958) faßte die Ergebnisse vieler älterer Autoren für die Mittelelbe zusammen. Zu beachten ist, daß die Angaben von BAUCH (1958) zu den Fischen teilweise auf oben genannten historischen Untersuchungen beruhen, aber zu einigen Arten auf seinen eigenen Beobachtungen, die er zu einem Zeitpunkt durchführte, als die Flußregulierung der Mittelelbe nahezu abgeschlossen war.

Alle älteren Arbeiten basieren auf den Angaben von Fischern, so daß in den historischen Quellen nur wenige Informationen über kommerziell unwichtige Arten, vor allem auch Kleinfischarten, enthalten sind. Für viele rheophile und limnische Cypriniden, die zur Bewertung des fischökologischen Zustandes eines Fließgewässers große Bedeutung haben (SCHIEMER et al. 1991, SCHIEMER 2000), stehen so keine quantitativen historischen Daten zur Verfügung.

Generell ist die eingeschränkte Vergleichbarkeit der unterschiedlichen Erhebungen zu beachten, die mit verschiedenem fischereilichen Aufwand und unterschiedlichen Fanggeräten betrieben wurden. Allgemein steigt mit zunehmender Probennahmezahl und dem Einsatz effektiverer Fanggeräte die Zahl der nachgewiesenen Arten (KREBS 1999).

In Tabelle 1 ist die ursprüngliche Fischfauna der Mittelelbe ohne Neozoen (Karpfen, Silberkarpfen, Marmorkarpfen, Graskarpfen, Zwergwels) und den Weißflossengründling, dessen erster Nachweis 1998 für die Elbe von SCHOLTEN (2000) erfolgte, dargestellt.

41 Fischarten sind als ursprüngliche Fischfauna der Mittelelbe beschrieben worden. Die ursprüngliche Fischartengemeinschaft setzte sich aus 14 rheophilen Arten als Bewohner des Elbehauptstromes und angebundener Nebengewässer, 10 diadromen und 9 eurytopen Arten sowie 8 limnophilen Fischarten, deren Vorkommen eng an das Vorhandensein eines funktionsfähigen Auesystems gekoppelt ist, zusammen.

24 % der als ursprünglich angesehenen Arten waren diadrome Fischarten, von denen Lachs, Nordseeschnäpel, Stint, Flußneunauge, Stör und Aal wichtige kommerzielle Fischereiarten darstellten (WILKENS & KÖHLER 1977). Lachs, Flußneunauge und Aal waren früher Massenfische (BAUCH 1958). Ende des 19. Jahrhunderts wurden vom Nordseeschnäpel jährlich etwa 23 t gefangen (SCHEFFEL et al.1995), so daß anzunehmen ist, daß er recht häufig war. Nach BAUCH (1958) ist der Stör früher regelmäßig in der Mittelelbe aufgetreten und nutzte Kolke mit einer Wassertiefe über 2 m als Laichhabitate.

Gegenüber dem Lachs kam die Meerforelle in geringeren Abundanzen in der Mittelelbe vor (MANN 1964) und spielte als kommerziell genutzte Art nur eine kleine Rolle. Das Meerneunauge wurde zwar in geringen Abundanzen, aber regelmäßig in der Mittelelbe angetroffen (BAUCH 1958). Die Finte wird von KLUGE (1900) als vereinzelt im Magdeburger Raum erwähnt. Es ist aber wahrscheinlich, daß die vermeintlichen Finten mit dem Maifisch verwechselt wurden. Die Hauptlaich- und Aufwuchshabitate der Finte befanden sich früher ausschließlich in der Unterelbe unterhalb Hamburgs und reichten lediglich bis an die Estemündung (EHRENBAUM 1894, MOHR 1941). Eine weitere Wanderung der Finten bis in die Mittelelbe ist unwahrscheinlich. Daher wurde die Finte nicht in die ursprüngliche Fischfauna der Mittelelbe aufgenommen. Der Maifisch, der wesentlich weiter stromaufwärts stieg als die Finte, wurde regelmäßig in der Mittelelbe angetroffen, kam aber in nicht so großen Abundanzen vor, daß er für die Fischerei von Bedeutung war. Die Flunder stieg zwar häufig bis in die Mittelelbe auf, bedeutende Fangstatistiken sind aber nur für die Unterelbe vorhanden.

34 % aller Arten gehörten zu den rheophilen Fischen, von denen früher viele häufig bis massenhaft vorkamen, z.B. Barbe, Döbel, Aland, Hasel, Zährte, Rapfen und Quappe (BAUCH 1958).

Der Anteil von rheophilen Arten an der mittleren Gesamtabundanz der Fische in einem natürlichen Flachlandstrom übersteigt häufig die der anderen Arten. Auch in anderen europäischen Flußsystemen als der Elbe war das früher der Fall. RAAT (2001) berichtet über die historische Situation z. B. der Waal, wonach dort gegenüber eurytopen mehr rheophile Fischarten in ihrem Vorkommen als häufig eingestuft wurden. SCHOLTEN (2002) konnte für ein strukturreiches Gebiet der Mittelelbe im Raum Havelberg, das als naturnah einzuschätzen ist, innerhalb der Jungfischgemeinschaft einen Anteil rheophiler Fische an der Gesamthäufigkeit aller Fischarten von 52 % nachweisen. Auch GRIFT (2001) wies in flußtypischen strukturreichen Bereichen des Niederländischen Rheins hohe relative Häufigkeiten rheophiler juveniler Cypriniden zwischen 21 % und 70 % nach.

Eine stabile Altersstruktur der rheophilen Fischarten in der Mittelelbe ist als ursprünglich anzusehen. So kam die Quappe in der Mittelelbe ursprünglich als Standort- und Wanderform vor. Die fischereilichen Erträge an Quappen waren nach KOOPS (1959) Ende der Vierziger Jahre noch von großer Bedeutung. Daher ist von ursprünglich hohen Abundanzen der Art in der Mittelelbe auszugehen.

Die Zährte war Ende des 19. Jahrhunderts in der Elbe ein Massenfisch (KOCH 1906 zit. in BAUCH 1958). Die Zope kam in geringeren Abundanzen vor als die Zährte. Nach KLUGE (1900) ist die Zope verstärkt in der Lage, freiwerdende Nischen innerhalb eines Flußsystems recht zahlreich einzunehmen. Der Rapfen war im Bereich zwischen Magdeburg und Boizenburg nach BAUCH (1958) häufig anzutreffen. Nach PAPE (1952) kam die Barbe vor allem im Magdeburger Raum sehr häufig vor und war in der gesamten Mittelelbe bis Dresden regelmäßig bis sogar häufig anzutreffen (BAUCH 1958). Der Aland wurde als sehr häufig in allen Regionen der Mittelelbe beschrieben (BAUCH 1958). Der Döbel ist gegenüber dem Hasel vor allem oberhalb der Saalemündung häufiger aufgetreten (BAUCH 1958). Gründlinge, die sandige Substrate präferieren, wurden als äußerst zahlreich beschrieben (BAUCH 1958). Ob die Nase (*Chondrostoma nasus*) zur ursprünglichen rheophilen Fischfauna der Mittelelbe gehörte, ist umstritten (ZARSKE 1996).

Die Mittelelbe ist der Brassenregion zuzuordnen und eurytope Arten wie Brassen, Ukelei, Güster, Hecht, Flußbarsch, Zander und Wels sind wichtige Fische in der Lebensgemeinschaft der Elbe.

Der Hecht kam im gesamten Mittelelbegebiet zahlreich vor, vorwiegend in Altarmen, Nebengewässern und strömungsberuhigten Zonen (BAUCH 1958). Nach PAPE (1952) ist der Hechtbestand nach Hochwässern stets deutlich angestiegen. Zander und Barsch gelten als individuenreiche Arten der Mittelelbe. Brassen und Güster wurden von BAUCH (1958) für bestimmte Bereiche der Mittelelbe als sehr häufig beschrieben. Der Ukelei ist von BAUCH (1958) als regelmäßig anzutreffen beschrieben worden. Für den Ukelei sind aber über einen längeren Zeitraum hinweg stark schwankende Bestände nachgewiesen (z.B. BAUCH 1958, KÖTHKE, mündliche Mitteilung). Nach KLUGE (1900) kam der Wels früher so regelmäßig vor, daß um ca. 1860 bedeutende Stückzahlen gefangen wurden (bis zu 100 Stück in einem Zug).

Limnophile Fischarten sind besonders an vernetzte Auenstrukturen gebunden. BAUCH (1958) schätzt die Arten Karausche, Rotfeder und Schleie als selten im Mittelelbegebiet ein. VON DEM BORNE (1882) beurteilt die Rotfeder gegenüber den Arten Karausche und Schleie als häufiger.

Der Dreistachlige Stichling, Bitterling und Schlammpeitzger sind vor allem als Bewohner von Alt- und Nebengewässern beschrieben worden (KLUGE 1900). Das Moderlieschen, welches als Pionierbesiedler vorrangig temporäre Gewässer der Auenbereiche bewohnt, ist in der älteren Literatur kaum angegeben.

Ob Groppe, Elritze und Schmerle zur typischen Fischfauna der Mittelelbe und deren Auensystem zählen, ist unsicher (KNÖSCHE et al. 2001). Vielmehr wird angenommen, daß diese Kleinfischarten aus Nebenflüssen in die Mittelelbe einwandern (z.B. KLUGE 1900).

2.3. Potentiell natürliches Leitbild

Eine zielgerichtete Gewässerentwicklungsplanung setzt eine möglichst genaue Kenntnis des potentiellen natürlichen Gewässerzustandes voraus (DVWK 1999). Daher wird ein potentiell natürliches Leitbild entwickelt. Dieses Leitbild ist nicht mit dem ursprünglichen Gewässerzustand identisch, sondern wird auch durch anthropogene irreversible Eingriffe bestimmt.

Generell ist als potentielles Leitbild der Mittelelbe von einem artenreichen Fluß auszugehen.

Es kommen mehr als 40 einheimische Fischarten in dem Flußsystem vor, die verschiedenste Habitatansprüche haben.

Der Anteil diadromer Arten, die in dem Fluß Laich- bzw. Nahrungswanderungen durchführen, ist hoch. Lachs, Nordseeschnäpel, Flußneunauge und Aal sind sehr häufig. Lachse und Flußneunaugen gelangen auf ihrer Wanderung bis in Nebenflüsse (z.B. Stepenitz, Havel), wo sie ihre Laichgründe aufsuchen. Die Arten Meerforelle, Maifisch und Meerneunauge sind im

Fluß regelmäßig anzutreffen. Die elbtypischen Populationen von Lachs, Meerforelle und Nordseeschnäpel sind nahezu erloschen.

Eine erfolgversprechende Wiederansiedlung des als verschollen geltenden Störs wird angestrebt. Aus den Wiederansiedlungsprojekten der Fischarten Lachs, Meerforelle und Nordseeschnäpel findet regelmäßig eine hohe Zahl von Rückkehrern den Weg in die Mittelelbe.

Der Anteil rheophiler Fische in der Mittelelbe ist groß und übersteigt standortbedingt den Abundanzanteil der eurytopen Arten. Viele der rheophilen Arten kommen äußerst individuenreich vor. Zu den häufigen rheophilen Arten in der Mittelelbe gehören Zährte, Barbe, Aland, Döbel, Rapfen, Hasel, Gründling und Quappe. Die Quappe kommt, ebenso wie die Zährte, auch als potamodrome Wanderform vor. Auch der Steinbeißer als rheophile Kleinfischart, der vor allem sandige Substrate präferiert, ist in sandigen Altarmen und Nebengewässern innerhalb des Auensystems der Mittelelbe regelmäßig anzutreffen.

Eurytope Arten kommen als Leitfisch- und Begleitfischarten der Brassenregion in mittleren bis hohen Abundanzen vor. Die Arten Brassen, Güster, Ukelei, Plötze, Flußbarsch, Zander und Hecht stellen elbtypische eurytope Arten der Brassenregion dar. Da für das potentiell natürliche Leitbild von einer zumindest stellenweisen Dominanz rheophiler Fische in ihrer Häufigkeit ausgegangen wird (z.B. RAAT 2001), kommen eurytope Fische in Häufigkeiten von 50 bis 60 % vor (PEZENBURG & THIEL 2003).

Eine natürliche Reproduktion des Hechtes wird von der Verfügbarkeit regelmäßig überschwemmter Wiesen des Auensystems bestimmt. Der Hecht kommt in einer ausgewogenen Altersstruktur im Auensystem der Mittelelbe vor. Die Altersklasse 0 ist in hohen Abundanzen nachweisbar.

Limnophile Arten sind in der Mittelelbe mit angebundener Aue in mittleren Präsenzen vertreten. Das Vorkommen von Karausche, Rotfeder und Schleie als Bewohner von Altarmen und Nebengewässern im Auesystem ist als potentiell natürlich zu bewerten. Dort können sie standortbezogen hohe relative Häufigkeiten erreichen. Die prozentualen Häufigkeiten der limnophilen Fischarten in semipermanent angebundenen Altgewässern im Niederrhein, die eine Vegetationsbedeckung von über 15 % aufwiesen, schwankten zwischen 8 und 90 % (GRIFT 2001).

Auf das gesamte Flußsystem bezogen (Hauptstrom und Nebengewässer) kommen limnophile Fische mit einer Häufigkeit von > 5 % vor und zeigen eine ausreichende Fortpflanzung. Es sind höhere Fischlarven- und Jungfischabundanzen gegenüber den Abundanzen der präadulten/adulten Fische vorhanden. Das Vorhandensein von Fischlarven der Arten Schleie, Karausche und Rotfeder zeigt einen ausreichenden Makrophytenbestand in den Nebengewässern an, da diese Fische zu ihrer Fortpflanzung auf Makrophyten angewiesen sind.

Das Vorkommen des Bitterlings, der als typische Art des Elbeauensystems beschrieben wurde, ist an das Vorkommen von Großmuscheln der Gattungen *Unio* und *Anodonta* gebunden. Eine positive Bestandsentwicklung des Bitterlings ist zu erkennen.

Zahlreiches punktuelles Vorkommen des Moderlieschens als Pionierbesiedler in jungen Habitaten ist vor allem nach Hochwasserereignissen nachweisbar.

Schlammpeitzger, die an die besonderen Bedingungen stehender oder schwach fließender Klein- und Kleinstgewässer angepaßt sind, sind im Auesystem der Mittelelbe häufig vorhanden.

Generell ist die Fischfauna der Mittelelbe durch eine hohe Artenzahl und Diversität geprägt.

Die einzelnen Fischarten kommen in Abundanzen vor, die eine ausgewogene Bestandssituation der Fischart repräsentieren (siehe Tab. 1). Die Gesamtabundanz liegt bei mehr als 4.500 Ind./ha. Die mittleren gefangenen Biomassen liegen über 50 kg/ha.

Sensible elbetypische Fischarten wie Zährte, Barbe und Quappe kommen regelmäßig und in hohen Abundanzen vor. Auch die diadromen Arten Lachs und Nordseeschnäpel werden regelmäßig in der Mittelelbe nachgewiesen. Aus den Wiedereinbürgerungsversuchen haben sich selbst erhaltende Populationen dieser Arten entwickelt. Der Stör, dessen elbetypischer Bestand ebenfalls erloschen ist, ist kurzfristig nicht in der Mittelelbe nachweisbar.

Die Fischpopulationen sind von einer intakten Altersstruktur geprägt. Generell besteht ein Überschuß von Fischlarven und Jungfischen gegenüber adulten Individuen. Alle Fischarten sind in der Lage, durch natürliche Reproduktion ihre Populationen zu erhalten. Bestandsstützende Maßnahmen sind nicht erforderlich.

3. Bewertung

3.1. Ist-Zustand der Elbfischfauna und Defizite

3.1.1. Bewertung nach PEZENBURG & THIEL (2003)

Im Rahmen des BMBF-Projektes „ELFI“ ist eine fischökologische Bewertung der Mittelelbe durchgeführt worden (PEZENBURG & THIEL 2003). Die Bewertung erfolgte auf der Grundlage des von KARR et al. (1986) entwickelten IBI (Index of Biotic Integrity), angepaßt an die Mittelelbe. Das Auensystem der Mittelelbe wurde in die Bewertung miteinbezogen. Es wurden durch einen Zufallsgenerator Daten aus einem Pool von Zugnetzhols ausgewählt. Bei den Untersuchungen wurde das gesamte Größenspektrum der Fische beprobt.

Die fischökologische Funktionsfähigkeit des bewerteten Abschnittes der Mittelelbe (Skm 350 – Skm 489) wurde als mäßig eingestuft.

Dabei sind auf der Gundlage der ausgewählten Daten 26 Fischarten nachgewiesen worden. Die mittlere Gesamtabundanz betrug 6.500 Ind./ha. Diese beiden Faktoren wurden mit sehr gut bewertet.

Bei allen anderen Bewertungskomponenten ergaben sich Defizite des Ist-Zustandes gegenüber einem potentiell natürlichen Leitbild für die Fischfauna der Mittelelbe.

Die mittlere gefangene Gesamtbiomasse von 43,1 kg/ha ist mit mäßig eingestuft worden. Die mittlere Gesamtabundanz konnte im Gegensatz zur Gesamtbiomasse als sehr gut bewertet werden.

Bei den Indikatorarten wurde das Fehlen der diadromen Arten Stör und Nordseeschnäpel als negativ bewertet. Diese elbtypischen Wanderfische waren bis in das frühe 20. Jh. in der Mittelelbe vorhanden und repräsentierten das Vorhandensein vielfältiger Laich- und Aufwuchshabitate im Flußsystem Mittelelbe sowie die longitudinale Durchgängigkeit der Elbe und ihrer Nebenflüsse.

Ein zahlreiches Vorkommen der rheophilen Fischarten Zährte, Barbe und Quappe impliziert eine Vielfalt von verschiedenen Habitaten mit unterschiedlichem Strömungsregime und Substratbedingungen in einer für Fischlarven erreichbaren räumlichen Ausdehnung. Auch diese Indikatorarten sind innerhalb der durchgeführten Bewertung nicht nachgewiesen worden, wobei die fehlenden Nachweise von Barbe und Quappe sehr wahrscheinlich fangmethodisch bedingt sind.

Die rheophilen Indikatorarten Aland, Döbel und Rapfen wurden mit sich selbst erhaltenden Populationen in der Mittelelbe nachgewiesen.

Aufgrund der fehlenden Indikatorarten Stör, Nordseeschnäpel, Barbe, Quappe und Zährte wurde diese Bewertungskategorie als ungenügend eingestuft.

Bei der Bewertung wurden die Habitat- und Nahrungsgilden miteinbezogen. Die relativen Abundanzen der Habitatgilden eurytop und rheophil wurden mit schlecht bewertet, da die eurytopen Arten in ihren Abundanzen über die rheophilen Fische dominierten. Der Abundanzanteil der limnophilen Fische (1,6 %) wurde als mäßig eingestuft. Dabei ist die limnophile Fischfauna von einer geringen Diversität geprägt. OESMANN (2002) stellte nur äußerst geringe relative Abundanzen der Arten Karausche und Rotfeder innerhalb einer Untersuchung der juvenilen Fische der Nebengewässer in der Elbaue fest. Juvenile Schleien und Schlammpeitzger wurden nicht nachgewiesen. Der größte Abundanzanteil der limnophilen Fischfauna beruht auf dem punktuell massenhaft vorkommenden Moderlieschen.

Innerhalb der Nahrungsgilden wurde ein großer Abundanzanteil der piscivoren Fische festgestellt, was als gut bewertet wird. Die relative Abundanz der benthivoren Fische ist mit mäßig bewertet worden. Der große Abundanzanteil omnivorer Fische ist als schlecht eingestuft worden.

Von acht dominanten eurytopen bzw. rheophilen Fischarten (Aland, Döbel, Hasel, Rapfen, Flußbarsch, Brassen, Güster, Plötze) wurde die Altersstruktur untersucht. Insgesamt wurde die Altersstruktur mit gut bewertet. Es ergaben sich kleinere Defizite bei Güster, Döbel und Hasel. So z. B. fehlte bei den beiden letztgenannten Fischarten der Nachweis über adulte Individuen. Dies scheint aber methodisch bedingt zu sein.

3.1.2. Erweiterte Bewertungskriterien

Im Rahmen des BMBF-Projektes „ELFI" wurden mehr Fischarten gefangen als in die Bewertung aufgrund der Datenauswahl eingingen. So sind Flußneunaugen in unterschiedlichen Häufigkeiten auf vier Sandbänken nachgewiesen worden (Knösche & Fladung 2000). Knösche & Fladung (2000) fanden ebenso wie Scholten (2002) Querder von Flußneunaugen im Bereich der Havelmündung, was auf eine natürliche Reproduktion der Art in der Mittelelbe hindeutet. Beckedorf & Schubert (1995) berichteten im Rahmen einer Untersuchung zur Funktionsfähigkeit der Fischaufstiegsanlagen der Staustufe Geesthacht über ein gegenüber früheren Jahren stark angestiegenes Vorkommen von Flußneunaugen.

Fladung (2002) geht ebenfalls von einem sich etablierenden Bestand der Barbe in der Mittelelbe aus, welcher aber von äußerst geringen Abundanzen gegenüber Beschreibungen in früheren Arbeiten (z.B. Kluge 1900, Bauch 1958) geprägt ist. Laut Fladung (2002) werden Barben in den letzten Jahren zwar immer noch vereinzelt, aber zunehmend gefangen. Auch die Fischarten Quappe und Zährte wurden im Rahmen von „ELFI" nachgewiesen, allerdings wie auch Barbe und Flußneunaugen selten bzw. als Einzelfunde. Fladung (2002) und Scholten (2002) fingen diese Fischarten mit Stellnetzen oder mittels eines E-Fischereigerätes. In das Bewertungssystem gingen aber nur standardisierte Daten von einem Fanggerät, dem Zugnetz, ein, um die Vergleichbarkeit der Fischerfassungen zu gewährleisten.

Larink et al. (2000) führten im Rahmen des ELFI-Projektes Vermessungen der Eingangsschwellen zwischen Nebengewässern und Hauptstrom durch, um die Verfügbarkeit von Winterhabitaten für Fische zu untersuchen. Eine entscheidende Rolle bei positiven Fischbestandsentwicklungen spielt die Überlebensfähigkeit der Fische im Winter, die abhängig ist von der Erreichbarkeit der Winterhabitate (Schiemer 1999). Dabei stellten Larink et al. (2000) fest, daß die Zahl der angebundenen natürlichen potentiellen Winterhabitate (Altarme, Nebengewässer) bei niedrigen Wasserständen äußerst gering ist. Da viele Fischarten ihre Winterquartiere im November aufsuchen, es zu dieser Zeit in der Mittelelbe aber nicht regelmäßig zur Ausprägung von mittleren oder höheren Wasserständen kommt, ist eine regelmäßige Verfügbarkeit natürlicher Winterhabitate für die Fische nicht vorhanden.

Im Gegensatz zu den Artnachweisen, die in Kap. 3.1.1 erfolgten, wies die IKSE (2000a) für die Mittelelbe 56 Fischarten nach. In die nachgewiesene Gesamtartenzahl wurden 10 Neozoen und einige einheimische Fischarten wie Bachforelle, Zwergstichling, Bachneunauge, Nase, Große und Kleine Maräne und Äsche miteinbezogen, die in der vorliegenden Untersuchung nicht in den Artenvergleich zwischen potentiell natürlichem Leitbild und dem Ist-Zustand der Mittelelbe eingingen (Tab. 1).

Die Unterschiede in der nachgewiesenen Artenzahl gehen auch auf Wanderfischarten zurück. Einzig den verschollenen Atlantischen Stör hat die IKSE (2000a) nicht in der Mittelelbe angetroffen. Die Wanderfischarten Nordseeschnäpel, Maifisch, Meerforelle und Meerneunauge sind festgestellt worden. Allerdings gehen die Nachweise dieser Fischarten meist auf Einzelfunde zurück. Zudem ist bei Nordseeschnäpel, Lachs und Meerforelle von Wiederfängen aus Besatzmaßnahmen auszugehen. Auch der Nachweis einiger rheophiler Fischarten (z.B. Zährte, siehe Tab. 1) geht auf seltene bzw. Einzelfunde zurück.

Dabei handelt es sich um Befischungsergebnisse aus einem längerem Zeitraum (1991-1999) und einem sehr viel größeren Untersuchungsabschnitt der Elbe (Skm 96 – Skm 635,5), so daß diese Ergebnisse nicht mit den Daten vergleichbar waren, die im Rahmen des ELFI-Pro-

Tab. 1: Ursprüngliche und aktuelle einheimische Fischfauna der Mittelelbe (Gildeneinteilung nach SCHIEMER & WAIDBACHER 1994; THIEL & BOS 1998).
* Ursprüngliches Vorkommen nach VON DEM BORNE (1882), BAUCH (1958): + = sehr selten, ++ = selten, +++ = verbreitet, ++++ = häufig, ?? = keine Angaben;
** Aktuelles Vorkommen für das Untersuchungsgebiet nach ELFI (2000), IKSE (2000a); Präsenzklassen nach SCHWERDTFEGER (1975): 0 = kein Vorkommen, +/- = vereinzelt, + = sehr selten (0-10 %), ++ = selten (11-25 %), +++ = verbreitet (26-45 %), ++++ = häufig (46-70 %), ?? = keine Angaben, W = Wiedereinbürgerung.
Tab. 1: Historical and present occurrences of fish species in the middle Elbe River (Classification of habitat guilds according to SCHIEMER & WAIDBACHER 1994; THIEL & BOS 1998).
* Historical occurrences based on VON DEM BORNE (1882), BAUCH (1958): + = very rare, ++ = rare, +++ = common, ++++ = abundant, ?? no information;
** Present occurrences for the study area based on ELFI (2000), IKSE (2000a); Presence classes according to SCHWERDTFEGER (1975): 0 = absent, +/- = sporadical, + = very rare (0-10 %), ++ = rare (11-25 %), +++ = common (26-45 %), ++++ = abundant (46-70 %), ?? no information, W = restocking.

Habitatgilde	Fischart	wiss. Name	ursprüngliches Vorkommen *	aktuelles Vorkommen**
Rheophil A	Barbe	*Barbus barbus* (L.)	+++	+/-
	Döbel	*Leuciscus cephalus* (L.)	+++	+
	Hasel	*Leuciscus leuciscus* (L.)	+++	+
	Groppe	*Cottus gobio* L.	+	+/-
	Elritze	*Phoxinus phoxinus* (L.)	+	+/-
	Zährte	*Vimba vimba* (L.)	++++	+/-
	Schneider	*Alburnoides bipunctatus* (Bloch)	??	0
	Schmerle	*Barbatula barbatula* (L.)	??	+
Rheophil B	Rapfen	*Aspius aspius* (L.)	++++	+++
	Aland	*Leuciscus idus* (L.)	++++	+++
	Gründling	*Gobio gobio* (L.)	+++	++
	Zope	*Abramis ballerus*	+	+
	Quappe	*Lota lota* (L.)	+++	+
	Steinbeißer	*Cobitis taenia*	??	+
Eurytop	Plötze	*Rutilus rutilus* (L.)	++++	++++
	Ukelei	*Alburnus alburnus* (L.)	++++	++++
	Güster	*Abramis björkna* (L.)	+++	++++
	Brassen	*Abramis brama* (L.)	++++	++++
	Hecht	*Esox lucius* L.	+++	++
	Flussbarsch	*Perca fluviatilis* L.	++++	+++
	Kaulbarsch	*Gymnocephalus cernuus* (L.)	+++	+++
	Zander	*Sander lucioperca* (L.)	+++	++
	Wels	*Silurus glanis* L.	+++	+/-
Limnophil	Schleie	*Tinca tinca* (L.)	++	+
	Bitterling	*Rhodeus amarus* (Bloch)	+	+/-
	Karausche	*Carassius carassius* (L.)	++	+
	Rotfeder	*Scardinius erythrophthalmus* (L.)	++	+
	Moderlieschen	*Leucaspius delineatus* (Heckel)	??	+
	Dreistach. Stichling	*Gasterosteus aculeatus* (Cuvier)	++	+
	Neunstach.Stichling	*Pungitius pungitius* (L.)	++	+/-
	Schlammpeitzger	*Misgurnus fossilis* (L.)	+++	+
Diadrom	Lachs	*Salmo salar* L.	+++	+/- (W)
	Meerforelle	*Salmo trutta* L.	++	+/-
	Flußneunauge	*Lampetra fluviatilis* (L.)	++++	+
	Meerneunauge	*Petromyzon marinus* L.	++	+/-
	Nordseeschnäpel	*Coregonus oxyrhynchus*	++++	+/- (W)
	Maifisch	*Alosa alosa* (L.)	++	+/-
	Stint	*Osmerus eperlanus* (L.)	+	+
	Flunder	*Pleuronectes flesus* L.	+	+/-
	Atlantischer Stör	*Acipenser sturio* L.	+++	0
	Aal	*Anguilla anguilla* (L.)	++++	+

jektes erhoben wurden. Somit wurden sie nicht für eine aktuelle Bewertung der Mittelelbe herangezogen.

In den letzten zehn Jahren wurden weit mehr Fischarten nachgewiesen als noch in der Mitte des 20. Jahrhunderts (Bauch 1958, ELFI 2000, IKSE 2000a). Die anfängliche Etablierung einiger sensibler Arten wie z.B. der Barbe spiegelt den positiven Trend der Entwicklung der Fischbestände in der Mittelelbe wider.

Generell ist seit dem Zusammenbruch der Industrie in der ehemaligen DDR auch ein positiver Trend bei der Schadstoffbelastung des Elbwassers zu bemerken. So sind die Schadstofffrachten in der Mittelelbe bezüglich Schwermetallen (z.B. Quecksilber, Cadmium, Blei) und chlorierten Kohlenwasserstoffen erheblich reduziert (ARGE Elbe 1997). Doch Fische, die die Schadstoffe unter anderem über die Nahrung aufnehmen, können mit diesen immer noch stark belastet sein.

In einer Untersuchung der ARGE Elbe (2000) wurde ein Bewertungssystem zur Schadstoffbelastung von Fischen am Beispiel des Brassen erarbeitet. Für den Raum Wittenberge ergab sich eine Einstufung der Schadstoffakkumulation im Brassen für Quecksilber in die Belastungsklasse 4 (unbefriedigend) und für ausgewählte Kohlenwasserstoffe in die Belastungsklassen 3 (mäßig) bis 5 (schlecht) für das Untersuchungsjahr 1999. Es konnte keine Verbesserung zu Werten aus dem Untersuchungsjahr 1994 (ARGE Elbe 2000) festgestellt werden. Laut ARGE Elbe (1999/2000) sind die Fischarten Brassen, Aal und Zander aufgrund teilweise überschrittener Höchstmengen von Quecksilber und ausgewählten Kohlenwasserstoffen noch nicht in vollem Umfange marktfähig.

Generell sind große Defizite in den Häufigkeiten der diadromen, rheophilen und limnophilen Fischarten der Mittelelbe zu verzeichnen. Folgende Defizite müssen vorrangige Beachtung finden, um der Mittelelbe eine Entwicklungschance zu dem fischökologischen Gesamturteil „gut", wie von der EU-WRRL gefordert, zu geben:

- Abundanzeinbrüche der sensiblen Arten Zährte, Barbe und Quappe;
- erhöhte Anzahl omnivorer Arten bei Reduzierung der benthivoren Arten;
- Abundanzeinbrüche der rheophilen und limnophilen Arten;
- Verschiebung der Zusammensetzung der Fischfauna zu einer Dominanz von eurytopen und euryöken Arten;
- erhöhte Schadstoffrückstände in den Indikatorfischarten Brassen, Zander, Aal.

Insgesamt wird die Elbe aufgrund einiger Defizite als mäßig eingestuft. Es ist aber ein positiver Trend in der Zusammensetzung der Fischfauna in der Mittelelbe festzuhalten.

3.2. Historische Entwicklung der Elbfischfauna und Rückgangsursachen

Abbildung 2 stellt den historischen Verlauf der nachgewiesenen Fischartenanzahlen in der Mittelelbe dar. Vom ausgehenden Mittelalter bis zur Jahrhundertwende um 1900 waren alle als urspünglich (siehe Tab. 1) anzusehenden Arten der Mittelelbe noch anzutreffen. 50 Jahre später wies Bauch (1958) in der Mittelelbe nur noch 31 Fischarten nach. Eine ähnliche Entwicklung der nachgewiesenen Artenzahl ist für den Niederrhein von van den Brink et al. (1990) dokumentiert. So wurden um 1900 im Niederrhein 40 Fischarten nachgewiesen. In den frühen 70er Jahren wurden nur noch 28 Arten im Niederrhein angetroffen, bis ca. 1990 stieg die Zahl der nachgewiesenen Arten wieder auf 36 an.

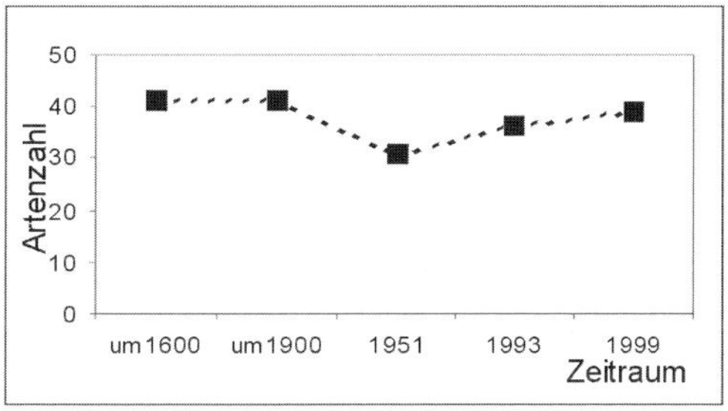

Abb. 2: Historischer Verlauf der nachgewiesenen Anzahl einheimischer Fischarten in der Mittelelbe nach Von dem Borne 1882, Kluge 1900, Hertel 1978, Bauch 1958, ARGE Elbe 1994, ELFI 2000, IKSE 2000a.

Fig. 2: Historical development of species richness in the middle Elbe according to Von dem Borne 1877, Kluge 1900, Hertel 1978, Bauch 1958, ARGE Elbe 1995, ELFI 2000, IKSE 2000a.

Tab. 2: Historische Entwicklung der Bestände einiger Fischarten in der Mittelelbe und die Rückgangsursachen.
Tab. 2: Historical development of the populations of some fish species of the middle Elbe and the causes of decline.

Fischart	Historische Entwicklung	Rückgangsursachen	Quellen
Stör	ab 1890 stark rückläufig, ab 1920 ausgestorben	Fischerei, Flußuferverbauung (Laichplatzreduzierung)	BLANKENBURG 1910, LOZAN et al. 1996 MOHR 1952
Norseeschnäpel	ab ca. 1900 stark rückläufig, ab ca. 1940 Bestand erloschen	Flußuferverbauung (Reduzierung von Laich- und Aufwuchshabitaten) Hamenfischerei	ZUPPKE 1993 DRÖSCHER 1898 VON DEM BORNE 1882
Lachs	ab 1850 schon rückläufig ab 1935 nur noch Einzelfänge, Elbpopulation erloschen	Flußuferverbauung Wehre in Nebenflüssen und in der Oberelbe (von Laichplätzen abgeschnitten) Schadstoffbelastung Hamenfischerei	MANN 1964 WILKENS & KÖHLER 1977 KISKER 1934 VON DEM BORNE 1882
Quappe	ab 1920 rückläufig ab 1959 Wanderpopulation erloschen	Flußuferverbauung (Laichplatzreduzierung) Stauwehr Geesthacht	BAUCH 1958
Flußneunauge	ab 1950 rückläufig ab ca. 1960 vereinzelt	Flußuferverbauung (Laichplatzreduzierung) Stauwehr Geesthacht Verunreinigung der Unterelbe	WILKENS & KÖHLER 1977 ZUPPKE 1993
Wels	ab ca. 1890 rückläufig	Flußregulierung (Vernichtung der Vernetzung von Hauptstrom und Auengewässern) Fischerei	BAUCH 1958 BAUCH 1958, KNÖSCHE et al. 2001
Aal	ab ca. 1990 rückläufig	Zusammenbruch der Glasaaleinwanderung (Gründe dafür umstritten bzw. nicht aufgeklärt)	KUHLMANN 1996
Zährte	genaue Zeitangabe der rückläufigen Bestände nicht bekannt, nur noch sehr vereinzelt	Flußuferverbauung (Strukturverarmung) Reduzierung von Aue-Nebengewässern	SCHIEMER 1999 PETERMEIER et al. 1994
Barbe	ab ca. 1950 stark rückläufig	Schadstoffbelastung des Wassers Flußregulierung (Strukturverarmung)	BAUCH 1958, STAAS 1995 SCHIEMER 1999, 2000

Die rückläufigen Bestandsentwicklungen der meisten diadromen und vieler rheophiler sowie limnophiler Fischarten sind auf das komplexe Zusammenwirken unterschiedlichster Faktoren zurückzuführen (Tab. 2). Durch gewässermorphologische anthropogene Eingriffe kam es zu einer Reduzierung wichtiger Habitatstrukturen für die Fischfauna der Elbe (PETERMEIER et al. 1994, JÄHRLING 1995, NACHTNEBEL 1996).

Geomorphologische Ursachen:
- starke Beeinträchtigung der longitudinalen Durchgängigkeit der Elbe für Langstreckenwanderer (durch Wehr- und Staustufen-Bau im Oberlauf der Elbe, in den Nebenflüssen und bei Geesthacht);

- anthropogener Einfluß auf den Hochwasserabfluß der Elbe (kanalisierender Effekt durch Deich- und Buhnenbau sowie Wasserrückhaltung in den Staustufen der Oberelbe);
- Monotonisierung der Sohlbereiche (durch Fahrwassertiefenregulierung/Buhnenbau/Ausbaggerungen);
- Veränderung der Sohlstruktur (Entwicklung von lockeren Kiesen zu feineren kompakten Sand- und Kiesablagerungen hin);
- Vertiefung des Hauptgerinnes und eine daraus folgende Erhöhung der Fließgeschwindigkeit;
- Reduzierung der Habitatvielfalt der Uferrandstrukturen (Reduzierung von Vegetation/Totholz/Wurzeln/Strömungsvielfalt durch Begradigung, Buhnen- und Leitwerkbau und Beseitigung von Schiffahrtshindernissen);
- Reduzierung von Überschwemmungsflächen durch Deichbau (Flächengewinn für Siedlungen und Landwirtschaft);
- Reduzierung von Aue-Nebengewässern und Abtrennung von Nebenarmen (durch Flußbegradigung und Verfüllen von Auegewässern);
- Reduktion des Vernetzungsgrades von Fluß und Auegewässern, v.a. bei niedrigen und mittleren Wasserständen (stellenweise erhöhte Sohlschwellen zwischen Hauptstrom und Nebengewässern);
- Reduzierung von Sand- und Kiesbänken als wichtige Laichhabitate (durch Buhnenbau/Flußuferbegradigung);
- Reduzierung von Inseln und Seitenarmen als strukturgebende Faktoren (als Optimierungsmaßnahmen für die Schiffahrt).

Ein für die Fischfauna positiver Effekt der gewässermorphologischen Entwicklung der Mittelelbe war die nur notdürftige Instandhaltung der Flußregulierungsbauten in der Zeit des Zweiten Weltkrieges und der Existenz der DDR. Zahlreiche Wasserbauwerke, vor allem Buhnen in der unteren Mittelelbe, verfielen, und es bildeten sich strukturreiche Bereiche im Fluß aus. Stillwasserzonen, Sand- und Kiesbänke, sandige flache Buchten und vegetationsreichere strukturierte Uferrandzonen konnten sich entwickeln.

Ab ca. 1900 kam es zu einer zunehmenden Belastung des Elbwassers und der Elbsedimente mit Schadstoffen aus industriellen und kommunalen Abwassereinleitungen.

Die Folgen waren Schadstoffakkumulationen und akute Sauerstoffmangelsituationen, die einen Rückgang von Fischpopulationen zur Folge hatten (Bauch 1958). Ebenso wurde die Erholung von Beständen, welche durch Besatzmaßnahmen unterstützt wurden, vermutlich stark beeinträchtigt (Möller et al. 1992). Im Zeitraum 1927 bis 1946 sind beispielsweise 181 Fischsterben, die zu 67 % auf Sauerstoffmangel durch Abwassereinleitungen zurückgeführt wurden, registriert worden (Möller et al. 1992). Nach dem Zusammenbruch der Industrie in der ehemaligen DDR ab ca. 1990 reduzierten sich die Schadstoff- und Abwassereinleitungen erheblich (Reincke 1992). Dies führte auch zu einer Verbesserung der Sauerstoffverhältnisse der Mittelelbe. Fischsterben aufgrund von Sauerstoffmangel treten heute nur in Ausnahmefällen auf (ARGE Elbe 1997).

Seit der Reduzierung der industriellen Abwässer in die Elbe ab 1989 sanken die Schadstoffkonzentrationen des Elbwassers erheblich (ATV-DVWK 2000). Für die Elbsedimente ist zwar eine abnehmende Belastung mit Schadstoffen festgestellt worden, jedoch ist die derzeitige Gesamtbelastung der Elbsedimente trotz Industriestilllegungen und Abwasserbehandlungsmaßnahmen immer noch als mäßig bis stark belastet bewertet worden (ATV-DVWK 2000). ARGE Elbe (1994) stellte eine kritische Belastung der Elbsedimente mit biologisch abbaubaren organischen Substanzen fest, die eine Reduzierung des Sauerstoffgehaltes der Sedimente nach sich ziehen kann. Petermeier et al. (1994) stellten eine Korrelation von Bestandsrückgängen vieler Zoobenthosarten mit anthropogenen Einflüssen fest. Viele Organismen des Zoobenthos werden von benthivoren Fischarten als Nahrungsgrundlage genutzt. Geringe Abundanzen des Zoobenthos können sich negativ auf das Wachstum besonders von benthivoren Arten auswirken. Ebenso kommt es durch Schadstoffakkumulationen im Zoobenthos über die Nahrungskette auch zu Schadstoffanreicherungen in benthivoren und piscivoren Fischen sowie zu Beeinträchtigungen der Bioproduktion insgesamt.

Veränderter Stoffhaushalt:

- Schadstoffakkumulationen im Elbsediment und in benthivoren und piscivoren Organismen (Aal, Brassen, Zander);
- partielle Sauerstoffmangelsituationen für Fische;
- Sauerstoffmangelsituationen im Sediment v.a. für Fischlaich und Makrozoobenthos (durch sauerstoffzehrende Substanzen auf und im Sediment, hohe Schwebstoffsedimentationsraten auf potentiellen Laichplätzen);
- Eutrophierung von Aue-Nebengewässern und Reduzierung des Makrophytenbestands (durch Einleitung von Nährstoffen aus der Landwirtschaft).

Zu den Faktoren, die die Elbfischfauna beeinflußten, gehört ebenso die Fischerei (Tab.2). Das Aussterben des Störs durch Überfischung des durch den Flußuferverbau schon stark reduzierten Stör-Bestandes ist sehr wahrscheinlich (RIEDEL-LORJE & GAUMERT 1982). Für den Lachs werden bestandsreduzierende Einflüsse durch die Lachsfischerei im Nordatlantischen Ozean diskutiert. Für alle anderen Elbfischarten ist eine Bestandsreduzierung durch die Fischerei nicht nachgewiesen worden. Allerdings sind zumindest historisch gesehen kaum Untersuchungen zu dieser Problematik durchgeführt worden. In Arbeiten einiger älterer Autoren werden Einflüsse der Fischerei auf die Elbfische durchaus diskutiert. So zum Beispiel berichtet VOIGT (zit. in VON DEM BORNE 1882) über den schädigenden Einfluß der Hamenfischerei: „...ungefähr 120 Steerthamennetze stehen während der wärmeren Jahreszeit von Neumühlen bis Hamburg abwärts die Elbe hinunter beständig über Fluth und Ebbe ausgespannt, um alle möglichen Arten von Fischen, besonders aber junge Fischbrut zu fangen, damit dieselbe als Köder für Aale benutzt werde. ... Die junge Brut wird als Köder in Hunderte und Hunderte von Aalreusen geworfen und das dazu nicht benutzte Quantum zu Schweinefutter usw. verwendet. Die Zahl der Fische, welche so vernichtet wird, zählt nach Millionen, und hierzu kontribuiren die jungen Stinte am meisten, dann kommen Butt, Näsen (Zährthen), verschiedene Arten Weißfische, Schnäpel und endlich auch einzelne Lachse."

Andererseits hat die seit etwa drei Jahrzehnten stark reduzierte bzw. teilweise ganz eingestellte Elbfischerei bislang jedoch nicht zu erkennbaren fischökologischen Veränderungen geführt.

Andere reduzierende Einflüsse:

- art- und bestandsreduzierender Einfluß der Fischerei (z. T. außerhalb des betrachteten regionalen Gebietes).

Die Reduzierung der Schadstoffeinleitung aus der Industrie der ehemaligen DDR und die noch vorhandenen vielfältigeren Habitatstrukturen als in anderen meist mehr kanalisierten Tieflandflüssen, wie z.B. dem Rhein (z.B. RAAT 2001, GRIFT 2001) und der Seine (OBERDORFF et al. 1993), beeinflußte positiv die Entwicklung der Fischfauna der Mittelelbe (Abb. 2). Trotzdem weist der Zustand der Fischfauna in der Mittelelbe derzeit noch große Defizite zum potentiell natürlichen Leitbild auf (Kap. 3.1).

3.3. Habitatansprüche einiger gefährdeter Arten

Die Struktur einer Fischartengemeinschaft und ihre quantitative Ausprägung in einem Fluß wird durch abiotische und biotische Faktoren bestimmt. Durch viele Untersuchungen ist immer deutlicher geworden, daß die Geomorphologie eines Flußsystems und damit die Ausprägung potentieller Habitate eine entscheidende Rolle bei der erfolgreichen Populationsentwicklung vieler Fischarten spielt (z.B. SCHIEMER & ZALEWSKI 1992, THIEL et al. 1995, SCHIEMER et al. 2001). Dabei hängen stabile Populationen vor allem von der erfolgreichen Reproduktion der Fischarten ab, welche grundlegend von der Verfügbarkeit verschiedener groß- und kleinräumiger Habitatstrukturen (z.B. MILLS & MANN 1985, COPP et al. 1994) und weiterer abiotischer Faktoren wie z.B. Hochwassereinfluß, Wassertemperatur, Sauerstoffgehalt, Schadstoffgehalt des Wassers und biotischer Faktoren wie z.B. Nahrungsverfügbarkeit determiniert wird.

Am Beispiel einiger dominanter und gefährdeter Fischarten soll herausgestellt werden, welche Habitatbedingungen und –vielfalt in der

Mittelelbe vorhanden sein müssen, um eine positive Bestandsentwicklung der Fischarten in der Mittelelbe zu ermöglichen.

Die Veränderung der Fischfauna in der Mittelelbe ging einher mit einer drastischen Reduktion der Populationen diadromer, rheophiler und limnophiler Fischarten (Kap. 3.2).

Der anadrome Stör, der auf eine longitudinale Durchgängigkeit der Flüsse angewiesen ist, kann schon kleinere Hindernisse auf seiner Wanderung nicht überwinden. Der Stör nutzt Kolke als Laichplätze, die durch den Schiffsverkehr nicht beeinflußt sein sollten (MOHR 1952).

Der anadrome Lachs lebt zeitweise marin und steigt zum Laichen in die Oberläufe der Flüsse und ihre Zuflüsse auf. Der Lachs ist auf Kies und Grobsand als Laichsubstrat angewiesen, welche eine genügende Durchströmung der Laichgrube und damit einen ausreichenden Sauerstoffgehalt (> 5 mg/l) garantieren (SCHMIDT 1996, MOIR et al. 1998). O'CONNOR & ANDREWS (1998) konnten zeigen, daß bei einem Feinsandanteil von < 5 % und der damit einhergehenden stärkeren Durchströmung in Lachslaichgruben die Überlebensrate von Lachseiern am größten war. Präferierte Laichhabitate vom Lachs weisen weiterhin Wassertiefen von 10 – 50 cm (MOIR et al. 1998) und eine Strömungsgeschwindigkeit von ca. 0,3-0,5 m/s (SCHMIDT 1996) auf. Juvenile Lachse präferieren ebenfalls grobsandige und kiesige Habitate mit einer Wassertiefe von 20-30 cm (SCHNEIDER 1998), wobei Rauschen als flache grobkiesige stark überströmte Bereiche wichtige Habitate für juvenile Lachse darstellen (NEHMITZ & MOLLS 1998). Adulte Lachse halten sich in größeren Tiefen, bevorzugt auch in Kolken auf.

Da die Hauptlaichgebiete des Lachses in der Elbe früher vor allem in den Nebenflüssen gelegen haben, ist die Quervernetzung der Elbe mit ihren Nebenflüssen und der mögliche Lachsaufstieg in die Nebenflüsse von entscheidender Bedeutung für eine potentielle natürliche Reproduktion des Lachses.

Auch der Nordseeschnäpel ist als anadromer Fisch auf die longitudinale Durchgängigkeit der Elbe angewiesen. Dabei ist zu beachten, daß der Schnäpel wahrscheinlich nicht fähig ist, auch nur kleinste Unterschiede im Wasserlevel zu passieren (GRON 1987). SCHEFFEL (1994) vermutet, daß der Nordseeschnäpel hauptsächlich die Unterläufe und Mittelläufe großer Ströme aufsucht, wo zu seiner Laichzeit (November-Januar) Winterhochwässer die Sand- und Kiesbänke von Schlammauflagen und Feinsedimenten befreien können. Verschiedene Autoren geben vorrangig Sandbänke mit mittlerer bis starker Strömung von 0,2-0,7 m/s als präferierte Laichhabitate des Schnäpels an (z.B. THIENEMANN 1935, BAUCH 1958, LELEK & BUHSE 1992). Die sandigen Laichhabitate müssen eine gute interstitielle Durchströmung garantieren, da Schnäpeleier äußerst empfindlich auf Sauerstoffdefizite in der Wasser-Boden-Schicht reagieren. Nach FLÜCHTER (1980) benötigen die Embryonen im Augenpunktstadium einen Sauerstoffgehalt von nicht weniger als 8 mg/l.

Für die Quappe, die als potamodrome Art auch längere Wanderungen in der Elbe unternahm (KOOPS 1959), ist ebenfalls eine longitudinale Durchgängigkeit der Elbe von größter Bedeutung (Kap. 3.2.). Die Quappe stieg früher in die Oberelbe und deren Nebenflüsse zum Laichen auf. Sie laicht aber auch in der Mittelelbe auf Kiesbänken, wie ein Laichnachweis im Raum Havelberg zeigte (KNÖSCHE & FLADUNG 2000). SCHOLTEN (2002) konnte juvenile Quappen im Hauptstrom meist unterhalb von Zuflüssen nachweisen. Während die kleinwüchsige „Binnenquappe" in der Mittelelbe zunimmt, fehlt trotz der Fischwanderhilfe an der Staustufe Geesthacht die große „Wanderquappe" bislang, während sie in der Oder noch regelmäßig vorkommt (KNÖSCHE et al. 2001). Nach SCHIEMER & WAIDBACHER (1994) ist die Quappe auf eine mögliche Migration in Nebenflüsse während der Wintersaison angewiesen. In Bereichen der Donau, wo eine winterliche Migration in Zuflüsse nicht möglich war, kam es zu einer deutlichen Populationsabnahme. Die Vernetzung des Hauptstroms mit Nebengewässern spielt deshalb für die Population der Quappe eine große Rolle. Die nachtaktive Quappe hält sich tagsüber verborgen. Von großer Bedeutung sind für die Quappe daher Habitate mit ausreichend Versteckmöglichkeiten, wie z.B. Baumwurzeln,

Totholz, dichte Makrophytenbestände (BLOHM et al. 1994).

Die rheophile Barbe laicht ausschließlich auf grobkiesigem Substrat an stark überströmten Kiesbänken (HANCOCK et al. 1976) mit einer Wassertiefe von 20 - 40 cm (SCHADT 1995). Die Larven verlassen das Laichsubstrat ca. 10-19 Tage nach dem Schlupf (PENAZ 1973) und sind dann sofort in der Lage, aktiv präferierte Habitate aufzusuchen. Sie sammeln sich in flachen, strömungsberuhigten Buchten entlang der Uferlinie, die Feinsedimente aufweisen (SPINDLER 1988, STAAS 1995). Mit Erreichen des juvenilen Stadiums wechseln die Barben zu flachen, stärker überströmten Kiesbänken (SPINDLER 1988). Adulte Barben präferieren zur Nahrungsaufnahme in der Nacht flache stark durchströmte Bereiche, während tagsüber tiefere Bereiche bevorzugt werden. Barben halten sich während ihres gesamten Lebenszyklus im Hauptstrom auf und benötigen in diesem eine hohe Vielfalt unterschiedlicher Habitate sowie eine gute Gewässergüte mit einem Sauerstoffgehalt von > 5 mg/l (BLOHM et al. 1994).

Auch der Aland in der Mittelelbe ist auf die potentielle Verfügbarkeit unterschiedlich strukturierter Uferhabitate angewiesen (SCHOLTEN 2002). SCHOLTEN (2002) konnte zeigen, daß die juvenilen Alande in der Mittelelbe einen Habitatwechsel von strömungsberuhigten Bereichen innerhalb intakter Buhnen im Verlauf des Sommers zu durchströmten Bereichen innerhalb defekter Buhnen durchführen. Adulte Alande wurden überwiegend in den zentralen Bereichen der Buhnenfelder und im Strömungsschatten der Buhnen angetroffen (FREDRICH 2000). Die Laichplätze des rheophilen Alands in der Mittelelbe vermutet FREDRICH (2000) in den Uferzonen des Hauptstromes. Für den Niederrhein konnte GRIFT (2001) eine Bevorzugung des Alands von Seitenarmen nachweisen. Dabei wurden die Larvalstadien des Alands hauptsächlich in flachen Bereichen mit Strömungsgeschwindigkeiten bis zu 0,2 m/s nachgewiesen, während juvenile Alande einen Habitatwechsel in stärker durchströmte (< 0,5 m/s) tiefere Bereiche durchführten.

Für juvenile Hasel, ebenfalls eine rheophile Art, konnte SCHOLTEN (2002) in der Mittelelbe eine Bevorzugung von Sand- und Kiesbänken im Spätsommer nachweisen.

Auch die dominante Leitfischart Brassen nutzt eine Vernetzung des Hauptstroms mit Nebengewässern während ihres Lebenszyklus. Nach MOLLS (1999) wandert der Brassen im Niederrhein zum Laichen in die Altgewässer ein, wo später eine hohe Produktion von Brassen der Altersgruppe 0 nachweisbar ist. Juvenile Brassen der Altersgruppen 0 und 1 ziehen anschließend in den Hauptstrom zurück. OESMANN (2002) stellte für die Mittelelbe fest, daß die Jungfischgemeinschaften in angebundenen und semipermanent angebundenen Nebengewässern von juvenilen Brassen dominiert werden. Während SCHOLTEN (2002) nur geringe Abundanzen juveniler Brassen in Uferhabitaten des Hauptstroms der Mittelelbe fand, wurde hier die adulte Fischgemeinschaft nach FLADUNG (2002) von Brassen dominiert. So ist auch der Brassen in der Mittelelbe auf eine Vernetzung der Nebengewässer mit dem Hauptstrom angewiesen.

Die große Rolle der Vegetation für die Aufwuchsbedingungen von larvalen und juvenilen Fischen ist in einigen Arbeiten herausgestellt worden (COPP et al. 1994, GRIFT 2001). Viele limnophile Fische sind als phytophile Laicher auf Makrophyten in ihren Habitaten angewiesen. So bevorzugt die Karausche Altarme und Nebengewässer von Flüssen und ist äußerst tolerant gegenüber geringen Sauerstoffgehalten, stellt aber hohe Ansprüche an die Strukturvielfalt der Nebengewässer (SCHADT 1995). Als phytophiler Laicher ist die Karausche für eine erfolgreiche Reproduktion auf reich strukturierte, flach ausufernde Nebengewässer mit hohem Makrophytenbestand angewiesen. Auch pflanzenreiche Überschwemmungsflächen werden als Laichhabitate akzeptiert. Nach OESMANN (2002) ist der Vegetationsbedeckungsgrad der Nebengewässer in der Mittelelbe äußerst gering. Er führt die geringen Nachweise juveniler Karauschen und Rotfedern in der Mittelelbe auf die fehlenden pflanzlichen Strukturen in den Nebengewässern zurück. Auch JURAJDA et al. (2001) dokumentierten das Fehlen einiger phytophiler limnophiler Fischarten (z.B. Karausche, Hecht) in kanalisierten vegetationsarmen Bereichen der Morava.

Generell hat die Verfügbarkeit von Winterhabitaten und deren Anbindung an den Hauptstrom für alle Fischarten eine hohe Bedeutung für die Entwicklung der Fischpopulationen (SCHIEMER 1999). Für die Erreichbarkeit der Winterhabitate (natürliche und künstliche) ist die Höhe der Eingangsschwellen von erheblicher Bedeutung, die im Bereich der Mittelelbe Defizite aufweisen.

Allein die Habitatansprüche nur einiger ausgewählter Fischarten indizierten, daß für eine positive Entwicklung der Populationen vieler gefährdeter Fischarten eine Vielfalt von Habitaten mit unterschiedlichen Strukturen unerläßlich ist. Während ihres Lebenszyklus präferieren diadrome, rheophile und limnophile Fischarten sehr unterschiedliche Habitatstrukturen. Die räumlich/zeitliche Verfügbarkeit von benötigten Habitaten und deren Erreichbarkeit für die Fische spielt eine bedeutende Rolle für den fischökologischen bzw. den ökologischen Zustand von Flüssen (SCHMUTZ & JUNGWIRTH 1999). Generell spiegelt daher der Zustand einer Fischgemeinschaft (Arten einschließlich der Jungfische und Fischlarven) als Indikator für die Habitatverfügbarkeit die ökologische Funktionsfähigkeit eines Flusses wider (SCHMUTZ et al. 2000).

Folgende Ansprüche, die die Fische während ihres Lebenszyklus an die Habitatstrukturen und -qualität stellen, wurden zusammengefaßt:

Ansprüche an gewässermorphologische Strukturen:

- longitudinale Durchgängigkeit des Flusses (potentielle Durchgängigkeit des Flusses für die Laichwanderungen von diadromen und potamodromen Arten);
- reich strukturierte Uferlinie des Hauptstromes mit einer Vielfalt von Strömungsgeschwindigkeiten, Substraten und Wassertiefen (potentielle Verfügbarkeit von Laich- und Aufwuchshabitaten, die für Fischlarven und Jungfische bei jedem Wasserstand erreichbar und reich strukturiert sein müssen);
- unterschiedlich strukturierte Nebengewässer (Zuflüsse, permanent und semipermanent angebundene Altarme), charakterisiert durch einen hohen Vernetzungsgrad mit dem Hauptstrom auch bei niedrigen Wasserständen (Gewährleistung der essentiellen Migration von rheophilen und eurytopen Fischarten vom Hauptstrom in die Nebengewässer z.B. beim Aufsuchen von Winter- und/oder Laichhabitaten);
- Nebengewässer mit einem ausreichenden Makrophytenbestand und flach auslaufenden Ufern (Gewährleistung der erfolgreichen Reproduktion limnophiler Fischarten, die an Makrophyten und hohe Laichentwicklungstemperaturen gebunden sind);
- Bereiche mit geringen Sedimentationsraten von Schwebstoffen, besonders auf Sand- und Kiesbänken (Gewährleistung der ausreichenden Durchspülung und Sauerstoffverfügbarkeit in Laichgruben von lithophilen Fischarten).

Ansprüche an den Stoffhaushalt des Elbwassers:

- keine Kontamination des Elbwassers mit Schadstoffen;
- geringe Eutrophierungseffekte (Vermeidung von letalen Sauerstoffgehalten, positive Entwicklung von intoleranten Fischarten und der Biomasse des Makrozoobenthos als Fischnahrung).

4. Anthropogene Nutzungen und Rahmenbedingungen

Die Gewässergüte und die Habitatstrukturen in der Mittelelbe wurden und werden maßgeblich durch die verschiedensten Nutzungsinteressen des Menschen beeinflußt (Kap. 3.2). Um ein Entwicklungsziel zu formulieren, das die anthropogen entstandenen Rahmenbedingungen berücksichtigt, werden die menschlichen Nutzungen hinsichtlich ihrer möglichen ökologischen Optimierung betrachtet.

Dabei wird die ökologische Optimierbarkeit der anthropogenen Nutzungen und geschaffenen Rahmenbedingungen wie folgt bewertet:

Kategorie I:

Anthropogene Nutzungen und geschaffene Rahmenbedingungen, die nach derzeitigem Erkenntnisstand in ihrer aktuellen Ausprägung nicht oder nur äußerst gering hinsichtlich einer ökologischen Optimierung veränderbar sind.

Dazu gehören:

Landgewinnung, Hochwasserschutz und Verkehrswasserbau

- Besiedlung ehemaliger Auebereiche;
- Bau zusammenhängender Deichsysteme als Hochwasserschutz für Siedlungen;
- Ausrottung der elbtypischen Bestände von Stör, Lachs, Nordseeschnäpel, Meerforelle (zusätzlicher bestandsreduzierender Einfluß der Fischerei auf die durch Habitatreduzierung geschwächten Populationen).

Land- und Forstwirtschaft

- Rodungen erheblicher Teile des ursprünglichen Auwaldes.

Kategorie II:

Anthropogene Nutzungen und geschaffene Rahmenbedingungen, die nach derzeitigem Erkenntnisstand in ihrer aktuellen Ausprägung zumindest mittelfristig bzw. teilweise durch ökologisch orientierte Veränderungen optimierbar sind.

Dazu gehören:

Landgewinnung und Hochwasserschutz

- Deichbausysteme, die nicht als Hochwasserschutz für besiedelte Gebiete dienen.

Land- und Forstwirtschaft

- Meliorationsmaßnahmen (Austrocknung ehemaliger Feuchtstandorte).

Verkehrswasserbau

- Durchstich von Elbschlingen bzw. Abtrennen von Mäandern;
- Staustufen in der Elbe (z.B. Geesthacht) und Wehre in Nebenflüssen.

Tourismus

- Freizeitschiffahrt und dazugehörige Anlagen (auch Fähren);
- bestehende Tourismusinfrastruktur.

Fischerei

- erfolgte Besatzmaßnahmen mit Neozoen (Schaffung von Konkurrenzsituationen);
- Bewirtschaftungsverfahren von Aquakulturbetrieben.

Schiffahrt

- Reduzierender Einfluß auf Fischlarven und Jungfische durch Sog- und Schwallerscheinungen (Zauner & Schiemer 1994).

Kategorie III:

Anthropogene Nutzungen und geschaffene Rahmenbedingungen, die nach derzeitigem Erkenntnisstand in ihrer aktuellen Ausprägung auch kurzfristig und in erheblichem Maße durch ökologisch orientierte Eingriffe optimierbar sind.

Dazu gehören:

Land- und Forstwirtschaft

- Schadstoffeinträge durch intensiven Ackerbau im Auebereich (z.B. Schädlingsbekämpfungsmittel);
- vermehrte Schwebstoffbildung durch Ackerbau aufgrund des Eintrags schwebstoffbildender Stoffe (Eutrophierungseffekt);
- Nährstoffeintrag durch intensiven gewässernahen Ackerbau (Düngemittel);
- Nährstoffeintrag durch gewässernahe Beweidung, Düngung der Weideflächen.

Verkehrswasserbau

- Uferbefestigungen;
- Abschneiden von Nebengewässern;
- Niedrig- und Mittelwasserregulierung mit ausgedehntem Buhnenbau bzw. Reparatur bestehender Buhnenkomplexe;
- Kolkverbau;
- Entfernung von Schiffahrtshindernissen (Totholz, Sandbänke, Inseln, Bäume).

Tourismus

- vermehrte kommunale Abwässer durch Tourismusentwicklung.

Fischerei

- künftige Besatzmaßnahmen mit allochthonen Fischen;
- fischereiliche Bestandsreduzierungen in der Elbe;
- fischereiliche Bestandsreduzierungen diadromer Arten, die Laichwanderungen in die Elbe ausführen (v.a. Lachs) in der Nordsee und im Nordatlantik.

Industrie- und Siedlungskultur

- Einträge toxischer und sauerstoffzehrender Substanzen durch industrielle und kommunale Abwässer;
- Schadstoffeinträge durch wilde Deponien.

Da sich die Elbtalaue durch eine äußerst geringe Besiedlungsdichte auszeichnet (Lucas et al. 1994), sind die potentiellen Möglichkeiten, bestehende Nutzungsinteressen und anthropogen bedingte Rahmenbedingungen durch ökologisch orientierte Eingriffe zu optimieren, größer als in anderen Flußgebieten. Daher sind viele der Rahmenbedingungen, die die Mittelelbe betreffen, als integrierbar mit ökologischen Ansprüchen eingestuft worden. Auffällig ist, daß auch viele verkehrswasserbauliche Maßnahmen mit ökologischen Interessen abstimmbar wären. Nach KÖPPEL et al. (1999), welche Beurteilungskriterien für die Auswirkungen des Bundeswasserstraßenausbaus auf Natur und Landschaft aufstellten, werden viele aufgeführten verkehrswasserbaulichen Eingriffe als Maßnahmen mit hoher Auswirkungsintensität auf ökologische Funktionskomplexe eingestuft (z.B. Wiederherstellung zusammenhängender Buhnen- und Parallelwerksysteme, Abschneiden von Nebengewässern, großflächige Uferbefestigungen, Bau zusammenhängender Deichsysteme, Errichtung von Staustufen und Wehren). Daher besteht durch die Integration ökologisch orientierter Maßnahmen in z.B. oben genannte verkehrswasserbauliche Anlagen ein möglicherweise hoher positiver Effekt für die ökologische Funktionsfähigkeit und damit die Fischgemeinschaft der mittleren Elbe.

Weiterhin ist denkbar, daß es unter veränderten Vorraussetzungen, z.B. des Erkenntnisstandes, zu einer veränderten Sicht auf die ökologische Optimierbarkeit anthropogen geschaffener Rahmenbedingungen kommen kann.

5. Entwicklungsziel

Unter Einbeziehung der anthropogen geschaffenen Rahmenbedingungen für den Naturraum Mittelelbe und die momentane menschliche Nutzung (Kap. 4) wird auf der Grundlage des potentiell natürlichen Leitbildes ein Entwicklungsziel (integriertes Leitbild) formuliert.

Als längerfristiges Entwicklungsziel kann ein sehr guter fischökologischer Zustand der Mittelelbe formuliert werden, welcher unter den noch potentiell vorhandenen Entwicklungsfähigkeiten der Mittelelbe möglich wäre. Beschränkende Faktoren wie eingeschränkte Retentionsflächen als Folge von Hochwasserschutzmaßnahmen (Deichbausysteme) und minimal zu haltende Beschränkungen der Strukturvielfalt durch Verkehrswasserbaumaßnahmen wirken sich gegenüber dem potentiellen Leitbild vor allem quantitativ auf die verschiedenen Fischbestände aus. Qualitativ ist eine hohe Diversität in der Fischartengemeinschaft der Mittelelbe mit einer hohen Anzahl diadromer und rheophiler Arten wünschenswert, die sich vom potentiell natürlichen Leitbild nicht wesentlich unterscheidet.

Als mittelfristiges Entwicklungsziel ist eine Entwicklung der ökologischen Funktionsfähigkeit der Mittelelbe, die als „gut" bewertet werden kann, anzustreben. Dabei wird der „gute" fischökologische Zustand laut EU-WRRL durch ein geringfügiges Abweichen der Fischartengemeinschaft in ihrer Zusammensetzung und ihren Abundanzen von der typspezifischen Gemeinschaft aufgrund anthropogener Einflüsse charakterisiert. Weiterhin ist innerhalb der Altersstruktur in wenigen Fällen eine Störung bei der Fortpflanzung oder Entwicklung einer Art zu verzeichnen, so daß einige Altersstufen fehlen können (EUROPÄISCHES PARLAMENT 2000). Wichtig dabei ist auch, daß alle zukünftigen Maßnahmen einen Erhalt des „guten" fischökologischen Zustandes der Mittelelbe ermöglichen.

Grundsätzlich ist eine Zunahme der Diversität, der Gesamtabundanzen und -biomassen der Fischgemeinschaft in der Mittelelbe durch Bestandserhöhungen von elbtypischen diadromen, rheophilen und limnophilen Arten anzustreben (Kap. 3). Daher ist eine Sicherung und Herstellung wichtiger Habitatstrukturen und Ansprüche an die Flußdynamik und Wassergüte (Kap. 3.3) der diadromen, rheophilen und limnophilen Fischarten der mittleren Elbe anzustreben.

Daraus ergeben sich folgende spezielle Entwicklungsziele:

Entwicklungsziel diadrome Arten

Es wird ein regelmäßiges bis häufiges Vorkommen von diadromen Arten während ihrer Laich- bzw. Nahrungswanderungen angestrebt. Alle diadromen Arten sollten stabile Populationen aufweisen. Arten wie Flußneunauge, Lachs und Nordseeschnäpel sollten während ihres Aufstieges massenhaft vorkommen. Daher sind die Wiedereinbürgerungsmaßnahmen von Lachs und Nordseeschnäpel mit dem Ziel fortzusetzen, eine natürliche Reproduktion und damit sich selbst erhaltende Populationen zu erreichen.

Längerfristig sollten Wiedereinbürgerungsmaßnahmen bzw. bestandsstützende Maßnahmen nicht erforderlich sein.

Aus den Habitatansprüchen der diadromen Fischarten ergeben sich folgende Entwicklungsziele für die Mittelelbe hinsichtlich der Geomorphologie und der Gewässergüte:
- longitudinale Durchgängigkeit der Mittelelbe für alle diadromen Fischarten;
- gute Erreichbarkeit von potentiellen Laichhabitaten in den Nebenflüssen;
- Erhöhung der Flächen mit kiesigen Substraten (Kiesbänke) als potentielle Laichhabitate;
- Verminderung der industriellen und kommunalen Abwässer zur Erhöhung des Laichererfolgs der wiedereingebürgerten Arten Lachs und Nordseeschnäpel;
- Verminderung des Eintrags eutrophierender Stoffe aus der Landwirtschaft;
- Unterbindung der weiteren Sohleintiefung der Elbe und schrittweisen Sohlaufhöhung durch wasserbauliche Maßnahmen.

Entwicklungsziel rheophile Arten

Es wird eine Erhöhung der Diversität und Stabilisierung der Populationen von rheophilen Arten angestrebt. Die Arten Zährte und Barbe sollten wieder stabile Populationen bilden können. Um die Bestandsgrößen der rheophilen Fischarten wie Quappe, Döbel, Hasel, Aland, Gründling und Rapfen positiv beeinflussen zu können, sollte allgemein eine Strukturerhöhung der Uferrandbereiche und der Nebengewässer der Elbe angestrebt werden.

Es werden folgende geomorphologische Entwicklungsziele für die Mittelelbe impliziert:
- Optimierung der longitudinalen Passierbarkeit für potamadrome Arten;
- Erhöhung der Vielfalt von Habitatstrukturen im Uferbereich des Hauptstroms und den Nebengewässern;
- Erhöhung der Anzahl der angebundenen Nebengewässer;
- Optimierung der Anbindung vieler bestehender Nebengewässer;
- Zulassen einer begrenzten flußtypischen Dynamik in ausgesuchten Elbabschnitten.

Entwicklungsziel limnophile Arten

Eine Erhöhung der Artendiversität limnophiler Fischarten in der Mittelelbe und in den Auegewässern ist wünschenswert. Arten wie Karausche, Schleie, Moderlieschen und Rotfeder sollten regelmäßig angetroffen werden. Eine Bestandsunterstützung der phytophilen Laicher Karausche, Schleie und Rotfeder sollte das vordringliche Ziel sein, da diese Arten in äußerst geringen Abundanzen angetroffen wurden.

Es ergeben sich folgende Entwicklungsziele für die Mittelelbe hinsichtlich der Geomorphologie und der Gewässergüte:
- Schaffung besserer Laichbedingungen durch Erhöhung der Makrophytenbedeckung in den Nebengewässern;
- Verminderung der eutrophierenden Effekte in den Nebengewässern;
- Erhöhung der Überschwemmungsflächen in der Elbaue;
- Erhöhung der Anzahl von Nebengewässern.

Generell ist als Vorraussetzung für das mittelfristige Entwicklungsziel eine ökologisch orientierte Änderung verschiedener Rahmenbedingungen anzustreben.

Zur Sicherung des anzustrebenden guten fischökologischen Zustandes der Mittelelbe ist die Anpassung der Schiffahrt an die Verhältnisse eines naturnahen Fließgewässers unerlässlich. Nur so können verkehrswasserbauliche Maßnahmen im Sinne der fischökologischen Entwicklungsfähigkeit optimiert werden.

Der Hochwasserschutz bestehender Siedlungen sollte erhalten bleiben. In unbesiedelten Auebereichen sollten auenunverträgliche Nutzungen vermindert bzw. teilweise eingestellt werden. Ein sicherer Hochwasserschutz und eine damit einhergehende Steigerung von Überschwemmungsflächen im Auebereich der Mittelelbe ist durch Deichrückverlegungen in einigen Bereichen anzustreben.

Ein weiteres Entwicklungsziel ist die Extensivierung der Landwirtschaft im Auebereich der Elbe. Umwandlungen von Weideland in intensiv genutzte Ackerflächen im Auebereich sollten unterbunden werden. Durch die EU-weite Überproduktion der Landwirtschaft ist die Stillegung von bisher landwirtschaftlich genutzten Flächen in begrenzten Teilen der Elbaue vorstellbar.

Die Nutzung der Fischbestände durch die Berufsfischerei sollte nachhaltig geschehen. Bei erheblichen Bestandsrückgängen von Fischarten ist eine abgestimmte Anpassung der fischereirechtlichen Regelungen zwischen allen beteiligten Ländern erforderlich. Auch ist die Durchsetzung einer nachhaltigen Fischerei auf diadrome Arten in der Nordsee und im Nordatlantik anzustreben.

Als kurzfristiges Entwicklungsziel sollte der Selbstentwicklung des flußtypischen Naturraums Mittelelbe Raum gegeben werden.

Generell ist es für eine ausreichende natürliche Reproduktion und Bestandsentwicklung der diadromen, rheophilen und limnophilen Fischarten von entscheidender Bedeutung, die jetzt noch vorhandenen günstigen Habitatbedingungen im Raum der Mittelelbe zu sichern. Zukünftige Bauvorhaben in der rezenten Aue der Mittelelbe mit erheblichem Flächenanspruch sollten unterbunden werden. Mit effektiven Maßnahmen ist eine Steigerung der Strukturvielfalt auch kurzfristig anzustreben, so daß ein Beginn der Regeneration einiger sensibler Fischbestände wie Quappe, Barbe, Lachs, Nordseeschnäpel und Flußneunauge erfolgen kann.

6. Maßnahmen

Die nachfolgend vorgeschlagenen Maßnahmen dienen als Grundlage für die Entwicklung regional bezogener Lösungsansätze zur Erhöhung der fischökologischen Funktionsfähigkeit der Mittelelbe.
Die folgenden Maßnahmen sollen generell eine Strukturerhöhung der Habitate im Hauptstrom und in den Nebengewässern, die Erhöhung der flußtypischen Dynamik und der longitudinalen und transversalen Durchgängigkeit sowie eine Verbesserung der Gewässergüte und der Schadstoffmengen in den Fischen der Elbe ermöglichen.

6.1. Kurzfristige Maßnahmen

Maßnahmen zur Erhöhung der Diversität der Fischgemeinschaft

- Fortführung der Wiederansiedlungsmaßnahmen des Lachses und des Nordseeschnäpels;
- kontrollierter Fangstop für gefährdete diadrome Arten auch in der Nordsee und im Nordatlantik (Lachs, Nordseeschnäpel).

Maßnahmen zur Erhöhung der Strukturvielfalt

- Fortführung der Maßnahmen zur Eindämmung der Sohlerosion (Geschiebezugabe unterhalb der Torgauer Schwelle);
- Sicherung bestehender guter Habitatstrukturen:
  - Kies- und Sandbänke,
  - Rinnensysteme hinter durchgerissenen Buhnen,
  - Abbruchufer hinter durchgerissenen Buhnen,
  - Erhaltung des Bewuchses auf Buhnen und in Buhnenfeldern (sofern dem wasserbauliche Aspekte nicht entgegenstehen),
  - Unterbindung des Kolkverbaus,
  - Belassen einer natürlichen Sukzession in ausgewählten defekten Buhnen,
  - Unterbinden des Verfüllens und der Beseitigung von Auerestgewässern,
- Entfernen von bestehenden Ufersicherungen;
- Entfernen von bestehenden Sohlsicherungen, Zulassen von Kolkbildungen;
- Pflanzungen elbetypischer Uferrandvegetation;
- Initialpflanzungen von Makrophyten in bereits sanierten Nebengewässern;
- Einbringen von verankertem Totholz in Uferbereiche und in Nebengewässer der Elbe zur Schaffung kleinskaliger Refugialräume für Fische und als Substrat für die Besiedlung durch Makrozoobenthos;
- Verhinderung des Baus weiterer Siedlungen oder Einzelbauwerke im Auebereich der Elbe.

Maßnahmen zur Verbesserung der transversalen Vernetzung des Hauptstromes mit den Nebengewässern

- Absenken der Eingangsschwellen vieler Nebengewässer unterhalb des Pegels des Niedrigwassers (vergl. auch LARINK et al. 2000).

6.2. Mittelfristige Maßnahmen

Maßnahmen zur Erhöhung der Strukturvielfalt

- Ökologische Optimierungsmaßnahmen beim Ausbau der Buhnenkomplexe.
  Möglich wären dabei folgende Verfahrensweisen nach JÄHRLING (1995):
  - Strukturerhöhung innerhalb von Buhnenfeldern durch den Bau von Buhnen mit je einem Durchlaß bzw. Überlauf; dabei muß die Schwelle unterhalb des Durchlasses/ Überlaufes so konzipiert sein, daß sie auch bei Niedrigwasser überspült ist.
  - Die Kombination von Buhnen mit Leitwerken (dahinter nicht unterhaltener Uferbereich mit leichter mäandrierender Durchströmung zur Vermeidung von Verlandung) führt zur Ausbildung eines strukturreichen, strömungsberuhigten Uferbereiches.
  - Vereinzelt ist der Bau von Parallelwerken zur Fahrwasserregulierung mit Buhnen kombiniert anzustreben; hinter dem Parallelwerk sollte der Uferbereich nicht unterhalten werden, so daß sich unterschiedliche Habitatstrukturen und Strömungsgeschwindigkeitsbereiche herausbilden können.
  - Eine partielle Beräumung und Wiedereintiefung geeigneter Buhnenfelder (z.B. unterhalb Skm 400) sollte durchgeführt werden.
  - Strukturerhöhung innerhalb der Buhnen durch partielle Bepflanzung der Buhnen mit typischen Auegehölzen.
- Strukturerhöhung und Verbesserung der Bedingungen für das Makrozoobenthos durch die Integration von Totholz (Hartholz- und Weichholzauegehölzen) innerhalb von Buhnenkomplexen bzw. Bau einer strukturellen Entsprechung aus Totholz anstatt klassischen Buhnenbaus (vergl. Vorschläge von REICH et al. 2000), wobei die Totholzstrukturen festgesetzt werden müssen und ständige Kontrollen erfolgen sollten;
- Schaffung bzw. Förderung potentieller kiesiger Laichhabitate im Haupstrom der Mittelelbe und in den Nebenflüssen;
- Wiederanbindung bisher abgeschnittener Altgewässer (wie z.B. bei Skm 172, Alte Elbe Elsnig, Skm 483 Gemarkung Lenzen, vgl. IKSE 2000b), eine eingehende Prüfung sollte viele auch kleine wiederanbindbare Altwässer im Bereich der Mittelelbe berücksichtigen;
- Sanierung von Altgewässern, z.B. Entschlammung, Vertiefung und Verbesserung des Bedeckungsgrades (evt. auch durch Anpflanzungen);
- Schaffung von Seitenarmen in Bereichen breiten Deichvorlandes (evt. auch durch zweiten Anschluß von bisher einseitig angebundenen Altarmen);
- Schaffung von Inseln bzw. Bereichen innerhalb des Hauptstromes der Elbe, in denen sich Inseln entwickeln können;
- Schaffung von Flachwasserbereichen in Nebengewässern mit entsprechender Ufergestaltung und evtl. Initialpflanzungen von Makrophyten, anschließende natürliche Sukzession;
- Rücknahme von Meliorationsmaßnahmen (z.B. bei Hinzdorf-Garsedow, vgl. IKSE 2000b);
- Wiedervernässung ehemaliger Feuchtstandorte;
- Schaffung bzw. Sicherung von flach ansteigendem breiten Deichvorland zur Erhöhung der Habitatstrukturen bei allen Pegelständen;
- ökologische Umgestaltung alter Hafenbecken;
- Umorientierung der forstlichen Nutzung zu standortgerechtem Gehölzbestand (Weichholz- und Hartholzaue).

Zur Verbesserung der longitudinalen und transversalen Durchgängigkeit des Flusses

- Verbesserung der Auffindbarkeit der neuen Aufstiegsanlage am Stauwehr Geesthacht (vgl. SCHUBERT & HAGGE 2000);

- Errichtung einer zweiten Fischaufstiegsanlage am Nordufer des Stauwehres Geesthacht (SCHUBERT & HAGGE 2000) ohne das Einbringen von Störsteinen, die die Durchgängigkeit der Fischaufstiegsanlage für potentiell wiedereingesetzte Störe verhindern würden;
- Ermöglichung des Fischaufstiegs in Nebenflüsse durch Bau von funktionsfähigen Fischaufstiegsanlagen an Wehren in Nebenflüssen bzw. Rückbau von Wehren (z.B. Wehre Stepenitz – Rückbau von Wehr Zellwolle und RAW-Wehr, Bau von Fischaufstiegsanlagen in den anderen Wehren, vgl. IKSE 2000b);
- Kontrollen der Funktionsfähigkeit der Fischaufstiegsanlagen;
- Durchführung von Deichrückverlegungen entlang des Hauptstromes (z.B. im Bereich Wittenberger Werder, im Bereich Schartau-Blumenthal, im Bereich Klietznick, vgl. JÄHRLING 1994);
- Durchführung von Deichrückverlegungen im Bereich von Nebenflußeinmündungen (z.B. Ohremündung, Saalemündung, vgl. JÄHRLING 1994).

Maßnahmen zur Verbesserung der Wasserqualität

- Reduzierung der sedimentierten Schadstoffe durch geeignete Buhnengestaltung (Sedimentausräumung bei Hochwasser);
- Minimierung der eutrophierenden Effekte zur Minderung des Schwebstoffvorkommens in Sedimentationsbereichen der mittleren Elbe, Verhinderung der Versiegelung von potentiellen Laichsubstraten und Verbesserung des Sauerstoffgehaltes im Sediment;
- Extensivierung der bisher intensiven Landwirtschaft im Auenbereich;
- Extensivierung der bisher intensiven Grünlandbeweidung (> 1,3 Großvieheinheiten/ha);
- Umwandlung von Ackerland in extensiv genutzte Grünlandflächen im Auebereich;
- Einrichtung von Uferschutzstreifen, die nicht bewirtschaftet werden;
- Einrichtung von bewirtschaftungsfreien Zonen im Bereich stark eutrophierter Auengewässer und Sanierung der letzteren;
- Verminderung der eingesetzten Düngemittel und Schädlingsbekämpfungsmittel bzw. Verzicht auf deren Einsatz im Auebereich;
- Auffinden und Beseitigen auch von kleinen Schadstoffpunktquellen wie z.B. Deponien und Halden (z.B. Deponie Loitsche-Zielitz, Deponie Wittenberge, Kippe Lütkenwitsch, vgl. IKSE 2000b);
- Verminderung kommunaler Abwässer durch weiteren Bau von Kläranlagen;
- Verminderung industrieller Abwässer auch von Industriestandorten an Nebengewässern der Elbe durch Umstellung auf emissionsärmere Produktionsverfahren;
- Sanierung der Altlasten ehemaliger Industrieanlagen.

6.3. Längerfristige Maßnahmen

Maßnahmen zur Entwicklung einer flußtypischen Dynamik

- Einstellung der landwirtschaftlichen Nutzung von ausgesuchten Aueflächen;
- Initialpflanzungen von Auwaldgehölzen in der rezenten Aue;
- Schaffung von begrenzten Elbabschnitten, in denen Verkehrswasserbauten fehlen;
- Schaffung von Elbabschnitten mit einer flußtypischen Dynamik durch Rückverlegungen von Deichkomplexen einschließlich der Nutzungseinstellung auf den Aueflächen.

7. Danksagung

Großer Dank gilt den Mitarbeitern R. GINTER, M. SCHOLTEN, S. STÄCKER, S. OESMANN und allen Kollegen, die mit Interesse dieser Arbeit begegnet sind. Die Arbeit entstand im Rahmen des vom BMBF finanzierten Projekts „Ökologie der Elbefische - ELFI".

8. Literatur

ARGE ELBE (ARBEITSGEMEINSCHAFT FÜR DIE REINHALTUNG DER ELBE) 1994. Makrozoobenthon der Elbe. Arten, Biomasse und Güteklassifizierung. Wassergütestelle Elbe, Hamburg, 1-49.

ARGE ELBE (ARBEITSGEMEINSCHAFT FÜR DIE REINHALTUNG DER ELBE) 1997. 20 Jahre Arbeitsgemeinschaft für die Reinhaltung der Elbe. Wassergütestelle Elbe, Hamburg, 1-34.

ARGE ELBE (ARBEITSGEMEINSCHAFT FÜR DIE REINHALTUNG DER ELBE) 1999/2000. Schadstoffe in Elbefischen – Belastung und Vermarktungsfähigkeit. Wassergütestelle Elbe, Hamburg, 1-103.

ARGE ELBE (ARBEITSGEMEINSCHAFT FÜR DIE REINHALTUNG DER ELBE) 2000. Schadstoffüberwachung mit der Fischart Brassen – Ein Klassifizierungssystem. Wassergütestelle Elbe, Hamburg, 1-34.

ATV-DVWK (DEUTSCHER VERBAND FÜR WASSERWIRTSCHAFT UND KULTURBAU E.V.) 2000. Die Elbe und ihre Nebenflüsse – Belastung, Trends, Bewertung, Perspektiven. GFA Gesellschaft zur Förderung der Abwassertechnik e.V., Hennef, 1-168.

BAUCH, G. 1958. Untersuchungen über die Gründe für den Ertragsrückgang der Elbfischerei zwischen Elbsandsteingebirge und Boizenburg. Z. Fischerei (NF) 7, 161-437.

BECKEDORF, R., & H.J. SCHUBERT. 1995. Funktionsüberprüfung der Fischaufstiegsanlagen an der Staustufe Geesthacht. Niedersächsisches Landesamt f. Ökologie, 3-49.

BLANCK, A. 1880. Die Fische der Seen und Flüsse Mecklenburgs. Ver. d. Fr., Güstrow.

BLANKENBURG, U. 1910. Von der Störfischerei in der Elbe. Fischerbote 2. Jhrg., 7-12.

BLÖCH, H. 2001. Europäische Ziele im Gewässerschutz. Auswirkungen der EU-Wasserrahmenrichtline für Deutschland. KA-Wasserwirtschaft, Abwasser, Abfall 2 (48), 168-172.

BLOHM, H.-P., T. GAUMERT, & M. KÄMMEREIT. 1994. Leitfaden für die Wieder- und Neuansiedlung von Fischarten. Binnenfischerei in Niedersachsen, Hildesheim, Heft 3, 3 – 90.

COPP, G. H., G. GUTI, B. ROVNY, & J. CERNY. 1994. Hierarchial analysis of habitat use by 0+ juvenile fish in Hungarian/ Slovak flood plain of the Danube River. Env. Biol. Fish. 40, 329-348.

DIEHLHEIM, J. H. 1741. Antiquarius des Elb Stromes. Frankfurt am Mayn, 46-55.

DRÖSCHER, W. 1898. Über den Fang des Schnäpels in der Elbe. Fischereizeitung, Neudamm 1, 476-511.

DVWK (DEUTSCHER VERBAND FÜR WASSERWIRTSCHAFT UND KULTURBAU e.V.) 1996. Fluß und Landschaft. Ökologische Entwicklungskonzepte. Merkblätter zur Wasserwirtschaft 240, 1-185.

DVWK (DEUTSCHER VERBAND FÜR WASSERWIRTSCHAFT UND KULTURBAU e.V.) 1999. Gewässerentwicklungsplanung. Begriffe, Ziele, Systematik, Inhalte. Schriftenreihe des Deutschen Verbandes für Wasserwirtschaft und Kulturbau e.V. 126, 1-126.

EBELING, W. 1871. Über die Fischfauna der Magdeburger Gegend. Blätter f. Handel, Gewerbe und soziales Leben 27, 212-213.

EHRENBAUM, E. 1894. Beiträge zur Naturgeschichte einiger Elbfische. Helgol. Wiss. Meeresunters. 1, 35-79.

ELFI 2000. Zwischenbericht 2000, BMBF-Projekt 0339578/2, Universität Hamburg, Institut für Hydrobiologie und Fischereiwissenschaft, Elbelabor, 1-146.

ESSER, B. 1996. Leitbilder für Fließgewässer. Wasserwirtschaft 86, 1-43.

ESSER, B. 1998. Methodik zur Entwicklung von Leitbildern für Fließgewässer. Inaugural-Dissertation. Institut für Städtebau, Bodenordnung und Kulturtechnik der Rheinischen Friedrich-Wilhelm-Universität Bonn.

EUROPÄISCHES PARLAMENT 2000. Richtlinie 2000/60/EG des Europäischen Parlaments und des Rates zur Schaffung eines Ordnungsrahmens für Maßnahmen der Gemeinschaft im Bereich der Wasserpolitik. Amtsblatt der Europäischen Gemeinschaften, L327, 22. Dezember.

FEHR & NIEMANN-HOLLATZ UMWELTCONSULT 1997. Ökologisches Leitbild der Emsentwicklung. Projektbericht.

FLADUNG, E. 2002. Untersuchungen zum adulten Fischbestand im Haupstrom (Fahrrinne) der Mittelelbe. Z. Fischk. Suppl. Bd. 1, 121-131.

FLÜCHTER, J. 1980. Review of the present knowledge of reraing whitfish (Coregonidae) larvae. Aquaculture 19 (2), 191-208.

FREDRICH, F. 2000. Wanderverhalten und diurnale Bewegungsaktivitäten des Aland (*Leuciscus idus*) in der Elbe. In: Tagungsband Statusseminar Elbeökologie 2, Bundesanstalt für Gewässerkunde (ed.), Koblenz, 200-201.

FÜRST, D., H. KIEMSTEDT, E. GUSTEDT, G. RATZBOR, & F. SCHOLLES. 1989. Umweltqualitätsziele für die ökologische Planung. 1. Abschlußbericht. (UBA-FB 91-152). Umweltbundesamt Berlin.

GERKEN, B., H. BÖTTCHER, C. LEUSHACKE, & U. SIELAFF. 1995. Die Weser von mogen – Teil 2: Ein Beitrag zu einer Schutzgebiets- und Pflegekonzeption. In: B. GERKEN, & M. SCHIRMER (eds.). Die Weser. Limnnologie aktuell, B. 6 . Gustav Fischer Verlag, Stuttgart, Jena, New York., 273-280.

GRIFT, R. 2001. How fish benefit from floodplain restoration along the lower River Rhine. PhD Thesis, Wageningen University, 1-205.

GRON, P. 1987. Saving the North Sea houting. In: Proceedings of the 5th International Wadden Sea Symposium, Esbjerg, Denmark, 146-159.

HANCOCK, R. S., J.W. JONES, & R. SHAW. 1976. A preliminary report on the spawning behaviour and nature of sexual selection in the barbel, *Barbus barbus* (L.). J. Fish Biol. 9, 21-28.

HANDKE, R. 1993. Flussgeschichte Mitteleuropa. Enke Verlag, Stuttgart, 3-406.

HERTEL, R. 1978. Über die „Ichthyographie der Elbe" des Johannes Kentmann – eine Studie über die ältesten sächsischen Fischfaunen. Zool. Abh. Staatl. Museum Tierkunde Dresden 35/5, 75-100.

IKSE (INTERNATIONALE KOMMISSION ZUM SCHUTZ DER ELBE) 1994. Ökologische Studie zum Schutz und zur Gestaltung der Gewässerstrukturen und der Uferrandregionen der Elbe. Magdeburg.

IKSE (INTERNATIONALE KOMMISSION ZUM SCHUTZ DER ELBE) 2000a. Die Fische der Elbe. Erkenntnisstand 1991-1999. Magdeburg.

IKSE (INTERNATIONALE KOMMISSION ZUM SCHUTZ DER ELBE) 2000b. Zweiter Bericht über die Erfüllung des „Aktionsprogramms Elbe" im Zeitraum 1998 und 1999. Magdeburg, 1-53.

JÄHRLING, K.-H. 1992. Auswirkungen wasserbaulicher Maßnahmen auf die Struktur der Elbtalauen – prognostisch mögliche ökologische Verbesserungen. 4. Magdeburger Gewässerschutzseminar – Die Situation der Elbe, 22.-26. September 1992, Spindleruv Mlyn, CSFR, 211-214.

JÄHRLING, K.-H. 1994. Mögliche Deichrückverlegungen im Bereich der Mittelelbe. Staatliches Amt für Umweltschutz, Magdeburg, 1-82.

JÄHRLING, K.-H. 1995. Die flussmorphologischen Veränderungen an der mittleren Elbe im Regierungsbezirk Magdeburg seit dem Jahr 1989 aus Sicht der Ökologie. Staatliches Amt für Umweltschutz, Magdeburg, 2-62.

JURAJDA, P., M. REICHHARD, E. HOHAUSVA, & J. CERNY. 2001. Compersion of 0+ fish community between regulated-channelized floodplain stretches of the river Morava. Arch. Hydrobiol. Suppl. 135 (2-4), Large Rivers 12 (2-4), 187-202.

KARR, J. R., K.D. FAUSCH, P. ANGERMEIER, P.R. YANT, & I.J. SCHLOSSER. 1986. Assessing biological integrity in running waters: a method and its rationale. Illinois Natural History Survey Special Publication 5, 1-28.

KERN, K. 1992. Rehabilitation of Streams in South-West-Germany. In: P.J. BOON, P. CALOW, G.E. PETTS (eds.). River Conservation and Mangement. J. Wiley & Sons, New York, 321-336.

KISKER, G. 1934. Der Lachsfang in der Elbe und Saale in der Provinz Sachsen. Fischerei-Ztg. Neudamm 37, 432-436.

KLUGE, M. 1899. Unsere Elbfische. Vortr. Naturwiss. Verein zu Magdeburg.

KLUGE, M. 1900. Unsere Elbfische. Monatsblatt 10/14 der Magdeburgischen Zeitung, 76-111.

KNÖSCHE, R., & E. FLADUNG. 2000. Qualitative und quantitative Ausprägung der adulten rheophilen Fischfauna in der Elbe. Zwischenbericht 1999 an das BMBF. Universität Hamburg, Institut für Hydrobiologie und Fischereiwissenschaft (Hrsg.), Hamburg, 101-108.

KNÖSCHE, R., S. ZAHN, & H. EBEL. 2001. Fische und Fischerei in der Mittelelbe. Schriften des Instituts für Binnenfischerei e.V., Potsdam-Sacrow 6, 1-99.

KOHMANN, R. 1997. Das Leitbild – eine Begriffsbestimmung. Zbl. Geol. Paläont. Teil 1, H. 10, 923-927.

KOOPS, H. 1959. Der Quappenbestand der Elbe – Untersuchungen über die Biologie der Aalquappe (*Lota lota*) im Hinblick auf die Auswirkungen des im Bau befindlichen Elbstaues bei Geesthacht. Mitt. Inst. Fisch.-Biol. Hamburg 9, 1-59.

KÖPPEL, J., K. MÜLLER-PFANNENSTIEL, U. WELLHÖFER, E. WITTROCK, H. BRUNKEN-WINKLER, R. WOLF, & L. MICHAELIS. 1999. Beurteilungskriterien für die Auswirkungen des Bundeswasserstraßenausbaus auf Natur und Landschaft, Bundesamt für Naturschutz, Angewandte Landschaftsökologie 28, 3-80.

KREBS, C. 1999. Ecological Methodology. Second Edition. Benjamin/Cummings, New York, Sydney, Madrid, Amsterdam, 1-620.

KUHLMANN, H. 1996. Tagung des EIFAC/ICES Working Group of Eel. Inf. Fischwirtsch. 43 (4), 197-198.

LUA (LANDESAMT FÜR NATUR UND UMWELT DES LANDES SCHLESWIG-HOLSTEIN) 2001. Leitbilder für die Fließgewässern in Schleswig-Holstein, 5-62.

LARINK, O., G. RÜPPELL, & I. BRÜMMER. 2000. Bedeutung künstlicher Nebengewässer als Winterhabitate für Fische. Zwischenbericht 1999 an das BMBF. Universität Hamburg, Institut für Hydrobiologie und Fischereiwissenschaft (Hrsg.), Hamburg, 109-118.

LELEK, A., & G. BUHSE. 1992. Die Fische des Rheins – früher und heute. Springer Verlag, Berlin, Heidelberg, New York, 1-214.

LOZAN, L., C. KÖHLER, H.-J. SCHEFFEL., & H. STEIN. 1996. Gefährdung der Fischfauna der Flüsse Donau, Elbe, Rhein und Weser. In: J. LOZAN, H. KAUSCH (eds.): Warnsignale aus Flüssen und Ästuaren. Verlag Paul Parey Berlin, 217-227.

LUCAS, R., M. HESSE, B. KNOTHE, J. MEYERHOFF, U. PETSCHOW, K. ROBINET, & E. THORMÄHLEN. 1994. Ökonomische Chancen und Risiken des Elbeausbaus – Abschätzung sektoraler und regionalwirtschaftlicher Effekte zweier Varianten. Institut für ökologische Wirtschaftsforschung Wuppertal (IÖW-NRW), Schlußbericht, 2-204.

MANN, H. 1964. Der Lachsfang in Elbe, Weser, Rhein und die Ursachen seines Niederganges. Der Fischwirt 14 (8), 213-222.

MILLS, C. A., & R.H.K. MANN. 1985. Environmentally-induced fluctuations in year-class strength and their implications for management. J. Fish. Biol. 27, 209-226.

MOHR, E. 1941. Handbuch der Binnenfischerei Mitteleuropas. 7, 528-550.

MOHR, E. 1952. Der Stör. Neue Brehm-Bücherei, Ziemsen Verlag Wittenberg, 1-65.

MOIR, H. J., C. SOULSBY, & A. YOUNGSON. 1998. Hydraulic and sedimentary characteristics of habitat utilized by Atlantic salmon for spawning in the Girnock Burn, Scotland. Fish. Mgmt. Ecol. 5, 241-254.

MÖLLER, H., S. OHLDAG, G. SPRENGEL, G. PETERS, & B. WATERMANN. 1992. Pilotstudie zur Erfassung des Wissensstandes über biologische Schadstoffeffekte in der Elbe. UBA-Projektbericht, 1-187.

MOLLS, F. 1999. New insights into the migration and habitat use by bream and white bream in the floodplain of the River Rhine. J. Fish Biol. 55, 1187-1200.

MUHAR, S., S. SCHMUTZ, & M. JUNGWIRTH. 1995. River restoration concepts – poals and perspectives. Hydrobiologia 303, 183-194.

MURL (MINISTERIUM FÜR UMWELT, RAUMORDNUNG UND LANDWIRTSCHAFT DES LANDES NORDRHEIN-WESTFALEN) 1995. Leitbilder für Tieflandbäche in Nordrhein-Westfalen, 5-60.

NACHTNEBEL, H. P. 1996. Begradigung, Uferverbau und Stauhaltungen. In: J. LOZAN, H. KAUSCH (eds.): Warnsignale aus Flüssen und Ästuaren. Verlag Paul Parey Berlin, 152-161.

NEHMITZ, A., & F. MOLLS. 1998. Anleitung zur Kartierung von Fließstrecken im Hinblick auf ihre Eignung als Besatzorte für 0+ Lachse (*Salmo salar*). LÖBF/LAfAO, Beitr. aus den Fischereidezernaten 4, 1-52.

O'CONNOR, W.C.K., & T.E. ANDREW. 1998. The effects of siltation on Atlantic Salmon, *Salmo salar* L., embryos in the River Bush. Fish. Mgmt. Ecol. 5, 393-401.

OBERDORFF, T., GUILBERT, E., & J.-C. LUCCETTA. 1993. Patterns of fish species richness in the Seine River, France. Hydrobiologia 259, 157-167.

OESMANN, S. 2002. Die strukturierenden Faktoren der Jungfischgemeinschaften der mittleren Elbe. Z. Fischk. Suppl. Bd. 1, 79-99.

PAPE, A. 1952.Untersuchungen über die Erträge der Fischerei der Mittelelbe und die Auswirkungen ihres Ertragsniederganges. Z. f. Fischerei 1 N.F., 45-72.

PENAZ, M. 1973. Embryonic development of the barb, *Barbus barbus* (Linnaeus, 1758). Zool. Listy 22, 363-374.

PETERMEIER, A., F. SCHÖLL, & T. TITTIZIER. 1994. Historische Entwicklung der aquatischen Lebensgemeinschaft (Zoobenthos und Fischfauna) im deutschen Abschnitt der Elbe. Bundesanstalt für Gewässerkunde (eds.), Koblenz, 1 – 173.

PEZENBURG, M., & R. THIEL. 2003. Fish-ecological assessment of the Elbe-River – an application of the Index of Biotic Integrity in middle Europe. J. Appl. Ichthyol. (eingereicht).

RAAT, A.J.P. 2001. Ecological Rehabilitation of the dutch part of the River Rhine with spezial attention to the fish. Reg. Riv.: Res. & Managem. 17, 131-144.

REICH, M., M. GERHARD, & K. TRÄBING. 2000. Renaturierung von Fließgewässern mit Totholz. Gewässer-Info (ATV-DVWK, ed.) 18, 77-80.

REINCKE, H. 1992. Die Entwicklung der Belastungssituation der Elbe. Wasser und Boden 10, 648-653.

RIEDEL-LORJE, J.C., & T. GAUMERT. 1982. 100 Jahre Elbforschung – Hydrobiologische Situation und Fischbestand 1842 – 1943 unter dem Einfluß von Stromverbau und Sieleinleitungen. Arch. Hydrobiol. Suppl. 61 (3), 317-376.

SCHADT, J. 1995. Fische, Neunaugen, Krebse und Muscheln in Oberfranken. Vorkommen und Verbreitung als Grundlage für den Fischartenschutz. Fachberatung für Fischerei, Bezirk Oberfranken (eds.), 7-136.

SCHEFFEL, H.-J. 1994. Studie über die Wiederansiedlungsmöglichkeit des Nordseeschnäpels in niedersächsischen Gewässern. Nationalpark Niedersächsisches Wattenmeer, Wilhelmshafen, 3-76.

SCHEFFEL, H.-J., R. KNUST, & M. SCHIRMER. 1995. Der Nordseeschnäpel *Coregonus oxyrhynchus*: Bald wieder befischbare Populationen in niedersächsischen Gewässern? Fischer & Teichwirt 46 (1), 19-39.

SCHIEMER, F. 1999. Conservation of biodiversity in floodplain rivers. Arch. Hydrobiol. Suppl. 115 (3), Large Rivers Vol. 11 (3), 423-438.

SCHIEMER, F. 2000. Fish as indicators for the assessment of the ecological integrity of large rivers. Hydrobiologia 422/423, 271-278.

SCHIEMER, F., H. KECKEIS, G. WINKLER, & L. FLORE. 2001. Large Rivers: the relevance of ecotonal structure and hydrological properties for the fish fauna. Arch. Hydrobiol. Suppl. 135 (2-4), Large Rivers, Vol. 12 (2), 487-508.

SCHIEMER, F., T. SPINDLER, H. WINTERSBERGER, A. SCHNEIDER, & A. CHOVANEC. 1991. Fish fry associations: Important indicators for the ecological status of large rivers. Verh. Internat. Verein. Limnol. 24, 2497-2500.

SCHIEMER, F., & H. WAIDBACHER. 1994. Naturschutzerfordernisse zur Erhaltung einer typischen Donau-Fischfauna. In: KINZELBACH (Hrsg.): Biologie der Donau, Limnologie aktuell 2, Gustav Fischer Verlag Stuttgart, Jena, New York, 247-265.

SCHIEMER, F., & M. ZALEWSKI. 1992. The importance of riparian ecotones for diversity and productivity of riverine fish communities. Neth. J. Zool. 42 (2-3), 323-335

SCHMIDT, G. 1996. Wiedereinbürgerung des Lachses *Salmo salar* in Nordrhein-Westfalen. LÖBF/ LAfAO (eds.), NRW, LÖBF-Schriftenreihe 11, 1-193.

SCHMUTZ, S., & M. JUNGWIRTH. 1999. Fish as indicators of large river connectivity: the Danube and ist tributaries. Arch. Hydrobiol. Suppl. 115 (3), Large Rivers Vol. 11 (3), 329-348.

SCHMUTZ, S., M KAUFMANN, B. VOGEL, M. JUNGWIRTH, & S. MUHAR. 2000. A multi-level concept for fish-based, river-type-specific assessment of ecological integrity. Hydrobiologia 422/423, 279-289.

SCHNEIDER, J. 1998. Habitatwahl juveniler Atlantischer Lachse (*Salmo salar*) in ausgewählten Besatzgewässern in Rheinland-Pfalz. Z. Fischk. 5 (1), 77-100.

SCHOLTEN, M. 2000. First record of the whitefin gudgeon, *Gobio albipinnatus* Lukasch 1933, in the River Elbe. J. Appl. Ichthyol. 16, 131-133.

SCHOLTEN, M. 2002. Das Jungfischaufkommen in Uferstrukturen des Hauptstroms der mittleren Elbe – zeitliche und räumliche Dynamik. Z. Fischk. Suppl. Bd. 1, 59-77.

SCHUBERT, H.-J., & A. HAGGE. 2000. Funktionsüberprüfung der neuen Fischaufstiegsanlage am Elbewehr bei Geesthacht. Abschlußbericht (ARGE Elbe), 1-59.

SCHWERDTFEGER, F. 1975. Ökologie der Tiere, Band 3: Synökologie. Verlag Paul Parey, Hamburg, Berlin.

SIEMSEN, S. 1794. Die Fische Mecklenburgs. Rostock, Berlin.

SIMON, M. 1994. Hochwasserschutz im Einzugsgebiet der Elbe. Wasserwirtsch.-Wassertechnik 44 (7), 26-31.

SPINDLER, T. 1988. Ökologie der Brutfische in der Donau bei Wien. Dissertation, Universität Wien.

STAAS, S. 1995. Die Sicherung des Jungfischaufkommens im Rheinstrom und angrenzenden Nebengewässern im Hinblick auf Landschaftspläne für den Niederrhein und seine Auenlandschaft. Gutachten, MURL Nordrhein-Westfalen (eds.).

THIEL, R., & A. BOS. 1998. Fischereiliche Untersuchung verschiedener Schlenzen an der Stromelbe in Hamburg. Abschlußbericht, Zentr. Meeres- u. Klimaforschung, Universität Hamburg.

THIEL, R., A. SEPULVEDA, R. KAFEMANN, & W. NELLEN. 1995. Environmental factors as forces structuring the fish community of the Elbe Estuary. J. Fish Biol. 46, 47-69.

THIENEMANN, A. 1935. Der Schnäpel (*Coregonus lavaretus balticus*) in Vorpommern. Dohrniana 14, 85-91.

VAN DEN BRINK, F., G. VAN DER VELDE, & W.G. CAZEMIR. 1990. The faunistic composition of the freshwater section of the River Rhein in the Netherlands: present site and changes since 1900. In: KINZELBACH/FRIEDRICH (Hrsg.): Biologie des Rheins. Limnologie Aktuell, B./Vol. 1, Gustav Fischer Verlag, 191-216.

VON DEM BORNE, M. 1882. Die Fischerei-Verhältnisse des Deutschen Reiches, Österreich-Ungarns, der Schweiz und Luxemburgs. Deutscher Fischerei-Verein, 1-304.

WILKENS, H., & A. KÖHLER. 1977. Die Fischfauna der unteren und mittleren Elbe: die genutzten Arten. Abh. Ver. naturwiss. Ver. Hamburg, N.F. 20, 185-222.

WIRTZ, C., & P. ERGENZINGER. 2002. Die untere Mittelelbe: hydromorphologische Charakterisierung von Uferbereichen und Nebengewässern. Z. Fischk. Suppl. Bd. 1, 13-40.

ZARSKE, A. 1996. Autochthone Population oder Faunenverfälschung ? Zum Fund der Nase (*Chondrostoma nasus* (L. 1758)) im oberen Elbgebiet. Faunistische Abhandlungen, Staatliches Museum für Tierkunde Dresden. 20 (14), 285-294.

ZAUNER, G., & F. SCHIEMER. 1994. Auswirkungen der Schiffahrt auf die Fischfauna großer Fließgewässer. Wiss. Mitt. Niederösterr. Landesmuseum 8, 271-285.

ZUPPKE, U. 1993 Vorkommen und Verbreitung der Fischarten im südlichen Sachsen-Anhalt und ihre Schutzsituation. Naturschutz im Land Sachsen-Anhalt, Heft 2, 30. Jhrg., 3 – 22.

Zeitschrift für Fischkunde	Supplementband 1, 2002	Ökologie der Elbefische	S. 217-232

Perspektiven der Wiedereinbürgerung des Europäischen Störs, *Acipenser sturio* L., im Einzugsgebiet der Elbe

Perspectives for the re-introduction of the European sturgeon, *Acipenser sturio* L., in the River Elbe system

FRANK KIRSCHBAUM* & JÖRN GESSNER**

Leibniz-Institut für Gewässerökologie und Binnenfischerei
im Forschungsverbund Berlin e.V.,
Abteilung Biologie und Ökologie der Fische
Müggelseedamm 310, D-12587 Berlin,
* eMail: fkirschb@igb-berlin.de
** eMail: sturgeon@igb-berlin.de

Zusammenfassung: Der Europäische Stör, *Acipenser sturio,* war bis zum Ende des 19. Jahrhunderts ein vorherrschendes Element der Fischgemeinschaften aller größeren deutschen Flüsse, insbesondere der Elbe, in der zu dieser Zeit ca. 4.000 Störe pro Jahr gefangen wurden. Hauptgründe für den ab 1890 einsetzenden drastischen Rückgang lagen in der Überfischung, der Gewässerverbauung und der Gewässerverschmutzung. Der letzte verbliebene Laicherbestand Deutschlands in der Eider wurde in Einzelfängen bis 1969 nachgewiesen. Bis Ende der 80er Jahre des 20. Jahrhunderts hielten Politiker und viele Ökologen die Wiedereinbürgerung des Störs in deutsche Flüsse für nicht realisierbar. Aufgrund der veränderten Voraussetzungen infolge der deutschen Vereinigung wurde durch gemeinsame Aktivitäten von Fischzüchtern und Wissenschaftlern 1994 die „Gesellschaft zur Rettung des Störs (*Acipenser sturio* L.) e.V." gegründet, um verschiedene Ansätze für Wiedereinbürgerungsmaßnahmen zu koordinieren. Ein Vorhaben zur Arterhaltung und zum Bestandsaufbau konnte 1996 durch die Unterstützung des Bundesamtes für Naturschutz begonnen werden. In dessen Rahmen werden verschiedene grundlegende Fragestellungen im Zusammenhang mit der Wiedereinbürgerung bearbeitet. Zeitgleich wurden juvenile *A. sturio* aus künstlicher Vermehrung (1995) der französischen Forschungseinrichtung CEMAGREF für den Aufbau eines Laichfischbestandes an das Leibniz-Institut für Gewässerökologie und Binnenfischerei (IGB, Berlin) gebracht. Hier werden die Tiere seitdem aufgezogen. Ziel ist es, die 27 Tiere des Laichfischbestandes (Variationsbreite der Gesamtlängen Anfang April 2002: 85 cm [2,558 kg] bis 118 cm [7,410 kg]) möglichst schnell zur ersten Geschlechtsreife und nachfolgend zur Reproduktion zu bringen. Zu diesem Zweck werden bisher offene Fragen zur Ernährung und Gonadenreifung an den - in größerer Stückzahl verfügbaren - Störarten *A. ruthenus*, *A. baerii* und *A. oxyrinchus* bearbeitet. Zusätzlich wurden die verschiedenen Populationen von *A. sturio* (Ostsee, Nordsee, Mittelmeer) molekular-genetisch charakterisiert. Diese Ergebnisse sollen als Basis für strategische Entscheidungen bei der Wiederansiedlung dienen. Es zeigte sich, daß die französischen Störe aus der Gironde genetisch den ehemaligen Elbstören sehr nahe stehen. Zudem werden Studien der genetischen Heterogenität des Bestandes von *A. sturio* in der Gironde sowie des Laichfischbestandes als Grundlage eines langfristigen Nachzuchtprogramms durchgeführt. Die Identifikation geeigneter Laichhabitate für *A. sturio* in der Elbe und ihren Nebenflüssen Stör und Oste ist in Vorbereitung.

Schlüsselwörter: Wiedereinbürgerung, Zuchtgruppe, Laichhabitate, Populationsgenetik, eingeschleppte Arten.

Summary: The European sturgeon, *Acipenser sturio*, was an important component of the fish communities of all large German rivers, in particular the River Elbe, until the end of the 19th century. At that time about 4.000 specimens were caught in the River Elbe system annually. Since 1890, a dramatic decrease of the stocks occurred. The main reasons were: overfishing, hydroconstruction, and pollution. The last subpopulation was observed in the River Eider until the end of the 1960s. Until the end of the 1980s, politicians and also ecologists did not consider restoration measures for the sturgeon feasible. In 1994, after the German unification, the joint action of both fish culturists and scientists led to the foundation of the "Society to Save the Sturgeon *(Acipenser sturio* L.) e.V." with the aim to initiate and coordinate activities for the restoration of *A. sturio* into German rivers. A project for the remediation of the species was begun in 1996 with financial support of the Federal Ministry of Environment. At the same time juvenile *A. sturio,* originating from an artificial reproduction in 1995, were transferred to the Leibniz-Institut of Freshwater Ecology and Inland Fisheries in Berlin as nucleus of a brood stock. The main objective was to obtain maximum growth under safe rearing conditions in order to initiate early gonad maturation of the 27 fish of the brood stock (range of total length in April 2002: 85 cm [2.558 kg] to 118 cm [7.410 kg]). Furthermore, unsolved questions concerning feeding and gonad maturation are investigated using different sturgeon species which are more readily available such as *A. ruthenus*, *A. baerii,* and *A. oxyrinchus.* Genetic studies were performed to characterize various populations (Baltic, North and Mediterranean Sea) of *A. sturio.* Thus providing an important background for sound strategic decisions concerning the selection of donor stocks for re-introduction measures. It was shown that the brood stock (originating from the French Gironde system) is genetically identical to the historical material originating from the Elbe system (based on museum samples). In addition, the genetic characterization of the intraspecific differences of the Gironde population as well as the French and German brood stocks were performed in order to develop a genetic breeding plan. Investigations on potential spawning habitats for the River Elbe and its tributaries Stör and Oste are in preparation.

Keywords: re-introduction, rearing group, spawning habitats, population genetics, introduced species.

1. Einleitung

1.1. Biologie der Störe

Störe sind mit 27 Arten auf der Nordhalbkugel verbreitet. Sie erreichen Größen zwischen 30 cm (Kleiner Amu-Daria Schaufelstör, *Pseudoscaphirhynchus hermannii*) und ca. 8 m (Hausen, *Huso huso*). Störe können sehr alt werden; der älteste bekannte Stör war mit 157 Jahren ein nordamerikanischer *Acipenser fulvescens*. Die Geschlechtsreife tritt bei Stören relativ spät ein, beim Hausen z.B. erst nach zwölf (Männchen) bzw. zwanzig Jahren (Weibchen). Dies hängt jedoch auch vom Verbreitungsgebiet der jeweiligen Störart ab (Holcik et al. 1989). Es gibt reine Süßwasserarten, wie den Sterlet (*A. ruthenus*) und anadrome Wanderarten. Dazu gehört der Europäische Stör, *A. sturio.* Er laicht im Süßwasser, die Brut lebt zunächst im Fluß und hält sich im Alter von ein bis fünf Jahren im Brackwasser der Flußmündungen auf. Danach leben sie bis zum Eintritt der Geschlechtsreife im Schelfgebiet der angrenzenden Meere.

1.2. Gefährdungsgrad

Fast alle 27 Störarten weltweit sind vom Aussterben bedroht oder gefährdet (Birstein et al. 1997). Überfischung, Gewässerverbauung und Habitatzerstörung stellen die Hauptursachen für den Rückgang dar (Rochard et al. 1990; Beamesderfer & Farr 1997). Zur Zeit werden zwei Arten (*A. brevirostrum* und *A. sturio*) im Anhang 1 der CITES-Konvention (Konvention über den internationalen Handel mit wildlebenden Tieren) gelistet, für die aufgrund ihrer Gefährdung eine kommerzielle Nutzung ausgeschlossen ist. Die anderen Arten sind alle im Anhang 2 der Konvention gelistet, was den Handel nur mit Genehmigung gestattet, aber eine umfassende Bestandsüberwachung voraussetzt.

1.3. Rückgang der Bestände von *A. sturio*

Acipenser sturio wurde aus dem Schwarzen Meer, dem Mittelmeer und dem östlichen Nordatlantik, der Nordsee, der Ostsee und dem Weißen Meer beschrieben (Holcik et al. 1989). Während des 19. und 20. Jahrhunderts nahmen die

Bestände im gesamten Verbreitungsgebiet sehr stark ab (ELVIRA et al. 2000). Das einzig bestätigte Restvorkommen ist auf die Gironde in Frankreich beschränkt (LEPAGE & ROCHARD 1995). Der Rückgang der Bestände in Deutschland erfolgte in allen Flüssen schon gegen Ende des 19. Jahrhunderts.

Elbebestand

Besonders in der Elbe gingen die Fangmengen zu dieser Zeit dramatisch zurück. Ab 1889 ergab sich eine jährliche Reduzierung der Erträge gegenüber den Vorjahren um bis zu 50 %. Dieser Rückgang wurde, soweit sich dies heute noch rekonstruieren läßt, von verschiedenen Faktoren verursacht: Überfischung, Gewässerverbauung und Gewässerverschmutzung. Aufgrund der eingeschränkten Datenlage läßt sich heute jedoch kaum entscheiden, welche der drei Ursachen vorrangig für den Rückgang der Bestände verantwortlich war. Neben der Begradigung, Beräumung und Vertiefung des Stroms, der vor allem die nachfolgende Strukturarmut anzulasten ist, die durch den Verlust von Mäandern und Kiesbänken, Schwellen und Kolken, von Nebenarmen und Überflutungsgebieten sowie vom zunehmend uniformen Ausbau der Fahrrinnen gekennzeichnet ist, war es vor allem der Bau des Hamburger Hafens im Stromspaltungsgebiet und der Ausbau der Norderelbe zum Hauptarm, der wichtige Laichplätze (Köhlbrandt) vernichtete. Die Zunahme und zentralisierte Einleitung der ungereinigten Abwasserfrachten der Stadt und ihrer Industriebetriebe (seit Ausbau der Kanalisation 1861) führten in den Sommermonaten – der Hauptlaichzeit der Störe in der Elbe – um die Jahrhundertwende bereits zu sauerstofffreien Zonen im Bereich des Mühlenberger Lochs (BONNE 1905).

Die Baggerarbeiten zur Vertiefung der Fahrrinne führten im Unterlauf der Elbe zu einer Ausdehnung des Brackwasserbereiches und einer Ausdehnung des Salzwassereinstroms im bodennahen Bereich bis in die Gegend um Glückstadt (KAUSCH 1996). Historisch wichtige Laichplätze im Bereich Brunsbüttel (QUANTZ 1903) gingen so schon früh verloren. Durch den intensiven Fang von Laichfischen und aufgrund unzureichender Schonmaße (EHRENBAUM 1913) auch von Juvenilen, wurde der Störbestand zudem stark dezimiert. Infolge der Überfischung und der Rekrutierungsausfälle brach er letztlich innerhalb von ca. 20 Jahren vollständig zusammen (Abb. 1). Aber der Stör stand mit seiner Reaktion auf die anthropogenen Veränderun-

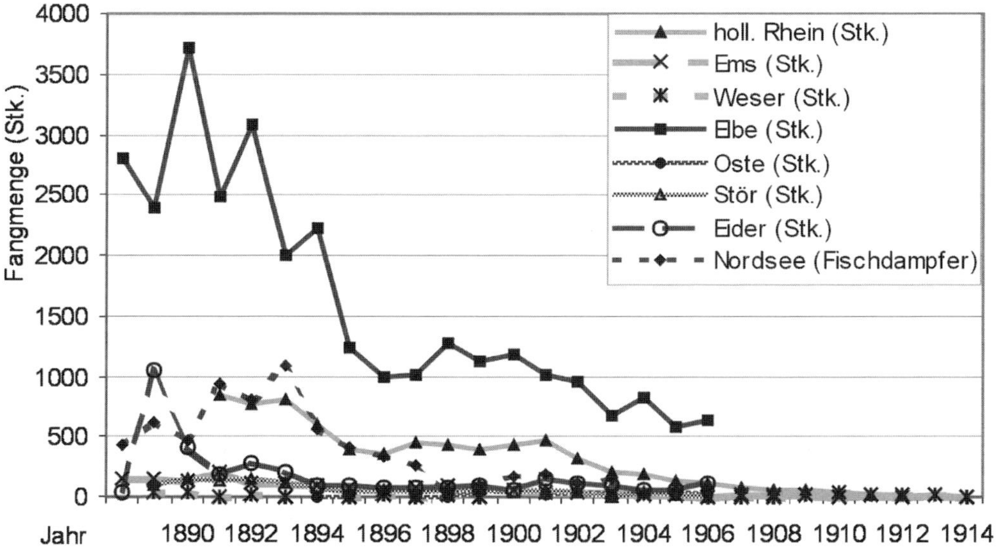

Abb. 1: Rückgang der Störbestände in Deutschlands wichtigsten Flüssen (nach mehreren Autoren).
Fig. 1: Decline of sturgeon populations in the most important rivers of Germany (after several authors).

gen nicht allein, er nahm sie nur vorweg. Nachfolgend zeigten die Bestände der Großsalmoniden, der Maifische, Schnäpel und anderen rheophilen Arten vergleichbare Reaktionen.

Eiderbestand

Die Ursachen für den Rückgang des Bestandes in der Eider sind im Vergleich zu dem im Elbeeinzugsgebiet relativ gut dokumentiert: Der Bau des Nord-Ostsee-Kanals trennte 1896 ca. ein Drittel des Eidereinzugsgebietes oberhalb von Rendsburg vom Hauptstrom ab. Dadurch reduzierte sich die Abflußmenge in der Mitteleider drastisch. Gleichzeitig erhöhte sich der Tideneinfluß im Bereich bis Rendsburg (FOCK & RICKLEFFS 1996). Erhebliche Sandeinträge aus dem Wattenmeer und die steigende Gefahr von Hochwassern bedingten den Bau der Schleuse bei Nordfeld 1934, um den Tideneinfluß und die Sturmflutgefahr im Bereich der Mitteleider zu vermindern. Durch diese Maßnahme waren die Laichgebiete des Störs, oberhalb der Schleuse zwischen Lexfähre bis Pahlhude (BLANKENBURG 1913) gelegen, für die Laichfische nicht mehr zugänglich. Aufgrund der Konzentration der Tiere unterhalb des Damms und der damit einhergehenden leichteren Befischbarkeit stiegen die Fänge nach 1936 zunächst steil an, um nach 1950 bis auf wenige adulte Tiere zurückzugehen. Der Versuch, durch die "Wirtschaftsgenossenschaft Untere Eider" nach 1953 Störe lebend zu halten und künstlich zu vermehren, blieb - wie vorher auch an Elbe (MOHR 1952) und Weichsel (SELIGO 1931) - erfolglos. Dies war neben der geringen Zahl reifer Männchen und Weibchen und dem nicht synchronen Auftreten in der Fischerei vor allem der mangelnden Einbeziehung der Fischer geschuldet, die die Fänge meist erst nach dem Schlachten meldeten (SPRATTE & HARTMANN 1992). Der letzte Stör aus dem Eidergebiet wurde 1969 gefangen. Fünf Jahre später erfolgte der letzte Schritt für den Hochwasserschutz zur Eindämmung der Folgen der Tiden auf die regulierte Untereider: Der Damm und das Sperrwerk Vollerwiek wurden als Schlußpunkt einer Reihe von Baumaßnahmen verwirklicht, die die ökologischen Funktionen des Flußsystems Eider deutlich veränderten. Davon war auch insbesondere der Laicherbestand des Störs betroffen.

Der Vergleich der Geschichte der Störbestände in Eider und Elbe zeigt, daß die Eingriffe in die jeweiligen Flußsysteme sehr spezifisch ausfielen und damit auch die Einflüsse, die auf den Rückgang der Populationen eingewirkt haben. Die Konzentration der adulten Störe auf die Eider bis zu ihrem endgültigen Verschwinden zeigt aber auch, daß das Heimfindungsvermögen der laichbereiten Störe offenbar mit dem der Lachse vergleichbar ist.

2. Argumente und Strategien für eine Wiedereinbürgerung von *A. sturio*

2.1. Internationale Vereinbarungen zum Arten- und Habitatschutz

Bis 1990 war der Gedanke des Fischartenschutzes für ein "lebendes Fossil" wie den Stör noch nicht ins allgemeine Gedankengut eingegangen. Das Aussterben der Art wurde landläufig als Tribut an den Fortschritt akzeptiert, genetische Vielfalt war nur bedingt als Erhaltungsziel und als Wert akzeptiert. Auch in der Fischereiforschung war dieser Standpunkt verbreitet. So formulierten NELLEN et al. (1994): „Eine Einschränkung der fischereilichen Bewirtschaftung der Nordsee-Randgebiete in einem Ausmaß, daß der Stör tatsächlich wieder die Chance hätte, auf ein sowohl wirtschaftliches wie bestandserhaltendes Maß heranzuwachsen, wäre heute weder aus fischereilicher noch fischereibiologischer Sicht zu rechtfertigen."

International deutete sich die Bereitschaft zum Schutz der Umwelt, für Restaurierungs- und Wiedereinbürgerungsprogramme zu diesem Zeitpunkt jedoch schon an. Der Wandel in der politischen Meinungsbildung führte zu einer Reihe von internationalen Vereinbarungen zum Schutz gefährdeter und vom Aussterben bedrohter Arten (z.B. die Bern-Konvention und die Bonn-Konvention zum Schutz von wandernden Arten). Diese führten vom Artenschutz zum Schutz der kritischen Habitate für bedrohte Arten (RL 92/93 EWG, Flora-Fauna-Habitat-

Richtlinie). Schließlich wurde der Ansatz des Schutzkonzeptes über die vereinzelten Habitate hinaus entwickelt und wandte sich einem integrierten Ansatz des Flußeinzugsgebietsmanagements zu, welcher in der neuen EU-Wasserrahmenrichtlinie seinen Ausdruck findet.

2.2. Ökologie großer Fließgewässer

Die Einstellung gegenüber Arterhaltungsmaßnahmen für *A. sturio* in Deutschland (Kirschbaum & Gessner 2000; v. Nordheim et al. 2001) wandelte sich v.a. im Gefolge von Veränderungen im Rahmen der deutschen Wiedervereinigung, durch die die politischen Voraussetzungen für die Arbeiten an Elbe und Oder erst geschaffen wurden. Die positiven Umweltveränderungen, die mit dem Zusammenbruch der maroden DDR-Industrie einhergingen, ließen dabei neue Perspektiven für die Flüsse sichtbar werden. Die Dynamik und die Wechselbeziehungen zwischen verschiedenen Gewässerabschnitten in großen Fließgewässern wurden in der Vergangenheit nur zu einem geringen Grad untersucht; die Ökologie großer Fließgewässer wurde somit erst spät zu einem wichtigen Schwerpunkt in der wissenschaftlichen Forschung. Noch heute sind diese Wechselbeziehungen zwischen allen Ebenen nur in Ansätzen verstanden (s. LÖBF-Mitteilungen 1996; Wolter & Vilcinskas 1998; Thiel et al. 1998; Wolter 1999; Bischoff & Wolter 2001a,b,c; Wolter & Bischoff 2001 und die verschiedenen Beiträge in diesem Band).

2.3. Gründung der "Gesellschaft zur Rettung des Störs (*Acipenser sturio* L.) e.V."

Der Wille zur Wiedereinbürgerung des Europäischen Störs erhielt durch die Erfolge bei der Renaturierung kleiner Fließgewässer (Bless 1985) sowie durch die Arbeiten im Rahmen des "Lachs 2000"-Programms am Rhein (Schmidt 1996) und die noch frischen Erfolge des Lachsprogramms an der Elbe (Knösche & Zahn 1999) zusätzlich Schubkraft. Die diadromen Wanderarten sind aufgrund der Vielfalt der von ihnen genutzten Habitate prädestiniert, als Indikatoren der Umweltqualität zu dienen. Besonders eine Art wie der Stör, der mit als erster auf die Umweltveränderungen reagierte, ist ein gutes Indiz für den Zustand eines Fließgewässers. Die notwendige Passierbarkeit der Flüsse, die Ansprüche an die Wasserqualität und die Habitatstruktur sowie nicht zuletzt ihre Größe und ihr symbolträchtiger Ruf machen sie zu idealen Repräsentanten der aquatischen Fauna, anhand derer sich die Gewässerqualität und die Eignung für typische Flußbewohner aufzeigen läßt. Das zunehmende Interesse an der Wiedereinbürgerung des Störs in Deutschland Anfang der 90er Jahre bedingte die Aufnahme von Kontakten zu Wissenschaftlern, die an dieser Thematik in anderen Ländern wie Spanien und Frankreich arbeiteten und zeigte die Notwendigkeit der Koordination der nationalen und internationalen Aktivitäten. Dies führte 1994 zur Gründung der "Gesellschaft zur Rettung des Störs (*Acipenser sturio* L.) e.V." mit Sitz in Rostock. 1996 wurde durch das Bundesamt für Naturschutz eine Voruntersuchung bei der Gesellschaft in Auftrag gegeben, in deren Rahmen die Voraussetzungen für die erfolgreiche Arterhaltung und Wiedereinbürgerung des Störs bestimmt und entsprechende Vorbereitungen getroffen werden sollten.

2.4. Aufbau eines Laichfischbestandes/ Selbsterhaltende Populationen

Im Rahmen einer wissenschaftlichen Kooperation zwischen dem französischen CEMAGREF (Bordeaux, Frankreich) und dem Leibniz-Institut für Gewässerökologie und Binnenfischerei (IGB, Berlin) wurden 1996 juvenile Störe aus einer 1995 erfolgten künstlichen Vermehrung (Williot et al. 2000) als Ausgangsbasis für den Aufbau eines Laichfischbestandes nach Berlin gebracht. Hier werden die Tiere seitdem aufgezogen. Aufgrund der kritischen Bestandssituation der Art in ihrem bisherigen Verbreitungsgebiet scheint dies der letzte mögliche Versuch zur Erhaltung dieser Art zu sein. Hierfür soll ein ausreichend großer Elterntierbestand aufgebaut werden, der die Jungfischaufzucht in großem Stil erlaubt.

Fernziel ist es, durch temporären Initialbesatz selbsterhaltende Populationen aufzubauen. Welches Flußsystem hierfür vorrangig in Frage kommt, muß eingehend untersucht werden. Hierfür wird ebenso wie für die Sicherung der Satzfischversorgung viel Zeit (etwa ein Jahrzehnt) benötigt. Erst später wird man mehr als ein Flußsystem in das Programm einbeziehen können. Dies wird sich erst ändern, wenn die ersten Nachzuchten reproduktionsfähig werden. Um den Besatz aber sinnvoll zu verwenden, muß neben der Habitateignung auch die Bereitschaft bei allen Nutzern der Ressource Fluß vorhanden sein, gegebenenfalls Selbstbeschränkung zu üben. Die interessengruppen-übergreifende Unterstützung für das Wiedereinbürgerungsprogramm zeigt sich beispielhaft in der anhaltenden Förderung durch das Bundesamt für Naturschutz, der Aufnahme dieser langfristigen Thematik in das aktuelle Forschungsprogramm des Leibniz-Instituts für Gewässerökologie und Binnenfischerei, der Unterstützung durch die Länder Mecklenburg-Vorpommern und Schleswig Holstein sowie der Wahl des Störs zum Fisch des Jahres 2001 durch den Verband Deutscher Sportfischer (VDSF) und letztlich auch in dem Interesse, das die breite Öffentlichkeit diesem Thema entgegenbringt.

3. Derzeitiger Stand der Arbeiten im Rahmen der Wiedereinbürgerungsthematik

Die wichtigsten Ansätze, die für das Management von bedrohten Störarten erfolgversprechend sind, umfassen Habitatverbesserungen, Fangbegrenzungen, wissenschaftliche Untersuchungen und Besatzmaßnahmen mit genetisch geeigneten Individuen (Beamesderfer & Farr 1997). Für die entsprechende Schwerpunktsetzung auf den Europäischen Stör bezogen bedeutet dies:

a) Untersuchungen zu Wachstum und Ernährung des Elterntierbestandes;
b) Studien zur Fortpflanzungsbiologie, die beispielhaft vor allem an den Arten *A. ruthenus* und *A. baerii* bearbeitet werden;
c) genetische Charakterisierung der verschiedenen geographischen Populationen von *A. sturio* (einschließlich der aktuellen Gironde-Population) sowie der Individuen des Elterntierbestandes;
d) Untersuchungen zum Verhalten von Embryonen, Larven und Adulten bei *A. oxyrinchus* und *A. baerii* und
e) Habitatcharakterisierungen als Grundlage zur Redynamisierung.

3.1. Wachstum und Ernährung des Elterntierbestandes

Erste Ergebnisse der Haltung zeigten, daß *A. sturio* im Vergleich zu anderen Störarten schwierig aufzuziehen (Williot et al. 1997) und extrem selektiv bei der Wahl der Futterorganismen ist. Auch unter Freilandbedingungen im Ästuar der Gironde zeigen juvenile *A. sturio* eine hohe Selektivität bezüglich der aufgenommenen Futterorganismen, die zu über 90 % aus kleinen Polychaeten bestehen (Brosse et al. 2000). So werden im Rahmen der Haltungsexperimente eine Vielzahl von natürlichen und künstlichen Futtermitteln auf ihre Verwendbarkeit hin getestet. Bisher konnten dabei nur suboptimale Wachstumsleistungen (Abb. 2) erzielt werden (Kirschbaum et al. 2000; Hensel et al. 2002), wenn man das Wachstum unter Freilandbedingungen zugrundelegt (Lepage et al. 1994).

Unter Aquakulturbedingungen zeigen Störe anderer Arten bei Fütterung mit kommerziellem Vollfutter erheblich bessere Wachstumsleistungen, die aber von degenerativen Entwicklungen des Lebergewebes und starker Verfettung begleitet werden. Bei der Produktion von Speisefischen scheint dies aufgrund der kurzen Dauer der Haltung nicht zu akuten Problemen zu führen. Bei der langfristigen Haltung aber sind solche Nebeneffekte aufgrund der physiologischen Beeinträchtigung der Gonadenreifung nicht zu akzeptieren. In der Perspektive ist daher die Entwicklung eines speziellen Vollfutters unter Einbeziehung des natürlichen Futterspektrums für *A. sturio* unabdingbar.

3.2. Fortpflanzungsbiologie

Störe sind durch eine mehrjährige Fortpflanzungszyklik gekennzeichnet. Die auslösenden

Abb. 2: Längen-Häufigkeitsverteilung der 27 Individuen der deutschen Zuchtgruppe von *A. sturio* vom 02.07.1997, dem Zeitpunkt der ersten individuellen Markierung, bis zum 03.07.2001.
Fig. 2: Length frequency distribution of the 27 specimens of the German *A. sturio* brood stock from 02/07/1997, the moment of individual tagging, up to 03/07/2001.

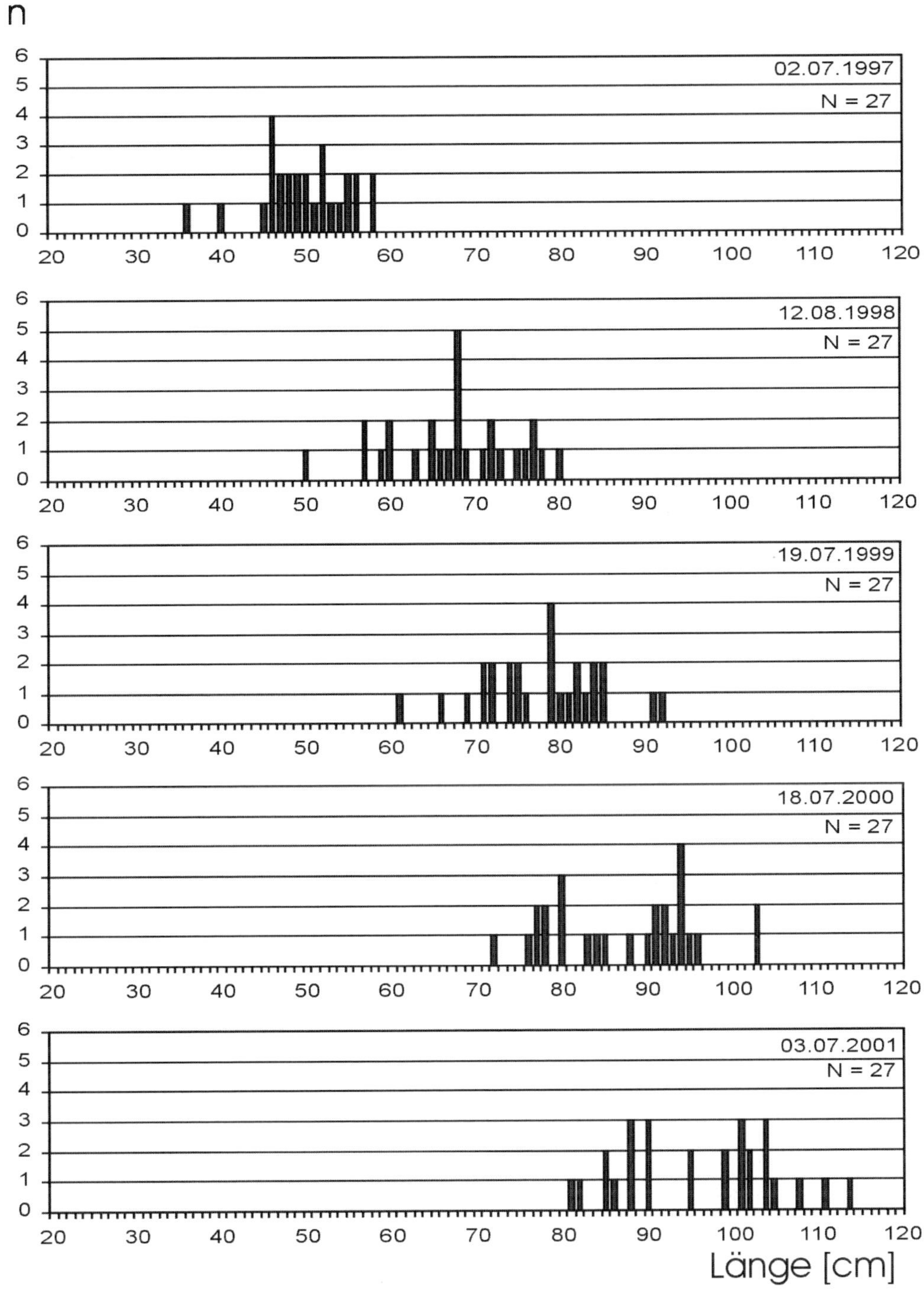

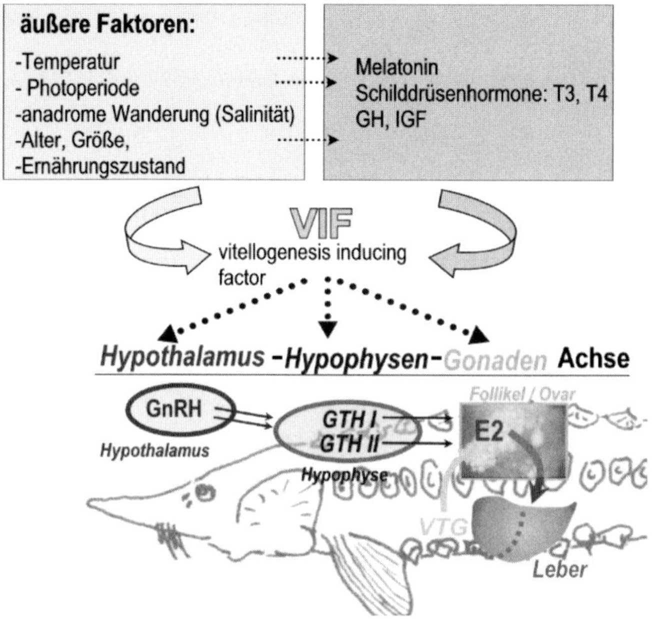

Abb. 3: Schematische Darstellung der an der Regulation der zyklischen Gonadenreifung der Störe beteiligten Parameter.
Fig. 3: Diagram of parameters regulating cyclical gonad maturation of sturgeon.

exogenen Parameter wie Photoperiode und Temperatur sowie Hungerphasen und Wanderverhalten sind in ihrem komplexen Zusammenspiel (Abb. 3) mit den endogenen physiologischen Prozessen bisher nur sehr wenig verstanden. Zu dieser Thematik werden modellhaft Untersuchungen an verschiedenen Störarten (*A. baerii, A. ruthenus, A. oxyrinchus, Huso huso*) durchgeführt, um die Dynamik und das Zusammenspiel der verschiedenen Regulationsmechanismen nachzuvollziehen.

Nach der Geschlechtsbestimmung bei den Fischen der Zuchtgruppe des IGB sollen daher auch grundlegende Untersuchungen zur Dynamik der Gonadenentwicklung bei *A. sturio* erfolgen, um eine möglichst frühe erste Geschlechtsreife bei diesen Tieren sicherzustellen. Die Männchen von *A. sturio* können bei einer Mindestgröße von 1,20 m geschlechtsreif werden, die Weibchen erst ab etwa 1,50 m Länge (Mohr 1952). Die Störe in Haltung haben Anfang April 2002 Gesamtlängen von 85 cm (2,558 kg) bis 118 cm (7,410 kg) erreicht (Abb. 4 und 5).

Bezüglich der Haltungsbedingungen werden in Frankreich und in Deutschland unterschiedliche Strategien verfolgt: Die französische Zuchtgruppe wird unter Brack- und Salzwasserbedin-

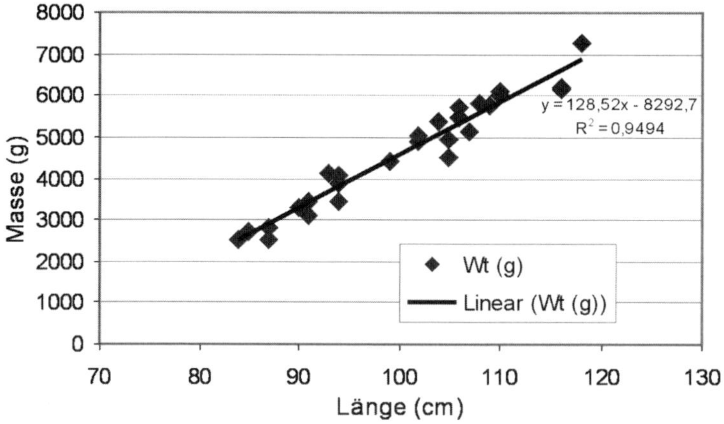

Abb. 4: Längen-Gewichts-Verteilung der 27 Individuen der deutschen *A. sturio*-Zuchtgruppe vom 11.12.2001.
Fig. 4: Length-weight-distribution of the 27 specimen of the German *A. sturio* brood stock at 12/11/2001.

Abb. 5: Habitus des am 11.12.2001 mit 117 cm längsten und schwersten Störs (7.342 g) der 27 Individuen der deutschen Zuchtgruppe von *A. sturio* im Hälterungsbecken.
Fig. 5: Habit of the longest (117 cm) and heaviest sturgeon (7.342 g) of 27 specimens of the German brood stock at 11/12/2001 in the raising tank.

gungen mit jahreszeitlich angepaßten Temperaturschwankungen zwischen 24 und 11 °C gehalten, während die Fische am IGB in Süßwasser bei 20 °C aufgezogen werden.

3.3. Langzeitkonservierung der Gameten

Genbanken sollen die genetische Diversität sichern helfen. Sie existieren für Störe noch nicht, sind aber konzipiert. Bisher durchgeführte Versuche zur Kryokonservierung von Stör-Sperma von *A. sturio* (Kopeika et al. 2000) als auch von *A. ruthenus* (Jähnichen et al. 1999) haben u.a. ergeben, daß eine Lagerung von Störsperma guter Qualität über einen Zeitraum von etwa einem Jahr problemlos möglich ist. Die Effekte langfristiger Konservierung sind bislang unbekannt. Die Grundlagenforschung ist hier gefragt, geeignete Methoden und praktikable Lösungen zu erarbeiten.
Gerade die Kryokonservierung und die Biotechnologie (z. B. Androgenese und Gynogenese) können wichtige Faktoren bei der Wiederherstellung der genetischen Vielfalt der Störbestände werden; sie bieten zudem die Möglichkeit, die Logistik in der Reproduktion zu vereinfachen.

3.4. Genetische Identifikation

A. sturio umfaßte historisch sehr verschiedene, geographisch und morphologisch getrennte Populationen (Holcik et al. 1989), von denen einige auch als eigene Arten interpretiert werden können (Holcik 2000). Die genetische Analyse und Beschreibung dieser *A. sturio*-Populationen anhand von Museumsproben und rezentem Material (Ludwig et al. 2000 und in Vorbereitung) ist daher ein Schlüsselelement des Vorhabens, da die so gewonnenen Informationen wichtige Entscheidungshilfen für die Auswahl geeigneten Besatzmaterials für die verschiedenen Gewässersysteme darstellen. Erste Ergebnisse zeigten, daß *A. sturio* aus der Gironde genetisch praktisch identisch mit den Fischen aus der Nordsee sind, während sich die *A. sturio* aus dem Mittelmeer und der Adria von diesen Fischen eindeutig unterscheiden (Abb. 6). Von Bedeutung ist auch, daß sich die Ostseepopula-

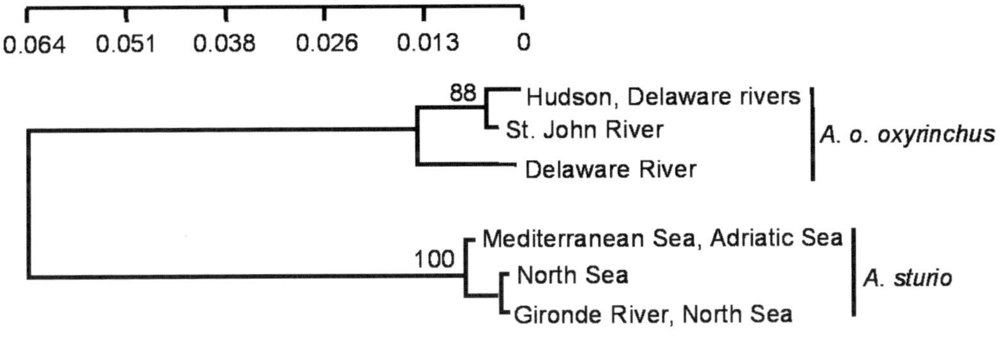

Abb. 6: Genetische Distanzen zwischen verschiedenen Populationen von *A. oxyrinchus* und *A. sturio* basierend auf 250 Basen-Paaren des mitochondrialen D-loops und des tRNA^{pro} Gens (nach Ludwig et al. 2000).
Fig. 6: Genetic distance tree of the different populations of *A. oxyrinchus* and *A. sturio* using a 250 bp of the mitochondrial D-loop and tRNA^{pro}gene (after Ludwig et al. 2000).

tion von der rezenten Girondepopulation stark unterscheidet. Sie ist morphologisch und genetisch der nordamerikanischen Art *A. oxyrinchus* nahe verwandt (LUDWIG et al. 2000; BIRSTEIN et al. 1997; ARTYUKHIN & VECSEI 1999).

Untersuchungen, um die genetische Heterogenität der Restpopulation der *A. sturio* in der Gironde zu charakterisieren, werden an Tieren aus kontrollierter Vermehrung sowie an Tieren aus Wildfängen anhand von Mikrosatelliten durchgeführt (LUDWIG et al. in Vorbereitung). Die ersten Analyseergebnisse von fünf Mikrosatelliten zeigen, daß die Individuen der deutschen Zuchtgruppe, die von einem Elternpaar abstammen, noch ungefähr 40 % der Merkmale der genetischen Heterogenität in sich vereinigen, die in verfügbaren historischen *A. sturio*-Proben (Individuen aus den Jahren 1823 bis 1994) aus der Nordsee entdeckt wurden (Tab. 1). Diese Daten sollen in ein genetisches Zuchtprogramm eingehen, mit dessen Hilfe Inzuchtdepression verhindert und die genetische Heterogenität der Population gezielt maximiert werden soll. Eine gezielte Zucht mit ausgewählten Elterntieren, auch durch den Austausch von Material mit der französischen Arbeitsgruppe, wäre also zwingend erforderlich.

3.5. Verhalten

Die für das Wachstum optimale Temperatur steht bei Teleosteern oft in enger Beziehung zur präferierten Temperatur im Rahmen von Temperaturwahlexperimenten (ROBERTS 1985). Bei *A. sturio* konnte überraschenderweise gezeigt werden, daß diese ursprüngliche Fischart keine eindeutige Vorzugstemperatur besitzt (STAAKS et al. 1999). Vergleichende Untersuchungen werden mit *A. oxyrinchus* durchgeführt. Untersuchungen zur Wachstumsleistung verschiedener Störarten ergaben Unterschiede in Hinblick auf die Optimaltemperatur (CHECH et al. 1984; GERSHANOVITCH 1983). Hier sind die Optima häufig als Anpassung an das Verbreitungsgebiet zu interpretieren.

Das Verhalten besonders früher Altersstadien von Stören ist wichtig für das Verständnis der Ökologie dieser Fische (vgl. SULAK & CLUGSTON 1999; KYNARD & HORGAN 2002). Insbesondere die Substratwahl der freien Embryonen, die Migrationsphasen und die Habitatwahl der Larven sind von besonderer Signifikanz, um die Ansprüche der Art an die Laich- und Aufwuchshabitate zu bestimmen. Wegen fehlenden Tiermaterials konnten entsprechende Untersu-

Tab. 1: Allelfrequenzen von fünf Microsatelliten bei *Acipenser sturio* (Museumsproben sowie die 27 Fische der deutschen Zuchtgruppe umfassend) und bei *A. o. oxyrinchus* (nach LUDWIG et al. 2000).
Tab. 1: Distribution of alleles observed in *Acipenser sturio* and *A. o. oxyrinchus* (Archival samples and the brood stock kept at the Leibniz-Institut of Freshwater Ecology and Inland Fisheries (Berlin) originated from artificial reproduction of two *A. sturio* individuals caught in the Gironde River basin in France (WILLIOT et al. 1997) (after LUDWIG et al. 2000).

	Acipenser sturio		*Acipenser o. oxyrinchus*		
Locus	Archival samples 1823 – 1996 n = 38	Broodstock (Berlin) n = 27	Delaware River n = 16	Hudson River n = 14	St. John River n = 60
Afu-19	118, 121, 124, 127, 130, 145	118, 145	121, 124, 127, 145	121, 127, 145	124, 127, 145
Afu-34	141, 144, 147, 150	147, 150	138, 141, 144, 150, 153	138, 141, 153	144, 147, 150
Afu-39	120, 123	123	120, 123	120, 123	123
Afu-54	180, 184, 188	184, 188	184, 188, 192	184, 188	184
Afu-68	128, 136, 140, 152	140	132, 136, 140, 144, 148,152, 156, 160	140, 144, 148, 156	140, 144, 148, 152, 156, 160
Overall loci	19	8	22	14	14

chungen bisher nicht an *A. sturio* durchgeführt werden, so daß erste Untersuchungen an *A. oxyrinchus* als Modellorganismus durchgeführt wurden. Besonders die Substrataffinität und die Phasen der Migration scheinen nicht nur artabhängig zu sein, sondern auch zwischen verschiedenen Populationen zu differieren (vergl. KYNARD & HORGAN 2002).

3.6. Habitatuntersuchungen

Wichtige Vorraussetzungen für eine erfolgreiche Wiedereinbürgerung sind geeignete Laichhabitate. Diese müssen in den drei potentiell für die Wiedereinbürgerung vorgesehenen Flüssen Oder, Elbe und Rhein durch entsprechende Maßnahmen wiederhergestellt werden.

Im Rahmen der laufenden Arbeiten (GESSNER & BARTEL 2000) wurden bislang an der Oder und ihren Zuflüssen die historisch aus Literaturangaben belegten Laichplätze (GRABDA 1968; GRABDA 1971; PRZYBYL 1976; SYCH et al. 1996) überprüft. Das Beprobungsschema ist in Abb. 7 wiedergegeben.

Bei weitgehender Übereinstimmung der verfügbaren Angaben mit den Kriterien, die an einen Störlaichplatz angelegt werden (Tab. 2), wurde bei geeignet erscheinenden Gewässerabschnitten eine videooptische Kartierung durchgeführt und die Substrateignung bestimmt.

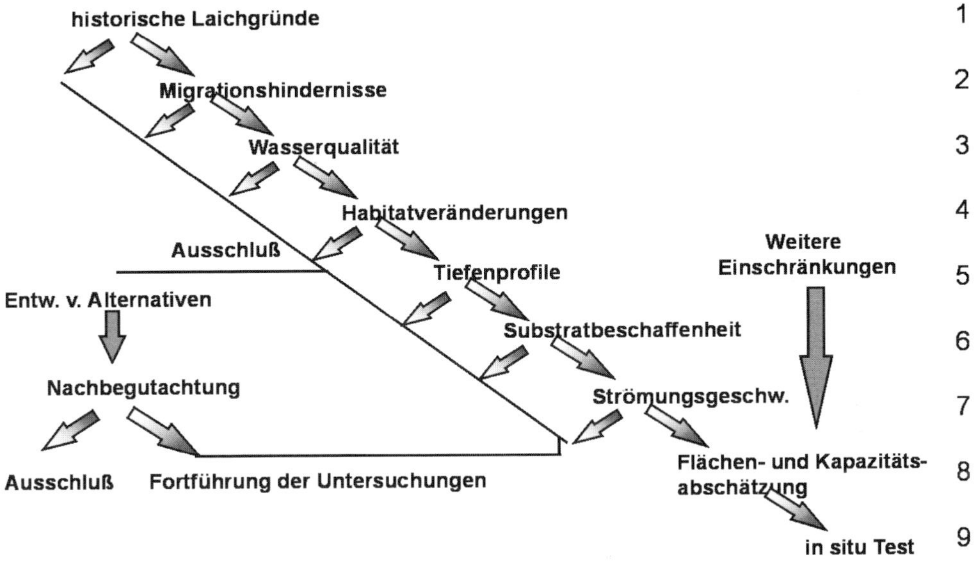

Abb.7: Untersuchungsmuster zur Bestimmung potentiell geeigneter Laichhabitate von *A. sturio*.
Fig. 7: Sequence of investigations and decisions to determe potentially suitable spawning grounds of *A. sturio*.

Tab. 2: Kriterien zur Charakterisierung von Laichhabitaten für *Acipenser sturio*.
Tab. 2: Criteria for characterizing spawning grounds of *Acipenser sturio*.

Kriterium	Qualität	Referenz
Substrat	Kies >3 cm ø oder Steine 10-30 cm ø	ELIE et al. 1997
Sedimentation	absent	SULAK & CLUGSTON 1999
Sauerstoffgehalt	>50 % im Interstitial	RYCHMOND & KYNARD 1995
Strömungsgeschwindigkeit	0,4 – 2,0 m/s	ELIE et al. 1997, NINUA 1976
Temperatur	17 – 20 °C	EHRENBAUM 1936
Tiefe	1 - 12 m	VLASENKO 1974
BSB5	low	

Nach dem bisherigen Kenntnisstand eignen sich von den Gewässern des Odereinzugsgebietes einige Abschnitte prinzipiell als Laichplätze. Die Ergebnisse legen die problemlose Nutzung eines und die potentielle Nutzung weiterer historischer Laichplätze nahe. Letztere bedürfen in vielen Fällen einer begrenzten Renaturierung. Insbesondere die Abflußdynamik und die Nährstoffbelastung der polnischen Oderzuflüsse bedingt hier größere Probleme. Untersuchungen in der Mittelelbe im Rahmen des BMBF-Projektes "Ökologie der Elbfische" von FLADUNG & SCHOLTEN (2002) haben die Präsenz von Kiesbänken als Laichsubstrat für rheophile Fischarten bestätigt; inwieweit solche Habitate auch für den Stör geeignet wären oder ob noch historisch bekannte Laichplätze in anderen Flußabschnitten und Zuflüssen verfügbar sind, soll in weiteren Untersuchungen geklärt werden.

Für den Rhein zeigt eine bisher unveröffentlichte Studie (SCHMIDT, persönliche Mitteilung), daß nach den landläufig angesetzten Kriterien (ELIE et al. 1997) potentielle Laichplätze im Bereich des deutschen Niederrheins verfügbar sind.

4. Besatzversuche

Der in einigen Jahren vorgesehene experimentelle Besatz als Vorläufer zu dem nachfolgend durchzuführenden Massenbesatz, dient primär dem Erkenntnisgewinn und der Projektoptimierung. Die zu besetzenden Tiere sollen markiert und teilweise telemetrisch verfolgt werden, um die Habitatnutzung und –charakterisierung abzusichern. So sollen die von den Fischen präferierten Habitate untersucht werden, um eine Abschätzung der möglichen Kapazität eines Gewässers durchführen zu können. Die so gewonnenen Daten dienen auch der Konzeptionierung möglicher Restaurierungsmaßnahmen. Auch die Identifikation möglicher Risiken für das Überleben der Tiere (z.B. durch die Fischerei) ist Gegenstand dieser Phase. Untersuchungen zu Migration, Überlebensraten und Rückkehrraten nach dem Besatz sollen über Rückmeldungen aus der Fischerei durchgeführt werden. Auf der Basis der Ergebnisse des Versuchsbesatzes soll dann die Entscheidung für ein prioritär zu besetzendes Gewässer getroffen werden.

5. Eingeschleppte Arten

Auch die Erfassung der Fänge von eingeschleppten Fremdarten von Stören wird im Rahmen des Projektes durchgeführt. Diese werden im Rahmen der Fangmeldungen erfaßt und auf projektrelevante Inhalte hin untersucht, um die Entwicklung in den Zielgewässern der Besatzmaßnahmen zu überwachen und Hinweise auf mögliche Wechselwirkungen zu sammeln (GESSNER et al. 1999; ARNDT et al. 2001). Insbesondere das zunehmende Auftreten von exotischen Störarten in freien Gewässern bietet Grund zur Sorge. Durch die Auswilderung von Tieren aus Aquakultur oder Aquaristik steigen die Risiken des Einschleppens von Parasiten und Krankheiten. Auch Hybridisierung zwischen den Arten ist nicht auszuschließen.

6. Öffentlichkeitsarbeit

Das öffentliche Interesse an der Wiedereinbürgerung des Störs muß ausgeweitet werden, und die relevanten Interessengruppen müssen in die weiteren Arbeiten eingebunden werden. Dies sind wichtige Punkte der zukünftigen Planung, um die Arbeiten möglichst zu einem erfolgreichen Abschluß zu bringen. Vor diesem Hintergrund sind besonders die Zusammenarbeit mit den Fischern und den organisierten Anglern wichtige Bestandteile der zukünftigen Arbeiten, ohne die eine erfolgreiche Durchführung der geplanten Aktivitäten kaum möglich ist.

7. Internationale Koordination und Integration

Mit Rücksicht auf die limitierte Verfügbarkeit der Elterntiere ist die geplante Wiedereinbürgerung eine Aufgabe, an der sich alle Staaten des ursprünglichen Verbreitungsgebietes des Störs *A. sturio* gemeinsam beteiligen müssen, um verantwortungsvoll mit diesen Tieren umzugehen und sie möglichst effizient zu nutzen. Deshalb ist die Vernetzung aller nationalen Aktivitäten in einem internationalen Rahmen von großer Bedeutung. Auf diese Weise soll eine Integration der Arbeiten in internationale Vorhaben sichergestellt und der Zugriff auf Ressourcen zwischen den Partnern erleichtert werden.

Dennoch muß hier betont werden, daß naturgemäß der Kooperation mit der französischen Arbeitsgruppe des CEMAGREF die größte Bedeutung in diesem Kontext zukommt.

8. Perspektiven

Die Wiedereinbürgerung von *A. sturio* durch Besatzmaßnahmen kann bei der akuten Bedrohungssituation erst dann sinnvoll erfolgen, wenn eine regelmäßige Reproduktion der Laichfische unter kontrollierten Bedingungen möglich ist. Ausgehend von der aktuellen Größe der potenziellen Laichfische (s. Abb. 4 und 5) kann mit einer ersten Vermehrung in einigen Jahren gerechnet werden. Die aktuell vorliegenden genetischen Daten (s. Abb. 6 und Ludwig et al. 2000) lassen unsere Fische, die aus der Gironde stammen, als geeignet für den Besatz in Rhein und Elbe erscheinen.

Für eine erfolgreiche Wiedereinbürgerung in der Elbe wäre der Nachweis von potentiellen Laichplätzen erforderlich. Eine effektive Aufstiegshilfe im Bereich des Wehres bei Geesthacht würde durch die Erweiterung der potentiellen Habitate eine sinnvolle Ergänzung darstellen, da die aktuelle Fischtreppe zwar Großsalmoniden die Passage ermöglicht (Fredrich et al. 1999), aber für den Stör in ihrem derzeitigen Ausbauzustand nicht geeignet wäre.

Gefahren für eine erfolgreiche Wiedereinbürgerung und Arterhaltung *in situ* gehen vor allem von den geplanten Maßnahmen im Rahmen des Ausbaus der Fließgewässer zu Europawasserstraßen (Verkehrsprojekt Deutsche Einheit "Ausbau der Mittelelbe", weitere Vertiefung der Unterelbe) sowie von dem intensiven Fischereidruck im Bereich der Watten und der Deutschen Bucht als Hauptnahrungsgebiete der juvenilen Störe aus. Im Bereich der Mittelelbe bietet sich eine für die Entwicklung der Schiffahrt einfache und kostengünstige Alternative, wie durch verschiedene Studien belegt wurde (WWF/ Ökostiftung). Ein Ausbau des bestehenden Wasserstraßennetzes (Mittellandkanal/Elbe-Seitenkanal) und der Verzicht auf den Ausbau der Mittelelbe würde große Potentiale für die Renaturierung dieses Gewässerabschnitts schaffen.

Für alle drei großen Ströme gilt: Eine effektive Wiederansiedlung des Störs ist ohne das Interesse und die Unterstützung von Interessengruppen wie industriellen Gewässernutzern, Fischereiberechtigten und Naturschutzverbänden kaum zu leisten. Sie sind es, die diese Maßnahmen mittragen müssen. Dazu gilt es, durch Aufklärung Akzeptanz zu schaffen. Durch ehrenamtliche Mithilfe, durch den Verzicht auf Faunenverfälschung und Entnahme von Besatzmaterial, durch Rückmeldung von Fängen sowie die enge Zusammenarbeit bei den Besatzmaßnahmen und der Habitatrestaurierung könnte maßgeblich geholfen werden, das hochgesteckte Ziel der Bewahrung eines lebenden Fossils - auch wenn es noch so ambitioniert erscheint - zu erreichen.

9. Danksagung

Ohne die laufende inhaltliche und finanzielle Unterstützung des Bundesamtes für Naturschutz (Az. Z1.2-892 11-4/96 sowie Az: Z1.3-892 11-7/99) seit 1996 wäre das Vorhaben nicht möglich gewesen. Für die langjährige Unterstützung bei der Haltung und Pflege der *A. sturio* möchten wir uns bei L. Wieczorek, C. Schumacher, M. Valentin, J. Becker-Spamer und H. Zwadlo bedanken. L. Fischer hat wertvolle Hilfe beim Fertigstellen des Manuskriptes geleistet. E. Hensel hat im Rahmen seiner Doktorarbeit während der vergangenen zweieinhalb Jahre die Zuchtgruppe von *A. sturio* maßgeblich betreut und war für die Erstellung der Abb. 2 und 5 verantwortlich. S. Würtz hat Abb. 3 zur Verfügung gestellt.

10. Literatur

Arndt, G.-M., J. Gessner, & S. Spratte. 2001. Doch noch Störe in Deutschland? Fänge von einheimischen und nichteinheimischen Stören in mitteleuropäischen Küstengewässern. In: Verband Deutscher Sportfischer e.V. (Hrsg.) Der Stör *Acipenser sturio* - Fisch des Jahres 2001. Verlag M. Faste, 50-62.

Artyukhin, E., & P. Vecsei. 1999. On the status of Atlantic sturgeon: conspecificity of European *Acipenser sturio* and North American *Acipenser oxyrhinchus*. J. Appl. Ichthyol. 15 (4-5), 35-37.

Beamesderfer, R.C.P., & R.A. Farr. 1997. Alternatives for the protection and restoration of sturgeons and their habitat. Env. Biol.Fish. 48, 1-4, 407-417.

Birstein, V.J., W.E. Bemis, & J.R. Waldmann. 1997. The threatened status of Acipenseriform fishes: a summary. Env. Biol. Fish. 48, 1-4, 427-435.

Bischoff, A., & C. Wolter. 2001a. Groyne-heads as potential summer habitats for juvenile rheophilic fishes in the Lower Oder, Germany. Limnologica 31, 17-26.

Bischoff, A., & C. Wolter. 2001b. The 0+ fish community structure in a large lowland river: first results of a study from the River Oder. Arch. Hydrobiol. Suppl. 135/2, Large Rivers 12, 137-151.

Bischoff, A., & C. Wolter. 2001c. The flood of the century on the River Oder: effects on the 0+ community and implications for floodplain restoration. Reg. Riv.: Res. & Managem. 17, 171-190.

Blankenburg, A. 1913. Bericht über das vorläufige Ergebnis der Untersuchungsfahrt im Interesse der Zucht und der Schonung des Störs im Eidergebiet. Bericht 1265/13, 2.

Bless, R. 1985. Zur Regeneration von Bächen in der Agrarlandschaft. Eine ichthyologische Fallstudie. Schriftenreihe Landschaftspflege und Naturschutz 26, 79.

Bonne, G. 1905. Die Vernichtung der deutschen Flußfischerei durch die Verunreinigung unsrer Gewässer mit besonderer Berücksichtigung der Verhältnisse auf der Unterelbe. Z. Fischerei 12, 1-28.

Brosse, L., E. Rochard, P. Dumont, & M. Lepage. 2000. First results on the diet of the European sturgeon, *Acipenser sturio*, in the Gironde estuary. Comparison with the benthic fauna. First-meeting-on-Ichtyology-in-France, RIF 2000. M. Gayet, J.Y. Sire, eds., Paris, France, Societé-francaise-d'-Ichtyologie 24 (3), 49-61.

Cech, J.J., S.J. Mitchell, & T.E. Wragg. 1984. Comparative growth of juvenile white sturgeon, stripped bass: effects of temperature, hypoxia. Estuaries 7, 1, 12-18.

Ehrenbaum, E. 1913. Über den Stör. Fischerbote 5, 142-149.

Ehrenbaum, E. 1936. Naturgeschichtliche und wirtschaftliche Bedeutung der Seefische Nordeuropas. Handbuch der Seefischerei Nordeuropas, Vol. II, 3-5. E. Schweizerbarth'scheVerlagsbuchhandlung (Erwin Naegele GmbH).

Elie, P. (ed.) 1997. Restauration de l'esturgeon Européen *Acipenser sturio*. Rapport final du programme execution, Operations: I-III, 1994-1997. Etude Cemagref 24, 381.

Elvira, B., A. Almodovar, V.J. Birstein, J. Gessner, J. Holcik, M. Lepage & E. Rochard. (Eds.) 2000. Symposium on Conservation of the Atlantic Sturgeon *Acipenser sturio* L., 1758 in Europe. Bol. Inst. Esp. Oceanogr. 16, 1-4, 1-254.

EWG (Der Rat der Europäischen Gemeinschaften) 1992. Richtlinie 92/43/EWG des Rates vom 21. Mai 1992 zur Erhaltung der natürlichen Lebensräume sowie der wildlebenden Tiere und Pflanzen. Abl. EG Nr. L 206, "FFH-Richtlinie", 7-50.

Fladung, E., M. Scholten. & R. Thiel. (2003) Modelling the habitat preferences of preadult and adult fishes in the shoreline of the large lowland river Elbe. J. Appl. Ichthyol. (eingereicht).

Fock, H., & K. Ricklefs. 1996. Die Eider - Veränderungen seit dem Mittelalter. In: Lozan, J.L., Kausch, H. (Eds.). Warnsignale aus Flüssen und Ästuaren. Verlag Paul Parey, Berlin, 39-42.

Fredrich, F., H.-H. Arzbach, & H.-J. Schubert. 1999. Verhalten von Fischen an Querverbauungen in der Elbe und einmündenden Nebenflüssen. Tagungsband Fachtagung Elbe, Dynamik und Interaktion von Fluß und Aue, Wittenberge, 04.-07.05.1999.

Gershanovitch, A.D. 1983. Effects of temperature on metabolism, growth, food requirement of young Beluga *Huso huso*, and ship sturgeon *Acipenser nudiventris*. J. Ichthyol. 23 (2), 55-60. Vopr.ikhtiol. 23 (2), 238-243.

Gessner, J., & R. Bartel. 2000. Is there still suitable habitat for sturgeons in the Odra River tributary? In: Elvira, B., Almodóvar, A., Birstein, V. J., Gessner, J., Holcík, J., Lepage M., Rochard, E. (Eds.) Symposium on Conservation of the Atlantic Sturgeon *Acipenser sturio* L., 1758 in Europe. Bol. Inst. Esp. Oceanograph. 16, 127-137.

Gessner, J., L. Debus, J. Filipiak, S. Spratte, K.E. Skora, & G.M. Arndt. 1999. Recent development in sturgeon catches from German and adjacent waters. J. Appl. Ichthyol. 15, 131-142.

Grabda, E. 1968. Sturgeon, a fish on the verge of extinction. OT: Jesiotr, Ryba Ginaca. Ochr. Przy. R. 33, 177-191.

Grabda, E. 1971. Sturgeon - living monument of nature. OT: Jesiotr - zywy zabytek przyrody. Przyr. Pol. 15 (1), 10-11.

Hensel, E., F. Kirschbaum, P. Williot, J. Gessner, & M. Wirth. 2002. Restoration of *Acipenser sturio* L., 1758 in Germany, Effect of different food items on Specific Growth Rates of *Acipenser sturio*. Intern. Rev. Hydrobiol. (in press).

HOLCIK, J. 2000. Major problems concerning the conservation and recovery of the Atlantic sturgeon *Acipenser sturio*. In: ELVIRA, B., ALMODÓVAR, A., BIRSTEIN, V. J., GESSNER, J., HOLCÍK, J., LEPAGE M., ROCHARD, E. (Eds.) Symposium on Conservation of the Atlantic Sturgeon *Acipenser sturio* L., 1758 in Europe. Bol. Inst. Esp. Oceanograph. 16, 139-148.

HOLCIK, J., R. KINZELBACH, L.I. SOKOLOV, & V.P. VASIL'EV. 1989. *Acipenser sturio* Linnaeus, 1758. 367-394. In: HOLCIK, J. (ed.). The freshwater fishes of Europe, Pt. 2 Acipenseriformes. AULA Verlag, Wiesbaden, 469.

JÄHNICHEN, H., D. WARNECKE, E. TRÖLSCH, K. KOHLMANN, H. BERGLER, & H.-J. PLUTA. 1999. Motility and fertilizing capability of cryopreserved *Acipenser ruthenus* L.. J. Appl. Ichthyol. 15, 204-206.

KAUSCH, H. 1996. Fahrwasservertiefungen ohne Grenzen? In: LOZAN, J.L., KAUSCH, H. (Eds.) Warnsignale aus Flüssen und Ästuaren. Verlag Paul Parey, Berlin, 162-176.

KIRSCHBAUM, F., & J. GESSNER. 2000. Re-establishment programme for *Acipenser sturio* L., 1758: the German approach. In: B. ELVIRA, A. ALMODÓVAR, V. J. BIRSTEIN, J.GESSNER, J. HOLCÍK, M. LEPAGE, E. ROCHARD (Eds.). Symposium on Conservation of the Atlantic Sturgeon *Acipenser sturio* L., 1758 in Europe. Bol. Inst. Esp. Oceanograph. 16, 149-156.

KIRSCHBAUM, F., J. GESSNER, & P. WILLIOT. 2000. Restoration of *Acipenser sturio* L., 1758 in Germany: Growth characteristics of juvenile fish reared under experimental indoor conditions. In: B. ELVIRA, A. ALMODÓVAR, V.J. BIRSTEIN, J. GESSNER, J. HOLCÍK, M. LEPAGE, E. ROCHARD (Eds.). Symposium on Conservation of the Atlantic Sturgeon *Acipenser sturio* L., 1758 in Europe. Bol. Inst. Esp. Oceanograph. 16, 157-165.

KNÖSCHE, R., & S. ZAHN. 1999. Erste Wiedereinbürgerung von Lachsen in der Mittelelbe. Fischer & Teichwirt, 50, 8, 301-302.

KOPEIKA, E.F., P. WILLIOT, & B.F. GONCHAROV. 2000. Cryopreservation of Atlantic sturgeon *Acipenser sturio* L., 1758 sperm: First results and associated problems. In: B. ELVIRA, A. ALMODÓVAR, V.J. BIRSTEIN, J. GESSNER, J. HOLCÍK, M. LEPAGE, E. ROCHARD (eds.). Symposium on Conservation of the Atlantic Sturgeon *Acipenser sturio* L., 1758 in Europe. Bol. Inst. Esp. Oceanograph. 16, 167-173.

KYNARD, B., & M. HORGAN. 2002. Ontogenetic behavior and migration of Atlantic sturgeon *Acipenser oxyrinchus oxyrinchus*, and Shortnose sturgeon *Acipenser brevirostrum*, with notes on social behavior. Env. Biol. Fish. in press.

LEPAGE, M., & E. ROCHARD. 1995. Threatened fishes of the world: *Acipenser sturio* Linnaeus, 1758 (Acipenseridae). Env. Biol. Fish. 43 (1), 28.

LEPAGE, M., P. LAMBERT, & E. ROCHARD. 1994. Suivi et modelisation de la croissance des formes juveniles d'autochthones *Acipenser sturio*. AGEDRA. 18.

LÖBF-Mitteilungen. 1996. Landesanstalt für Ökologie, Bodenordnung und Forsten/Landesamt für Agrarordnung NRW, 194.

LUDWIG, A.N., I. JENNECKENS, L. DEBUS, A. LUDWIG, J. BECKER, & F. KIRSCHBAUM. 2000. Genetic analyses of archival specimens of the atlantic sturgeon *Acipenser sturio* L., 1758. In: B. ELVIRA, A. ALMODÓVAR, V.J. BIRSTEIN, J. GESSNER, J. HOLCÍK, M. LEPAGE, E. ROCHARD (Eds.). Symposium on Conservation of the Atlantic Sturgeon *Acipenser sturio* L., 1758 in Europe. Bol. Inst. Esp. Oceanograph. 16, 221-230.

MOHR, E. 1952. Der Stör. Brehmsche Verlagsbuchhandlung, Leipzig, 68.

NELLEN, W., R. THIEL, F. HÖLKER, & P. BRECKLING. 1994. Überlegungen zu fischereilichen Perspektiven der Elbe. Fischer & Teichwirt 7, 265-267.

NINUA, N.S. 1976. Atlantic sturgeon from River Rioni. OT. Atlanticheskij osetr reki Rioni. Izdatel'stvo „Meretsniereba" Tblissi, 121.

PRZYBYL, A. 1976. Historic distribution of common sturgeon *Acipenser sturio* in Wartha River. Wystepowanie jesiotra zachodniego *Acipenser sturio* w dorceczu Warty. Ochr.Przy. R 32(5), 5-12.

QUANTZ, H. 1903. Störfischerei und Störzucht im Gebiet der deutschen Nordseeküste. Mitt. Dt. Seefischerei-Vereins 19 (6), 176-204.

ROBERTS, R.J. 1985. Grundlagen der Fischpathologie. Schlotfeld, H.-J. (Übers.), Verlag Paul Parey, Berlin, Hamburg.

ROCHARD, E., G. CASTELNAUD, & M. LEPAGE. 1990. Sturgeons (Pisces: Acipenseridae), threats and prospects. J. Fish Biol. Suppl. A. 37, 123-132.

RYCHMOND, A.M., & M. KYNARD. 1995. Ontogenetic behavior of shortnose sturgeon, *Acipenser brevirostrum*. COPEIA 1, 172-182.

SCHMIDT, G.W. 1996. Wiedereinbürgerung des Lachses *Salmo salar* in Nordrhein-Westfalen - Allgemeine Biologie des Lachses sowie Konzeption und Stand des Wiedereinbürgerungsprogramms unter besonderer Berücksichtigung der Sieg. Landesanstalt für Ökologie, Bodenordnung und Forsten/Landesamt für Agrarordnung NRW, LÖBF-Mitt. 11, 194.

SELIGO, A. 1931. Die Seefischerei von Danzig. - Handbuch der Seefischerei Nordeuropas VIII (7), 25-28

SPRATTE, S., & U. HARTMANN. 1992. Daten zur limnischen Fischfauna im Eidergebiet. Ministerium für Ernährung, Landwirtschaft, Forsten und Fischerei des Landes Schleswig-Holstein und dem Landessportfischerverband Schleswig-Holstein e.V., 137.

STAAKS, G., F. KIRSCHBAUM, & P. WILLIOT. 1999. Experimental studies on thermal behaviour and diurnal activity rhythms of juvenile Atlantic sturgeons (*Acipenser sturio*). J. Appl. Ichthyol. 15, 243-247.

SULAK, K.J., & J.P. CLUGSTON. 1999. Early life history und population structure of Gulf sturgeon, *Acipenser desotoi*, in the Suwanee River, Florida. In: ROSENTHAL, H. BRONZI, P., WILLIOT, P. (eds.), 3rd International Symposium on Sturgeons, Piacenza, Italy, Juli 3-8, 1997. J. Appl. Ichthyol. 15, 116-128.

SYCH, R., R. BARTEL, K. BIENIARZ, & J. MASTYNSKI. 1996. Project for the restoration of migratory fish species in Poland. OT: Projekt Restytucji Ryb Wedrownych w Polsce. Ostracow. Zespol. 40.

THIEL, R., W. NELLEN, P. ERGENZINGER, F. KIRSCHBAUM, R. KNÖSCHE, O. LARINK, & H.M. WINKLER. 1998. Ökologische Zusammenhänge zwischen Fischgemeinschafts- und Lebensraumstrukturen der Elbe. Z. Ökol. Natursch. 7, 67-70.

VLASENKO, A.D. 1974. Problems about artifical spawning grounds of the Kuban River sturgeons. O.T.: K voprosu ob iskusstvennykh nerestilishchakh osetrovykh ryb r. Kubani. Trudy VNIRO 102, 3-30.

VON NORDHEIM, H., J. GESSNER, F. KIRSCHBAUM, E. ANDERS, & G.-M. ARNDT. 2001. Das Wiedereinbürgerungsprogramm für *A. sturio* – Hintergründe und Konzeption. In: Verband Deutscher Sportfischer e.V. (Hrsg.). Der Stör *Acipenser sturio* - Fisch des Jahres 2001. Verlag M. Faste, 30-49.

WILLIOT, P., E. ROCHARD, G. CASTELNAUD, T. ROUAULT, R. BRUN, & P. ELIE. 1997. Biological and ecological characteristics of European Atlantic sturgeon, *Acipenser sturio,* as foundations for a restoration program in France. Env. Biol. Fish. 48, 359-370.

WILLIOT, P., R. BRUN, M. PELARD, & D. MERCIER. 2000. Unusual induced maturation and spawning in an incidentally caught adult pair of critically endangered European sturgeon, *Acipenser sturio* L. J. Appl. Ichthyol. 16, 279-281.

WOLTER, C. 1999. Comparison of intraspecific genetic variability in four common cyprinids, *Abramis brama, Abramis bjoerkna, Rutilus rutilus, and Scardinius erythrophthalmus*, within and between lowland river systems. Hydrobiologia 394, 163-177.

WOLTER, C., & A. BISCHOFF. 2001. Seasonal changes of fish diversity in the main channel of the large lowland river Oder. Reg. Riv.: Res. Managem. 17, 595-608.

WOLTER, C., & A. VILCINKAS. 1998. Fish community structure in lowland waterways: fundamental and applied aspects. Pol. Arch. Hydrobiol. 45 (2), 137-149.

Zeitschrift für Fischkunde

Halbjährlich erscheinende Zeitschrift für alle Gebiete der Ichthyologie. Preise: Im jährlichen Abonnement 20 Euro, Einzelheft 12 Euro inkl. Postversand. Abonnementbestellungen sind zu richten an: Verlag Natur & Wissenschaft, Postfach 17 02 09, D-42624 Solingen, Tel. 0212-819878, Fax 0212-816216. Die Zeitschrift für Fischkunde kann auch im wissenschaftlichen Zeitschriftentausch bezogen werden. Nähere Informationen dazu beim Verlag Natur & Wissenschaft.

Herausgeber:

Dr. Klaus Busse, Bonn; **Prof. Dr. Gerti Dücker**, Münster; **Prof. Dr. Hartmut Greven**, Düsseldorf; **Harro Hieronimus**, Solingen; **Prof. Dr. Frank Kirschbaum**, Berlin; **Dozent Dr. Robert Patzner**, Salzburg; **Dr. Rüdiger Riehl**, Düsseldorf; **Dr. Jürgen Schmidt**, Ruhmannsfelden

Zielgruppe der Zeitschrift für Fischkunde sind ichthyologische arbeitende Biologen sowie fischkundlich interessierte und wissenschaftlich arbeitende Aquarianer, vornehmlich des deutschsprachigen Raumes. Eine weite Verbreitung der Zeitschrift wird durch die Teilnahme am wissenschaftlichen Zeitschriftentausch gewährleistet.

Abonnement

☐ Bitte liefern Sie mir die Zeitschrift für Fischkunde ab der folgenden Ausgabe/Ausgabe Nr. _____
☐ Bitte liefern Sie mir die Zeitschrift für Fischkunde im wissenschaftlichen Zeitschriftentausch.

Mein Tauschangebot: ____________________

Die Zeitschrift für Fischkunde erscheint geplant zweimal jährlich, ca. 64 Seiten Umfang, Format DIN B 5, Einzelheft 12 Euro, Abonnement/Band mit zwei Heften 20 Euro incl. Versand (surface mail, airmail auf Anfrage). Das Abonnement ist jederzeit widerrufbar.

Name: ____________________

Anschrift: ____________________

____

Ort, Datum, Unterschrift: ____________________

Bankeinzug (nur von deutschem Konto möglich!): ja/nein

Konto: __________ BLZ: __________
bei: ____________________

Bitte ausschneiden oder kopieren und senden an:

Verlag Natur & Wissenschaft
Postfach 170209
D-42624 Solingen

Bitte belasten Sie meine Kreditkarte

☐ Euro-/Mastercard ☐ American Express ☐ Visa (Zutreffendes ankreuzen)

Kartennummer: __________ Verfalldatum: __________

Kartenbesitzer, falls abweichend: ____________________

Ort, Datum, Unterschrift: ____________________

Zeitschrift für Fischkunde

Bi-annually published magazine for all parts of ichthyology. Price: Annual subscription 20 Euro, single magazine 12 Euro, incl. delivery. Subscription requests should be addressed to: Verlag Natur & Wissenschaft, P. O. Box 170209, D-42624 Solingen, Tel. (212) 819878, Fax (212) 816216. The Zeitschrift für Fischkunde may also be ordered in the scientific magazine exchange. Further information from Verlag Natur & Wissenschaft.

The target group of the Zeitschrift für Fischkunde are biologists whose research areas are concerned with fishes as well as fish-oriented and scientifically working aquarists predominantly in the German language region. However, the magazine is included in the scientific magazine exchange and should be distributed widely.

Subscription

☐ Please send the Zeitschrift für Fischkunde starting with the next issue/issue no. ______
☐ Please send the Zeitschrift für Fischkunde in the scientific magazine exchange.

My exchange offer: ______________________________

The Zeitschrift für Fischkunde is scheduled for a bi-annual publication and has about 64 pp., format DIN B 5, single copy 12 Euro, annual subscription 20 Euro incl. delivery (surface mail, airmail on request). The subscription may be cancelled at any time.

Name: ______________________________

Address: ______________________________

____

Place, date, signature: ______________________________

Please clip or copy and send to:

Verlag Natur & Wissenschaft
P.O.Box 170209
D-42624 Solingen

Please charge my credit card:

☐ Euro-/Mastercard ☐ American Express ☐ Visa (cross if applicable)

Card number: ____________________ Exp. date: ______________

Card holder, if different from above: ______________________________

Hinweise für Autoren

In der „Zeitschrift für Fischkunde“ werden ichthyologische Originalarbeiten und kurze Mitteilungen in deutscher und englischer Sprache veröffentlicht.
Manuskripte sollen in zweifacher Ausfertigung an einen der Herausgeber oder die Schriftleitung gesandt werden. Das Papier sollte einseitig und weitzeilig beschrieben sein.
Manuskripte sollten auch auf Diskette (3 ½") oder CD eingereicht werden. Wir können keine ZIP- oder MO-Disketten verarbeiten. Die Datei kann auch nach der Begutachtung eingereicht werden. Das Programm muss Winword-kompatibel sein. Bitte Eigennamen nicht in Großbuchstaben schreiben.
Originalarbeiten sollen wie folgt gegliedert sein: Titel, Name und Anschrift des Autors, Zusammenfassung und bis zu sechs Schlüsselwörter in Deutsch und Englisch, Einleitung, Material und Methoden, Ergebnisse, Diskussion, Danksagungen, Literatur. Die Zusammenfassung kann zusätzlich auch in der Muttersprache des Autors abgefasst werden. Bei der deutsch/englischen Zusammenfassung leistet die Schriftleitung auf Wunsch Hilfestellung.
Kurze Mitteilungen sollen wie folgt gegliedert sein: Titel, Name und Anschrift des Verfassers, kurze Zusammenfassung (Englisch bei deutschem und Deutsch bei englischem Text), Inhalt, Danksagungen, Literatur.

Literatur - bitte geben Sie nur die tatsächlich im Text verwendeten Nachweise an - ist wie folgt zu zitieren (benutzen Sie keine Großbuchstaben, die Auszeichnung erfolgt mit Kapitälchen!):
Nijssen, H., & I. J. H. Isbrücker. 1976. The South American plated catfish genus *Aspidoras* R. von Ihering, 1907 with descriptions of nine new species from Brazil (Pisces, Siluriformes, Callichthyidae). Bijdr. Dierk. 46, 107-131.
Sawada, Y. 1982. Phylogeny and zoogeography of the superfamily Cobitoidea (Cyprinoidei, Cypriniformes). Mem. Fac. Fish. Hokkaido Univ. 28, 65-223.
Weber, M., & L. F. de Beaufort. 1911. The fishes of the Indo-Australian Archipelago. I. Index of the Ichthyological papers of P. Bleeker. Brill, Leiden.

Die Auszeichnung des Textes sollte durch den Autor/die Autoren erfolgen. Dabei sind Eigennamen in Kapitälchen zu setzen. Nur Art- und Gattungsnamen werden in kursiv gesetzt, keine höheren Taxa. Bis auf weiteres findet die neue deutsche Rechtschreibung keine Anwendung.

Eingereichte Manuskripte werden mindestens einem Gutachter zur Beurteilung weitergeleitet. Abbildungen sind als Schwarzweißfotos (bis zu 13 x 20 cm) (eventuell zu Tafeln zusammengestellt), Strichzeichnungen, Farbfotos, Dias oder Dateien (TIFF-Format oder kompatibel, Auflösung mindestens 300 dpi) einzureichen. Als Format für Texte können nur Word-kompatible Dateien Verwendung finden. Computergenerierte Abbildungen sind im Word-, Excel- oder Corel-Draw-Format einzureichen. Legenden sind auf einem separaten Blatt/in einer separaten Datei (Deutsch und Englisch) zusammenzustellen. Tabellen sind ebenfalls gesondert einzureichen (unbedingt auch als Ausdruck). Im Manuskript sind die für Abbildungen und Tabellen vorgesehenen Stellen zu markieren. Eine Rücksendung der Vorlagen erfolgt nur auf ausdrücklichen Wunsch.
Die Veröffentlichung von Farbabbildungen ist gegen Kostenbeteiligung möglich. Nähere Informationen dazu erhalten Sie bei der Schriftleitung.
Von jeder Veröffentlichung erhält der Autor (Erstautor) 30 unberechnete Sonderdrucke, weitere können zum Selbstkostenpreis erworben werden. Bestellformulare werden dem (Erst-)Autor mit den Druckfahnen zugesandt. Wenn die Druckfahnen/Sonderdrucke nicht dem Erstautor zugesandt werden sollen, ist dies bei der Einreichung des Artikels anzuzeigen.

Instruction for authors

The "Zeitschrift für Fischkunde" publishes ichthyological original research reports and short notes in German and English.
Two copies of the manuscript should be sent to any member of the editorial board or directly to one of the editors. Papers should be typewritten, double-spaced, on one side of heavy A 4 paper.
Manuscripts and other data should also be sent on disc (3.5") or CD. We can not process ZIP- or MO-discs. The file can also be sent after review. The program used must be Winword compatible. Please do not use block letters writing names, but capitals.
Research reports should be arranged as follows: Title, on the title page name(s) and recent address(es) of author(s), abstract and up to six keywords in German and English. Introduction, material and methods, results, discussion, acknowledgements, references. The abstract may additionally be written in the native language of the author(s) or the land the report deals with. If required, the editors will give support with the writing of the German/English abstract.
Short notes should be arranged as follows: Title, name and recent address of author(s), short abstract (English with German text and German with English text), subject-matter, acknowledgements, literature.

References have to be cited as follows (please do not use block letters writing names, use capitals!):
NIJSSEN, H., & I. J. H. ISBRÜCKER. 1976. The South American plated catfish genus *Aspidoras* R. VON IHERING, 1907 with descriptions of nine new species from Brazil (Pisces, Siluriformes, Callichthyidae). Bijdr. Dierk. 46, 107-131.
SAWADA, Y. 1982. Phylogeny and zoogeography of the superfamily Cobitoidea (Cyprinoidei, Cypriniformes). Mem. Fac. Fish. Hokkaido Univ. 28, 65-223.
WEBER, M., & L. F. DE BEAUFORT. 1911. The fishes of the Indo-Australian Archipelago. I. Index of the Ichthyological papers of P. BLEEKER. Brill, Leiden.

The marking of the text (italics, capitals) should be done by the author(s). Personal names should be written in capitals. Only genera and species should be written in italics, no higher taxa. Until further not the new German orthography is not yet used. English articles should follow the Oxford English rules.

Manuscripts will be sent to at least one referee for review.
Illustrations may be submitted as black-and-white photos (up to 13 x 20 cm) (eventually grouped as tables), line drawings, colour photos, slides or files (TIFF-Format or compatible, resolution at least 300 dpi). The format for texts must be Winword compatible, Computer generated illustrations must be submitted in Word, Excel or Corel Draw format. Legends must be submitted on separate sheets/data files in German and English. The correct location for illustrations should be indicated in the manuscripts. Illustrations will not be returned to the author except on special request.
Colour illustrations (submitted as slides, photos or files) may be printed at the expense of the author. Contact the editors for further information.
30 reprints of every publication are provided free of charge. Additional reprints may be ordered at cost-price. Reprint orders are enclosed with the proofs. Reprints and proofs are sent to the first author unless reported differently with manuscript submission.